제3판

문제중심의

확률론의 이해

고왕경 지음

KM 경문사

개정판 머리말

미래 가능성을 논리적인 근거로 계산하는 학문으로써의 확률론은 우리 생활에서 계산되고 이야기되고 있다. 그러나 단순한 계산방식으로 모든 자연현상을 정형화하는 것은 대단히 어려운 일이다. 그래서 어려운 문제를 다루기 위하여 쉬운 문제부터 차근차근 풀어가는 접근 방식을 통하여 독자가 어려운 문제의 해결을 쉽게 접근할 수 있도록 예제 문제를 보완하여 개정판을 준비하였다. 또한 연습문제를 통하여 이론이나 실제를 습득할 수 있도록 난이도를 다시 조정하여 실력을 키우도록 최선의 노력을 경주하였다. 개정판에서는 연습문제 난이도의 조정과 예제 문제를 대폭 손질하였고, 함수의 실제적인 모습을 시각적으로 도움이 되도록 그래프를 보강하였다.

오랜 시간 동안 고민하던 개정판의 문제를 쉽고 명쾌한 논리로 용기를 불어 넣어준 분이 있어 출간하기로 작정하였다. 다만 이 책을 읽는 독자는 나의 바람이 헛되지 않기만을 바랄뿐이며, 끝으로 개정판을 준비해준 경문사 편집부 여러분과 마음의 짐을 내려놓게 해준 안양대학교 정보통계학과 교수님들께 감사의 말을 전하고 싶다.

2016년 2월

수리산 기슭에서 저자

머리말

1992년 필요에 의하여 세 사람 공저로 확률론이란 이름으로 처음 책을 집필하였다. 처음의 목적은 보다 쉽게 학생들이 접근할 수 있게 아주 기초적인 문제 중심으로 편집 방향을 잡았었다. 막상 이 책으로 강의를 하다 보니 실제적으로 필요한 분야는 놓치고 지난 간 것이 한두 가지가 아니었다. 그래서 고심하던 중에 고등학교 과정과 수리통계학의 중간 단계로서의 저서가 필요함을 느껴, 1995년 기초 확률론이란 이름으로 다시 개정판을 내 놓았다. 그러고 10년이 세월이 흐르면서 많은 부분에서 편집방향을 다르게 하여 확률론에 대한 책을 내 놓았다. 수식만이 아니라 3차원 공간까지 확인해 볼 수 있도록 그림을 그려 그 모양을 확인해가자는 의도에서 이번에 확률론을 쓴지 14년 만에 완성본이라 할 수 있는 책을 출간하게 된 것을 매우 감사하게 생각한다.

이와 같이 확률론에 대해 여러 모양으로 저서를 출간하면서 어떻게 하면 쉬우면서도 기초적인 모든 내용을 담아낼 수 있느냐는 것과 기계처럼 풀어내는 것이 아니라 눈으로 확인할 수 있는 방법이 무엇일까라는 숙제를 가지고 10여 년간 생각을 거듭하였다. 그러나 정작 나에게 남겨진 것은 숙제를 풀지 못한 학생처럼 시원한 마감이 아니라 영원한 또 하나의 숙제만을 남기게 만든 것 같아 아쉬운 감정을 숨길 수 없음을 고백한다.

이 책은 확률론을 이해하는 데 보다 쉬우면서도 깊이 있게 문제를 다루려고 했고 강의식 설명을 문제로 표현하려고 노력했음을 고백한다. 이 책의 구성은 우선 확률의 정의와 역사를 시작으로 하여 미래의 불투명성을 조금이나마 해결할 수 있는 도구로서 자연현상을 확률로 어떻게 해석하느냐에 초점을 맞추었다. 이 책을 접하는 독자는 문제를 수학으로 보지 말고 미래에 대한 도달 가능성에 초점을 두어 문제를 접할 것을 권하고 싶다. 그러면 수학으로써의 확률론이 아니라 자연현상의 한 귀퉁이로서의 확률을 가슴에 담을 수 있을 것이다.

이 책의 구성은 제1장에서 확률의 기본적인 정의와 의미 및 역사를 다루고, 제2장에서는 자연현상의 구조를 갖고 구조에 합당한 확률을 부여할 수 있는 표본공간을 다루며 동시에 부분적인 표본공간의 크기를 측정할 수 있는 여러 가지 기법을 다루며, 제3장에서는 주어진 정보를 어떻게 이용하여 예측 가능성을 높일 수 있느냐를 다루고, 제4장에서는 표본공간의 함수로서의 확률변수에 대한 문제와 확률모형에 대한 구체적인 접근 방법을 모색하며 아울러 확률변수의 기초적인 성질을 연구하고, 제5장에서는 자연현상에서 나타나는 사상을 하나의 확률모형으로 재해석하여 그들의 분포와 성질을 연구하며, 제6장에서는 지금까지 일변량에서만 다루던 문제를 이변량으로 확대시키면 어떻게 적용될 것인지와 다변량일 때의 성질을 공부하게 되며, 제7장에서는 확률론과 통계학의 접점인 대표본하에서의 성질들을 파악하고, 제8장에서는 지금까지 연구된 여러 성질을 이용하여 통계학 분야에서 적용되는 점들을 분야별로 약간의 문제를 가지고 설명하고자 한다.

이 책의 특징은 정의나 정리 다음에 적어도 두 개 이상의 예제 문제를 수록하여 정의나 정리를 이해하는데 도움이 되도록 하였으며, 이변량 함수인 경우는 함수의 모양을 확인해 볼 수 있도록 공간도형을 많이 삽입하였다.

모쪼록 이 책을 접하는 독자들이 이를 통하여 확률론에 약간이나마 흥미를 갖게 된다면 저자로서 무한한 행복을 느낄 수 있으리라 생각한다. 아울러 읽다가 문제가 있다면 저자에게 알려주면 다음 편집에 반영하도록 하겠다. 끝으로 이 책이 세상에 나오도록 도움을 준 안양대학교 정보통계학과 교수님과 학생 및 도서출판 경문사에 감사를 전한다.

2006년 2월

수리산 기슭에서 저자

일러두기

본 책에서 나오는 일부 그림은 컴퓨터 패키지 Maple V9.5로 편집되었음을 밝히며, 예문이나 연습문제들은 참고문헌에서 많은 참고를 하였음을 밝혀둔다. 또한 아래의 내용은 책을 읽으면서 나타나는 수학적 기호에 대한 것들이다.

1. 이산형 확률변수나 연속형 확률변수의 정의역 내의 모든 원소를 x 라 할 때 그 합은 $\sum_x$ 로 표시하였고, 적분은 $\int_x$ 로 표시하였다.
2. 각 기호에 대한 설명은 다음과 같다.
   (1) $\approx$는 근사값이나 또는 근사식
   (2) $f(x_1)\times f(x_2)\times\cdots\times f(x_n)=\prod_{k=1}^{n}f(x_k)$ 또는 $f(x_1)\times f(x_2)\times\cdots=\prod_{k=1}^{\infty}f(x_k)$
   (3) $A_1\cup A_2\cup\cdots\cup A_n=\bigcup_{k=1}^{n}A_k$ 또는 $A_1\cup A_2\cup\cdots=\bigcup_{k=1}^{\infty}A_k$
   (4) $A_1\cap A_2\cap\cdots\cap A_n=\bigcap_{k=1}^{n}A_k$ 또는 $A_1\cap A_2\cap\cdots=\bigcap_{k=1}^{\infty}A_k$
3. 연습문제에서 A형은 증명문제들이고, B형 문제는 비교적 쉬운 문제로 구성되어 있으며, C형 문제는 조금 어려운 문제임을 밝혀둔다.
4. 정의나 정리를 이해하더라도 그에 따르는 예제 중 하나는 반드시 풀기 바란다.

| 차 례 |

제5장 확률변수의 분포와 그 성질

제6장 이변량 이상의 확률변수의 함수와 그 성질

제7장 극한정리

제8장 통계학 분야로의 적용

제 1 장

확률이란 무엇인가?

1.1 확률론의 역사

사람이라면 누구나 미래를 인식한다는 것은 불가능하다. 그래서 미래를 예측하고 예견하는 수많은 방법이 인류의 역사 속에서 살아 숨쉬어 왔었다. 미래에 대한 예측이나 예견하는 방법은 명멸하는 인류의 역사와 함께 발전되고 사라져 버리는 페이지 속에 잠들어 있지만 그것들은 인류의 가슴속에 해결할 수 없는 영원한 숙제로 남아 있다. 그것들은 어떤 형태로 예측되든 공통의 의문은 구하고자하는 사상이 미래의 한 시점에서 일어날 가능성에 대한 질문들이다.

내가 100살까지 살 가능성이 있는가? 확률론 과목에서 A학점을 받을 가능성은 얼마일까? 30세에 이상형 이성을 만나 50년 이상 행복하게 살 가능성은 얼마일까? 라는 질문들은 주관적인 관심사이다. 반면에 내일 비가 올 가능성은 어느 정도일까? 한국의 정치인들이 정신을 차리고 국민이 신뢰를 회복할 가능성은 언제인가? 또 대통령 후보 A가 대통령에 당선될 가능성은 얼마일까? 와 같은 사회적인 관심사 등도 있다.

이런 의문점들이 일어날 가능성 정도를 측정할 수 있는 척도가 있는가? 가능성 정도를 수치화하기 위해서는 질문에 대한 분명한 객체가 존재해야 하고 수치화의 가능성(꼭 수치화할 필요는 없다)이 존재해야 한다. 이 때 잘 정의된 객체는 여러 가지 형태로 나타내며, 가정된 조건에 의하여 변할 수 있다. 또한 그 결과가 좋고 나쁨에 상관없이 분명하게 정의가 되면 된다는데 주의하기 바란다. 이런 가능성 척도를 구하는 것이 확률이다.

확률(probability)의 개념이 어떤 사상이 일어날 기회나 가능성의 척도로 사용하게 된 연유는 도박에서 그 효시(부록1: 확률론이 탄생하게 된 역사적 배경 참조)를 찾을 수 있다. 17세기에 프랑스에서는 도박이 매우 유행하였다. 유명한 도박가 중 한 사람인 마이어(M'ere)는 내기 도박에서 승률을 높이기 위하여 당시의 저명한 수학자이자 이론가인 파스칼(부록2: B. Pascal, 1623-1662 참조)의 조언을 받기로 하였다.

마이어가 파스칼에게 제시한 문제는 “분배의 문제(problem of dice)”였다. 이 문제는 승리의 기회가 동일한 두 사람이 아홉 번의 경기에서 다섯 번 이상을 승리한 사람이 내기 금액을 전부 갖는 것이다. 그런데 A가 네 번 승리하고 B가 세 번 승리한 다음 사정에 의하여 게임을 중단해야 한다고 하면 내기 금액을 어떻게 분배해야 공평하게 분배할 수 있는가.

마이어의 생각은 A가 네 번 이기고 B가 세 번 이겼으므로 4 대 3의 비율로 상금을 분배하는 것이 가장 공평하다고 생각했다. 그러나 파스칼의 주장은 네 번 승리한 사람의 입장에서 3 대 1의 비율로 나누어야 한다고 주장했다. 그렇다면 누구의 주장이 옳은지를 점검해 보자.

만약 승자가 나타날 때까지 나머지 두 게임을 계속하였다고 한다면 일어날 수 있는 모든 가능한 결과는 다음 표와 같다. 따라서 A가 이길 수 있는 가능성이 네 번 중 세 번이고 오직 한 번의 경우만 B가 이기게 되므로 A에게는 내기 금액의 $\frac{3}{4}$을, B에게는 $\frac{1}{4}$을 나누어야 한다.

경기 결과		승리자
8회 승자	9회 승자	
A	A	A
A	B	A
B	A	A
B	B	B

마이어가 질문했던 두 번째 문제는 "점의 문제(problem of point)"라고 이름 붙은 것이다. 이는 6면의 주사위를 던져 나타날 수 있는 가능성을 타진하는 것이었다. 모나지 않은 주사위를 던져, 적어도 한 번의 6의 눈이 나타날 가능성이 0.5 보다 크기 위해서는 최소한 네 번 이상 던져야 한다는 것을 경험적으로 알고 있었다. 이러한 사실을 근거로 하여 두 개의 주사위를 동시에 던져 같은 눈 6이 나타날 경우는 (눈의 수)×(4)=24번 이상이면 가능할 것이라고 생각하여 게임을 했는데 게임에 실패하였다. 게임에 실패하고 마이어는 파스칼에게 불평을 하였다. 이 불평이 정당한 것인지를 점검해 보자.

한 번의 시행에서 6이 눈이 나타날 확률은 $\frac{1}{6}$이다. 4회 시행에서 적어도 한 번 이상 6의 눈이 나타날 확률은 4회 시행에서 6의 눈이 한 번도 나타나지 않을 사상의 여사상이므로 $1-\left(\frac{5}{6}\right)^4 = 0.5177$이다. 따라서 4회 이상이면 6의 눈이 나타날 확률이 0.5를 넘게 된다. 반면에 6이 눈이 동시에 나타날 확률은 $\frac{1}{36}$이며 동시에 나타나지 않을 확률은 $\frac{35}{36}$이 된다. 따라서 두 개의 주사위를 24번 던지는 경우에 적어도 한 번 두 개의 6의 눈이 나타날 확률은 앞의 경우와 같은 방법으로 계산하면 $1-\left(\frac{35}{36}\right)^{24} = 0.4914$이다.

참고 한 개의 주사위를 던져 적어도 한 번 6의 눈이 나타날 확률이 0.5를 넘기 위해서는 몇 회의 시행이 있어야 하나?

$$\frac{1}{6}+\left(\frac{5}{6}\right)\left(\frac{1}{6}\right)+\left(\frac{5}{6}\right)^2\left(\frac{1}{6}\right)+\cdots+\left(\frac{5}{6}\right)^{n-1}\left(\frac{1}{6}\right)=1-\left(\frac{5}{6}\right)^n \geq \frac{1}{2}$$

에서 $n \geq 3.8018$ 이므로 4회 이상이다. 따라서 마이어의 경험에 의한 계산이 옳았다. 반면에 두 개의 주사위를 던지면

$$\frac{1}{36}+\left(\frac{35}{36}\right)\left(\frac{1}{36}\right)+\left(\frac{35}{36}\right)^2\left(\frac{1}{36}\right)+\cdots+\left(\frac{35}{36}\right)^{n-1}\left(\frac{1}{36}\right)=1-\left(\frac{35}{36}\right)^n \geq \frac{1}{2}$$

에서 $n \geq 24.6051$이 되므로 25회 이상 던져야 한다. 따라서 마이어의 계산은 옳지 않다.

이를 근거로 하여 파스칼은 마이어에게 게임의 결과는 예견할 수 있는 상황이라고 말했다. 이에 고무된 파스칼은 당시의 수학자인 페르마(부록: P. D. Fermat, 1601-1665 참조)와 서신을 주고 받으면서 오늘날의 확률론의 기초를 정립하였다.

최초의 관심은 게임에서 출발하였지만 약 4세기 동안에 이론가와 실험가들은 게임의 이론에 포함되어 있는 불확실성의 법칙(law of uncertainty)과 현실적으로 통제할 수 없는 현상에서 관측되는 변동의 법칙(law of variation) 사이에 유사성이 있다는 사실을 규명하여 왔다.

자연현상에서 관심대상이 되는 사건이 일어날 때 통제할 수 없는 현상이란 무엇을 의미하는가? 다음 예를 가지고 접근해 보기로 하자.

모나지 않은 주사위를 던진다고 하자. 던지기 전에 어떤 면이 나타날지는 아무도 모를 것이므로 실험 결과는 예측이 불가능하다. 상식적으로 생각하면 여섯 번 던지면 관심대상이 되는 면이 적어도 한 번은 나타나게 된다. 그러나 현실적으로 여섯 번에 한 번꼴로 나타난다는 것뿐이지 항상 여섯 번에 한 번꼴로 반드시 나타나는 것은 아닐 것이다. 이와 같은 현상을 변동의 법칙이라 하고 그 결과를 예측하지 못하는 상황을 통제할 수 없는 현상이라 한다.

이러한 예측 불가능한 출현값을 어떻게 해석해야 할까? 이를 해석하는 데 확률의 역할을 이해할 필요가 있다.

잘 정의된(well-defined) 자연현상 중에서 특정한 성질이나 관계를 연구하기 위하여 인위적인 일정한 조건을 설정하고 현상을 일으켜서 관찰하고 측정하는 일을 실험(experiment)이라 한다.

우선 예를 들어 설명해 보기로 하자. 한 학급의 학생들이 화학 실험실에서 물의 끓는 온도(비등점)를 측정한다고 가정하자. 첫 번째 결과로서 학생들마다 비등점을 측정한 결과가 전부 다르다. 두 번째 결과는 그 비등점이 모두 일치한다. 첫 번째 결과에서 비등점

에 차이가 나타나는 이유로서 실험하는 장소의 대기압이나 물의 순수성의 문제가 있다거나 잘못된 측정 등과 같은 변이(deviation)가 작용한 결과라고 할 수 있다. 반면에 두 번째 결과는 순수한 물과 같은 장소와 같은 온도계와 동일 학생이 측정한 결과로 나타난 것이다. 즉 변이가 작용하지 않은 경우의 결과일 것이다. 이와 같이 결과가 일정하게 나타나는 경우는 잘 정의된 객체에서 변동의 법칙이 작용되지 않은 실험으로 이를 결정적(deterministic) 실험이라 한다.

반면에 실험의 조건을 동일하게 유지하려는 어떤 노력에도 불구하고 결과가 달라지는 실험이 존재한다. 예를 들면 동전을 던지는 실험이나, 남아와 여아의 출산 문제 등과 같이 잘 정의된 객체임에도 불구하고 자연현상에서 통제할 수 없는 요인이 작용하는 경우로서 통제할 수 없는 현상의 실험을 임의적(random) 또는 확률적(stochastic) 실험이라 말한다. 이와 같이 결정적인 결과를 나타내는 실험은 물리학의 문제이므로 관심이 없고, 확률적인 현상인 경우에만 관심을 두는 것이 확률론의 대상이 된다.

예제 1.1 다음 자연 현상들은 잘 정의되어 있는지 알아보고, 잘 정의되어 있으면 확정적인지 확률적인지를 구분하시오.

(1) 세상에 존재하는 모래

(2) 한국의 대학에 재학하는 학생

(3) 잘 정돈된 뜰

(4) 2003년 3월 1일 0시의 우리나라 국민 수

풀이 (1) 세상에 존재하는 모래는 많지만 모래라는 정의에 문제가 있다. 따라서 잘 정의된 객체로서 인식하기에는 부족하다. 만약 돌의 알갱이로서 지름이 0.1mm에서 0.3mm 사이에 존재하는 것을 모래라고 정의한다면 잘 정의된 객체가 된다.

(2) 한국의 대학생 수는 기준 시점만 명확하다면 우리나라 대학에 등록한 학생이 대상이 되므로 잘 정의되었다고 할 수 있고 그 중에서 몇 명을 추출하든지 확률적인 통제할 수 없는 객체가 될 것이다.

(3)번과 (4)번은 학생들이 서로 토론하여 그 결론을 도출하기 바란다. ▣

1.2 통계적 추론으로써 확률의 역할

통계학(statistics)은 모집단에 대한 추론(inference)을 유도하기 위한 관점에서 자료를 수집하고 분석하는 과학이다. 자료가 수집되면, 여러 가지 모형에서 어떤 것을 결정할 것인가를 결정하는 데 통계적 추론을 사용한다. 추론의 결과는 많은 경우 확률 이론에 의존한다.

예컨대, 어떤 지역구에서 특정한 후보자의 지지율을 추정하기 위해 그 지역에 거주하는 유권자들로부터 표본을 추출한다고 하자. 이 표본에서 어떻게 전체 지지율을 추정할 것인가? 표본에 대한 지지율은 앞서 말한 통제될 수 없는 자연현상으로 변동의 법칙을 따르게 된다. 이를 두 가지 측면에서 고찰하자.

가령 어떤 후보의 전체 지지율을 알고 있다고 하면(물론 이런 경우는 표본이 필요없겠지만), 표본을 추출했을 때 그 비율이 속할 영역의 크기가 얼마나 될 것인가를 예측하는 데 확률론을 이용할 수 있다. 그러나 이런 문제는 일반적으로 쉽게 접하는 경우는 아니다. 대조적으로 표본에서 비율을 결정하고, 모집단의 비율에 대하여 어떤 결론을 유추하기를 원한다. 따라서 확률론은 모집단을 알고 있는 내용으로부터 표본에서 가능한 내용을 추론하는 것이다.

두 번째 측면은 전체 지지율을 모른다면 여러 가지 이유(시간적, 경제적, 공간적 등)로 표본을 뽑아 전체를 추론할 수밖에 없다. 표본은 전수조사를 하는 것이 아니고 부분을 뽑기 때문에 결과는 변동이 있다. 변동의 크기는 하나의 분포를 형성하게 되고 이를 이용하여 전체 지지율을 추론하게 된다. 따라서 관측된 표본으로부터 과학적인 방법으로 모집단의 내용을 묘사한다. 이런 것을 통계적 추론이라 한다.

앞의 예에서 잘 정의된 객체인 모집단(population)은 전체 유권자들의 집합을 말하고, 표본(sample)은 유권자들의 적절한 부분 집합이다. 예를 들어 동전을 던지는 실험을 생각해 보자. 여기서 모집단은 동전을 던졌을 때 나올 수 있는 모든 가능한 출현값(possible outcome)으로 주어진다. 또한 동전을 던졌을 때 나오는 출현값은 모집단으로부터의 표본을 나타낸다. 지금까지 논의한 내용을 요약하면 다음과 같다.

첫째, 알려져 있는 모집단에서 알려져 있지 않은 표본을 추론하는 것, 즉 일반적인 경우로부터 특별한 경우로의 연역적 추론이나 주장을 연역적 추론이라 한다. 대부분 확률론은 이에 속하는 추론 방법을 택한다.

둘째, 알려져 있지 않은 모집단에서 잘 모르는 표본을 추출하여 모집단의 성격을 규명하거나 규정하고자 하는 것, 즉 특별한 경우로부터 일반적인 경우로의 귀납적 추론이나 주장을 귀납적 추론이라 하며 통계학적인 관점이다.

이와 같이 확률론과 통계학은 추론 방법에서 차이가 있지만 궁극적으로는 귀납적 방법의 확정적인 단정을 내릴 수 있는 단서를 제공한다는 점에서 서로 보완적이며 비교적이라 할 수 있다. 다시 말하면 관측된 표본을 기초하여 알려져 있지 않은 모집단의 성격을 어떻게 정확하게 묘사할 수 있는가의 문제는 확률론의 도움을 받아 통계적 추론의 수단으로 단정지을 수 있을 것이다.

1.3 확률 해석상의 정의

앞에서 서술한 바와 같이 모집단을 알고 있다고 할 때, 어떤 부분집합(표본)이 일어나게 될 가능성을 어떻게 구할 것인가는 중요한 문제이다. 이런 가능성의 척도를 확률이라 하며, 확률을 표현하는 데 사용되는 정의는 세 가지가 있다.

1.3.1 경험적 확률

확률실험에서 실험의 결과를 정확히 예측하기는 힘든 일이나, 여러 번 반복하여 시행한다면 결과의 출현 형태를 예측할 수 있을 것이다.

예를 들면 동전을 던져 표면이 나타날 확률에 관심이 있다고 하자. 표면이 나타날 확률을 구하기 위하여 여러 번 반복 시행한 결과가 다음 표와 같다고 하자. (단, 앞면이면 H, 뒷면이면 T라 표시)

횟수	1	2	3	4	5	6	7	8	9	10	11	12	13	…
출현치	T	H	T	H	H	H	T	T	H	H	T	H	T	…
누적상대도수	0/1	1/2	1/3	2/4	3/5	4/6	4/7	4/8	5/9	6/10	6/11	7/12	7/13	…

이를 누적상대도수 꺾은선 그래프로 나타내면 그림 1.1(A)와 같다. 예에서처럼 13번이 아니라 무수히 반복한다면 어떤 현상이 일어날까? 그림 1.1(B)는 컴퓨터 시뮬레이션에 의해 동전을 5000번 던졌다고 가정할 때 표면이 나타나는 누적상대도수를 그린 그래프이다.

이와 같이 하나의 사상을 반복 시행하게 되면 어떤 상수에 가까워지면서 안정되어 갈 것이다. 그림 1.1(B)에서 보는 바와 같이 그 값은 0.5에 근사한 값을 형성함을 알 수 있다. 따라서 표면이 나타나는 사상의 확률은 누적상대도수에 의하여 구할 수 있을 것이다. 이를 경험적 확률(empirical probability)이라 하고 다음과 같이 정의한다.

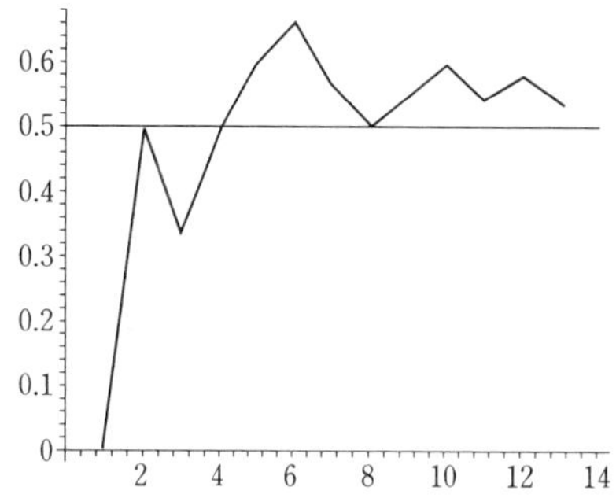

그림 1.1(A) 실험 결과에 따른 확률

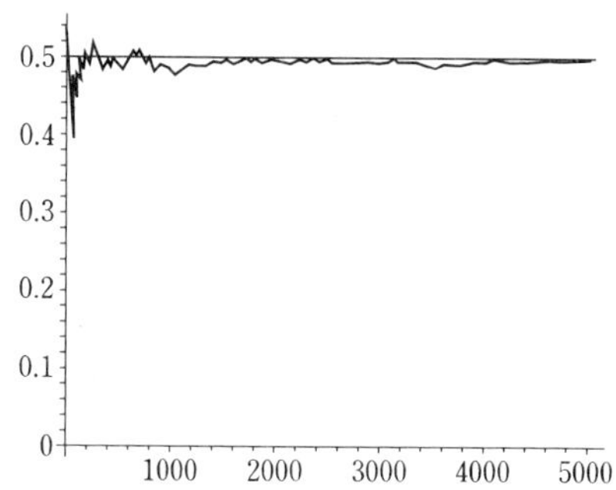

그림 1.1(B) 시뮬레이션 결과

$$P(H) = \lim_{n \to \infty} \frac{n_H}{n}$$

여기서 n_H는 n회 시행에서 관심대상인 H가 출현한 횟수를 의미한다. 비록 확률 실험의 특정한 시행의 결과를 정확하게 예측할 수 없다고 할지라도, 같은 조건하에서 실험을 여러 번 반복 시행한다면 특정한 사건의 출현 형태를 파악할 수 있을 것이다. 이 경우에 상대도수가 점점 어떤 상수에 가까워짐을 알 수 있다. 이런 현상을 대수의 안정성(long-run stability)이라 한다. 반면에 실험의 결과가 안정성을 확보하지 못한다면 확률의 의미는 갖지 못하게 된다.

이와 같은 실험은 단순히 확률을 구하기 위하여 수많은 시행을 반복한다는 것은 가능하다고 할 수 없다. 따라서 경험적 확률은 유한적이며 쉽게 계산되는 사상을 제외하고는 그 의미를 찾지 못하는 단점이 있다.

1.3.2 고전적 확률

경험적 확률의 정의에 의하여 확률을 구한다면 관심 대상이 되는 사상의 확률을 구할 때마다 수만 번의 시행의 결과를 기다리는 것은 불가능하고 그럴 가치도 없는 일이다. 그러나 특별한 실험을 시행하지 하지 않고도 모나지 않은 주사위를 던질 때 모든 면이 나타나는 경우는 똑같은 가능성(equally likely)으로 출현할 것이라는 사실을 알고 있다. 따라서 한 개의 면(예를 들면 6)의 눈이 나타날 경우는 6개 중에서 한 개임을 알 수 있다. 따라서 특정한 하나의 면이 나타날 확률은 $\frac{1}{6}$로 정의할 수가 있게 된다. 이를 고전적 확률이라 한다.

수학적 확률(mathematical probability)이라고 하는 고전적 정의(classical probability)에서 k개의 출현치들이 똑같은 가능성으로 일어날 때 이들 각각에 대응하는 확률은 $\frac{1}{k}$

이다. 따라서 특정한 사상 E가 일어날 확률은 총 출현 가능한 수 k에 대하여, 사상 E에 속하는 출현의 수 $m(0 \leqq m \leqq k)$의 비율로 정의된다.

$$P(E) = \frac{m}{k}$$

그러나 고전적 확률에는 다음과 같은 약점이 있다.

첫째, 사전에 똑같은 가능성으로 정의한다는 것은 문제가 발생한다. 왜냐하면 많은 경우에 등확률 법칙이 성립되지 않음을 알 수 있기 때문이다.

둘째, 등확률의 법칙이 만족되어야 하므로 잘못된 주사위와 같이 똑같은 가능성으로 일어나지 않은 경우에는 어떻게 할 것인가 하는 문제가 제기된다.

물론 경험적 확률이나 고전적 확률의 정의는 각각 모순점이 내포되어 있으나, 이 둘을 적당히 결합시켜 확률을 정의하는 것이 좋을 것이다. 제2장 이후에서 나타나는 확률은 고전적 확률에 의존한 계산임을 미리 밝혀 두겠다.

1.3.3 주관적 확률

확률에 대한 고전적 접근이나 경험적 접근 방법에 부가적으로 확률의 주관적 또는 개인적 해석을 고려할 수 있다.

오늘 오전에 구름이 끼었다면 오후에 비가 올 확률은 얼마나 될까? 이 문제에 대한 확률은 각 개인의 믿음의 정도(측도)에 의하여 말해질 것이고, 이 확률은 각 개인의 인식 정도에 따라 다양한 모양의 형태를 취할 것임은 당연하다. 이를 주관적 확률(subjective probability)이라 한다. 주관적 확률은 한 번의 실행으로 실험 자체가 끝나는 문제에 많이 이용된다. 예를 들면 행정관청에서 시행되는 사업계획은 입안자나 전문가의 예측에 의하여 결정될 것이다.

제1장 연습문제

exercises

[B형]

1.1 실험은 결정적 실험과 확률적 실험으로 구별된다. 이들 각각에 대하여 주위에서 일어날 수 있는 예를 가지고 구분하고 설명하시오.

1.2 여러분의 주머니에 500원짜리 동전 3개, 100원짜리 동전 5개, 50원짜리 동전 2개 10원짜리 동전 10개가 들어 있다. 이 중에서 한 개를 꺼낼 때 500원짜리 동전을 뽑을 확률은 얼마일까를 구한다고 하자. 이에 대하여 논의해 보시오.

1.3 앞 절의 분배문제에서, 찌그러지지 않은 동전을 사용해서 20번 실험을 수행하여 선수 Ⅰ이 이기는 횟수와 선수Ⅱ가 이기는 횟수를 비교해 보라. 이 결과를 가지고 파스칼이 예언했던 것처럼 이들이 수가 약 3:1의 비율인가를 판단하시오.

1.4 모나지 않은 동전 3개를 동시에 던질 때, 다음의 네 가지 사상으로 나뉜다.

A : 뒷면만 나오는 사상

B : 하나가 앞면이 나오는 사상

C : 두 개가 앞면이 나오는 사상

D : 모두 앞면이 나오는 사상

이 결과로, 첫째 사람은 3개의 동전을 던졌을 때 가능한 경우는 A, B, C, D 4가지이므로 각 사상이 나타날 확률은 각각 1/4, 1/4, 1/4, 1/4의 확률을 가지고 있다고 주장하고, 반면에 두 번째 사람은 이들에 대한 확률이 각각 1/8, 3/8, 3/8, 1/8라고 주장한다고 하자. 다음 물음에 답하시오.

(1) 위의 실험을 32번 시행하고, 각각의 결과 A, B, C, D의 출현 수를 기록하시오.

(2) 시행 결과에 의해 이들 두 확률의 할당 중 어떤 것이 더 있음직한지를 판단하시오.

(3) 만약 실험을 100번 반복한다면, 어떤 일이 일어날 수 있을 것으로 생각되는가?

1.5 어떤 놀이에서 철수와 영희가 각 각 이길 수 있는 기회가 같다고 하고, 철수는 3원을 영희는 2원을 가지고 게임을 시작했다. 각 게임의 결과에 1원을 건다. 만약 그들 중 한 사람이 돈을 잃을 때까지 게임을 계속한다면 A가 이길 확률은 약 0.6이다.

(1) 균형된 동전을 사용해서 어떻게 이러한 게임을 수행할 수 있겠는가에 대하여 토론하시오.

(2) 모의 실험을 사용해서 10번 게임을 했을 때 철수가 이기는 게임의 상대 도수를 구하시오.

1.6 어떤 사람이 북쪽을 향해 서 있고, 한 걸음을 북쪽으로 향할 것인가 또는 남쪽으로 향할 것인가를 결정하기 위해 동전을 던진다고 하자. 그는 던지기를 계속해서 25걸음 걸었다. (이러한 실험을 확률보행(random walk)이라고 부른다.)

(1) 어떠한 실험도 하지 않고 무의식적으로 걸음을 남과 북으로 옮겨 놓았다면

① 원점으로부터 북쪽 방향으로 몇 걸음 옮겼으리라고 생각하는가?

② 원점으로부터 남쪽 방향으로 몇 걸음 옮겼으리라고 생각하는가?

③ 그는 원점으로 몇 번 되돌아왔는가?

(2) 이제 동전을 던져서 그 결과에 따라 앞면(H)이면 북쪽으로 한 걸음 나아가고, 뒷면(T)이면 남쪽으로 한 걸음 이동하는 모의 실험을 해보자. 예를 들어서 41번 던진 결과가 H, T, H, H였다면, 확률보행은 원점에서 두 걸음 북쪽에 있을 것이다. 그는 3번 북쪽으로 향했고, 1번 원점으로 다시 돌아오는 결과를 얻는다. 같은 방법으로 동전을 25번 던져 그 결과에 따라 질문 (1)에 답하시오.

1.7 어제 일기예보에 의하면 오늘 제주도에 비가 올 확률이 50%라고 한다. 현재 시각 서울에서 제주도에 비가 올 확률을 구한다고 한다. 확률은 얼마인지 이유를 들어 설명하시오.

1.8 큰항아리 속에 1번에서 10번까지 쓰여 있는 똑같은 크기의 공이 10개 있다 하자. 이 중에서 한 개를 꺼내어 번호를 확인한 후 항아리에 집어넣고, 다시 같은 방법으로 시행해 보라. 그 결과 다섯 번 나타나는 경우는 어떠한가?

1.9 변동의 법칙과 미래의 불확실성의 법칙 사이에 어떤 인과관계가 있는지를 서로 토론하시오.

1.10 야구게임에서 어떤 타자의 타율이 3할이라고 하자. 그런데 어느 날 다섯 번 타석에 들어섰는데 한 번도 안타가 없었다. 그렇다면 타자의 타율에 문제가 있는지 없는지를 변동의 법칙과 연결하여 서로 토론해 보자.

제 2 장

사상의 확률과 연속성

2.1 표본공간

명확히 정의된(well-defined) 자연현상을 파악하기 위하여 통제된 한 번의 실험을 시행했을 때 나타나리라 생각되는 가능한 출현치를 가지고, 미래 출현 가능성을 예측하는 것은 가능한 일이다. 이 때 가능성 정도는 앞장에서 보았던 변동의 법칙이 적용된다. 이와 같이 변동의 법칙이 적용되는 자연현상에 관한 실험을 확률실험(random experiment)이라 한다. 따라서, 확률론에서는 예측 가능한 자연현상에만 관심의 초점을 두겠다. 그러나 가능한 출현치(outcome)들은 실제로 확률실험을 실시하기 전에는 정확하게 관측치를 예견할 수 없다. 그렇다면 실험의 결과들을 보다 구조적인 방법으로 묘사하기 위해서 어떻게 해야 하는가? 확률에 대한 형식적 기초로 발전시키기 위하여 집합론의 개념을 도입하여 사용한다.

예측코자하는 어떤 자연현상을 우선 잘 정의한 후 한 번의 실험에서 나타날 수 있는 가능한 출현치를 표본점(sample point, 알파벳 소문자로 표시)이라 하면, 모든 표본점들의 집합을 확률 실험에 대한 표본공간(sample space)이라 하고, 보통 S 또는 알파벳 대문자로 표기하며, 다음과 같이 정의한다.

정의 2.1 표본공간

한 번의 확률실험으로 나타날 수 있는 출현 가능한 관측치를 표본점 e_i, $i=1, 2, \cdots, k$이라 하며, 모든 표본점들의 집합을 표본공간이라 하고 $S=\{e_1, e_2, \cdots, e_k\}$로 나타낸다.

예제 2.1 다음 실험에서 표본공간을 표시하시오.

(1) 한 개의 동전을 던지는 실험

(2) 두 개의 동전을 던지는 실험

풀이 동전에는 앞면(H)과 뒷면(T)이 있다.

(1) 한 개의 동전을 던진다면, 출현 가능한 표본점은 H와 T가 있다. 따라서
$S=\{\mathrm{H}, \mathrm{T}\}$

(2) 두 개의 동전(a와 b라 하자)을 던질 때, 출현 가능한 표본점은
$(\mathrm{H_a H_b}), (\mathrm{H_a T_b}), (\mathrm{T_a H_b}), (\mathrm{T_a T_b})$ 이 있으므로
$S=\{(\mathrm{H_a H_b}), (\mathrm{H_a T_b}), (\mathrm{T_a H_b}), (\mathrm{T_a T_b})\}$ ▣

고전적 정의

직관적으로나 실험적으로 k개의 관측치들이 똑같은 가능성으로 일어난다면

$$P(e_i)=\frac{1}{k}, \qquad i=1,\,2,\,\cdots,\,k$$

경험적 정의

동일한 대상을 일련의 반복된 실험으로부터 얻어지는 상대도수에 의존한다. 따라서, 각 단순사상의 확률은 다음과 같이 정의된다.

$$P(e_i)=\text{사상 } e_i\text{의 상대도수}, \quad i=1,2,\cdots,k$$

주관적 정의

확률이 어떤 개인의 주관으로부터 부여되는 경우이다.

정의 2.2 확률모형

표본공간 $S=\{e_1,\,e_2,\,\cdots,\,e_k\}$의 각 사상에 부여될 확률은 확률실험에 대한 확률모형(probability model) $P(e_i)$를 결정한다. 확률모형은 다음 두 가지 조건을 만족해야 한다.

(1) $0\leq P(e_i)\leq 1,\quad 1\leq i\leq k$ (2) $\sum_{i=1}^{k}P(e_i)=1$

확률모형에는 특수한 경우가 존재한다. 첫째는 $P(e_i)=0$ 인 경우로서 표본공간에 표본점 e_i가 존재하지 않은 경우로 이를 영 사상(null event) 또는 불가능 사상(impossible event)이라 하고, 둘째는 $P(e_i)=1$인 경우로서 표본공간이 오직 한 개의 표본점이 있는 사상의 확률을 의미한다.

예제 2.2 두 명의 남자와 세 명의 여자 중에서 두 명을 뽑을 때 다음을 구하시오.

(1) 표본공간을 서술하시오.

(2) 확률모형을 구하시오

풀이 두 명의 남자는 $M_1,\,M_2$ 라하고, 세 명의 여자를 $F_1,\,F_2,\,F_3$ 이라 가정하자.

(1) 표본공간 $S=\{(M_1M_2),(M_1F_1),(M_1F_2),(M_1F_3),(M_2F_1),(M_2F_2),(M_2F_3),$
$(F_1F_2),(F_1F_3),(F_2F_3)\}$

(2) 표본공간 상에서 각 단순사상이 나타날 가능성은 모두 동일하므로 구하고자 하는 확률은 $P(e_i) = \frac{1}{10}$, $i = 1, 2, \cdots, 10$이다. ▣

예제 2.3 다음 중에서 확률모형이 되는 것은 어떤 것인지를 그 이유를 들어 설명하시오.

(1)

e_i	1	2	3	4
$P(e_i)$	1/6	2/3	−1/2	2/3

(2)

e_i	1	2	3	4
$P(e_i)$	1/3	1/3	1/6	1/6

풀이 (1) 확률의 합은 $\sum_{i=1}^{4} P(e_i) = 1$이 되나, $P(3)$의 값이 음수이므로 확률모형이 될 수 없다.

(2) 정의 2.2의 조건을 만족하므로 $P(e_i)$은 확률모형이 된다. ▣

2.2 복합사상

두 개 이상의 단순사상들로 구성된 사상을 복합사상이라 한다. 이 절에서는 이들 사상의 형성과정과 그 모양에 대한 서술을 공부하고, 다음 절에서는 각 사상에 나타나는 경우의 수를 어떻게 구할지를 공부하자.

정의 2.3 복합사상

표본공간 S 상에서 두 사상 A와 B에 대하여

(1) 두 개의 부분공간에서 적어도 하나에 포함되는 모든 표본점의 집합을 합 사상으로 표현된다.

$$A \cup B = \{x \mid x \in A \quad \text{또는} \quad x \in B\}$$

(2) 두 사상의 공통부분은 곱 사상으로 표현된다.

$$A \cap B = \{x \mid x \in A \quad \text{그리고} \quad x \in B\}$$

(3) 사상 A에는 포함되지 않고 표본공간에는 포함되는 사상을 여 사상이라 한다.

$$A^c = \{x \mid x \in S,\ x \notin A\}$$

따라서 복합사상은 앞의 정의에서 나타나는 기본적인 세 가지의 형태로 설명할 수 있다. 또한 사상 A와 사상 B의 공통부분이 존재하지 않을 때, 이를 동시에 일어날 수 없는 두 사상(즉, $A \cap B = \varnothing$)을 서로 배반적(mutuallyexclusive)인 사상이라 하며 다음과 같이 정의한다.

정의 2.4 배반사상

두 개의 사상 A와 B가 서로 배반사상 관계가 존재한다면

$$A \cap B = \varnothing$$

사상을 논의하는데 어떤 사상을 서로 배반인 사상들로 분해하는 것이 필요할 때가 많다. 간단한 예로 표본공간 S를 두 개의 배반사상 A와 A^c로 나누는 것과 같다. 이 때 두 개의 사상은 서로 배반사상 관계이며 $A \cup A^c = S$이 될 것이다. 이 때 사상 A와 A^c는 분할(partition)되었다고 한다.

일반적으로 표본공간 S가 k개의 사상 $A_1, A_2, \cdots, A_k$ 으로 분할되어 있을 때, 각 사상은 서로 배반적 관계가 있다고 하고 다음 두 조건을 만족하게 된다.

(1) $A_i \cap A_j = \varnothing$, $i \neq j = 1, 2, \cdots, k$

(2) $\bigcup_{i=1}^{k} A_i = S$

예제 2.4 통계학과 학생 25명 중에서 다섯 명씩 다섯 개의 그룹으로 나눌 때, 각 사상이 배반적인 관계가 성립하는 것은 어떤 것인가?

(1) 다섯 명 중에서 남학생들 수의 사상

(2) 기초 통계학과목을 수강하는 학생의 사상과 확률론을 수강하는 학생의 사상

풀이 (1) $A_i (i = 0, 1, 2, \cdots, 5)$를 다섯 명 중에서 남자가 i 명 포함될 사상이라 하자. 이 때 표본공간은 $\bigcup_{i=0}^{5} A_i = S$이 되고, $A_i \cap A_j = \varnothing$, $i \neq j = 0, 1, 2, \cdots, 5$이므로 각 사상은 서로 배반적이다.

(2) 기초 통계학과목을 수강하는 학생의 사상을 A, 확률론을 수강하는 학생의 사상을 B라 하면 $A \cap B \neq \varnothing$이므로 두 사상은 배반적이 아니다. ▣

또한 표본공간이 k개의 사상 $A_1, A_2, \cdots, A_k$ 이 분할로 구성되어 있다고 하고, $F \subset S$ 인 관계가 있는 사상 F가 있을 때 F를 사상 A_i들로 표현해 보자(참조 : 그림 2.1).

$$\begin{aligned} F &= (A_1 \cap F) \cup (A_2 \cap F) \cup \cdots \cup (A_k \cap F) \\ &= \bigcup_{i=1}^{k} (A_i \cap F) \end{aligned}$$

여기서 $(A_i \cap F) \cap (A_j \cap F) = \varnothing$ 이고, $\bigcup_{i=1}^{k}(A_i \cap F) = F$이므로 사상 $A_i \cap F$, $i = 1, 2, \cdots, k$도 배반적인 관계이다. 따라서 배반적인 사상들의 부분 공간도 역시 배반적이다.

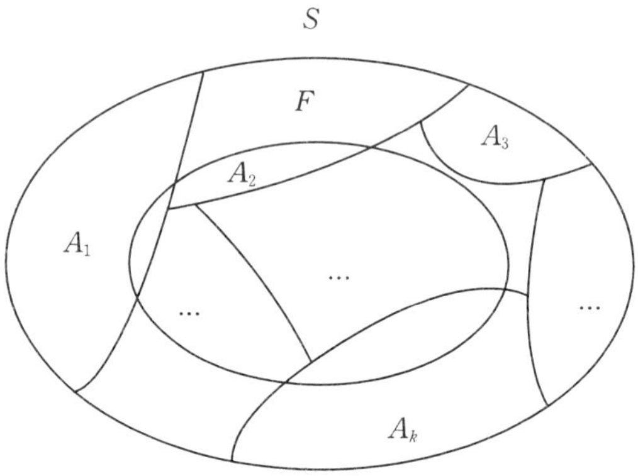

그림 2.1 사상의 분할

예제 2.5 어떤 회사에서 생산되는 제품은 다섯 가지 공정을 거쳐야만 완제품이 만들어진다. 출하 직전에 품질관리 부서에서 제품을 검사한 결과 불량품이 나타났다면 불량품과 공정의 관계를 설명하시오.

풀이 각 공정에서 생산된 중간재를 $A_i\ (i = 1, 2, \cdots, 5)$라 하면 각 사상 A_i는 서로 배반적이다. 이 때, 불량품을 D라 하면 불량품은 각 공정에서 나타날 수 있으므로 $D = \bigcup_{i=1}^{5}(A_i \cap D)$이 된다. 아울러 $(A_i \cap D) \cap (A_j \cap D) = \varnothing$ 이므로 사상$A_i \cap D$, $i = 1, 2, \cdots, 5$ 는 서로 배반적이다. ▣

2.3 경우의 수

한 번의 실험으로 나타날 수 있는 모든 경우를 표본점으로 했을 경우에 표본점들이 추출될 가능성 정도는 모두 동일(equally likely)해야 한다. 모든 조건을 동일하게 적용시키고도 나옴직한 정도가 동일하지 못하면 경우의 수를 계산하는 것은 옳지 못하다.

경우의 수는 순서를 생각할 것인가 또는 중복을 허락할 것이냐에 따라 다를 것이다. 이 절에서는 단순사상이나 복합사상에 포함되어 있는 표본점의 수를 헤아리는 방법을 연구하게 된다.

2.3.1 순서를 고려하는 경우의 수

표본공간에서 뽑히는 순서를 생각하는 경우의 수를 계산하는 방법을 보기로 하자.

정의 2.5 곱의 원리

만약 k개의 서로 분리된 연산 단계로 구성되었다면, 첫 번째 연산이 n_1가지로 수행되고, 두 번째 연산이 n_2가지가 존재하며, 같은 방법으로 k번째 연산인 경우는 n_k가지로 구성되어 있을 때, 전체 연산 방법은 $n_1 \times n_2 \times \cdots \times n_k$가지이다.

나옴직한 정도가 모두 동일한 단순사상으로 구성되어 있는 표본공간이라면 각 연산 단계에서 나타나는 경우의 수의 곱으로 표시되므로 이 정리를 곱의 원리(multiplication principle)라 한다.

예제 2.6 어느 제과점에서는 아이스크림(I), 설탕(S), 캔디(C) 중에서 적어도 한 가지를 사용하여 케이크를 만든다고 한다. 케이크를 만들 수 있는 방법은 모두 몇 가지인가?

풀이 세 가지 중에서 적어도 한 가지를 이용하여 케이크를 만들어야 하므로 표본공간은 $S=\{(I), (S), (C), (I, S), (I, C), (S, C), (I, S, C)\}$이다. 따라서 케이크를 만들 수 있는 방법의 가지 수는 일곱 가지이다.

곱의 원리를 이용한다면 각 재료를 넣거나 넣지 않거나 두 가지 방법이 존재하므로 각 경우의 수는 $2\times2\times2=8$가지이다. 그런데 이 중에는 하나도 넣지 않은 방법이 들어가 있으므로 한 가지를 빼면 일곱 가지가 된다. ▣

예제 2.7 책꽂이에 세 권의 붉은 색 표지의 책과 네 권의 흰색 표지의 책이 있다. 다음 물음에 답하시오.

(1) 표지 색만 구분되는 경우, 적어도 한 권의 책을 선택하는 방법의 수는 얼마인가?

(2) 책의 구분이 완전히 되는 경우 적어도 한 권의 책을 선택하는 방법의 수는 얼마인가?

풀이 (1) 한 번의 선택에서 붉은 색의 책을 선택할 수 있는 경우는 붉은 색 책은 선택하지 않거나, 한 권을 포함하거나, 두 권을 포함하거나, 세 권을 선택하는 방법이 있고, 붉은 색을 선택할 수 있는 각 경우에서 흰색을 선택하는 방법은 0권, 1권, 2권, 3권, 4권 등 다섯 가지가 있다. 따라서 책을 선택하는 방법은 $4\times5=20$가지가 있다. 그런데 이 중에 하나도 선택하지 않은 방법이 포함되어 있으므로 총 방법은 19가지가 있다.

(2) 모든 책은 뽑힐 수도 있고 뽑히지 않을 수도 있으므로 $2\times2\times2\times2\times2\times2\times2=128$가지가 있고 그 중에서 한 가지를 빼면 127가지가 존재한다. ▣

정의 2.6 순열

나올직한 정도가 같은 n개의 서로 다른 표본점 중에서 r개를 선택하여 나열하는 방법은 n개 중에서 r개를 선택하는 순열(permutation)의 수라 하며, ${}_nP_r$로 표시하고,

$${}_nP_r=n(n-1)(n-2)\cdots(n-r+1)$$

로 계산한다.

정의 2.6을 이용하여 n개의 서로 다른 표본점 중에서 n개를 선택하여 나열하는 방법의 수를 계산하면 ${}_nP_n=n\cdot(n-1)\cdot(n-2)\cdots(n-r+1)\cdot(n-r)\cdot\ \cdots\ \cdot2\cdot1$가지가 된다. 이때 이를 $n!$ (n factorial, 계승)이라 부른다.

예제 2.8 1에서 9까지 아홉 개의 자연수에서 세 개의 수를 뽑아 세 자리 자연수를 몇 개나 만들 수 있나?

풀이 표본공간은 $S=\{123, 124, \cdots, 789\}$ 일 것이다. 표본점의 수는 앞의 정의에서 구하면 ${}_9P_3=9\times8\times7=504$ 가지가 된다. ▣

예제 2.9 아홉 명으로 구성된 위원회에서 위원들의 이름을 적은 쪽지를 상자에 넣고 임의로 세 사람을 뽑는다. 다음 물음에 답하시오.

(1) 세 사람을 뽑아 회장, 부회장, 총무로 임명하는 방법의 가짓수는 몇 가지인가?

(2) 위원회 중 한 사람이 여성이라면, 이 사람이 부회장이 될 가능성은 얼마인가?

(3) 구성원 중에서 연장자순으로 회장, 부회장, 총무를 맡을 가능성은 얼마인가?

(4) 세 사람의 연장자를 뽑아서 이들에게 임원직을 맡기는 방법은 얼마인가?

풀이 아홉 사람의 번호를 각각 $1, 2, \cdots, 9$ 번이라 하자. 우선 아홉 명 중에서 세 사람을 뽑는 방법의 표본공간은 $S=\{(1,2,3), (1,2,4), (1,2,5), (1,2,6), (1,2,7), (1,2,8), (1,2,9), \cdots, (7,8,9)\}$으로서 표본점의 수는 84가지가 된다.

(1) 앞의 표본공간상에서 $(1,2,3)$번이 뽑혔다면, 세 사람 중에서 회장, 부회장, 총무를 맡기는 방법은 $\{(1,2,3), (1,3,2), (2,1,3), (2,3,1), (3,1,2), (3,2,1)\}$으로 여섯 가지가 된다. 따라서 아홉 명 중에서 세 사람을 뽑아 임원을 맡기는 방법은 $84\times6=504$ 가지이다. 이는 아홉 명 중에서 세 사람을 뽑아 일열로 나열하는 방법과 동일하다. 따라서

$$ {}_9P_3=9\times8\times7=504 $$

(2) 관심 대상이 되는 사상은 여성이 부회장직을 수행하도록 우선 배정하면, 나머지 여덟 명의 남성 중에서 두 사람을 뽑아 회장, 총무직을 안배하는 방법과 같으므로 ${}_8P_2=56$ 가지이다. 또한 여성이 부회장직을 수행하게 될 가능성은 504가지 중에서 56가지가 포함되어 있으므로 $\frac{56}{504}=\frac{1}{9}$이 된다. 즉, 이것은 여성이 부회장을 맡을 확률이 되는 것이다.

(3) 구성원 중에서 연장자의 순서는 한 가지이므로 그 가능성은 $\frac{1}{504}$이다.

(4) 앞의 문제는 연장자 순으로 회장, 부회장, 총무 순으로 직책을 맡을 경우는 한 가지이지만, 연장자 세 사람을 직책에 따라 나열하는 방법은 $3!=3\times2\times1=6$ 이므로 그 가능성은 $\frac{6}{504}$이다. ▣

위 정의에서 나타나는 순열의 계산방법은 n개의 서로 다른 표본점 중에서 반복 없이 (without replacement) 한 번에 r개를 취하여 나열하는 방법과 같으며 다음 식

$$_nP_r = n \cdot (n-1) \cdot \cdots \cdot (n-r+1) = \frac{n!}{(n-r)!}$$

와 같이 계산된다.

예제 2.10 철수와 영희가 주사위를 세 번 던져 나타나는 눈의 합이 9가 되는 경우와 10이 되는 경우에 관심이 있다. 철수는 그 합이 9가 되는 경우가 $(1,2,6)$, $(1,3,5)$, $(1,4,4)$, $(2,2,5)$, $(2,3,4)$, $(3,3,3)$와 같이 여섯 가지 경우라 했고, 영희는 그 합이 10이 되는 경우가 $(1,3,6)$, $(1,4,5)$, $(2,2,6)$, $(2,3,5)$, $(3,3,4)$, $(4,4,2)$와 같이 동일하게 여섯 가지이므로 합이 9가 되는 경우와 10이 되는 경우의 가능성은 동일하다고 주장하였다. 이때, 다음 물음에 답하시오.

(1) 철수와 영희의 생각이 옳다고 할 수 있을까? 아니면 무엇이 문제인가?

(2) 합이 9와 10이 되는 경우의 확률을 구하시오.

풀이 (1) 철수와 영희의 생각이 옳다고 할 수 없다. 왜냐하면 (1, 2, 6)인 경우만을 생각할 때, 첫 번째 주사위가 1, 두 번째 주사위가 2, 세 번째 주사위가 6이 나타나는 경우만을 생각한 것이고 2, 1, 6과 같은 방법은 고려하지 않고 있다. 첫 번째 주사위 눈을 x_1, 두 번째 주사위 눈을 x_2, 세 번째 주사위 눈을 x_3라 하면 이 한 가지 중에는 다음과 같은 방법이 숨어 있기 때문이다.

(a) x_1, x_2, x_3가 전부 틀린 경우는 세 개를 나열하는 방법의 수 $3 \neq 6$이다. 예를 들면

$$\{(x_1, x_2, x_3) \mid (1,2,6), (1,6,2), (2,1,6), (2,6,1), (6,1,2), (6,2,1)\}$$

(b) 두 가지가 같고 하나가 다른 경우는 $\frac{3!}{2! \times 1!} = 3$가지이다. 예를 들면

$$\{(x_1, x_2, x_3) \mid (1,4,4), (4,1,4), (4,4,1)\}$$

(c) 세 가지가 모두 같은 경우는 $\frac{3!}{3!} = 1$가지일 것이다.

(2) 세 개의 주사위를 던져 나타날 수 있는 총 방법의 가짓수는 $6 \times 6 \times 6 = 216$이다.

(a) 합이 9가 되는 경우의 확률의 계산은 6가지 중에서 숫자가 틀린 경우는 3가지이고, 2개가 같은 경우는 2가지이며 모두 같은 경우는 한 가지이므로 다

음과 같이 계산한다.

$$P(\text{합이 }9) = \frac{(3!)\times 3 + (3!/2!)\times 2 + 1}{6^3} = \frac{25}{216}$$

(b) 합이 10이 되는 경우의 확률을 위와 같은 방법으로 계산하면

$$P(\text{합이 }10) = \frac{(3!)\times 3 + (3!/2!)\times 3}{6^3} = \frac{27}{216}$$

와 같이 구할 수 있을 것이다. 따라서 합이 9가 될 확률과 10이 될 확률은 같지 않음을 확인할 수 있다. ▣

정리 2.1 같은 종류가 있는 경우의 순열

n개의 표본점으로 구성되어 있는 표본공간에서 $r_1, r_2, \cdots, r_k$ 개가 같은 종류이다 (단, $n = \sum_{i=1}^{k} r_i$). 이를 일렬로 나열하는 방법은 $\frac{n!}{r_1! r_2! \cdots r_k!}$ 가지이다.

증명 간단한 예를 들어 이해를 도와보자. 1이 2개, 2가 1개가 있을 때, 1이 틀린 1(즉, 1_1, 1_2)이라 할 때, 이를 일렬로 나열하면 $\{1_1 1_2 2,\ 1_2 1_1 2,\ 1_1 2 1_2,\ 1_1 2 1_2,\ 2 1_1 1_2, 2 1_2 1_1\}$으로서 총 6가지 (3!) 된다. 그러나 1은 같은 것이므로 1을 나열하는 방법은 2!만큼은 같은 방법이라 할 수 있다. 따라서 1이 2개, 2가 1개일 때 나열하는 방법은 $\frac{3!}{2!1!} = 3$가지이다. 이를 확장시켜 n개의 표본점을 일렬로 나열하는 방법은 $n!$ 가지이다. 이 중에는 같은 것들도 구분이 되어 나열된 방법을 포함하게 된다. 같은 것의 나열은 그 중에서 나누어져야 한다. 예를 들면 여성이 r명, 남성이 $n-r$이 있는 집단에서 성별의 차이만 있을 때, 이들을 나열하는 방법은 $\frac{n!}{r!(n-r)!}$ 가지이다.

이를 확대 적용해보자. 즉 $n!$ 가지 중에는 동일한 객체가 각각 $r_1, r_2, \cdots, r_k$ (단, $n = \sum_{i=1}^{k} r_i$)개가 존재한다면 이를 일렬로 나열하는 방법은 $\frac{n!}{r_1! r_2! \cdots r_k!}$ 가지가 된다.

▣

예제 2.11 바둑돌은 흰색과 검은색으로 구분된다. 이 때 다음과 같이 돌이 있을 때 일렬로 나열하는 방법의 수를 구하시오.

(1) 검은 돌 3개, 흰 돌 1개

(2) 검은 돌 3개, 흰 돌 3개

(3) 검은 돌 r개, 흰 돌 $n-r$개

풀이 (1) 다음은 검은 돌 3개와 흰 돌 1개를 나열한 것이다.

$$(●●●○)(●●○●)(●○●●)(○●●●)$$

그런데 앞의 순열에서 4개를 전부 나열하는 방법은 4!가지이다. 이 중에는 검은 돌을 나열하는 방법이 중복하여 계산된 것이다. 따라서 이를 제거하면 앞의 그림과 같이 4가지가 나타난다. 계산방법은 $\frac{4!}{3!1!}=4$ 으로 가능하다.

(2) 앞과 같이 계산하면 $\frac{6!}{3!3!}=20$ 가지가 된다.

(3) 정리의 증명에서와 같이 생각하면 $\frac{n!}{r!(n-r)!}$ 가지이다. ▣

예제 2.12 어린이들이 놀이용 종이판에 다음과 같이 가로로 여섯 개와 세로로 네 개의 똑같은 직사각형 그림이 그려져 있다. 시작점 0에서 시작하여 종착점 A까지 가는데 다음 물음에 답하시오. 단, 각 격자점에서 위로나 오른쪽으로만 움직일 수 있다.

(1) 출발점에서 도착지점까지 가는 방법은 모두 몇 가지인가?

(2) B점을 통과할 가능성 정도는 얼마인가?

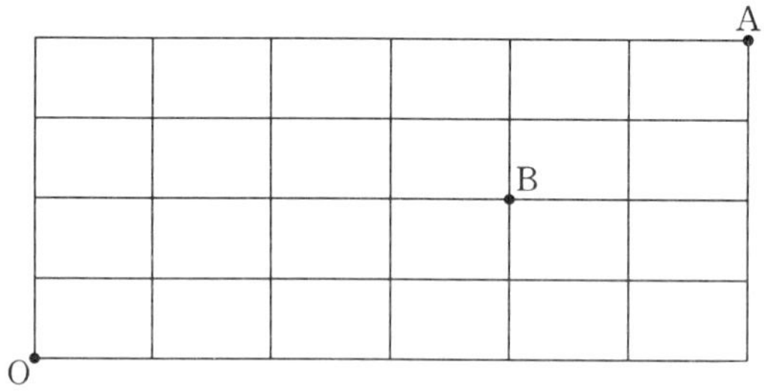

그림 2.2 격자점

풀이 가로의 한 길이를 a, 세로의 한 길이를 b라 하면 O에서 A까지 가는데 a길은 여섯 번, b길은 네 번을 가야할 것이다. 따라서 표본공간은 $S=\{(aaaaaabbbb),\ \cdots,\ (bbbbaaaaaa)\}$이 된다.

(1) 목표점에 도착하기 위해서는 가로로 여섯 개의 길과 세로는 네 개의 길을 가야 한다. 따라서 이 문제는 10개의 경로를 택하는 데 같은 것이 여섯 개, 네 개가 있는 경우의 나열 방법과 같다. 따라서 $\frac{10!}{6!\times 4!}=210$가지가 존재한다.

(2) 같은 방법으로 경우의 수를 계산하면 출발점 O점에서 B지점까지 가는데 $\frac{6!}{4!\times 2!}=15$ 이고, B지점에서 도착지점 A까지 가는 데 $\frac{4!}{2!\times 2!}=6$ 이므로 출

발점에서 도착지점까지는 $15 \times 6 = 90$가지가 있다. 따라서 $P(O$에서 A 지점$)$ $= \frac{90}{210} = \frac{3}{7}$ ▣

예제 2.13 한 학급에 30명의 학생이 있다. 이들 중 적어도 두 학생의 생일이 같을 확률을 구하시오(단, 출생연도는 고려하지 않는다). 또한 학급 구성원의 수가 $k(\leq 365)$ 명이라면 적어도 두 학생의 생일이 같을 가능성은 어떠한가?

풀이 한 학생의 생일날은 365가지가 가능하다. 극단적인 예로서 30명 모두 1월 1일 출생할 수도 있을 것이다. 이렇게 생각하면 30명 학생이 365일의 어느 날에 출생하게 되므로 표본공간은 365^{30} 가지의 표본점으로 구성되어 있다. 즉, 표본공간은 $S = \{(11 \cdots 1), (1 \cdots 12), \cdots, (365, \cdots, 365)\}$(단 1월 1일은 1, 12월 31일은 365로 표시)이 된다. 표본점 중에서 $(1, 1, 1, \cdots, 1)$은 30명 학생이 모두 1월 1일 생일이라는 뜻이다. 표본공간의 모든 표본점은 적어도 두 학생의 생일이 같은 사상 A와 모두 생일이 틀린 사상 B로 구성된다. A가 나타날 가능성 정도를 구하기 위하여 B가 일어날 가능성 정도를 구하면 365일에 임의로 30개의 날자를 선택하여 나열하는 방법과 같으므로 ${}_{365}P_{30}$ 이 된다. 이 때 사상 A와 사상 B는 서로 배반적이므로, 전체가 일어날 가능성 정도 1에서 B가 일어날 가능성 정도를 계산할 수 있다. 따라서 구하는 사상 A가 나타날 가능성 정도는

$$P(A) = 1 - P(B) = 1 - \frac{{}_{365}P_{30}}{365^{30}} = 0.7063$$

학급 구성원의 수가 k 명이라면 적어도 두 학생이 생일이 같을 가능성은

$$P(A) = 1 - \frac{{}_{365}P_k}{365^k}$$

여기서 k 의 값에 따라 그 확률을 구하면 다음의 표와 같다.

k	5	10	20	22	23	30	40	50	60	100
확률	0.0271	0.1169	0.4114	0.4757	0.5073	0.7063	0.8912	0.9704	0.9941	1.0000

이 예제는 확률론에서 자주 다루는 전형적인 생일문제(birthday problem)의 변형이다. ▣

2.3.2 순서를 고려하지 않은 경우의 수

앞 절에서는 순서를 고려하여 나열하는 방법의 가짓수가 순열을 이루고 있음을 보았다. 그렇다면 순서를 고려하지 않은 경우의 수는 어떻게 될까. 간단한 예를 들면 세 사람을 일렬로 나열하는 방법은 3!가지였으나 순서를 고려하지 않으면 한 가지 방법밖에 없다.

정리 2.2 조합

n개의 서로 다른 표본점으로 구성된 표본공간에서 r개를 추출하는 방법은 n개 중에서 r개를 취하는 조합(combination)이라 부르고, ${}_nC_r$ 또는 $\binom{n}{r}$이라 하며,

$$\binom{n}{r} = \frac{{}_nP_r}{r!} = \frac{n!}{r! \times (n-r)!}, \quad (\text{단}, \ r \le n)$$

증명 n개의 표본점 중에서 r개의 표본점을 뽑아 나열하는 방법은 한 그룹을 동일한 r개, 다른 그룹은 동일한 $n-r$개로 나누어 일렬로 나열하는 방법과 같다. 물론 각 그룹 내에서는 순서를 고려하지 않는다. 따라서 다음과 같은 방법으로 계산할 수 있을 것이다.

(순서를 고려하여 배열하는 총수)=(n 개의 표본점을 두 그룹으로 나누는 방법의 수)×(각 그룹에 포함되어 있는 표본점들의 배열의 방법의 수)

순서를 고려하여 배열하는 방법은 n개를 나열하는 순열이므로 $n!$가지이고, n개의 표본점을 두 개의 그룹(r, $n-r$)으로 분류하고 각각을 나열하는 방법은 $r! \times (n-r)!$가지가 존재할 것이다. 또한 n개의 표본점을 두 그룹으로 나누는 방법의 수를 x라 하면 위 식은

$$n! = x \times (r! \times (n-r)!)$$

따라서 n개의 표본점을 두 그룹으로 나누는 방법의 수는 $x = \dfrac{n!}{r! \times (n-r)!}$ 이다. 이 때 x의 값을 ${}_nC_r$ 또는 $\binom{n}{r}$로 표시하고 조합이라 한다. ▣

예제 2.14 한 개의 상자에 네 개의 불량품과 16개의 양품이 들어 있다. 이 중에서 임의로 세 개의 상품을 꺼낼 때 다음의 확률을 구하시오.

(1) 세 개가 모두 양품일 확률

(2) 적어도 한 개가 불량품일 확률

풀이 총 20개의 상품에서 세 개를 꺼내서 나열하지 않고 양품인지 불량품인지만을 확인하면 되므로 20개 중에서 3개를 취하는 방법과 같다. 따라서, 표본공간의 표본점은 총 $\binom{20}{3}=1140$가지이다.

(1) 세 개가 모두 양품일 경우는 양품 16개 중에서 세 개를 뽑아야 하므로 $\binom{16}{3}=560$ 가지다. 따라서 구하는 확률은 $\frac{560}{1140}=\frac{28}{57}$이다.

(2) 적어도 한 개가 불량품이라는 의미는 불량품일 경우가 한 개, 두 개, 세 개인 경우라는 뜻과 같다. 이를 (1)번의 여 사상으로 생각하면 구하는 확률은 $1-\frac{560}{1140}=\frac{29}{57}$이다. ▣

이 결과는 n개의 표본점을 k개의 복합사상으로 구성되는 부분집합으로 나누는 경우로 다음 정의와 같이 일반화할 수 있다.

정리 2.3 같은 종류가 있는 경우의 조합

n개의 서로 다른 표본점을 k개의 그룹으로 분할하고, 각 부분집합의 표본점의 개수를 각각 $n_1, n_2, \cdots, n_k$ (단, $\sum_{i=1}^{k} n_i = n$) 이라 하면 같은 것끼리 있는 경우의 배열방법이므로

$$_nC_{n_1, n_2, \cdots, n_k} = \binom{n}{n_1, n_2, \cdots, n_k} = \frac{n!}{n_1! n_2! \cdots n_k!}$$

증명 정리 2.2의 증명에서 사용된 논리와 비슷한 이론을 적용하면

$$_nP_n = n! = x \times (n_1! n_2! \cdots n_k!)$$

따라서

$$_nC_{n_1, n_2, \cdots, n_k} = \binom{n}{n_1, n_2, \cdots, n_k} = \frac{n!}{n_1! n_2! \cdots n_k!}$$ ▣

예제 2.15 인지능력이 없는 어린이에게 세 개의 장난감 A, B, C를 주고 차례로 선택하게 할 때 다음 물음에 답하시오.

(1) 장난감 A가 처음에 선택될 확률은 얼마인가?

(2) 장난감 A가 처음 또는 두 번째 선택될 확률은 얼마인가?

(3) 장난감 A가 처음에, 장난감 B가 두 번째 선택될 확률은 얼마인가?

풀이 어린이가 선택할 수 있는 방법의 표본공간은 다음과 같이 총 $3! = 6$가지다. 단, (ABC)는 처음에 A, 두 번째 B, 세 번째 C를 선택할 경우를 말한다.

$$S = \{(ABC), (ACB), (BAC), (BCA), (CAB), (CBA)\}$$

(1) A가 처음에 선택할 경우는 앞의 표본공간에서 두 가지가 존재하므로 확률은

$$\frac{2}{6} = \frac{2!}{3!}$$

(2) 장난감 A가 처음 또는 두 번째 선택될 경우는 확률공간에서 네 가지 경우가 존재하므로 구하는 확률은

$$P(\text{ A가 처음이거나 두 번째이다}) = \frac{1}{3} + \frac{1}{3} = \frac{2}{3}$$

(3) $P(\text{ A가 처음, B가 두 번째}) = \frac{1}{6}$ ▣

2.3.3 임의 추출법

제1장에서는 주어진 모집단으로부터 표본 또는 부분집합을 조사하여 모집단에 대한 정보를 얻는 문제를 간략히 논의했다. 이 절에서 논하고자 하는 것은 모집단을 잘 대표할 수 있는 표본(sample)을 어떻게 얻을 것인가 하는 문제이다. 일반적으로 모집단에서 표본을 얻을 수 있는 방법은 무수히 많이 존재할 것이다. 예를 들어 이를 이해해 보기로 하자.

관심대상은 30명의 학생으로 구성된 한 학급의 평균키이다. 이를 구하기 위하여 30명 학생을 전부 조사하여 평균을 구할 수 있지만 이는 번거로운 일일 수 있다. 따라서 이 중에서 다섯 명을 뽑아 이들의 평균을 구해 이 학급의 평균키로 사용하고자 한다. 그러면 문제되는 것이 다섯 명을 어떻게 선택할 것인가 하는 것이다. 다음은 30명 중에서 다섯 명을 뽑는 여러 가지 방법들에 관한 내용이다.

1. 앞줄에 앉아 있는 학생을 선발한다.
2. 출석부에 있는 학생들 번호순으로 선택한다.
3. 5번, 10번, 15번, 20번, 25번을 선택한다.
4. 선생님이 선택하여 측정한다.
5. 학생의 이름을 쓴 같은 크기의 공을 항아리에 넣고 이 중에서 임의로 다섯 명을 선택한다.

처음 방법은 흔히 키가 작은 학생이 앞줄에 앉게 되므로 작은 학생이 표본이 되어 전체적으로 작은 평균을 얻게 된다. 두 번째 방법은 번호순으로 학생을 선택하면 어느 정도는 대표성을 인정할 수 있지만 만약에 번호가 키가 작은 순으로 되어 있다면 또한 작은 평균을 대표값으로 인정하는 결과가 된다. 세 번째 방법은 우연히 키가 큰 학생으로 구성되어 있다면 대표되는 값은 커질 것이다. 네 번째 방법은 선생님이 선호하는 학생이 선택되므로 키의 대표값으로 쓰기에는 부족하다. 다섯째 방법은 임의로 선택되므로 대표값으로 가장 적절한 방법이 된다.

이들을 비교하면 첫 번째 방법에서 네 번째 방법까지는 30명 학생 중에서 다섯 명에 뽑힐 확률이 모두 같다고 볼 수 없다. 그러나 다섯째 방법은 각 학생이 표본에 포함될 확률이 똑같이 작용하므로 어느 한 사람이 표본에 뽑힐 경우보다 적절하다 할 수 있다. 이와 같이 표본점 중에서 한 학생이 뽑힐 확률을 동일하게 보장하는 추출방법을 임의추출법(random sampling)이라 한다. 본질적으로 임의추출은 균일 확률모형의 응용이다. 즉, 균일모형의 개념을 이용하여 임의표본(random sample)을 정의하면 다음과 같다.

정의 2.7 임의 표본

표본공간상에 있는 모든 표본점이 표본에 포함될 확률이 동일한 경우에 이를 임의표본이라 한다.

위의 다섯 번째 선택 방법을 채택한다면 어떻게 뽑아야 할까 하는 문제가 대두된다. 흔히 사용되는 방법은 다음과 같은 경우가 있다.

1. 순서를 고려하여 복원(with replacement)으로 추출한다.
2. 순서를 고려하여 비복원(without replacement)으로 추출한다.
3. 순서를 고려하지 않고 비복원으로 추출한다.

일반적으로 표본공간이 n 개의 표본점으로 구성되어 있는 경우에 이 중에서 $k(\leq n)$ 명을 뽑을 수 있는 표본의 수는 위 방법에서 각각 n^k, ${}_nP_k$, ${}_nC_k$ 가지이다.

이들 중에서 첫 번째 방법은 복원을 허락하고 있다. 그러나 통계학에서 취급하는 대부분의 문제에서 이들은 모집단을 파악하는 데 부가적인 정보를 제공하지 못하므로, 복원추출 방법은 관심을 끌지 못한다. 따라서 대부분의 논의는 비복원 추출에 제한하게 된다.

그렇다면 어떤 방법으로 표본을 선택할 것인가? 앞의 문제 30명 중에서 다섯 명을 뽑는 방법을 다시 생각하자. 첫 번째는 다섯 명씩 이름을 기록한 공 $\binom{30}{5} = 142,506$ 개를 항아리에 집어넣고 한 개를 뽑아 그 곳에 쓰여 있는 사람을 선출한다. 이 방법은 별로 현명하지 못한 방법이다. 또 다른 방법은 30명의 이름이 쓰여 있는 똑같은 공을 항아리에 넣고 그 중에서 임의로 다섯 개의 공을 뽑아 표본으로 삼는다. 이 두 가지 방법은 동일한 확률을 가지고 나타날 수 있으므로 두 번째 방법을 이용하는 것이 보다 현명한 방법일 것이다.

정리 2.4

임의추출 방법으로 크기가 n인 표본공간에서 k개의 표본을 추출할 때, 각 표본점이 뽑힐 확률은 $\frac{1}{n}$이다.

증명 문제를 고정하기 위하여 r번째 추출에서 특정한 표본점 A가 추출되는 경우를 생각해 보자. 이때 표본공간은 ${}_nP_k$개의 표본점으로 형성될 것이다. 만약에 A가 r번째 위치에 채워진다면, 나머지 $k-1$개의 위치에는 $n-1$개 중에서 채워질 것이다. 따라서 나머지 위치에 채워지는 방법은 ${}_{n-1}P_{k-1}$가지이다. 따라서 구하는 확률은

$$\frac{{}_{n-1}P_{k-1}}{{}_nP_k} = \frac{1}{n}$$

또한, 크기가 n인 표본공간에서 k개의 표본을 추출할 때 특정한 표본점이 표본에 포함될 확률은 $\frac{\binom{n-1}{k-1}}{\binom{n}{k}} = \frac{k}{n}$으로 계산이 가능하다. ▣

예제 2.16 어떤 어린이가 색이 다른 공을 다섯 개 갖고 있다. 이 중에서 한 개를 보고 다시 집어넣는 행동을 다섯 번 반복한다고 한다. 이 때, 다음 물음에 답하시오.

(1) 확률모형을 구하시오.

(2) 다른 색의 공을 취할 확률을 구하시오.

(3) 정확히 네 개의 공이 다른 색일 경우의 확률을 구하시오.

(4) 정확히 세 개의 공이 다른 색일 확률을 구하시오.

풀이 (1) 어린이가 다섯 번 공을 꺼내는 놀이에서 한 개의 색을 다섯 번 반복하여 취할 수도 있으므로 중복을 허용하는 추출이 될 것이다. 따라서 표본공간은

$5^5=3125$ 의 표본점으로 구성한다. 이때 i 번째 뽑히는 공의 색을 x_i 라면 확률 모형은

$$P((x_1, x_2, x_3, x_4, x_5)) = \frac{1}{3125}$$

(2) 서로 다른 색을 취할 경우의 수는 $5\times4\times3\times2\times1=5!=120$가지이다. 따라서

$$P(\text{다섯 종류 색의 공}) = \frac{5!}{5^5} = \frac{24}{625}$$

(3) 이 문제는 다음 세 가지 순서에 의하여 풀이하겠다.

(i) 다섯 개 중에서 네 개의 공을 선택하는 방법의 수는 $\binom{5}{4}=5$

(ii) 선택된 네 개의 공중에서 한 개를 선택하여 중복을 허용하므로 $\binom{4}{1}=4$

(iii) 한 공이 두 번, 다른 세 개의 공은 한 번씩 선택하므로 경우의 수는 $\frac{5!}{2!1!1!1!}=60$ 가지가 있다. 따라서 구하는 확률은

$$P(\text{ 정확히 네 개의 공이 다른 색}) = \frac{5\times4\times60}{5^5} = \frac{48}{125}$$

(4) 정확히 세 가지 색의 다른 공이 취해질 경우는 다음 두 개의 배반사상의 합 사상으로 표현할 수 있다.

사상 A : 두 가지 다른 공과 한 가지 공이 세 번 반복되는 경우

사상 B : 한 가지 다른 공과 두 가지 공이 두 번 반복되는 경우

앞의 문제와 같은 방법으로 풀이하면

$$P(A) = \frac{\binom{5}{3}\times\binom{3}{1}\times\frac{5!}{3!1!1!}}{5^5} = \frac{24}{125}$$

$$P(B) = \frac{\binom{5}{3}\times\binom{3}{2}\times\frac{5!}{2!2!1!}}{5^5} = \frac{36}{125}$$

따라서

$$P(A\cup B) = \frac{24}{125} + \frac{36}{125} = \frac{12}{25}$$ ▣

예제 2.17 N 개의 표본점을 갖는 모집단에서 크기 n 인 표본을 복원추출할 때, 다음 물음에 답하시오.

(1) 적절한 확률모형을 구하시오.

(2) 서로 다른 표본점이 추출될 확률을 구하시오.

(3) 한 개의 표본점은 k 번, 나머지는 서로 다른 표본점이 추출될 확률을 구하시오.

풀이 i번째 추출된 표본점을 x_i라고 표현하면, 표본의 조합을 $(x_1, x_2, \cdots, x_n)$ 와 같이 나타내자.

(1) 모집단의 크기는 N^n이다. 즉 이 중에서 하나의 표본점은 $(x_1, x_2, \cdots, x_n)$ 으로 표현할 수 있으므로

$$P\{(x_1, x_2, \cdots, x_n)\} = \frac{1}{N^n}$$

(2) 표본이 모두 다른 것이라면 N개 중에서 n개를 중복 없이 추출하는 방법은 ${}_NP_n$ 이므로 구하는 확률은

$$P(\text{서로 다른 표본 점}) = \frac{{}_NP_n}{N^n}$$

(3) n개 중에서 k개는 동일한 표본점이고 나머지 $n-k$는 다른 표본점을 취해야 하므로 전부 $n-k+1$개의 표본점은 취하여 그 중에서 한 개는 k번 반복하고 나머지는 한 번만 이용하면 된다.

(i) N개 중에서 $n-k+1$개의 표본점을 취하는 방법의 수는 $\binom{N}{n-k+1}$

(ii) $n-k+1$개 중에서 중복하기 위하여 한 개를 취하는 방법은 $\binom{n-k+1}{1}$

(iii) n개의 표본점을 나열하는 방법의 수는 $\frac{n!}{k!}$

따라서 구하는 확률은

$$P(\text{한 개는 } k\text{번, 나머지는 서로 다름}) = \frac{\binom{N}{n-k+1} \times \binom{n-k+1}{1} \times \frac{n!}{k!}}{N^n}$$ ▣

예제 2.18 다음과 같이 장미꽃 단을 만들려고 한다. 만드는 방법은 모두 몇 가지 방법이 있나?

(1) 4송이를 두 개씩 두 개의 묶음

(2) 6송이를 두 개씩 3개의 묶음

풀이 (1) 장미꽃 송이를 1, 2, 3, 4번이라 번호를 메기고 두 개씩 묶는 방법의 표본공간은

$$S = \{(1,2), (1,3), (1,4), (2,3), (2,4), (3,4)\}$$

로서 6가지 방법이 존재한다. 그러나 이때 (1,2)가 한 개의 묶음으로 만들면 다른 (3,4)번의 묶음은 자동적으로 한 개의 묶음이 나타난다. 따라서 (1,2)와 (3,4)는 묶는 방법에서 한 가지 방법이 될 것이다. 또한 (1,3)과 (2,4)도 한 가지 방법이고, (1,4)와 (2,3)도 한 가지 방법이라 할 수 있다. 따라서 4개의 장미꽃을 두 묶음으로 묶는 방법의 가지 수는 세 가지가 된다. 이를 수식으로 정리하면 우선 4개 중에서 두 개를 선택하고 나머지를 가지고 두 개를 선택하는 방법의 수는 $\binom{4}{2}\binom{2}{2}$이 된다. 그런데 이중에는 두 개의 묶음이 구분되어 있기 때문에 이를 제거하면 $\binom{4}{2}\binom{2}{2} \cdot \frac{1}{2!} = 3$가지가 된다.

(2) 앞의 문제 풀이를 이용하여 풀면 6개 중에서 두 개씩 세 묶음이 되야 하므로 $\binom{6}{2}\binom{4}{2}\binom{2}{2}$가지가 선택되는 방법이 가지 수이고, 세 개의 묶음을 나열하는 방법이 가지 수 3!개를 제거하면 $\binom{6}{2}\binom{4}{2}\binom{2}{2} \cdot \frac{1}{3!}$로 정리가 된다. 이를 풀면 총 15가지 경우가 생길 것이다.

조금 더 자세하게 묶음으로 정리하면 처음 (1,2)번을 한 묶음으로 했을 경우에 두 번째와 세 번째 묶음은 $\{(3,4),(5,6)\}$, $\{(3,5),(4,6)\}$, $\{(3,6),(4,5)\}$, $\{(4,5),(3,6)\}$, $\{(4,6),(3,5)\}$, $\{(5,6),(3,4)\}$와 같이 되며, 이들 중에서 두 개씩은 같은 묶음이 되므로 $(1,2)$인 경우에는 총 세 가지가 나타난다. 같은 방법으로 처음의 묶음은 $(1,3),(1,4),(1,5),(1,6),(2,3),(2,4),(2,5),(2,6),(3,4),(3,5),(3,6),(4,5),(4,6),(5,6)$로 구분이 되어 총 15가지가 된다. 따라서 15가지는 3가지씩이므로 45가지이다. 그런데 이 중에서 $(1,2),(3,4),(5,6)$이 되는 경우가 각각 3가지이므로 $45 \div 3 = 15$가지가 된다.

예제 2.19 1학년 20명과 2학년 20명이 있다. 이 중에서 임의로 두 명씩 뽑아 20개의 방에 배정하려고 한다. 다음 물음에 답하시오.

(1) 같은 학년끼리 방 동료가 될 확률을 구하시오.

(2) $(2k)$쌍은 1, 2학년이 같은 방 동료일 확률을 구하시오.

풀이 우선 표본공간을 구성하는 표본점의 수를 구하자. 이 문제에서는 사람의 구분이 없고 단순히 학년 구분만 있다. 40명을 두 명씩 20개의 팀으로 나누는 방법은 40명은 마치 장미꽃 40송이를 2개씩 20개의 묶는 방법과 같으므로

$$\binom{40}{2}\times\binom{38}{2}\times\binom{36}{2}\times\cdots\times\binom{2}{2} = \frac{40!}{(2!)^{20}}$$

이다. 그런데 이 방법은 20개의 그룹을 방 배정이 완료된 경우의 수를 의미한다. 따라서 20개의 그룹에 방을 배정하지 않으므로 방 배정 방법을 나누어주어야 한다.

20개의 그룹을 방 배정하는 방법이 20! 이므로 전체를 묶는 방법은 $\dfrac{40!}{(2!)^{20}\times 20!}$ 가지이다.

(1) 1학년 20명이 방 동료가 될 경우의 수는 앞의 방법과 같이 구하면 $\dfrac{20!}{(2!)^{10}\times 10!}$ 가지이다. 따라서 구하는 확률은

P(같은 학년끼리 방 동료)

$$=\frac{\left(\dfrac{20!}{2^{10}\times 10!}\right)^2}{\dfrac{40!}{2^{20}\times 20!}}=\frac{(20!)^3}{(10!)^2\times 40!}=\frac{323}{240990435}=0.1340\times 10^{-5}$$

(2) i) 혼성팀을 만들기 위하여 1학년에서 $(2k)$명을 뽑고, 2학년에서 $(2k)$명을 뽑아 짝을 맺어주는 방법은

$(1$학년 $2k$명$)\times(2$학년 $2k$명$)\times($짝$)=\binom{20}{2k}\times\binom{20}{2k}\times(2k)!$가지이다.

ii) 나머지는 1학년이나 2학년 공히 $(20-2k)$명을 두 명씩 묶는 방법은 $\binom{20-2k}{2}\binom{20-2k-2}{2}\cdots\binom{2}{2}=\dfrac{(20-2k)!}{(2!)^{10-k}}$ 이다. 그러나 이 속에는 나열하는 방법 $(10-k)!$가지가 포함되어 있으므로 2명씩 배정하는 방법은 $\left(\dfrac{(20-2k)!}{2^{10-k}\times(10-k)!}\right)^2$ 가지가 된다.

따라서, i)과 ii)에서 $(2k)$쌍의 혼성팀이 존재할 확률은

$$P(2k\text{ 쌍은 1, 2학년})=\frac{\binom{20}{2k}^2\times(2k)!\times\left(\dfrac{(20-2k)!}{2^{10-k}\times(10-k)!}\right)^2}{\dfrac{40!}{2^{20}\times 20!}},$$

단, $k=1,2,\cdots,10$ ▣

참고 k값에 따른 확률을 계산하면 다음 표와 같다.

k	0	1	2	3	4	5	6	7	8	9	10
확률	0.134×10^{-5}	0.268×10^{-3}	0.724×10^{-2}	0.0618	0.2162	0.3459	0.2620	0.0921	0.0138	0.0007	0.761×10^{-5}

2.4 결합된 사상에 관련된 확률

앞에서 지적했듯이 표본공간의 각 표본점은 나타날 가능성 정도가 같아야 한다. 그렇다면 한 개 이상의 표본점들이 모여 하나의 집합을 구성한다면 이는 복합사상으로서 그 확률은 표본점의 원소의 개수로 정의할 수 있을 것이다. 복합사상은 단순사상의 결합된 집합형태로 나타날 것이고, 만드는 방법은 합집합, 교집합, 여집합의 집합론적인 결합이 될 것이다. 따라서 결합된 집합 내에서 한 개의 표본점이 나타날 확률은 표본공간의 부분집합으로 정의할 수 있고 확률은 고전적 정의에 의하여

$$P(\text{부분집합}) = \frac{\text{부분 집합에서 나타날 수 있는 경우의 수}}{\text{표본 공간에서 나타날 수 있는 경우의 수}}$$

와 같이 정의할 수 있다.

공리

1. 임의의 사상 $A(\subset S)$에 대하여, $0 \le P(A) \le 1$
2. $P(S) = 1$
3. $E_i,\ i = 1,\ 2,\ \cdots$가 서로 배반적인 관계가 존재할 때

$$P\left(\bigcup_{i=1}^{\infty} E_i\right) = \sum_{i=1}^{\infty} P(E_i)$$

공리 3은 앞에서 서술한 분할의 연장선상에서 생각해보기 바란다.

정리 2.5 공집합

$\varnothing$를 공집합(null set)이라 할 때

$$P(\varnothing) = 0$$

증명 사상들 $E_i,\ i = 1,2,\cdots$가 서로 배반사상이라 하면, $E_1 = S$이면 $\bigcup_{i=2}^{\infty} E_i = \varnothing$이 된다. 따라서 $S = \bigcup_{i=1}^{\infty} E_i = E_1 \bigcup \left(\bigcup_{i=2}^{\infty} E_i\right)$에서 E_1와 $\bigcup_{i=2}^{\infty} E_i$은 서로 배반적이므로 공리 3을 이용하여 증명하면 된다.

$$P(S) = P\left(\bigcup_{i=1}^{\infty} E_i\right) = P\left(E_1 \bigcup \left(\bigcup_{i=1}^{\infty} E_i\right)\right)$$

$$= P(E_1) + P\left(\bigcup_{i=2}^{\infty} E_i\right) = P(E_1) + P(\varnothing)$$

$$= P(S) + P(\varnothing)$$

따라서

$$P(\varnothing) = 0$$

▣

집합론에서와 마찬가지로 확률론에서도 증명을 할 때는 배반인 두 개 이상의 사상으로 나누는 것이 필요하다. 다음에 나타나는 정리나 연습문제들도 같은 절차를 이용하기 바란다.

정리 2.6 합집합

A 와 B는 표본공간 S의 부분 표본공간이면 다음 등식이 성립된다.

$$P(A \cup B) = P(A) + P(B) - P(A \cap B)$$

증명 합집합 $A \cup B$을 두 개의 배반사상 A 와 $A^C \cap B$의 합집합으로 표현할 수도 있으므로 공리 3에 의하여

$$P(A \cup B) = P(A) + P(A^c \cap B) \tag{1}$$

또한, B는 두 개의 배반사상 $A \cap B$와 $A^c \cap B$의 합집합으로 표시가 가능하므로

$$P(B) = P(A \cap B) + P(A^c \cap B) \tag{2}$$

이 된다. (2)식을 (1)식에 대입하여 정리하면 다음 등식이 성립된다.

$$P(A \cup B) = P(A) + P(B) - P(A \cap B)$$

▣

예제 2.20 어떤 사람이 두 개의 주사위를 던져 두 주사위의 눈의 차가 1이거나 그 합이 7일 때 게임에서 이긴다고 할 때 이 사람이 이길 확률은 얼마인가?

풀이 두 주사위 눈의 차가 1이 되는 사상을 A, 눈의 합이 7인 사상을 B라 하자. 표본공간의 전체 표본점의 개수는 36가지이다. 따라서, $P(A)=\frac{10}{36}$, $P(B)=\frac{6}{36}$ 또한 사상 A와 사상 B가 동시에 일어날 경우는 $\{(4,3),\ (3,4)\}$인 경우이므로 $P(A\cap B)=\frac{2}{36}$이다. 그러므로 앞의 정리에 의하여

$$P(A\cup B)=P(A)+P(B)-P(A\cap B)=\frac{10}{36}+\frac{6}{36}-\frac{2}{36}=\frac{14}{36}$$ ▣

정리 2.6을 확장하여 유한개의 사상에서 쓰일 수 있는 정리로 일반화하여 보기로 하자.

정리 2.7 n개의 표본공간의 합집합

표본공간 S의 부분 표본공간을 $E_1, E_2, \cdots, E_n$라 할 때, 다음 등식이 성립한다.

$$P\left(\bigcup_{i=1}^{n}E_i\right)=\sum_{i=1}^{n}P(E_i)-\sum_{i_1<i_2}P(E_{i_1}\cap E_{i_2})+\cdots$$
$$+(-1)^{k+1}\sum_{i_1<i_2<\cdots<i_k}P\left(E_{i_1}\cap E_{i_2}\cap\cdots\cap E_{i_k}\right)+\cdots+(-1)^{n+1}P\left(\bigcap_{i=1}^{n}E_i\right)$$

증명 수학적 귀납법에 의하여 정리를 증명하면

(i) $n=2$일 때는 정리 2.6에 의하여 성립함을 알 수 있다.

(ii) $n=3$일 때는 다음 식이 성립함을 보여야 한다.

$$P(E_1\cup E_2\cup E_3)=\sum_{i=1}^{3}P(E_i)-\sum_{j=2}^{3}\sum_{i=1}^{2}P(E_i\cup E_j)+P\left(\bigcap_{i=1}^{3}E_i\right)$$

사상 $E_1\cup E_2\cup E_3$은 세 개의 서로 배반인 사상 E_1, $E_1^c\cap E_2$, $E_1^c\cap E_2^c\cap E_3$으로 나눌 수 있으므로

$$P(E_1\cup E_2\cup E_3)=P(E_1)+P(E_1^c\cap E_2)+P(E_1^c\cap E_2^c\cap E_3) \quad (1)$$

에서 $E_1^c\cap E_2$의 확률을 구하기 위하여 또 배반인 사상으로 나누어 구하면

$$P(E_2)=P(E_1\cap E_2)+P(E_1^c\cap E_2) \quad (2)$$

또한 $E_1^c\cap E_2^c\cap E_3$의 확률을 계산하기 위하여 다음 수식에 있는 두 개의 배반 사상으로 나누어 확률을 계산하면

$$P(E_3) = P(E_1^c \cap E_2^c \cap E_3) + P(\{E_1 \cap E_2\} \cap \{E_1 \cap E_3\}) \tag{3}$$

식 (3)의 오른편 두 번째 확률은 정리 2.6을 이용하여 정리하면

$$P(E_3) = P(E_1^c \cap E_2^c \cap E_3) + P(E_1 \cap E_2) + P(E_1 \cap E_3) - P(E_1 \cap E_2 \cap E_3) \tag{4}$$

이다. (2), (4)식에서 원하는 확률을 구하여 (1)식에 대입하면 원하는 식이 만족된다.

(iii) 귀납단계 : n일 때 성립한다고 가정하고 $n+1$일 때 성립함을 보이자.

$A = \bigcup_{i=1}^{n} E_i$라 하면, $A \cup E_{n+1} = A \cup (A^c \cap E_{n+1})$와 같이 서로 배반인 두 개의 사상으로 나눌 수 있으므로

$$P(A \cup E_{n+1}) = P(A) + P(A^c \cap E_{n+1}) \tag{5}$$

와 같이 될 것이다. 여기서

$$P(A^c \cap E_{n+1}) = P(E_{n+1}) - P(A \cap E_{n+1}) \tag{6}$$

(6)식을 (5)식에 대입하여 정리하면

$$P(A \cup E_{n+1}) = P(A) + P(E_{n+1}) - P(A \cap E_{n+1}) \tag{7}$$

(7) 식의 우변 세 번째 항을 같은 방법으로 정리하면

$$\begin{aligned} P\left(\bigcup_{i=1}^{n+1} E_i\right) &= \sum_{i=1}^{n+1} P(E_i) - \sum_{i_1 < i_2} P(E_{i_1} \cap E_{i_2}) + \cdots \\ &\quad + (-1)^{k+1} \sum_{i_1 < i_2 < \cdots < i_k} P(E_{i_1} \cap E_{i_2} \cap \cdots \cap E_{i_k}) \\ &\quad + \cdots + (-1)^{n+2} P\left(\bigcap_{i=1}^{n} E_i\right) \end{aligned}$$

와 같이 정리가 된다. 따라서 등식을 성립한다. ▣

예제 2.21 네 쌍의 부부가 어떤 파티에 초청되었다. 춤을 추기 위하여 남녀가 임의로 짝을 지었을 때 다음 물음에 답하시오.

(1) 모든 표본점을 표시한 표본공간을 구하시오.

(2) 올바른 쌍이 수에 관한 각각의 확률을 구하시오.

(3) 적어도 한 쌍의 부부가 같은 짝일 확률을 구하시오.

풀이 (1) 도착하는 순서로 번호를 부여한 다음에 부인을 차례로 세우고 남편이 임의로 그 앞에 서게 한다면 다음과 같은 표본 공간을 구할 수 있다.

S = {(1,2,3,4), (1,2,4,3), (1,3,2,4), (1,3,4,2), (1,4,2,3), (1,4,3,2), (2,1,3,4), (2,1,4,3), (2,3,1,4), (2,3,4,1), (2,4,1,3), (2,4,3,1), (3,1,2,4), (3,1,4,2), (3,2,1,4), (3,2,4,1), (3,4,1,2), (3,4,2,1), (4,1,2,3), (4,1,3,2), (4,2,1,3), (4,2,3,1), (4,3,1,2), (4,3,2,1)}

이때 네 명의 남편을 일렬로 세우는 방법은 총 4!=24가지이다.

(2) 표본공간에서 정리하면 다음 표와 같이 그 확률을 계산할 수 있다.

맞는 짝의 수	0	1	2	3	4
확률	9/24	8/24	6/24	0	1/24

(3) 문제를 고정시키기 위하여 부인을 한 줄로 세우고 남편을 임의로 설 때 i 번째 부부가 마주 보고 서 있게 될 사상을 A_i 라 하자. 정리 2.7를 이용하여 문제에 접근해 보기로 하자. 문제의 뜻에 따라 확률을 구해야 할 사상은 $\bigcup_{i=1}^{4} A_i$ 이다. 이 때, $\sum_{i<}\sum_{j} P(A_i \cap A_j)$ 의 값은 넷 중에서 두 사람을 뽑아 짝을 맞추고 나머지 두 사람은 맞든 맞지 않든 일렬로 세우면 되는 것이므로 $\dfrac{\binom{4}{2}\cdot(4-2)!}{4!}$ 이다. 이를 이용하여 계산하면

$$P\left(\bigcup_{i=1}^{4} A_i\right) = \sum_{i=1}^{4} P(A_i) - \sum_{i<}\sum_{j} P(A_i \cap A_j) + \sum_{i<}\sum_{j<}\sum_{k} P(A_i \cap A_j \cap A_k) - P\left(\bigcap_{i=1}^{4} A_i\right)$$

$$= \frac{\binom{4}{1}\cdot(4-1)!}{4!} - \frac{\binom{4}{2}\cdot(4-2)!}{4!} + \frac{\binom{4}{3}\cdot(4-3)!}{4!} - \frac{\binom{4}{4}\cdot(4-4)!}{4!}$$

$$= \frac{1}{1!} - \frac{1}{2!} + \frac{1}{3!} - \frac{1}{4!} = \frac{5}{8}$$ ▣

예제 2.22 어떤 파티에 모인 n명이 자신의 모자를 벗어 큰항아리에 넣고 파티가 끝난 다음 항아리에서 임의로 한 개의 모자를 착용하여 집으로 돌아갔을 경우에 다음 물음에 답하시오.

(1) 모자를 착용하는 방법을 표본공간이라면 몇 개의 표본점을 포함하는가?

(2) $k(\le n)$명 이상이 자신의 모자를 착용할 확률을 구하시오.

(3) 적어도 한 사람이 자신의 모자를 착용하고 귀가했을 확률을 구하시오.

풀이 (1) n개의 모자를 일렬로 나열하는 방법과 같으므로 표본점은 $n!$가지가 존재하므로 각 표본점에 대응되는 확률은 $\frac{1}{n!}$이다.

(2) i 번째 사람이 자기 모자를 착용한 사상을 A_i 라 할 때, 사상 $\bigcap_{i=1}^{k} A_i$은 처음 번호부터 k번 사람은 모자를 착용하고 나머지 사람은 착용 여부가 결정되어 있지 않다는 것이다. 아울러 n명 중에서 k명은 반드시 자신의 모자를 착용해야 하고, 나머지 $n-k$명은 자신의 모자를 착용하든 안하든 상관이 없는 사상 $A_{i_1} \cap A_{i_2} \cap \cdots \cap A_{i_k} = \bigcap_{j=1}^{k} A_{ij}$이 된다. 따라서 사상 $\bigcap_{j=1}^{k} A_{ij}$의 경우의 수는 n명 중에서 k명은 자신의 모자를 고르게 한 다음에 나머지 $n-k$명을 일렬로 나열하는 방법과 같으므로$(n-k)!$가지이다. 또한 $\sum_{i_1 < i_2 < \cdots < i_k}$ 은 n명 중에서 k명을 선택하는 방법이므로 $\binom{n}{k}$이다. 따라서 k명 이상이 자신의 모자를 착용할 경우의 수는 $\binom{n}{k}(n-k)!$ 이므로

$P(k$명 이상이 자신의 모자를 착용한다$)$

$$= \sum_{i_1 < i_2 < \cdots < i_k} P\left(\bigcap_{j=1}^{k} A_{ij}\right) = \frac{\binom{n}{k}(n-k)!}{n!} = \frac{1}{k!}$$

(3) 적어도 한 사람이 자신의 모자를 착용해야 하므로 그 사상은 $\bigcup_{i=1}^{n} A_i$ 이 된다. 따라서 정리 2.7과 (2)번의 결과를 이용하여 구하면

$$P\left(\bigcup_{i=1}^{n} A_i\right) = 1 - \frac{1}{2!} + \frac{1}{3!} + \cdots + (-1)^{k+1}\frac{1}{k!} + \cdots + (-1)^{n+1}\frac{1}{n!}$$ ▣

해설 정리 2.7은 실제 모형에서 다음과 같이 해석하는 방법도 있다. 식에서 E_i는 i 번째 원소가 표본에 포함되는 사상이고, E_i^c는 i번째 원소가 표본에 포함되지 않는 사상이라 하자. 이때 $\bigcap_{j=1}^{k} E_{i_j}$ 는 $E_{i_1}, E_{i_2}, \cdots, E_{i_k}$ 번째 사상이 표본에 반드시 포함되어야 하고, 나머지 $(n-k)$ 개의 원소는 포함되든 포함되지 않든 상관치 않는다. 따라서 $\bigcap_{j=1}^{k} E_{i_j}$ 가 일어날 경우는 $(n-k)!$가지이다. 아울러 $\sum_{i_1 <} \sum_{i_2 <} \cdots \sum_{< i_k}$의 의미는 n개 중에서 k개를 선택하는 경우의 수이므로 $\binom{n}{k}$가 될 것이다. 따라서

$$\sum_{i_1 <} \sum_{i_2 <} \cdots \sum_{< i_k} P\left(\bigcap_{j=1}^{k} E_{i_j}\right) = \frac{\binom{n}{k}(n-k)!}{n!} = \frac{1}{k!}$$ 가지가 된다.

참고로 수많은 사람들 중에서 적어도 한 사람이 자신의 모자를 착용할 확률은 $1-e^{-1} = 0.6321$이다. 따라서 약 37%는 한 사람도 자신의 모자를 착용하지 못한다는 놀라운 결과를 얻는다.

정리 2.8 여사상

표본공간 S에서 사상 A^c는 부분사상 A의 여사상이다. 이때

$$P(A^c) = 1 - P(A)$$

증명 사상 A는 표본공간 S의 부분집합이라 할 때 표본공간은 A와 여집합 A^C로 분할한다. 따라서 A와 A^C은 서로 배반적이고, $S = A \cup A^c$이므로

$$P(S) = P(A) + P(A^c)$$

에서 공리 1을 이용하여 계산하면 $P(A^c) = 1 - P(A)$이다. ■

예제 2.23 예제 2.22에서 다음을 구하시오.

(1) 한 사람도 자신의 모자를 착용하지 못할 확률은 얼마인가?

(2) 정확히 k명이 자신의 모자를 착용하고, 나머지는 자기 모자가 아닐 확률은 얼마인가?

풀이 (1) 예제 2.22에서 3번은 적어도 한 명의 자신의 모자를 착용할 사상이다. 따라서 구해야 할 확률은 3번의 여사상 확률을 구하는 것과 같다. 따라서

$$\begin{aligned} P\left(\left(\bigcup_{i=1}^{n} A_i\right)^c\right) &= 1 - P\left(\bigcup_{i=1}^{n} A_i\right) \\ &= 1 - \left\{1 - \frac{1}{2!} + \frac{1}{3!} + \cdots + (-1)^{k+1}\frac{1}{k!} + \cdots + (-1)^{n+1}\frac{1}{n!}\right\} \end{aligned}$$

(2) n명 중에서 정확히 k명 사람이 자신의 모자를 착용하고 나머지 $n-k$명은 한 사람도 자신의 모자를 착용하지 않을 사상은 $\left(\bigcap_{j=1}^{k} A_{i_j}\right) \cap \left(\bigcap_{l=1}^{n-k} A_{i_l}^c\right)$이므로 구하는 확률은

$$P\left\{\left(\bigcap_{j=1}^{k} A_{i_j}\right) \cap \left(\bigcap_{l=1}^{n-k} A_{i_l}^c\right)\right\} = P\left(\bigcap_{j=1}^{k} A_{i_j}\right) \cdot P\left(\bigcap_{l=1}^{n-k} A_{i_l}^c\right)$$

이 된다. 사상 $\bigcap_{j=1}^{k} A_{i_j}$의 의미는 n명 중에서 정확히 k명을 뽑아 자신의 모자를 착용하게 하고, 나머지 $n-k$명은 자신의 모자를 착용하는 것에 상관이 없으므로 $P\left(\bigcap_{j=1}^{k} A_{i_j}\right) = \dfrac{\binom{n}{k} \cdot (n-k)!}{n!} = \dfrac{1}{k!}$이고, 드-모르간 법칙에 의하여 $\bigcap_{l=1}^{n-k} A_{i_l}^c$

$= \left(\bigcup_{l=1}^{n-k} A_{i_l}\right)^c$ 이므로 $P\left(\bigcap_{l=1}^{n-k} A_{i_l}^c\right) = P\left\{\left(\bigcup_{l=1}^{n-k} A_{i_l}\right)^c\right\} = 1 - P\left(\bigcup_{l=1}^{n-k} A_{i_l}\right)$에서 (1)을 적용하여 풀면 $1 - \left(1 - \frac{1}{2!} + \frac{1}{3!} - \cdots + (-1)^{n-k}\frac{1}{(n-k)!}\right)$이 된다.

따라서

$$P(k\text{명이 자신의 모자 착용}) = \frac{1}{k!} \cdot \left\{1 - 1 + \frac{1}{2!} - \frac{1}{3!} + \cdots + (-1)^{n-k}\frac{1}{(n-k)!}\right\}$$
$$= \frac{1}{k!}\sum_{m=0}^{n-k}(-1)^m \cdot \frac{1}{m!}$$ ▣

정리 2.9

표본공간의 부분공간으로 구성되는 임의의 사상 $A_1, A_2, \cdots$에서, 다음 식이 성립함을 증명하라.

(1) $P(A_1 \cup A_2) \le P(A_1) + P(A_2)$

(2) $P\left(\bigcup_{i=1}^{n} A_i\right) \le \sum_{i=1}^{n} P(A_i)$

(3) $P\left(\bigcup_{i=1}^{\infty} A_i\right) \le \sum_{i=1}^{\infty} P(A_i)$

증명 (1) 이를 위해 두 개의 배반사상으로 나누면 $B_1 = A_1$, $B_2 = A_2 \cap A_1^c = A_2 \cap B_1^c$이다. 그리고 $B_1 \subset A_1$, $B_2 \subset A_2$ 이므로 $P(B_1) \le P(A_1)$, $P(B_2) \le P(A_2)$이 성립된다. 그러므로

$$P(A_1 \cup A_2) = P(B_1 \cup B_2) = P(B_1) + P(B_2) \le P(A_1) + P(A_2)$$

(2) $A_1 = B_1$ 이라 하면 $B_2 = A_2 \cap B_1^c$, $B_3 = A_3 \cap (B_1 \cup B_2)^c$ 와 같이 정리하면 $B_n = A_n \cap \left(\bigcup_{k=1}^{n-1} B_k\right)^c$ 이다. 이렇게 정의된 $B_1, B_2, \cdots, B_n, \cdots$은 서로 배반적인 사상이고 $B_i \subset A_i$, $i = 1, 2, \cdots$가 성립된다. 따라서 $B_i \subset A_i$ 이므로 $P(B_i) \le P(A_i)$이다. 그러므로

$$P\left(\bigcup_{i=1}^{n} A_i\right) = P\left(\bigcup_{i=1}^{n} B_i\right) = \sum_{i=1}^{n} P(B_i) \le \sum_{i=1}^{n} P(A_i)$$

(3) 연속성의 정의와 (2)번을 이용하면

$$P\left(\bigcup_{i=1}^{\infty} A_i\right) = \lim_{n\to\infty} P\left(\bigcup_{i=1}^{n} A_i\right)$$

$$= \lim_{n\to\infty} P\left(\bigcup_{i=1}^{n} B_i\right) = \lim_{n\to\infty} \sum_{i=1}^{n} P(B_i) \le \lim_{n\to\infty} \sum_{i=1}^{n} P(A_i) = \sum_{i=1}^{\infty} P(A_i)$$

▣

이 외에도 여러 가지 정리와 따름정리가 존재하지만 여기서는 서술하지 않고 일부분은 연습문제에 포함시켰다.

2.5 확률함수의 연속성

사상들의 수열을 $\{A_n, n \ge 1\}$로 표시하자. 이 때 $A_1 \subset A_2 \subset \cdots \subset A_n \subset A_{n+1} \subset \cdots$ 인 관계가 존재할 때 이 수열을 증가수열(increasing sequence)이라 하고, 반면에 $A_1 \supset A_2 \supset \cdots \supset A_n \supset A_{n+1} \supset \cdots$ 인 경우는 감소수열(decreasing sequence)이라 한다.

만약 수열$\{A_n, n \ge 1\}$이 증가수열이면 $\lim_{n\to\infty} A_n = \bigcup_{k=1}^{\infty} A_k$ 인 관계가 성립하고, 역으로 감소수열이면 $\lim_{n\to\infty} A_n = \bigcap_{k=1}^{\infty} A_k$이라 할 수 있다. 이를 이용하여 증명이 되는 다음 정리는 확률함수의 연속성을 보장하는 정리이다.

정리 2.10 확률의 극한정리

만약 사상 $\{A_n, n \ge 1\}$이 증가수열이나 감소수열이라 하면

$$\lim_{n\to\infty} P(A_n) = P\left(\lim_{n\to\infty} A_n\right)$$

증명 우선 $\{A_n, n \ge 1\}$을 증가수열이라 하면, 이를 배반적인 사상$\{F_n, n \ge 1\}$으로 정의하면 다음과 같이 할 수 있다.

$$F_1 = A_1,\ F_2 = A_2 \cap A_1^c = A_2 \cap F_1^c,$$

$$F_3 = A_3 \cap A_2^c = A_3 \cap (F_1 \cup F_2)^c, \ \cdots, \ F_n = A_n \cap \left(\bigcup_{k=1}^{n-1} F_k \right)^c$$

앞의 정리의 증명에서와 같이 $\bigcup_{k=1}^{\infty} F_k = \bigcup_{k=1}^{\infty} A_k$ 이며 동시에 $\bigcup_{k=1}^{n} F_k = \bigcup_{k=1}^{n} A_k$ 이므로

$$\begin{aligned} P(\lim_{n\to\infty} A_n) &= P\left(\bigcup_{k=1}^{\infty} A_k\right) = P\left(\bigcup_{k=1}^{\infty} F_k\right) = \sum_{k=1}^{\infty} P(F_k) \\ &= \lim_{n\to\infty} \sum_{k=1}^{n} P(F_k) = \lim_{n\to\infty} P\left(\bigcup_{k=1}^{n} F_k\right) = \lim_{n\to\infty} P\left(\bigcup_{k=1}^{n} A_k\right) \\ &= \lim_{n\to\infty} P(A_n) \end{aligned}$$

또한 감소수열일 때도 유사하므로 증명은 생략한다. ▣

위 정리에서 보았듯이 확률은 연속성을 갖는 집합의 함수임을 알 수 있다.

예제 2.24 엄청나게 큰 항아리에 12시 정각에 10개의 공을 넣고 순간적으로 한 개의 공을 꺼내고, 12시 30분에 같은 방법으로 10개의 공을 넣고 순간적으로 한 개의 공을 꺼내며, 같은 방법으로 13시까지 남아있는 시간의 반이 지난 다음 10개의 공을 넣고 순간적으로 한 개를 꺼내는 작업을 계속해 나갈 때 13시 정각에 항아리에는 공이 몇 개나 남아 있을까?

풀이 첫 번째, 문제를 쉽게 접근하기 위하여 다음과 같은 방법으로 전개시켜 보기로 하자.

처음 공을 꺼낼 시간에 1번부터 10번이 쓰여진 10개의 공을 넣고 동시에 10번의 공을 꺼내고, 두 번째 공을 꺼낼 시간에 11번부터 20번이 쓰여진 10개의 공을 넣고 동시에 20번의 공을 꺼내고, 세 번째 공을 꺼낼 시간에 21번부터 30번이 쓰여진 10개의 공을 넣고 30번을 꺼내는 작업을 계속해 나갈 때 13시 정각에는 $10 \cdot n(n=1,2,\cdots)$ 이 쓰여진 공은 꺼내져있고 나머지는 항아리 속에 남아 있어야 한다. 따라서 13시 정각에는 무수히 많은 공이 항아리에 남아 있다.

두 번째, 다른 방법으로 생각해보자. 이번은 10번을 꺼낼 것이 아니라 1번부터 꺼낸다고 할 때 13시 정각에는 항아리 속에 한 개의 공도 없다. 만약 어떤 특정한 번호가 남아 있다면 그 번호까지 작업을 계속해 간다면 그 특정한 번호는 남아있지 않게 된다.

세 번째, 임의로 항아리 속에서 한 개의 공을 꺼낼 때, A_n 은 n 번째 추출 후 항아

리에 1번 공이 남아있을 사상이라 하자. 예를 들면 사상A_2는 첫 번째 추출에서도 1번 공이 남아 있어야 하고, 동시에 두 번째 추출에서도 1번 공이 남아 있어야 한다. 따라서 $P(A_2) = \frac{9}{10} \cdot \frac{18}{19}$, 사상 A_3 의 확률도 같은 방법으로 계산하면

$$P(A_3) = \frac{9}{10} \cdot \frac{18}{19} \cdot \frac{27}{28} = \left(\frac{9 \cdot 1}{9 \cdot 1 + 1}\right) \cdot \left(\frac{9 \cdot 2}{9 \cdot 2 + 1}\right) \cdot \left(\frac{9 \cdot 3}{9 \cdot 3 + 1}\right)$$

A_n은 n 번째 추출 후 항아리에 1번 공이 들어 있을 확률은

$$P(A_n) = \left(\frac{9 \cdot 1}{9 \cdot 1 + 1}\right) \times \left(\frac{9 \cdot 2}{9 \cdot 2 + 1}\right) \times \cdots \times \left(\frac{9 \cdot n}{9 \cdot n + 1}\right) = \prod_{k=1}^{n}\left(\frac{9k}{9k+1}\right)$$

이 된다. 따라서 13시 정각에 1번 공이 남아있을 사상은 $\bigcap_{k=1}^{\infty} A_k$이다. 또한 감소수열 (즉, $P(A_1) > P(A_2) > \cdots > P(A_n) > \cdots$)이다. 따라서 앞의 정리를 이용하여 구하고자 하는 확률은 P(1시에 항아리에 1번 공이 남아 있는 사상)

$$= P\left(\bigcap_{k=1}^{\infty} A_k\right) = \lim_{n\to\infty} P(A_n) = \prod_{n=1}^{\infty}\left(\frac{9n}{9n+1}\right) = 0$$

이 된다. 왜냐하면, $\prod_{n=1}^{\infty}\left(\frac{9n}{9n+1}\right) = \left(\prod_{n=1}^{\infty}\frac{9n+1}{9n}\right)^{-1}$ 에서

$$\prod_{n=1}^{\infty}\left(1 + \frac{1}{9n}\right) \geq \prod_{n=1}^{m}\left(1 + \frac{1}{9n}\right) = \left(1 + \frac{1}{9}\right)\left(1 + \frac{1}{18}\right)\cdots\left(1 + \frac{1}{9m}\right)$$

$$> \frac{1}{9} + \frac{1}{18} + \frac{1}{27} + \cdots + \frac{1}{9m} = \frac{1}{9}\sum_{k=1}^{m}\frac{1}{k}$$

이 급수는 발산하므로 원 식에 대입하면 원 식은 0에 수렴함을 알 수 있다. 따라서 13시 정각에는 항아리에 한 개의 공도 남아 있지 않다. ▣

제2장 연습문제

exercises

[A형]

2.1 다음을 증명하시오.

(1) $E \subset F$ 이면 $F^c \subset E^c$

(2) 정리 2.8을 수학적 귀납법에 의하여 증명하시오.

2.2 (1) 벤 다이어그램과 정의 2.3을 이용하여 어떤 집합 E, F에 대해 다음 드-모르간 법칙(De Morgan's law)이 성립함을 보이시오.

① $(E \cup F)^c = E^c \cap F^c$

② $(E \cap F)^c = E^c \cup F^c$

(2) 다음 식은 드-모르간 법칙의 일반화이다. 이를 증명하시오.

① $\left(\bigcup_{i=1}^{n} A_i\right)^c = \bigcap_{i=1}^{n} A_i^c$

② $\left(\bigcap_{i=1}^{n} A_i\right)^c = \bigcup_{i=1}^{n} A_i^c$

2.3 다음 식을 증명하시오.

(1) $\left(\bigcup_{i=1}^{\infty} E_i\right) \cap F = \bigcup_{i=1}^{\infty} (E_i \cap F)$

(2) $\left(\bigcap_{i=1}^{\infty} E_i\right) \cup F = \bigcap_{i=1}^{\infty} (E_i \cup F)$

2.4 $\binom{n+m}{r} = \binom{n}{0}\binom{m}{r} + \binom{n}{1}\binom{m}{r-1} + \cdots + \binom{n}{r}\binom{m}{0}$ (단, $r \leq n$, $r \leq m$)임을 증명하시오. (이를 Vandermonde 공식이라 한다.)

2.5 다음 식을 증명하시오.

(1) $P(A \cup B) \leq P(A) + P(B)$

(2) $P(E \cap F) \geq P(E) + P(F) - 1$

(3) $P\left(\bigcup_{i=1}^{n} E_i\right) \leq \sum_{i=1}^{n} P(E_i)$(Boole's inequality)

(4) $P\left(\bigcap_{i=1}^{n} E_i\right) \geq \sum_{i=1}^{n} P(E_i) - (n-1)$(Bonferroni's inequality)

2.6 (1) $\sum_{k=0}^{n} \binom{n}{k} \cdot (-1)^{n-k} = 0$ (단, $n > 0$)임을 보이시오.

(2) $\sum_{k=1}^{n} k \cdot \binom{n}{k} = n \cdot 2^{n-1}$임을 수학적 귀납법에 의하여 증명하시오.

2.7 $\binom{2n}{n} = \sum_{k=0}^{n} \left\{\binom{n}{k}\right\}^2$ 임을 증명하시오.

2.8 $\{E_n, n \geq 1\}$와 $\{F_n, n \geq 1\}$을 극한값 E와 F를 갖는 사상들이 증가수열이라 하자.

(1) 모든 n에 대하여 E_n과 F_n이 독립사상이면 E와 F가 독립사상임을 보이시오.

(2) $E_1, E_2, \cdots, E_n$ 이 독립사상이라면, $P\left(\bigcup_{i=1}^{\infty} E_i\right) = 1 - \prod_{i=1}^{\infty}(1 - P(E_i))$이 만족함을 보이시오.

2.9 $A_1, A_2, \cdots$ 은 무한 사상 열이다. 이때, $k = 1$일 때는 $B_1 = A_1$, $k \geq 2$일 때는 $B_k = A_k - (A_1 \cup A_2 \cup \cdots \cup A_{k-1})$이라 할 때, 다음이 만족함을 보이시오.

(1) $B_1, B_2, \cdots$ 들은 서로 배반 사상

(2) $\bigcup_{k=1}^{\infty} A_k = \bigcup_{k=1}^{\infty} B_k$

2.10 모나지 않는 주사위를 k번 굴릴 때, 적절한 확률 모형에 대해 토론하시오.

2.11 어떤 항아리에 세 개의 빨간 공과 네 개의 푸른 공이 들어 있다. 이 항아리에서 한 개의 공이 임의로 뽑혀진다. 그 공의 색깔을 기록하고 공은 다시 항아리에 넣는다. 이 과정을 6회 반복한다.

(1) 이 실험에 대한 적절한 표본공간에 대해 토론하시오.

(2) 균일 확률모형이 적절한 것 같은가? 왜 그런가? 또는 왜 그렇지 않은가?

[B형]

2.12 세 명의 아이가 있는 가정에서 성별에 관해서 두 개의 가능한 표본공간이 다음과 같이 제시되었다(B는 소년, G는 소녀).

$$S_1 = \{BBB, BBG, BGB, GBB, BGG, GBG, GGB, GGG\}$$

$$S_2 = \{0B, 1B, 2B, 3B\}$$

이때, 표본공간 S_1 은 출생 순서에 의해 주어졌고, 반면에 표본공간 S_2는 오직 소년의 숫자에 의해 주어졌다.

(1) 표본공간 S_1, S_2에 대한 각 관측치들이 같은 가능성(equally likely)으로 일어난다고 가정했을 때, 두 모형은 어떻게 다른지를 논하시오.

(2) 두 개의 확률모형 중에서 어떤 것이 더 적절한가를 논하시오.

2.13 주사위 게임에서 경기자들에 의해 두 개의 주사위가 던져지고 주사위 위쪽에 나타난 점의 합이 관찰되었다. 하나는 붉은 색 주사위이고 다른 하나는 녹색 주사위라 가정하자.

(1) 이 게임에서 사용되는 적당한 표본 공간을 구하시오.

(2) 다음 사상들을 S의 부분집합으로 표시하시오.

A : 두 주사위에서 나온 수가 일치하는 경우

B : 녹색 주사위의 수가 붉은 색 주사위의 수 보다 적어도 2보다 큰 경우

C : 두 주사위에서 나온 수의 합이 8인 경우

(3) 만약 표본공간 S의 각 관측치가 서로 같은 가능성으로 일어난다면 (2)번에 서술된 사상들의 확률을 구하시오.

2.14 연습문제 2.13에서 시행된 두 개의 주사위 실험에 대해서 A는 $r \leqq 2$인 사상이라 하고, B는 $g \geqq 4$인 사상이라 한다.(단, r은 붉은 색 주사위, g는 녹색 주사위이다.)

(1) A, A^c, B, B^c, $A \cap B$, $A^c \cup B^c$, $A \cup B$, $A^c \cap B^c$에 대한 확률을 구하시오.

(2) $A \cap B$, $A \cup B$, $A^c \cup B^c$, $A^c \cap B^c$을 말로 표현하시오.

2.15 어떤 공항에서 두 대의 버스로 손님을 수송한다. 두 대 중 큰 차는 다섯 명의 승객을 운반할 수 있고 작은 차는 세 명의 승객을 운반할 수 있다고 할 때, 운반할 수 있는 승객의 수에 관심이 있다.

(1) 표본공간의 관측치를 나열하시오.

(2) 다음 사상들을 생각해 보자.

D : 적어도 한 대의 차가 비어 있을 사상

E : 두 차에 탄 승객수의 합이 두 명, 네 명, 여섯 명인 사상

F : 두 차가 똑같은 수의 승객을 태운 사상

S의 부분집합으로서 다음 사상들을 집합으로 표현하시오.

① D ② E ③ F ④ $E \cap F$

⑤ $E \cup F$ ⑥ $D \cap F$ ⑦ $D \cup F$

(3) S의 각 관측치들이 같은 가능성으로 일어난다고 가정하고 (2)에서 ①부터 ⑦까지의 사상들에 대한 확률을 구하시오.

2.16 A, B, C, D, E, F인 여섯 명으로부터 세 명의 위원이 선출된다.

(1) 적당한 표본 공간을 구하시오.

(2) 다음 각 경우의 확률을 구하시오.

① A가 선택된 경우

② B가 선택된 경우

③ A와 B가 선택된 경우

④ A 또는 B가 선택된 경우

⑤ A가 선택되지 않는 경우

⑥ A도 B도 선택되지 않는 경우

(3) 만약 A와 B 대신에 B와 C로 바꾼다면 (2)에 대한 확률이 바뀌겠는가?

2.17 어떤 공장에서 한 개의 물품이 밤낮으로 생산된다고 하자. 밤 (N)에 생산되는 확률을 0.40이고, 이 중에서 결함이 있을 확률(D)은 1%이고, 낮에 생산되었고 그 중 결함이 있을 확률이 0.2%임을 경험에 의해 알고 있다고 하자.

(1) 적당한 표본 공간을 2차원 분할표(two-way table)로 나타내시오.

(2) 각 경우의 의미를 파악하시오.

2.18 거북이 경주에 네 마리가 참가했다. 흥미를 돋우기 위해서 A, B, C, D 네 명의 주인들이 다음 방법에 따라 임의로 그들에게 내기 돈을 건다. 네 마리 거북이 이름을 쓴 카드를 모자 안에 넣고 각 주인들은 임의로 한 장의 카드를 뽑는다(단, 한 번 뽑힌 이름은 다시 제자리에 넣지 않는다). 이때, 표본 공간의 부분집합으로서 다음

의 사상들을 표현하고 각각이 일어날 확률을 계산하시오.

(1) 모든 주인들이 자신의 거북이를 뽑을 사상

(2) 어떠한 주인도 자신의 거북이를 뽑지 못할 사상

(3) 불행하게도 A가 항상 지는 거북이를 뽑을 사상

(4) A는 B의 거북이를 뽑고 B는 A의 거북이를 뽑을 사상

2.19 항아리에 당첨 공이 한 개 포함하는 18개의 공이 들어 있다. 이 중에서 18명의 학생이 차례로 한 개의 공을 뽑았을 때 다음 물음에 답하시오.

(1) 어떤 학생이 처음, 네 번째, 마지막에 제비를 뽑을 때, 각각 당첨 제비를 뽑을 확률을 구하시오.

(2) 두 개의 당첨 공이 있다면 어떤가?

2.20 고등학교 3학년 학생이 A대학과 B대학에 입학원서를 제출했다. 그가A대학에 입학할 확률이 0.7이라 추정하고, B대학에서 떨어질 확률을 0.5라고 추정한다. 그가 신청한 대학 중 적어도 한 대학이 거절할 확률은 0.6이라 했을 때, 그가 적어도 한 대학에 합격할 확률은 얼마인가?

2.21 어떤 초등학교의 학급 편성은 유아원을 다녔는가와 글을 읽을 수 있는가에 의하여 결정된다고 가정하자. 유치원에 들어갈 해에 학생들의 90%는 유아원에 다녔고, 또한 60%의 학생들이 글을 읽는 시험을 통과했고, 55%의 학생들이 유아원에 다녔고 글 읽는 시험에서 통과했다. R은 임의로 뽑힌 한 학생이 읽기 시험에 통과한 사상이고 N은 한 학생이 유아원에 다녔던 사상이라 하자.

(1) 2차원 분할표로 그 결과를 나타내시오.

(2) $R \cap N$, $R \cap N^c$, $R^c \cap N^c$, $R^c \cap N$ 사상들을 말로 표현하시오.

(3) 왜 $P(R) = P(R \cap N) + P(R \cap N^c)$인가 설명하시오.

(4) $P(R \cap N) = 1 - P(R^c \cup N^c)$임을 보이시오. 이 결과를 해석하시오.

2.22 35명의 학생들로 구성된 한 학급에서 선생님이 날마다 한 학생을 선택하여 하나의 질문을 한다고 가정하자.

(1) $C_i\,(i = 1, 2, \cdots, 35)$는 i번째 학생이 선택되었을 때 정답을 말할 사상이라고 하자. 이때, C_i는 서로 배반인가? 또한 C_i는 표본공간 S의 분할을 형성하는가?

(2) 만약 Q가 그 문제에 정확하게 답할 사상이라면 우리는 사상 Q를 어떻게 표현할 수 있겠는가? 우리가 Q에 대한 확률을 구하기 위해서 필요로 하는 확률은 무엇인가?

2.23 $100 \times p$번째 백분위 수(percentile)는 함수 $f_X(x)$의 아래에 있고 π_p의 왼쪽에는 넓이가 p가 되는 수를 π_p라 한다. 즉, $p = \int_{-\infty}^{\pi_p} f_X(x)dx = F_X(\pi_p)$ 이다. 만약 $f_X(x) = \frac{1}{2}$, $-1 < x < 1$ 일 때, 다음을 구하시오.

(1) $\pi_{0.5}$ (2) $\pi_{0.25}$ (3) $\pi_{0.9}$

2.24 두 개의 주사위를 동시에 던진다고 할 때 6이 동시에 나타날 확률을 계산하고 그 확률이 0.5보다 크기 위해서는 몇 번의 시행이 필요한지를 계산하시오.

2.25 12명을 세 명, 네 명, 다섯 명 씩 세 개의 위원회로 나누려고 한다. 몇 가지 분할 방법이 있겠는가?

2.26 네 명이 포커를 가지고하는 게임에서 각 사람에게서 13장씩 나누어주는 방법의 가지 수는 몇 가지인가?

2.27 집합 {1, 2, 3, 4} 으로부터 비복원 추출로 모든 가능한 세 자리 숫자의 목록을 만들어 각 숫자들을 공에 적어 넣는다. 이들 공 중 임의로 한 개의 공을 뽑는다고 가정하자. 단 추출방법은 비복원이다.

(1) 이 실험에 대한 적절한 표본 공간과 확률모형에 대해 토론하시오.

(2) 뽑힌 공의 번호가 아래와 같을 확률을 구하시오.

① 숫자 1로 시작되는 경우

② 짝수로 시작되는 경우

③ 홀수일 경우

(3) 복원추출인 경우에 (1), (2)를 구하시오.

2.28 책꽂이에 여덟 권의 책이 꼽혀 있을 때, 다음 물음에 답하시오.

(1) 선반 위에 그 책들을 배열시킬 수 있는 방법의 수는 얼마인가?

(2) 여덟 권 중 세 권은 X라는 저자에 의해, 그리고 다섯 권은 Y라는 저자에 의해

쓰여졌다고 가정하자. 그 책들을 임의로 배열하면, 이때 같은 저자의 모든 책들이 연속해서 배열되어 있을 확률은 얼마인가?

2.29 사탕 13개를 다섯 명의 아이들에게 분배한다. 만약 첫 번째 아이에게 네 개, 두 번째 아이에게 세 개, 나머지 아이들에게 각각 두 개 씩 분배한다면, 분배하는 방법의 수는 몇 가지인가?

2.30 어떤 농업실험은 세 종류의 비료와 네 가지 살충제를 이용하여 다섯 가지 품종의 밀의 생산량을 비교하는 것이라 하자. 만약 어떤 농부가 60구획의 땅을 가지고 있다면, 이것은 품종, 살충제 그리고 비료의 모든 가능한 조합들을 비교하기에 충분한가? 이유를 들어 설명하시오.

2.31 다섯 개의 체리 맛, 각각 세 개씩의 오렌지 맛, 파인애플 맛, 라임 맛 등 모두 14개가 들어 있는 사탕 한 꾸러미가 있다. 이 사탕들을 꾸러미 안에 한 줄로 배열 할 수 있는 각기 다른 방법의 수는 얼마인가?

2.32 영어단어 $FEEBLENESS$을 배열하려 한다. 다음 물음에 답하시오.

(1) 문자를 배열하는 모든 방법의 수는 얼마인가?

(2) 네 개의 E 문자가 연속되게 배열될 수 있는 방법의 수와 그 확률은 얼마인가?

(3) 임의의 한 배열에서 정확하게 세 개의 E 문자가 연속될 확률은 얼마인가?

2.33 세 명의 소년과 네 명의 소녀가 영화를 보기 위해서 임의로 한 줄로 서 있다.

(1) 소년과 소녀들이 교대로 서 있을 확률을 구하시오.

(2) 소녀들이 키가 큰 순서대로 줄 서고 있고, 소년들도 마찬가지로 줄 서 있을 확률은 얼마인가?

2.34 어떤 아이의 토막 쌓기 장난감 세트는 두 개의 빨간색, 네 개의 푸른색 그리고 다섯 개의 노란색 나무토막이 있다. 그 나무토막들은 단지 색깔에 의해서만 구별된다. 만약 그 아이가 나무토막들을 임의로 한 줄로 세워 놓는다면, 이때 다음의 확률은 얼마인가?

(1) 양쪽 끝에 빨간 나무토막이 세워진다.

(2) 다섯 개의 노란색 나무토막들이 연속해서 세워진다.

(3) 양쪽 끝에 푸른 나무토막이 세워진다.

2.35 아홉 명의 아이들은 두 가지(A와 B)읽기 교습법을 평가하는 데 이용된다. 임의로 네 명의 아이들을 뽑아서 A방법으로 가르치고, 나머지 다섯 명은 B방법에 할당할 때, 다음 확률을 구하시오.

(1) 가장 영리한 네 명의 아이들이 A방법에 할당된다.

(2) 가장 영리한 세 명의 아이들이 B방법에 할당된다.

(3) 가장 영리한 아이가 A방법에 할당된다.

2.36 연습문제 2.35의 아홉 명의 학생들의 집단이 다섯 명의 소년과 네 명의 소녀들로 구성된다고 가정하자. A방법에는 임의로 두 명의 소년과 두 명의 소녀가 뽑힌다고 가정하자. 다음 물음에 답하시오.

(1) A방법에 의해 가르쳐질 두 명의 소년과 두 명의 소녀를 가진 가능한 표본들의 수는 몇 가지인가?

(2) 가장 영리한 소년과 가장 영리한 소녀가 A방법에 의해 가르쳐질 확률은 얼마인가?

2.37 어떤 주간신문에 세 명의 장관들의 최근 사진과 아이 때 사진이 실렸다. 독자에게 각각 최근의 사진과 아이 때 사진을 짝짓도록 요청하였다. 독자가 순전히 우연으로 세 개 모두 옳게 짝지을 확률은 얼마인가?

2.38 두 개의 선행 상이 임의로 14명의 소년과 11명의 소녀 중에서 두 명에게 주어진다. 다음의 확률을 구하시오.

(1) 두 개의 상이 모두 소년에게 주어진다.

(2) 두 개의 상이 모두 소녀에게 주어진다.

(3) 한 개의 상은 소녀에게 한 개의 상은 소년에게 주어진다.

(4) 상이 1등 상과 2등 상이라면, 소년이 1등 상을 받고 소녀가 2등 상을 받을 확률을 계산하고 (3)번과 다른 점을 논하시오.

2.39 어떤 학급의 열 명의 소녀들 중 네 명이 푸른색 눈을 가지고 있다. 만약 임의로(비복원추출) 두 명의 소녀를 뽑는다면, 다음 확률을 구하시오.

(1) 두 명 모두 푸른색 눈을 가진다.

(2) 두 명 모두 푸른색 눈을 가지지 않는다.

(3) 적어도 두 명은 푸른색 눈을 가진다.

2.40 문제 2.39에서 복원추출에 의해 뽑혀진다고 할 때 각 확률을 구하시오.

2.41 어떤 도시는 50명(25명의 여당 당원과 25명의 야당 당원)이다. 두 명의 표본이 임의로 추출된다.

(1) 만약 비복원 추출이라면, 이때 두 명 모두 여당 당원일 확률은 얼마인가?

(2) 만약 복원 추출이라면, 이때 두 명 모두 여당 당원일 확률은 얼마인가?

(3) 만약 비복원 추출이라면, 이때 A라는 특별한 사람이 표본에 포함되어질 확률은 얼마인가?

2.42 크기가 N인 모집단에서 r개를 임의추출(비복원추출)했을 때 특별한 $(r-1)$개가 표본 안에 포함되어 있을 확률을 구하시오.

2.43 어떤 상자에 g개의 우량품과 d개의 불량품의 퓨즈가 들어 있다. 만약 상자로부터 하나씩(비복원추출) 퓨즈가 뽑혀지고 검사된다면, 이때 첫 번째와 마지막 것이 불량품일 확률은 얼마인가?

2.44 항아리 속에서 최초 흰 공 다섯 개와 검은 공 일곱 개가 들어 있다. 한 번에 하나의 공을 뽑은 다음 그 색깔과 동일한 공 두 개를 항아리에 넣는 실험을 한다.

(1) 처음에 뽑혀진 두 개의 공이 검은 공이고 다음 두 개의 공이 흰 공일 확률은 얼마인가?

(2) 처음 뽑혀진 네 개의 공중에서 정확히 두 개가 검은 공일 확률은 얼마인가?

2.45 잘 섞인 네 장의 빨간색 그리고 12장의 검정 색 카드로부터 세 장의 카드가 분배된다. 이때 분배된 세 번째 카드가 빨간색일 확률은 얼마인가?

2.46 상자에 1부터 N까지 이름 붙여진 N개의 서로 다른 나무토막이 들어 있다. 만약 임의로(복원추출) k개의 나무토막을 뽑는다면, 이때 한 번 이상 같은 나무토막이 뽑힐 확률은 얼마인가?

2.47 $x_1+x_2+\cdots+x_r=n$일 때 음이 아닌 정수의 해는 ${}_rH_n=\binom{n+r-1}{n}$ 가지이다(중복 조합). 이때 $x_1+x_2+x_3=4$ 인 등식에서 음이 아닌 정수 해는 몇 가지인가?

[C형]

2.48 n개의 열쇠를 갖고 있는 사람이 문을 열려고 한다. 다음 각 경우에 k번의 시도에 문이 열릴 확률은 얼마인가?

(1) 시도했던 열쇠를 버리는 경우

(2) 시도했던 열쇠를 버리지 않은 경우

2.49 남자 여섯 명과 여자 여섯 명에서 여섯 명 씩 두 개의 그룹으로 나눌 때 남자 세명 여자 세 명이 한 조가 될 확률을 구하시오.

2.50 세 사람의 집단에서, 세 사람 모두 서로 다른 요일에 태어났을 확률은?

2.51 신발장에 열 켤레의 신발이 있다. 이 중에서 여덟 개를 임의로 선택할 때 다음 확률을 구하시오.

(1) 한 쌍만 같은 쌍일 확률

(2) 한 쌍도 같은 쌍이 아닐 확률

(3) 적어도 한 쌍의 신발이 같은 짝일 확률

2.52 52장의 카드 한 벌이 뒤섞여 있고, 카드에서 에이스가 나타날 때까지 한 번씩 뒤집는다. 다음의 각 경우에 첫 번째 에이스가 나타날 확률은 얼마인가?

(1) 여섯 번째 카드일 경우

(2) 14번째 카드일 경우

(3) 47번째 카드인 경우

(4) r번째 카드인 경우

(5) r번째 혹은 그 이전인 경우

(6) 14번째까지 한 장의 에이스가 포함될 경우

2.53 한 개의 주사위를 6이 나올 때까지 계속하여 던진다. 사상 E_n을 n번째에 6이 나오

는 경우라 하면 $P\left(\bigcup_{i=1}^{\infty} E_i\right)^c$ 를 구하고 이를 말로 표현하시오.

2.54 어떤 농구팀은 여섯 명의 동양인과 네 명의 서양인으로 구성된다. 만약 두 명씩 뽑아 방 동료를 만들 때 두 쌍의 서양인 동양인 쌍이 나타날 확률을 구하시오.

2.55 20명 중에서 출생한 달이 두 명씩 네 달에 나누어져있고, 또한 세 명씩 네 개의 달에 들어있는 확률을 계산하시오.

2.56 N개의 구역으로 나누어진 영역에 n개의 공을 임의로 놓았을 때, 그 중 m개의 공이 지정된 한 구역에 떨어질 확률을 구하시오.

2.57 항아리에 n개의 흰 공과 m개의 검은 공이 들어 있다. 한 번에 한 개씩 끄집어내어 같은 색깔의 공만 남아있을 때까지 계속한다면 흰 공만이 남아있을 확률을 구하시오.
$\left(Hint : P_{n,m} = \dfrac{n}{n+m}P_{n-1,m} + \dfrac{m}{n+m}P_{n,m-1}\right)$

2.58 N쌍의 부부가 댄스파티에 초청이 되었다. 임의로 댄스파티의 파트너를 선택하여 춤을 춘다고 할 때 다음 각 경우의 확률을 구하시오.

(1) 한 쌍도 자신의 파트너가 부부가 아닐 확률은 얼마인가?

(2) k쌍의 부부가 댄스 파트너로 택할 확률은 얼마인가?

2.59 다섯 장을 가지고 놀이하는 포커 게임에서 다음 각 경우의 확률을 계산하시오(종류는 네 가지: ♠ ♥ ♣ ◆, 숫자는 A, K, Q, J, 10, 9, 8, 7, 6, 5, 4, 3, 2, 1(=A)).

(1) 같은 종류이면서 A, K, Q, J, 10이 되는 경우

(2) 같은 종류이고 숫자가 연속하여 다섯 장인 경우(단, 1번의 경우를 제외)

(3) 같은 숫자가 네 장이고, 하나는 다른 것인 경우

(4) 같은 숫자가 3장, 2장인 경우

(5) 연속하지 않는 같은 종류의 카드 다섯 장인 경우

(6) 숫자는 연속이지만 같은 종류가 아닌 경우

(7) 같은 숫자가 3개이고, 나머지 두 장은 서로 다른 경우

(8) 같은 숫자가 2장씩 두 개인 경우

(9) 같은 숫자가 2개이고, 나머지 세 장은 서로 다른 경우

(10) 위 경우들이 나타나지 않은 경우

제 3 장

조건부 확률모형과 독립성

규명하기를 원하는 자연현상에 대한 연구는 우선 관심대상인 자연현상을 명확히 정의할 필요가 있다. 이때 명확히 정의된 집단을 모집단(population)이라 부른다. 이런 모집단 상에서 관심대상이 되는 사상이 한 번의 실험에서 나타날 수 있는 가능한 경우의 결과를 이용하여 표본공간을 정의하고 확률을 대응시켜 가는 과정을 앞에서 공부하였다. 그런데 만약 확률모형을 형성하는 특성치(모수)에 관한 정보가 존재한다면 그 정보를 이용하여 출현가능성을 구하는 것이 정보를 이용하지 않을 때 보다 그 예측 능력이 높아질 것이다. 따라서 확률모형을 구하는데 주어진 또는 알려진 정보를 최대한 이용하는 것은 예측을 바람직한 방향으로 결론지을 수 있게 만들어 줄 것이다.

예를 들어 설명하기로 하자. 유전학에서 머리카락 색상과 눈동자의 색은 서로 관련이 있다고 알려져 있다. 어떤 유전학자는 지구촌에 존재하는 사람의 집단에서 한 개의 표본을 뽑아 검은 눈을 갖고 있는 사람의 특성을 연구하고자 한다고 가정하자. 이때 유전학자가 처음으로 고민해야 할 사항은 어떻게 수많은 사람 중에서 한 사람을 뽑을 것이냐는 문제이다. 유전학자는 다음 두 가지 경우를 상정해 볼 수 있다. 첫 번째는 전체 지구인 중에서 무작위로 한 사람을 선택하는 경우와, 두 번째는 유전학적 정보를 이용하여 검은 머리카락을 가진 사람 중에서 한 사람을 뽑는 경우로 나누어 생각할 것이다.

그렇다면 어떤 추출 방법이 효과적이고 미래 예측 능력을 효과적으로 높일 수 있을까? 단순하게 생각하더라도 앞의 두 번째 방법이 효과적일 것이라는 의사결정에 도달한다. 이 장에서는 앞에서 제기한 두 번째 방법의 해를 구하기 위하여 조건부(정보 이용) 확률모형을 논하고 이를 이용하여 베이즈 통계학이 근원이 되는 베이즈 이론에 대하여 연구하며, 또한 확률론이나 통계학에서 유용한 독립성에 관한 논의를 시작하겠다.

3.1 조건부 확률모형

3.1.1 축소된 표본공간에서의 확률모형

한 번의 실험에서 나타날 수 있는 모든 가능한 경우의 표본점에 대한 정보가 있을 때 관심이 있는 사상의 실현가능성에 어떤 영향을 줄 것인가를 알아보기 위하여 예제를 통하여 접근해 보기로 하자.

예제 3.1 두 명의 자녀를 두고 있는 가정을 상대로 다음을 구하시오.

(1) 두 명이 모두 남자일 확률을 구하시오.

(2) 추가적인 정보로 적어도 한 명은 남자라는 조건하에서 (1)을 반복하여 구하시오.

(3) 앞의 두 문제를 비교하여 어떤 상황에서 예측 능력에 영향을 주는지 논하시오.

풀이 (1) 여자일 사상을 G, 남자일 사상을 B라 하면 표본공간은 다음과 같다.

$$S = \{(G, G), (G, B), (B, G), (B, B)\}$$

그리고 둘 다 남자일 사상 $A = \{(B, B)\}$ 이다. 따라서 문제의 뜻에 맞는 확률은

$$P(\text{두 명이 전부 남자일 사상} \mid S) = P(A \mid S) = \frac{1}{4}$$

(2) 적어도 한 명이 남자라는 정보가 있다면 앞의 표본공간의 부분집합으로서 다른 표본공간 S^* 을 다음과 같이 구할 수 있다.

$$S^* = \{(G, B), (B, G), (B, B)\}$$

이 표본공간에서 두 명이 전부 남자일 사상의 확률은 다음과 같이 정의된다.

$$P(\text{두 명이 전부 남아일 사상} \mid S^*) = P(A \mid S^*) = \frac{1}{3}$$

(3) 앞의 (2)번은 적어도 한 명이 남아라는 정보를 알고 있고, (1)번은 정보를 모르고 있는 상태이다. 이때 (2)번이 (1)번의 경우보다 그 확률이 크게 나타남을 알 수 있다. 따라서 미래를 예측하거나 의사결정을 함에 있어 사전 정보를 갖고 있는 경우가 정보가 없는 경우보다 그 있음직한 정도가 크게 향상됨을 알 수 있다.

▣

일반적으로 표본공간 S는 그림 3.1과 같이 나타내고, 표본공간의 부분사상을 S^* $(= B)$로 나타내면, S^*는 표본공간의 축소된 형태가 된다. 이때 S^*를 축소된 표본공간(reduced sample space)이라 부른다. 구하게 될 확률은 축소된 표본공간상에서 A가 일어날 가능성을 전 표본공간의 확률들로 표현하는 것이다. 다시 말하면 축소된 표본공간상에서 $A \cap B$의 확률이며 $P(A \cap B \mid S^* = B)$와 같이 나타낼 수 있다. 따라서 축소된 표본공간상의 확률을 원래 표본공간 상의 확률로 표현하는 것이다. 그림 3.1에서 축소된

표본공간상에서 E_i의 확률을 구하는 것으로 귀착이 된다.

이를 구할 때 지켜져야 할 원칙은 표본공간 상에서 어떤 표본점 E_i 이 일어날 가능성은 축소된 표본공간 상에서도 똑같은 정도의 가능성으로 나타나야 하고, 또한 표본공간에서 E_i와 E_j가 일어날 정도가 같은 크기로 축소된 표본공간 상에서도 나타나야 한다. 예를 들면 두 개의 표본점의 출현 빈도수가 2 대 1이면 축소된 표본공간 상에서도 같은 비율로 나타나야 한다는 뜻이다.

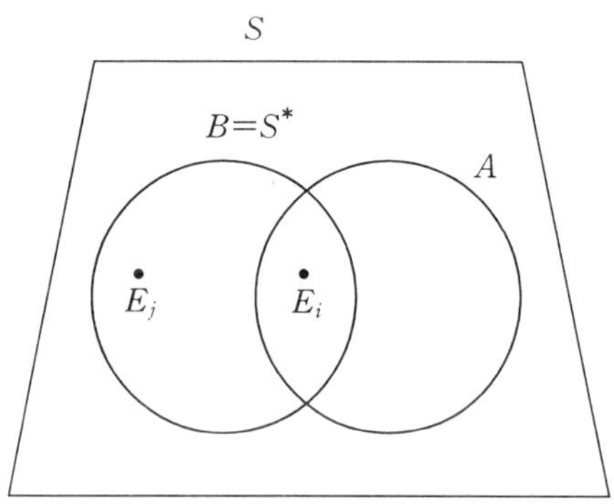

그림 3.1 표본공간과 축소된 표본공간

사상 B가 일어났다는 사실을 알고 있으므로 출현 가능한 표본점은 원래의 표본공간 상에서의 표본점보다 줄어들 것이다. 그러나 표본공간 상에서나 축소된 표본공간상에나 모든 표본점의 확률의 합은 언제나 1이어야 한다. 따라서 축소된 표본공간상에서 어떤 사상이 일어날 확률 $P^*(E_i)$(편의상 축소된 표본공간 상에서의 확률은 별표를 붙여 구분하자)은 표본공간상에서 같은 사상이 일어날 확률 $P(E_i)$ 보다 $c(>0)$배만큼 커질 것이라는 것은 앞에서 보아온 것과 같다. 즉 다시 말하면

$$P^*(E_i) = c \cdot P(E_i) \tag{1}$$

란 등식이 성립함을 알 수 있다. 식 (1)의 양변을 축소된 표본공간상에 존재하는 모든 표본점을 합해주면, 즉

$$\sum_{\text{모든 } E_i \epsilon S^*} P^*(E_i) = c \cdot \sum_{\text{모든 } E_i \epsilon S^*} P(E_i) \tag{2}$$

따라서 확률의 공리에서 모든 표본점의 확률의 합은 1이라는 사실을 식 (2)에 대입하면 좌변은 분명히 1이 됨을 알 수 있다. 또한 우변 $\sum_{\text{모든 } E_i \epsilon S^*} P(E_i)$ 이 의미하는 바는

표본공간 상에서 축소된 표본공간이 일어날 확률, 즉 그림에서 B가 일어날 확률임을 알 수 있다.

이 사실을 이용하여 구하면

$$c = \frac{1}{\sum_{\text{모든 } E_i \epsilon S^*} P(E_i)} = \frac{1}{P(B)} \tag{3}$$

따라서 S^*가 또 다른 형태의 표본공간이 되기 위해서는 그 속에 포함된 각 단순사상의 확률은 표본공간 상의 확률보다 c배만큼 증가해야 한다.

식 (3)에서 구한 값을 식 (1)에 대입하여 $A \cap B$상의 원소를 전부 합하면 다음과 같다.

$$\sum_{\text{모든 } E_i \epsilon A \cap B} P^*(E_i) = \frac{1}{P(B)} \cdot \sum_{\text{모든 } E_i \epsilon A \cap B} P(E_i) = \frac{P(A \cap B)}{P(B)} \tag{4}$$

식 (4)에서 좌변 $\sum_{\text{모든 } E_i \epsilon A \cap B} P^*(E_i)$은 축소된 표본 공간상에서 곱사상 $A \cap B$ 확률의 합이며, 동시에 축소된 표본공간 상에서 A가 일어날 확률로서 $P(A \mid B)$이라 표시하기로 한다. 이때 $P(A \mid B)$은 사상 B가 주어졌을 때 A가 일어날 확률이라 하며 조건부 확률(conditional probability)이라 한다.

이와 같이 대부분의 응용에 있어서 축소된 표본공간에 포함되어 있는 각 표본점들의 확률은 위와 같이 복잡한 절차를 통하여 계산없이 원래의 표본공간 상에서 계산이 가능하다. 실제로 모든 확률은 표본공간에 관한 조건부 확률로 볼 수 있다. 예를 들면 표본공간 S상에서 사상 A가 발생할 확률은 $P(A \mid S)$이나 편의상 축소하여 $P(A)$로 사용되고 있음을 숙지하기 바란다.

예제 3.2 녹색 주사위와 흰색 주사위를 동시에 던질 때 다음을 계산하시오.

(1) 표본공간에 포함되는 표본점을 전부 구하시오.

(2) 축소된 표본공간은 두 주사위 눈의 합이 5일 사상일 때 축소된 표본공간의 표본점들을 전부 구하시오.

(3) 확률 조정계수 c를 계산하시오.

(4) 두 주사위 눈의 합이 5일 때 녹색 주사위 눈이 2 이하일 확률을 계산하시오.

(5) 조건부 확률의 정의에 의하여 (4)번을 계산하시오.

풀이 두 주사위 눈이 합이 5일 사상을 B라 하고, 녹색 주사위 눈이 2 이하일 사상을 A라 하자.

(1) 두 개의 주사위가 구분되어 있으므로 표본공간 S는 다음과 같다. 단 처음 숫자는 녹색 주사위 눈이고, 두 번째는 흰색 주사위 눈이라 하자.

$$S=\{(1,1),(1,2),(1,3),(1,4),(1,5),(1,6),(2,1),(2,2),(2,3),(2,4),(2,5),(2,6),(3,1),(3,2),(3,3),(3,4),(3,5),(3,6),(4,1),(4,2),(4,3),(4,4),(4,5),(4,6),(5,1),(5,2),(5,3),(5,4),(5,5),(5,6),(6,1),(6,2),(6,3),(6,4),(6,5),(6,6)\}$$

(2) 표본공간 상에서 그 합이 5일 경우의 축소된 표본공간 $S^*(=B)$은 다음과 같다.

$$S^*=\{(1,4),(2,3),(3,2),(4,1)\}$$

(3) 표본공간 상에서의 한 개의 표본점을 E_i 라 하면 $P^*(E_i)=c\cdot P(E_i)$이 만족되도록 하기 위하여, 양변을 축소된 표본공간상의 모든 표본점들의 확률들의 합을 계산하면 $\sum_{\text{모든 } E_i\epsilon S^*} P^*(E_i)=1$이고, $\sum_{\text{모든 } E_i\epsilon S^*} P(E_i)=\frac{4}{36}$이므로 $c=\frac{36}{4}$이 된다.

(4) 구해야 할 확률은 $P(A \mid B=S^*)$이다. 앞에서 $P^*(E_i)=\frac{36}{4}P(E_i)$을 구했다. 이 등식의 양변에 사상 A의 표본점들의 합을 구하면

$$\sum_{E_i\epsilon A} P^*(E_i)=\frac{36}{4}\sum_{E_i\epsilon A} P(E_i)$$

이다. 이때 좌변은 정의에 의하여

$$\sum_{E_i\epsilon A} P^*(E_i)=P(A \mid B),\ \sum_{E_i\epsilon A} P(E_i)=\frac{2}{36}$$

이므로

$$P(A \mid B=S^*)=\frac{36}{4}\cdot\frac{2}{36}=\frac{1}{2}$$

(5) $P(B)=\frac{4}{36}$, $P(A\cap B)=\frac{2}{36}$ 이므로 정의에 의하여

$$P(A \mid B)=\frac{P(A\cap B)}{P(B)}=\frac{2/36}{4/36}=\frac{1}{2}$$ ▣

정의 3.1 조건부 확률

사상 B가 주어졌을 때 사상 A의 조건부 확률을 $P(A \mid B)$로 표현하고 다음과 같이 정의한다.

$$P(A \mid B) = \frac{P(A \cap B)}{P(B)} \quad (\text{단, } P(B) \neq 0)$$ ▣

위 정의의 수식에서 양변에 $P(B)$를 곱하여 정리하면

$$P(A \cap B) = P(A \mid B) \cdot P(B)$$

이 된다. 이 식을 곱 사상의 확률이라 한다.

예제 3.3 앞의 예제 3.1 (2)번을 조건부 확률을 구하는 식으로 푸시오.

풀이 적어도 한 명이 남자일 사상을 B라 하고, 두 명 모두 남자일 사상을 A라 할 때 문제의 뜻에 의하여 $P(A \mid B)$를 구하면 된다. 이때 사상 B는 네 개의 표본점 중에서 세 개의 표본점을 포함하고 있고, 사상 $A \cap B$는 네 개의 표본점 중에서 한 개이므로 다음과 같이 계산할 수 있다. 따라서 $P(B) = \frac{3}{4}$이고, $P(A \cap B) = \frac{1}{4}$이므로

$$P(A \mid B) = \frac{P(A \cap B)}{P(B)} = \frac{1/4}{3/4} = \frac{1}{3}$$ ▣

예제 3.4 상자에 0번부터 9번까지 쓰여진 공이 들어 있다. 복원추출로 두 개의 공을 꺼내 두 자리 숫자를 만든다. 추출된 두 개의 공이 같은 번호의 공이 아니라고 할 때, 두 개의 공중에서 어느 것도 짝수 공이 아닐 확률을 계산하시오. 단, 09도 두 자리 숫자인 것으로 한다.

풀이 이 문제를 두 가지 방법으로 접근해 보기로 하자. 첫 번째 방법은 축소된 표본공간 상에서 구하는 것이고, 두 번째는 조건부 확률 계산 방식에 의해 구해 보자.
처음 추출에서 나타날 수 있는 가능한 경우는 10가지이고, 두 번째는 처음 꺼낸 공을 상자에 집어넣고 다시 한 개의 공을 꺼내므로 두 번째 추출 방법도 10가지이므로 두 개의 공을 꺼내는 방법은 총 $10 \times 10 = 100$가지이며 표본공간은 $S = \{00, 01, \cdots, 99\}$가 된다. 또한 이 중에서 축소된 표본공간은 추출된 공이 똑 같은 경우가 아니므로 축소된 표본공간의 표본 수는 ${}_{10}P_2 = 90$가지가 된다. 이 중에서 (홀수, 홀수)가 되는 경우는 $5 \times 4 = 20$가지가 된다. 따라서 구하는 확률은

$\frac{20}{90}=\frac{2}{9}$ 이다. 다음으로는 조건부 확률계산에 의해 보자. 추출된 두 개의 공이 같은 번호의 공이 아닐 사상을 A, 두 개의 공 모두 짝수 공이 아닐 사상을 B라 하면 $P(A)=\frac{90}{100}$, 사상 $B\cap A$는 추출된 두 개의 공이 같은 번호가 아니면서 홀수 번호여야 하므로 표본공간 상에서 20개의 표본점이 있으므로 $P(B\cap A)=\frac{20}{100}$. 따라서

$$P(B \mid A)=\frac{P(B\cap A)}{P(A)}=\frac{2}{9}$$ ▣

예제 3.4 상자 안에 검은 공이 b개, 흰 공이 w개 들어있다고 가정하자. 만약 비복원 추출로 임의로 두 개를 뽑는다고 할 때, 다음을 계산하시오.

(1) 첫 번째 뽑은 공이 흰색일 때 두 번째 뽑은 공이 검은 색일 확률을 구하시오.

(2) 두 번째 뽑은 공이 흰색일 확률을 구하시오.

(3) 두 번째 뽑은 공이 흰색이라면 첫 번째 뽑은 공이 검은 색이었을 확률을 구하시오.

풀이 W_1, W_2은 흰 공이 각각 처음, 두 번째에 추출될 사상을 의미하고, B_1, B_2은 검은 공이 각각 처음, 두 번째에 추출될 사상이라 하자.

(1) 첫 번째 추출 후 상자 속에는 $b+w-1$개의 공이 남아있다. 그 중에서 검은 공은 b개 있으므로 구하는 확률은

$$P(B_2 \mid W_1)=\frac{b}{w+b-1}$$

(2) 두 번째 공이 흰색일 때는 첫 번째 공이 흰색일 경우와 검은 색일 경우로 나뉜다.

$$\begin{aligned}P(W_2)&=P((W_1\cap W_2)\cup(B_1\cap W_2))\\&=P(W_1)P(W_2\mid W_1)+P(B_1)P(W_2\mid B_1)\\&=\frac{w}{w+b}\cdot\frac{w-1}{w+b-1}+\frac{b}{w+b}\cdot\frac{w}{w+b-1}\\&=\frac{w}{w+b}\end{aligned}$$

(3) 앞의 (2)번과 $P(B_1\cap W_2)=P(B_1)P(W_2\mid B_1)=\frac{b}{b+w}\cdot\frac{w}{b+w-1}$ 이란 사실을 이용하여 계산하면

$$P(B_1\mid W_2)=\frac{P(B_1\cap W_2)}{P(W_2)}=\frac{b}{b+w-1}$$ ▣

만약 정의 3.1에서 A와 B가 서로 배반사상 관계가 존재한다면, $P(A \mid B)$은 축소된 표본 공간 B상에서 A가 존재할 존재하지 않으므로 $P(A \mid B) = 0$ 이다. 다음 정리는 조건부 확률에 대한 것이다.

정리 3.1 배반사상 관계

$P(B) \neq 0$일 때 다음이 성립한다.

(1) 임의의 사상 A에 대하여 $P(A \mid B) \geq 0$

(2) 사상 B에 대하여 $P(B \mid B) = 1$

(3) 사상들 E_1, E_2, $\cdots$이 서로 배반적인 관계가 존재할 때

$$P\left(\bigcup_{k=1}^{\infty} E_k \mid B\right) = \sum_{k=1}^{\infty} P(E_k \mid B)$$

증명 (1)과 (2)는 공리에 의하여 자명한 것이므로 여기서는 (3)번만 증명하기로 하자. 사상들 E_1, E_2, $\cdots$가 서로 배반적이므로 $E_1 \cap B$, $E_2 \cap B$, $\cdots$도 역시 배반 사상관계가 존재하므로

$$P\left(\bigcup_{k=1}^{\infty} E_k \mid B\right) = \frac{P\left\{\left(\bigcup_{k=1}^{\infty} E_k\right) \cap B\right\}}{P(B)} = \frac{P\left\{\bigcup_{k=1}^{\infty} (E_k \cap B)\right\}}{P(B)}$$

$$= \sum_{k=1}^{\infty} \frac{P(E_k \cap B)}{P(B)} = \sum_{k=1}^{\infty} P(E_k \mid B)$$ ▣

예제 3.6 어떤 갤럽 연구소에서 지역별로 정당의 지지도를 조사한 결과가 다음 표와 같다. 물음에 답하시오.

	정당 1	정당 2	정당 3	합계
도 시	650	300	300	1250
중소도시	100	250	150	500
농·어촌	50	50	150	250
합 계	800	600	600	2000

(1) 도시에 사는 사람 중에서 각 정당을 지지할 확률을 계산하시오.

(2) 중소도시에 사는 사람의 비율이 25%라는 것을 표에서 알 수 있다. 이를

정당별 지지자의 합 사상으로 표시하시오.

(3) 농어촌에 살고 있는 사람이 정당 3을 지지할 확률을 구하시오.

풀이 문제를 정립하기 위하여 각 사상을 우선 정의하자. 정당 1, 정당 2, 정당 3은 각각 E_1, E_2, E_3이라 하고 도시, 중소도시, 농어촌을 각각 A, B, C라 하자. 표에서 중소도시와 정당 1의 교차점에 있는 250은 사상 $E_2 \cap B$의 도수이므로, $P(E_2 \cap B) = \frac{250}{2000}$을 의미한다. 또한 조사대상자 중에서 중소도시에 사는 사람의 확률은 $P(B) = \frac{500}{2000}$이다.

(1) 도시에서 각 정당을 지지할 확률은 $P(E_1 \mid A)$, $P(E_2 \mid A)$, $P(E_3 \mid A)$이다.

$$P(E_1 \mid A) = \frac{P(E_1 \cap A)}{P(A)} = \frac{650/2000}{1250/2000} = \frac{650}{1250}$$

$$P(E_2 \mid A) = \frac{300}{1250}, \quad P(E_3 \mid A) = \frac{300}{1250}$$

(2) 중소도시는 사상 $B = \bigcup_{k=1}^{3}(E_k \cap B)$으로 표시할 수 있으므로 이를 구하기 위한 확률은

$$P(B) = \sum_{k=1}^{3} P(E_k \cap B) = \frac{500}{2000}$$

(3) 농어촌에 살고 있는 사람이 정당 3을 지지할 확률은

$$P(E_3 \mid C) = \frac{150/2000}{250/2000} = \frac{150}{250}$$

▣

예제 3.7 어떤 지역 사회의 남녀 구성 비율은 같다고 한다. 이 지역에 거주하는 남자의 5%와 여자의 1%는 색맹으로 조사되었다. 그런데 주민 중에서 한 명을 추출했는데 색맹이었다. 이 사람이 남자일 확률을 구하시오.

풀이 남자, 여자, 색맹 및 정상일 사상을 각각 M, F, C, N이라 하자. 이때 구해야 할 확률은 $P(M \mid C)$이다.

$$\begin{aligned} P(C) &= P\{(M \cap C) \cup (F \cap C)\} = P(M \cap C) + P(F \cap C) \\ &= P(M) \cdot P(C \mid M) + P(F) \cdot P(C \mid F) \\ &= 0.5 \times 0.05 + 0.5 \times 0.01 = 0.030 \end{aligned}$$

따라서

$$P(M \mid C) = \frac{P(M \cap C)}{P(C)} = \frac{P(C \mid M) \cdot P(M)}{P(C)} = \frac{0.025}{0.030} = \frac{5}{6}$$ ▣

앞의 곱의 원리를 세 개의 사상이 있을 때는 다음 식과 같다.

$$\begin{aligned} P(E_1 \cap E_2 \cap E_3) &= P(E_1 \cap (E_2 \cap E_3)) = P(E_1) \cdot P(E_2 \cap E_3 \mid E_1) \\ &= P(E_1) \cdot P(E_2 \mid E_1) \cdot P(E_3 \mid E_1 \cap E_2) \end{aligned}$$

이와 같이 세 개 이상 사상의 결합에서 조건부 확률은 축차적으로 축소된 표본공간을 만들어 가면서 계산해 주는 것과 같은 방법으로 이루어지고 있다. 일반적으로 n개의 사상이 있을 때 축차적으로 전개하면 다음 정리와 같이 유도할 수 있다.

정리 3.2 곱사상의 전개

임의의 사상 $E_1, E_2, \cdots, E_n$에 대하여 $P(E_1 \cap E_2 \cap \cdots \cap E_{n-1}) > 0$이면

$$\begin{aligned} P(E_1 \cap \cdots \cap E_n) &= P(E_1) \cdot P(E_2 \mid E_1) \cdot P(E_3 \mid E_1 \cap E_2) \\ &\cdot \cdots \cdot P(E_n \mid \bigcap_{k=1}^{n-1} E_k) \end{aligned}$$

증명 수학적 귀납법에 의하여 증명하면 된다. 이의 증명은 연습문제로 남겨 놓기로 하겠다. ▣

예제 3.8 항아리에 다섯 개의 검은 공과 일곱 개의 흰 공이 들어있다. 이 중에서 한 개의 공을 꺼내 보고, 그 색과 동일한 색의 공을 두 개 더 넣은 다음 다시 한 개를 꺼내보는 작업을 반복한다고 할 때 다음 물음에 답하시오.

(1) 세 번의 시행에서 세 번 모두 검은 색일 확률을 구하시오.

(2) n번 시행에서 모두 검은 색일 확률을 구하시오.

풀이 B_i를 i번째 시행에서 검은 공이 선택될 사상이라 하자.

(1) 세 번의 시행에서 세 번 모두 검은색이 될 사상은 $B_1 \cap B_2 \cap B_3$이므로

$$\begin{aligned} P(B_1 \cap B_2 \cap B_3) &= P(B_1) \cdot P(B_2 \mid B_1) \cdot P(B_3 \mid B_1 \cap B_2) \\ &= \frac{5}{12} \times \frac{7}{14} \times \frac{9}{16} = \frac{15}{128} \end{aligned}$$

(2) n번 시행에서 N번 모두 나타날 사상은 $\bigcap_{i=1}^{n} B_i$이므로 정의 3.2에 의하여

$$P\left(\bigcap_{i=1}^{n} B_i\right) = \frac{5}{12} \times \frac{7}{14} \times \cdots \times \frac{2n+3}{2n+10} = \prod_{i=1}^{n}\left(\frac{2n+3}{2n+10}\right)$$

이 때 $n \to \infty$라면, $\lim_{n\to\infty} P\left(E_n \mid \bigcap_{k=1}^{n-1} E_k\right) = \lim_{n\to\infty} \frac{3+2n}{10+2n} = 1$ ▣

예제 3.9 어떤 파티에 모인 n명이 자신의 모자를 벗어 큰항아리에 넣고 파티가 끝난 다음 항아리에서 임의로 한 개의 모자를 착용하여 집으로 돌아갔을 경우에 다음 물음에 답하시오.

(1) 1번부터 m번까지만 자신이 모자를 착용하고 나머지는 한 사람도 자신의 모자를 착용하지 못할 사상의 확률을 구하시오.

(2) 순서에 관계없이 m명만이 자신의 모자를 착용하게 될 확률을 구하시오.

풀이 i번째 사람이 자기 모자를 착용한 사상을 A_i라 할 때, 앞장의 예제 2.21과 정리 3.2를 이용하여 풀어 보자.

(1) 1번부터 m번째 사람까지만 자신의 모자를 착용하고 나머지는 한 사람도 자신의 모자를 착용하지 못할 사상은

$$\begin{aligned}&(A_1 \cap A_2 \cap \cdots \cap A_m) \cap (A_{m+1}^c \cap A_{m+2}^c \cap \cdots \cap A_n^c) \\ &= \left(\bigcap_{k=1}^{m} A_k\right) \cap \left(\bigcup_{k=m+1}^{n} A_k\right)^c\end{aligned}$$

이다. 따라서 조건부 확률에 의거하여

$$P\left(\left(\bigcap_{k=1}^{m} A_k\right) \cap \left(\bigcup_{k=m+1}^{n} A_k\right)^c\right) = P\left(\bigcap_{k=1}^{m} A_k\right) \cdot P\left(\left(\bigcup_{k=m+1}^{n} A_k\right)^c \;\middle|\; \bigcap_{k=1}^{m} A_k\right)$$

이때 앞 절의 예제 2.23을 이용하여 문제를 정립하여 나가면

$$P\left(\bigcap_{k=1}^{m} A_k\right) = \frac{(n-m)!}{n!}$$

이고 또한

$$P\left(\left(\bigcup_{k=m+1}^{n} A_k\right)^c \;\middle|\; \bigcap_{k=1}^{m} A_k\right) = \sum_{k=m+1}^{n} (-1)^k \cdot \frac{1}{k!} = \sum_{k=0}^{n-m} (-1)^k \frac{1}{k!}$$

따라서 1번부터 m 번까지만 자신의 모자를 착용할 확률은

$$P\left\{\left(\bigcap_{k=1}^{m} A_k\right)\cap\left(\bigcup_{k=m+1}^{n} A_k\right)^c\right\}=\frac{(n-m)!}{n!}\sum_{k=0}^{n-m}(-1)^k\frac{1}{k!}$$

(2) 1번 문제에서 m 명이 자신의 모자를 선택할 경우이므로 n 명 중에서 m 명을 선택하는 방법을 곱해주면 되므로 구하는 확률은

$$\binom{n}{m}\frac{(n-m)!}{n!}\sum_{k=0}^{n-m}(-1)^k\frac{1}{k!}=\frac{1}{m!}\sum_{k=0}^{n-m}(-1)^k\cdot\frac{1}{k!}$$ ▣

3.1.2 사후 확률

관심대상이 되는 사상이 일어날 가능성을 측정하는데 그 모집단에 대한 정보를 갖고 있는 경우는 정보를 갖지 못하는 경우보다 그 가능성 정도를 측정한 확률이 커짐을 보았다. 따라서 원래 표본공간보다는 축소된 표본공간상에서 관심 사상의 가능성 정도가 높았으므로 의사결정 과정에서 보다 유용하게 사용될 것이다. 그렇다면 정보를 취득하기 전 확률(사전확률)과 정보를 취득한 후 확률(사후확률)이 어떻게 변하는지를 보기로 하자.

예제 3.10 대학 졸업반 학생 한 명이 학기말에 학점을 점검하였더니 전공과목에서 3학점이 모자라는 것을 알고, 계절학기에 등록키로 하고 개강되는 과목을 조사하였더니 수리통계학(M), 실험계획법(E), 표본조사론(S)이다. 이 학생이 관심정도에 따라 각 과목을 선택할 확률이 0.3, 0.5, 0.2이고, 지금까지 전례로 보아 담당교수가 학점을 주어 온 확률이 각각 0.85(M), 0.80(E), 0.90(S)이라고 할 때 다음 확률을 구하시오.

(1) 학생이 졸업하게 될 확률은 얼마인가?

(2) 학생이 졸업할 수 있다는 소문을 들었을 때, 계절학기에서 각 과목을 선택했을 확률을 구하시오.

풀이 기말시험에서 학점을 따고 졸업하게 될 사상을 A, 졸업하지 못할 사상을 A^C라 하자. 문제에서 주어진 확률을 정리하면 다음과 같다.

$$P(M)=0.3,\ P(E)=0.5,\ P(S)=0.2$$
$$P(A\mid M)=0.85,\ P(A\mid E)=0.80,\ P(A\mid S)=0.90$$

(1) 졸업을 하려면 수리통계학을 선택하여 학점을 따는 사상 $(A\cap M)$과, 실험계획

법으로 학점을 따는 사상 $(A \cap E)$, 표본조사론으로 학점을 따는 사상 $(A \cap S)$의 합사상 $A = (A \cap M) \cup (A \cap E) \cup (A \cap S)$이며, 각 사상은 배반적 관계가 존재하므로

$$\begin{aligned} P(A) &= P(A \cap M) + P(A \cap E) + P(A \cap S) \\ &= P(A \mid M) \cdot P(M) + P(A \mid E) \cdot P(E) + P(A \mid S) \cdot P(S) \\ &= 0.85 \cdot 0.3 + 0.80 \cdot 0.5 + 0.90 \cdot 0.2 = 0.835 \end{aligned}$$

또한, 졸업을 못할 확률은 $P(A^c) = 1 - 0.835 = 0.165$이다.

(2) 졸업할 수 있다는 정보가 있으므로 축소된 표본공간을 A로 하여 각 과목을 선택했을 사상의 확률은 각각 $P(M \mid A)$, $P(E \mid A)$, $P(S \mid A)$ 등이다. 앞의 조건부 확률을 이용하여 계산하면 다음과 같다.

$$P(M \mid A) = \frac{P(M) \cdot P(A \mid M)}{P(A)} = \frac{0.3 \cdot 0.85}{0.835} = 0.3054$$

$$P(E \mid A) = \frac{P(E) \cdot P(A \mid E)}{P(A)} = \frac{0.5 \cdot 0.80}{0.835} = 0.4790$$

$$P(S \mid A) = \frac{P(S) \cdot P(A \mid S)}{P(A)} = \frac{0.2 \cdot 0.90}{0.835} = 0.2156$$

또한 졸업을 못한다는 통보를 학생이 받았다고 하자. 이때 각 과목을 선택했을 확률은 위와 같은 절차에 의하여 계산할 수 있을 것이다.

$$P(M \mid A^c) = \frac{P(M) \cdot P(A^c \mid M)}{P(A^c)} = \frac{0.3 \cdot 0.15}{0.165} = 0.2727$$

$$P(E \mid A^c) = \frac{P(E) \cdot P(A^c \mid E)}{P(A^c)} = \frac{0.5 \cdot 0.20}{0.165} = 0.6061$$

$$P(S \mid A^c) = \frac{P(S) \cdot P(A^c \mid S)}{P(A^c)} = \frac{0.2 \cdot 0.10}{0.165} = 0.1212$$

▣

앞에 문제에서 서술하였던 $P(M)$, $P(E)$, $P(S)$은 학점 취득 가능성에 대한 정보가 없는 상태에서의 확률로서 정보를 취득하기 전이란 의미에서 사전확률(prior probability)라 하고, 졸업을 할 수 있다 또는 없다는 정보를 알고 난 후에 각 과목을 선택했을 확률들, 즉 $P(M \mid A)$, $P(E \mid A)$, $P(S \mid A)$ 등은 사후확률(posterior probability)이라 한다. 따라서 사후확률은 축소된 표본공간 상에서 구해지는 확률들을 의미한다고 할 수 있다.

만일 표본공간이 n 개의 사상 $A_1, A_2, \cdots, A_n$으로 [그림 3.2]와 같이 분할되어 있다면 축소된 표본공간 역시 분할되어 있을 것이다. 축소된 표본공간을 F라 하면, 이는 앞의 부분사상으로 표현하면 다음과 같다.

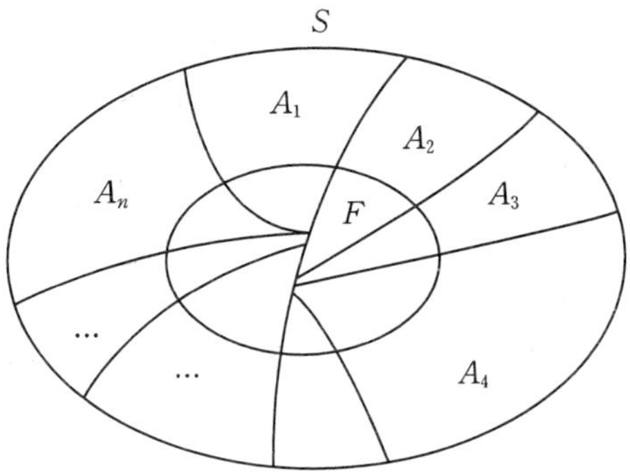

그림 3.2 표본공간의 분할과 축소된 표본공간

$$F = \bigcup_{k=1}^{n} (A_k \cap F)$$

따라서 배반 사상의 확률공식과 조건부 확률 계산을 이용하면

$$P(F) = \sum_{k=1}^{n} P(A_k \cap F) = \sum_{k=1}^{n} P(A_k) \cdot P(F \mid A_k)$$

이 된다. 이 확률을 전 확률(total probability)이라 한다.

정리 3.3 전 확률

사상 $A_1, A_2, \cdots, A_n, \cdots$가 표본공간 S의 분할이고, (1) $F \subset S$, (2) $P(A_k) > 0$, $k = 1, \cdots, n$이면

$$P(F) = \sum_{k=1}^{n} P(A_k \cap F) = \sum_{k=1}^{n} P(A_k) \cdot P(F \mid A_k)$$

증명 전 확률을 확장시킨 것에 불과하므로 증명은 생략한다. ▣

위 정리의 전 확률은 축소된 표본공간 F가 일어날 확률을 사전확률과 사후확률의 곱으로 계산됨을 의미하고, 어떤 사상 A_j가 일어날 확률을 계산하는 데 많이 이용된다.

예제 3.11 의학적 진단을 수행함에 있어서 큰 모집단인 경우에 비용이나 시간적인 문제 때문에 예비검사로서 스크린 검사를 실시한다. 그런데 스크린 검사는 오류가 포함되는데 이를 최소화할 수 있는 검사가 필요할 것이다. 예를 들면

폐결핵 검사를 하기 위하여 모집단 전체에 대한 X-ray를 촬영하는 것은 여러 면에서 비경제적이다. 따라서 초보적인 스크린 검사로서 BCG 접종을 행한다. 보통 의료적인 절차는 양성 반응을 보인 사람에 한하여 정밀검사를 하게 된다. 이에 따르는 오류는 다음 두 종류가 있다.

① 잘못된 양성반응, 즉 실제로 병을 가지고 있지 않지만 검사가 양성인 경우

② 잘못된 음성반응, 즉 실제로 병을 가지고 있는데 검사 결과가 음성인 경우

연구 결과에 의하면 후진국 국민 1%가 폐결핵을 보유한다고 한다. 이런 모집단에서 앞의 스크린 검사를 시행했을 때, 잘못된 양성 반응을 보일 확률은 10%이고, 잘못된 음성 반응을 보일 확률은 20%라 하면, 다음 물음에 답하시오.

(1) 한 사람이 양성 반응을 보일 확률을 구하시오.

(2) 한 사람이 양성 반응을 보였다고 할 때 폐결핵에 감염되었을 확률을 구하시오.

풀이 폐결핵에 감염될 사상을 D, 감염되지 않을 사상을 D^c, 스크린 검사에서 양성일 사상은 F, 음성일 사상은 S라 할 때, 문제에서 주어진 확률들을 정리하면 다음과 같다.

$$P(D)=0.01,\ P(D^c)=0.99,$$
$$P(F|D^c)=0.1,\ P(S|D)=0.2$$

(1) 양성 반응을 보일 사상은 $F=(F\cap D)\cup(F\cap D^c)$이다. 아울러 이 확률을 구하려면 $P(F|D)=1-P(S|D)=0.8$을 이용하여 계산한다.

$$\begin{aligned}P(F)&=P(F\cap D)+P(F\cap D^c)\\&=P(D)\cdot P(F|D)+P(D^c)\cdot P(F|D^c)\\&=(0.01)(0.8)+(0.99)(0.1)=0.107\end{aligned}$$

(2) 양성 반응을 보였다고 할 때 폐결핵에 감염되었을 사상의 확률은 조건부 확률에 의하여 계산하자.

$$\begin{aligned}P(D|F)&=\frac{P(D\cap F)}{P(F)}=\frac{P(D)\cdot P(F|D)}{P(F)}\\&=\frac{(0.01)(0.8)}{0.107}=0.075\end{aligned}$$

또한 $P(D^c|F)=1-0.075=0.925$이므로 92.5%가 양성반응을 보인다고 할지라도 병에 감염되지 않았다는 사실을 알 수 있다. ▣

축소된 표본공간 상에 있는 어떤 사상이 일어날 확률을 계산하는 방법은 다음 정리에 의한다. 이 정리를 베이즈의 법칙(Bayes' rule)이라 한다.

정리 3.4 베이즈의 법칙

표본공간 S는 서로 배반인 n개의 사상 $A_1, A_2, \cdots, A_n$의 분할이고 축소된 표본공간 F는 S의 부분집합일 때 다음 등식이 만족된다.

$$P(A_k \mid F) = \frac{P(F \mid A_k) \cdot P(A_k)}{\sum_{i=1}^{n} P(F \mid A_i) \cdot P(A_i)} \quad (\text{단, } k = 1, 2, \cdots, n)$$

증명 앞에서 서술했으므로 증명은 생략한다. ▣

앞의 정리 3.4의 수식을 베이즈의 법칙이라 한다.

예제 3.12 실험대상인 동물에게 일정한 자극을 주면 특별한 반응을 나타내도록 고안된 실험을 매일 시행한다고 하자. 이런 시행에서 반응이 있고 난 다음 날에 반응이 나타날 확률은 β이고, 반응이 없는 날 다음에 반응이 나타날 확률은 α(단, $0 < \alpha < \beta \leq 1$)라 할 때 다음 물음에 답하시오.

(1) k 번째 날에 반응이 있을 확률 p_k을 구하시오.

(2) $\beta = 1$, $p_1 = 0$일 때, $p_k = 1 - (1-\alpha)^{k-1}$임을 보이시오.

(3) $\lim_{k \to \infty} p_k = \dfrac{\alpha}{1+\alpha-\beta}$ 임을 보이시오.

(4) $\alpha = 0.05$, $\beta = 0.9$, $p_1 = 0$일 때 그 동물이 11번째 되는 날에 원하는 반응을 나타낼 확률을 구하시오.

풀이 k번째 되는 날 그 동물이 원하는 반응을 나타낼 사상을 A_k라 하면 $P(A_k) = p_k$이다. 문제에 주어진 내용들을 정리하면 $P(A_{k+1} \mid A_k) = \beta$, $P(A_{k+1} \mid A_k^c) = \alpha$이 된다.

(1) $A_k = (A_k \cap A_{k-1}) \cup (A_k \cap A_{k-1}^c)$이고 사상 $A_k \cap A_{k-1}$와 사상 $A_k \cap A_{k-1}^c$는 서로 배반적이므로

$$\begin{aligned} P(A_k) &= P\{(A_k \cap A_{k-1}) \cup (A_k \cap A_{k-1}^c)\} \\ &= P(A_k \mid A_{k-1}) \cdot P(A_{k-1}) + P(A_k \mid A_{k-1}^c) \cdot P(A_{k-1}^c) \end{aligned}$$

$$= \beta p_{k-1} + \alpha(1-p_{k-1}) = \alpha + (\beta-\alpha)p_{k-1}$$

따라서 $p_k = \alpha + (\beta - \alpha)p_{k-1}$

(2) (1)번에서 $k = 2, 3, \cdots, k$ 을 대입하여 정리하면

$$\begin{aligned} p_2 &= \alpha + (\beta-\alpha)p_1 \\ p_3 &= \alpha + (\beta-\alpha)p_2 = \alpha + (\beta-\alpha)\alpha + (\beta-\alpha)^2 p_1 \\ &\vdots \qquad\qquad \vdots \\ p_k &= \alpha + (\beta-\alpha)\alpha + \cdots + (\beta-\alpha)^{k-2}\alpha + (\beta-\alpha)^{k-1}p_1 \\ &= \frac{\alpha\{1-(\beta-\alpha)^{k-1}\}}{1-\beta+\alpha} + (\beta-\alpha)^{k-1}p_1 \end{aligned}$$

이므로 주어진 값을 대입하여 정리하면

$$p_k = 1 - (1-\alpha)^{k-1}$$

(3) $0 < \beta - \alpha < 1$ 이므로

$$\lim_{k\to\infty} p_k = \frac{\alpha}{1-\beta+\alpha}$$

(4) 처음 날의 반응 확률은 0이므로, (2)번의 결과를 대입하여 풀면

$$p_{11} = \frac{0.05(1-(0.9-0.05)^{10})}{1-(0.9-0.05)} \simeq 0.2677$$ ▣

예제 3.13 1번부터 5번까지 숫자가 쓰여진 항아리가 5개 있다. k번째 항아리 속에는 k개의 불량품과 $10-k$개의 정품이 들어 있다고 한다. 이 중에서 한 개의 항아리를 임의로 선택하여 한 개를 추출할 때 다음 물음에 답하시오.

(1) 한 개가 불량품일 확률을 구하시오.

(2) 한 개를 뽑았는데 그것이 불량품이었다면, 추출은 다섯 번째 항아리였을 확률을 구하시오.

풀이 불량품이 뽑힐 사상을 A라 하고, k번째 항아리가 선택될 사상을 B_k라 하면 $P(B_k) = \frac{1}{5}$, $P(A \mid B_k) = \frac{k}{10}$, $k = 1, \cdots, 5$이므로

(1) 사상 $A = \bigcup_{k=1}^{5}(A \cap B_k)$ 이고, 각 $A \cap B_k$는 배반적인 관계가 존재하므로

$$P(A) = P\left(\bigcup_{k=1}^{5}(A \cap B_k)\right) = \sum_{k=1}^{5} P(B_k) \cdot P(A \mid B_k)$$

$$= \sum_{k=1}^{5} \frac{k}{10} \cdot \frac{1}{5} = \frac{3}{10}$$

(2) $P(A \mid B_5) = \frac{5}{10}$ 이고, 베이즈 정리를 이용하여 구하면

$$P(B_5 \mid A) = \frac{P(B_5)P(A \mid B_5)}{\sum_{k=1}^{5} P(B_k)P(A \mid B_k)} = \frac{5/10 \cdot 1/5}{3/10} = \frac{1}{3}$$

반면 k번째 항아리에서 나올 확률은 동일한 방법으로 구하면 $\frac{k}{15}$이다. ■

예제 3.14 항아리에 K개의 검은 공과 $N-K$개의 흰 공이 들어있다. 이 항아리에서 n개를 추출할 때, 다음 각 경우에 k개의 검은 공을 포함할 확률을 구하시오.

(1) 복원추출

(2) 비복원 추출

풀이 (1) 추출된 n개의 공 중에서 i번째 추출한 공이 검은 색일 사상을 B_i, 흰 공인 사상은 B_i^c가 될 것이다. 만약 첫 번째부터 k번째 추출한 공이 모두 검은 색이고 나머지는 모두 흰 공이라 한다면 구해야 할 사상은 $\left(\bigcap_{i=1}^{k} B_i\right) \cap \left(\bigcap_{i=k+1}^{n} B_i^c\right)$이다. 반면에 n개 중에서 k개는 검은 공이고 나머지는 흰 공일 경우의 사상은 $\left(\bigcap_{j=1}^{k} B_{ij}\right) \cap \left(\bigcap_{j=k+1}^{n} B_{ij}^c\right)$가 될 것이다. 이 사상에서 첫 번째 첨자 i가 갖는 가지수는 $\binom{n}{k}$이고, 복원 추출이므로 $P(B_i) = \frac{K}{N}$, $P(B_i^c) = \frac{N-K}{N}$ 이다. 따라서

$$P\left\{\left(\bigcap_{j=1}^{k} B_{ij}\right) \cap \left(\bigcap_{j=k+1}^{n} B_{ij}^c\right)\right\} = \binom{n}{k} P\left\{\left(\bigcap_{i=1}^{k} B_i\right) \cap \left(\bigcap_{i=k+1}^{n} B_i^c\right)\right\}$$
$$= \binom{n}{k}\left(\frac{K}{N}\right)^k \left(\frac{N-K}{N}\right)^{n-k}$$

이다. 이는 성공할 확률이 $\frac{K}{N}$인 이항분포를 한다.

(2) 비복원 추출인 경우는 처음에 검은 공이 뽑힐 확률은 $P(B_1) = \frac{K}{N}$ 인데 반하여 두 번째 검은 공이 뽑힐 확률은 처음에 어떤 공이 뽑혔느냐에 따라 그 확률이 다르게 나타난다. 따라서 이 확률을 구할 때는 K개의 검은 공 중에서 k개를 뽑고, $N-K$개의 흰 공 중에서 $n-k$를 뽑는 방법의 가지 수가 n개 중에서 k개의 검은 공을 뽑을 경우의 수가 될 것이다.

$$P(n\text{개 중에서 } k\text{개의 검은 공}) = \frac{\binom{K}{k} \cdot \binom{N-K}{n-k}}{\binom{N}{n}}$$

이 된다. 이를 초기하 분포라 한다. ▣

예제 3.15 예제 3.14에서 n개의 표본을 추출할 때, k개의 검은 공이 포함되었다는 가정에서 j번째 공이 검은색일 확률을 다음 각 경우에 따라 구하시오.

(1) 복원추출

(2) 비복원 추출

풀이 n개의 표본 중에서 정확히 k개의 검은 공이 포함될 사상을 A_k, j번째 추출된 공이 검은 색일 사상을 B_j라 하면, 구해야 할 확률은 $P(B_j \mid A_k)$이다. 앞의 조건부 확률을 이용하여 문제의 풀이에 접근하겠다.

(1) 복원추출인 경우는 $P(B_j) = \dfrac{K}{N}$이다. 또한 n개를 추출하는데 k개의 검은 공이 들어있는 경우이므로

$$P(A_k) = \binom{n}{k}\left(\frac{K}{N}\right)^k\left(\frac{N-K}{N}\right)^{n-k}$$

이고 j번째 검은 공이 뽑혀진다면 $n-1$번의 추출에서 $k-1$개의 검은 공이 추출되야 하므로

$$P(A_k \mid B_j) = \binom{n-1}{k-1}\left(\frac{K}{N}\right)^{k-1}\left(\frac{N-K}{N}\right)^{n-k}$$

이다. 따라서

$$\begin{aligned} P(B_j \mid A_k) &= \frac{P(A_k \mid B_j) \cdot P(B_j)}{P(A_k)} \\ &= \frac{\binom{n-1}{k-1}\left(\frac{K}{N}\right)^{k-1}\left(\frac{N-K}{N}\right)^{n-k} \cdot \frac{K}{N}}{\binom{n}{k}\left(\frac{K}{N}\right)^k\left(\frac{N-K}{N}\right)^{n-k}} = \frac{k}{n} \end{aligned}$$

(2) 복원추출인 경우는 n 회 시행에서 매회 검은 공이 나타날 확률이 동일하지만 비복원 추출에서는 $j-1$ 번째 시행에서 몇 개의 검은 공이 나타났는냐에 따라 j번째 추출에서 검은 공이 나타날 확률이 틀려진다. 따라서 C_i는 $j-1$번째 추출까지 정확히 i개의 검은 공일 사상이라 하자. 그러면 $B_j = \bigcup_{i=0}^{j-1}(C_i \cap B_j)$ 이고,

$C_i \bigcap B_j$, $i=1,2,\cdots,j-1$ 은 각각 배반적인 사상관계가 존재하므로 $P(B_j)=P\left(\bigcup_{i=0}^{j-1}(C_i \bigcap B_j)\right)=\sum_{i=1}^{j-1}P(C_i \bigcap B_j)=\sum_{i=0}^{j-1} P(C_i)P(B_j \mid C_i)$ 이다. 이때,

$$P(C_i)=\frac{\binom{K}{i}\binom{N-K}{j-1-i}}{\binom{N}{j-1}}$$

이고, $j-1$ 번째까지 i 개의 검은 공일 때 j 번째 추출에서는 항아리에 $N-j+1$ 개의 공이 있고, 이 중에서 $K-i$ 개의 검은 공이 남아있다. 따라서 $j-1$ 번째 추출 후 j 번째 검은 공이 나타날 확률은

$$P(B_j \mid C_i)=\frac{K-i}{N-j+1}$$

그런데 j 번째 추출 시에 항아리에 검은 공의 수에 의하여 확률이 달라진다. 따라서

$$\begin{aligned}
P(B_j) &= \sum_{i=0}^{j-1}P(B_j \cap C_i)=\sum_{i=0}^{j-1}P(B_j \mid C_i)\cdot P(C_i) \\
&= \sum_{i=0}^{j-1}\frac{K-i}{N-j+1}\cdot\frac{\binom{K}{i}\binom{N-K}{j-1-i}}{\binom{N}{j-1}} \\
&= \frac{K}{(N-j+1)\cdot\binom{N}{j-1}}\sum_{i=0}^{j-1}\binom{K-1}{i}\binom{N-K}{j-1-i}
\end{aligned}$$

이 식을 구하기 위하여 Vandermonde 법칙(연습문제 2.4 참조)을 이용하여 계산하면

$$P(B_j)=\frac{K}{N}$$

또한

$$P(A_k)=\frac{\binom{K}{k}\binom{N-K}{n-k}}{\binom{N}{n}}$$

같은 방법으로 j 번째 검은 공일 경우 $N-1$ 개에서 $K-1$ 개의 검은 공일 사상의 확률은

$$P(A_k \mid B_j) = \frac{\binom{K-1}{k-1}\binom{N-K}{n-k}}{\binom{N-1}{n-1}}$$

따라서

$$P(B_j \mid A_k) = \frac{P(B_j)P(A_k \mid B_j)}{P(A_k)} = \frac{k}{n}$$ ▣

통계학의 중요한 역할 중에서 의사결정(decision making)은 빼놓을 수 없는 분야이다. 의사결정을 함에 있어 사전 정보를 가미한 후, 새로운 형태의 의사결정은 사용하는 사람들에게 중요한 의사결정의 수단을 보다 정확하게 제공할 것이다. 실험이 수행되기 전 n개의 가정에 관련된 확률을 이용하여 실험이 수행된 후에 이들의 정보가 사후 확률을 계산하는 데 어떻게 사용되는가를 베이즈 정리를 이용하여 구해 보았다.

3.2 독립성

한 번의 시행에서 두 개 이상의 사상이 동시에 나타나는 경우가 없으면 각 사상과의 관계를 배반적이라고 했다. 즉 다시 말하면 두 개의 사상 A, B에서 $A \cap B = \phi$ 이면 두 사상은 배반적이라 한다.

동일한 표본공간에서 두 번 이상의 실험을 수행한다고 하자. 실험에서 처음에 일어나는 경우가 두 번째 일어나는 경우에 영향을 주지 않고 같은 경우의 수로 나타난다면 이를 무엇이라 할까? 또한 같은 경우의 수가 아닐 경우에 이를 어떻게 처리해야 하나? 이런 문제는 실제 상황에서 많이 발생할 수 있다. 이 절에서는 두 가지 질문에 대한 처리 방법에 대하여 논의하자.

3.2.1 독립성

독립성 문제는 확률이나 확률분포를 결정하는데 중요한 역할을 한다. 일반적으로 한 사상의 출현 가능성은 다른 사상의 출현 가능성에 영향이 주지 않은 두 사상을 서로 독립성(independence)을 갖고 있다고 말한다. 우선 예제를 통하여 독립성을 이해해 보기로 하자.

예제 3.16 여섯 그루의 나무를 첫 번째는 일렬로, 두 번째는 원형으로 심어져 있는 화원이 있다. 이들 화원에서 두 그루의 나무가 질병에 감염되어 있다고 할 때 다음 물음에 답하시오. (단, 나무가 질병에 감염될 가능성은 동일하다고 한다.) 다음 문제를 심어져 있는 상태에 따라 그 확률을 계산하시오.

(1) 질병에 감염된 나무들이 인접될 확률을 구하시오.

(2) 세 번째 나무가 질병에 감염되어 있다고 할 때, 질병에 걸린 나무들이 인접되어 있을 확률을 구하시오.

풀이 6개의 나무들 중에서 임의의 나무 두 개가 병에 감염될 경우의 표본공간은 $\binom{6}{2} = 15$ 개의 표본점으로 구성되며, 이 중에서 감염된 나무가 인접할 사상을 A라 하고, 세 번째 나무가 질병에 감염되어 있을 사상을 B라 하자.

(1) 일렬로 심어져 있을 경우

① $A = \{(1\ 2), (2\ 3), (3\ 4), (4\ 5), (5\ 6)\}$로서 5개의 표본점을 포함한다.

$$P(A) = \frac{5}{15}$$

② $B = \{(1\ 3), (2\ 3), (3\ 4), (3\ 5), (3\ 6)\}$인 5개의 표본점을 갖는다. 그런데 문제의 뜻에 따라 구해야 할 사상의 확률은 $P(A \mid B)$ 이다. 또한 세 번째 나무가 감염되어 있고 인접할 경우는 즉 $A \cap B = \{(2\ 3), (3\ 4)\}$이다.

$$P(A \mid B) = \frac{P(A \cap B)}{P(B)} = \frac{2/15}{5/15} = \frac{2}{5}$$

(2) 원형으로 심어져 있을 때

① $A = \{(1\ 2), (2\ 3), (3\ 4), (4\ 5), (5\ 6), (1\ 6)\}$가 되므로

$$P(A) = \frac{6}{15} = \frac{2}{5}$$

② 세 번째 나무가 감염되어 있고 인접할 경우는 즉 $A \cap B = \{(2\ 3), (3\ 4)\}$이므로

$$P(A \mid B) = \frac{P(A \cap B)}{P(B)} = \frac{2/15}{5/15} = \frac{2}{5}$$ ▣

앞의 예제에서 일렬로 심어져 있는 경우는 $P(A)$ 값과 $P(A \mid B)$이 같지 않으나, 원형으로 심어져 있는 경우는 $P(A)$ 값과 $P(A \mid B)$이 같음을 알 수 있다. 후자의 경우에는 표본공간 상에서 어떤 사상이 발생할 확률과 축소된 표본공간 상에서 그 사상이 발생할 확률이 같은 경우로서 어떤 사상이 발생할 확률은 표본공간을 축소시켜도 그 확률에

영향이 없음을 나타낸다. 따라서 이 경우 A와 B는 독립이라 말한다.

정의 3.2 **독립성**

표본공간 S상에서 두 개의 사상 A와 B가 $P(A \mid B) = P(A)$ 또는 $P(B \mid A) = P(B)$을 만족할 때, 두 개의 사상 A와 B는 서로 독립이라 한다.

앞의 정의에서 두 개의 사상이 서로 독립(mutually independent)이라 한다면 앞에서 서술했던 조건부 확률의 표기 방식은 다음과 같이 쓸 수 있다.

$$P(A \cap B) = P(A) \cdot P(B)$$

예제 3.17 한 개의 10원 동전과 한 개의 100원 동전을 던졌을 때, 10원 동전이 앞면이 나타날 사상과 100원 동전이 앞면이 나타날 사상이 서로 독립적인지 아닌지를 판정하시오.

풀이 10원 동전이 앞면일 사상을 A, 100원 동전이 앞면일 사상을 B라 하자. 이때 표본공간은

$$S = \{(H_{10}, H_{100}), (H_{10}, T_{100}), (T_{10}, H_{100}), (T_{10}, T_{100})\}$$

또한 문제의 뜻에 따라 각 사상을 나타내면

$$A = \{(H_{10}, H_{100}), (H_{10}, T_{100})\}, \; B = \{(H_{10}, H_{100}), (T_{10}, H_{100})\}$$

10원 동전이 앞면이 나타날 확률은 $P(A) = \frac{2}{4}$ 이면, 축소된 표본공간 B 상에서 사상 A가 나타날 확률은 $P(A \mid B) = \frac{1}{2}$ 이다. 따라서 정의에 의하여

$$P(A \mid B) = P(A) = \frac{1}{2}$$

이므로 두 개의 사상은 서로 독립임을 알 수 있다. ▣

예제 3.18 항아리에 흰 공 5개, 검은 공이 7개 들어 있다. 처음에 흰 공이 나타날 사상과 두 번째 흰 공이 나타날 사상이 독립인지 아닌지를 다음 각 경우에 판정하라.

(1) 복원추출

(2) 비복원 추출

풀이 처음에 흰 공이 나타날 사상을 W_1, 두 번째 흰 공이 나타날 사상을 W_2라 하자.

(1) 복원추출이므로 $P(W_2)=\frac{5}{12}$, $P(W_2 \mid W_1)=\frac{5}{12}$이므로, W_1과 W_2는 서로 독립인 사상이 된다.

(2) 비복원 추출이면

$$\begin{aligned} P(W_2) &= P((W_1^c \cap W_2) \cup (W_1 \cap W_2)) \\ &= P(W_1^c)P(W_2 \mid W_1^c) + P(W_1)P(W_2 \mid W_1) \\ &= \frac{7}{12} \times \frac{5}{11} + \frac{5}{12} \times \frac{4}{11} = \frac{5}{12} \end{aligned}$$

$P(W_2 \mid W_1)=\frac{4}{11}$이므로, W_1과 W_2는 서로 독립이 아니다. ▣

정리 3.5 독립성

사상 A와 B가 독립이면 다음 각각은 서로 독립이다.

(1) A^c와 B

(2) A와 B^c

(3) A^c와 B^c

증명 사상 A와 B가 독립이므로 $P(A \cap B)=P(A) \cdot P(B)$을 만족한다. 이 등식을 이용하여 증명하는 것이 좋다.

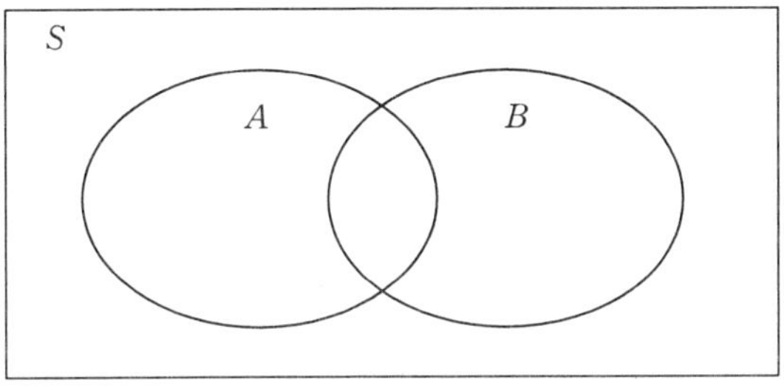

그림 3.3 벤 다이어그램

(1) 사상 A를 서로 배반적인 두 개의 사상으로 정리하면

$$A=(A \cap B) \cup (A \cap B^c)$$

따라서 $P(A)=P(A \cap B)+P(A \cap B^c)$이 된다. 그러므로

$$P(A \cap B^c) = P(A) - P(A \cap B) = P(A) - P(A)P(B)$$
$$= P(A) - P(A)P(B) = P(A)P(B^c)$$

(2) 유사한 방법으로 증명하면

$$P(A^c \cap B) = P(B) - P(A \cap B) = P(B) - P(A)P(B)$$
$$= P(B) - P(A)P(B) = P(B)P(A^c)$$

(3) $P(A^c \cap B^c) = 1 - P(A \cup B)$

$$= (1 - P(A)) \cdot (1 - P(B)) = P(A^c)P(B^c)$$ ▣

예제 3.19 다음 분할표는 성별에 따른 흡연습관을 조사한 표이다. 이때 성별이 흡연 여부에 상관이 없다고 한다면 담배를 피우지 못하는 여성의 수를 추정하시오.

	흡연자	비흡연자
남성	4	6
여성	6	x

풀이 여성일 사상을 F, 흡연자인 경우의 사상을 A라 하면 앞의 정리에 의하여

$$P(F \cap A^c) = \frac{x}{16+x}, \quad P(F) = \frac{6+x}{16+x}, \quad P(A^c) = \frac{6+x}{16+x}$$

이므로 앞의 정리에 의하여

$$P(F \cap A^c) = P(F) \cdot P(A^c)$$

이므로 이를 계산하면 $x = 9$가 된다. ▣

정의 3.3 쌍으로 독립

세 개의 사상 E_1, E_2, E_3이 있을 때, 서로 독립사상 관계는 존재하지 않으나 두 개씩은 서로 독립 사상관계가 존재한다면 이를 쌍으로 독립(pairwise independent)이라 한다.

예제 3.20 두 개의 동전 A, B를 동시에 던질 때, A가 앞면일 사상을 E_1, B가 앞면일 사상을 E_2, 두 개의 면이 일치할 사상을 E_3라 하자.

(1) 각 사상이 나타날 확률을 구하시오.

(2) 두 개의 곱사상이 나타날 확률을 구하시오.

(3) 세 개의 곱사상이 나타날 확률을 구하시오.

풀이 표본공간은 $S=\{(H_A H_B),(H_A T_B),\ (T_A H_B),\ (T_A T_B)\}$이므로

(1) $P(E_1)=P(E_2)=P(E_3)=\frac{1}{2}$

(2) $P(E_1\cap E_2)=P(E_2\cap E_3)=P(E_3\cap E_1)=\frac{1}{4}$

따라서 $P(E_1\cap E_2)=P(E_1)\cdot P(E_2)$, $P(E_2\cap E_3)=P(E_2)\cdot P(E_3)$
$P(E_3\cap E_1)=P(E_3)\cdot P(E_1)$ 이므로 각 쌍은 독립이다.

(3) $P(E_1\cap E_2\cap E_3)=\frac{1}{4}$

여기서 보는 바와 같이 $P(E_1\cap E_2\cap E_3)$와 $P(E_1)P(E_2)P(E_3)$의 확률이 같지 않으므로, 앞의 정의에서와 같이 E_1, E_2, E_3는 독립은 아니다. 따라서 E_1, E_2, E_3는 쌍으로 독립이지만 전체 사상은 독립이 아니다. ▣

3.2.2 독립시행

앞에서 표본공간 상에서 서로 독립인 사상을 여러 가지 예제 문제를 통해 보았다. 이때 표본공간 상에 있는 사상이 독립적으로 반복하여 일어나면서 시행될 때, 이를 독립시행(independent trial)이라 하며 통계학에서 많이 나타나는 형태의 확률모형이다.

정리 3.6 n개 사상의 독립성

n개 사상 $E_1, E_2, \cdots, E_n$ 이 서로 독립이면, 다음 식을 만족한다.

$$P\left(\bigcap_{k=1}^{n} E_k\right)=\prod_{k=1}^{n} P(E_k)$$

증명 n개 사상 $E_1, E_2, \cdots, E_n$이 서로 독립이면, 앞의 정의 3.2와 정리 3.2에 의하여
$P(E_2\mid E_1)=P(E_2)$, $P(E_3\mid E_1\cap E_2)=P(E_3),\cdots,$ $P\left(E_n\mid \bigcap_{k=1}^{n-1} E_k\right)=P(E_n)$ 이 된다.

따라서

$$P\left(\bigcap_{k=1}^{n} E_k\right) = P(E_1)\cdot P(E_2 \mid E_1)\cdot P(E_3 \mid E_1 \cap E_2)\cdot \cdots \cdot P\left(E_n \mid \bigcap_{k=1}^{n-1} P(E_k)\right)$$
$$= P(E_1)\cdot P(E_2)\cdot \cdots \cdot P(E_n) = \prod_{k=1}^{n} P(E_k)$$

예제 3.21 모나지 않은 한 개의 주사위를 던졌을 때 다음 각 사상의 확률을 구하시오.

(1) 다섯 번 반복 시행했을 때 6이 눈이 두 번 나타날 확률

(2) n번 시행에서 연속하여 6의 눈이 나타날 확률

(3) n번 시행에서 k번 6의 눈이 나타날 확률

(4) 무한 번 시행에서 연속적으로 유한 번만 6이 눈이 나타날 확률

풀이 A_i은 i번째 시행에서 6의 눈이 나타나는 사상이라면 $P(A_i)=\frac{1}{6}$, $i=1,2,\cdots$고 각 시행은 독립이므로

(1) 다섯 번 시행 중에서 2번 나타나는 경우는 $\binom{5}{2}=15$ 가지이고, 각 경우의 확률은

$$P(A_1 \cap A_2 \cap A_3^c \cap A_4^c \cap A_5^c) = \left(\frac{1}{6}\right)^2 \cdot \left(\frac{5}{6}\right)^3$$

이다. 따라서 $P(A_{i_1} \cap A_{i_2} \cap A_{i_3}^c \cap A_{i_4}^c \cap A_{i_5}^c) = \binom{5}{2}\left(\frac{1}{6}\right)^2 \cdot \left(\frac{5}{6}\right)^3 = \frac{625}{2592}$

(2) n번 시행에서 연속하여 6의 눈이 나타날 확률은

$$P\left(\bigcap_{k=1}^{n} A_k\right) = \prod_{k=1}^{n} P(A_k) = \left(\frac{1}{6}\right)^n$$

(3) 연속적으로 k번 시행까지는 6의 눈이 나타나고 $k+1$ 번부터는 6이 눈이 나타나지 않을 사상은 $\left(\bigcap_{i=1}^{k} A_i\right) \cap \left(\bigcap_{i=k+1}^{n} A_i^c\right)$이다. 이 사상은 n번의 시행 중에서 k번 성공할 경우의 특수한 한 가지이다. 따라서 n번의 시행 중에서 k번 성공할 경우의 수는 $\binom{n}{k}$번이므로

$$\binom{n}{k} P\left\{\left(\bigcap_{j=1}^{k} A_{ij}\right) \cap \left(\bigcap_{j=k+1}^{n} A_{ij}^c\right)\right\} = \binom{n}{k}\left(\frac{1}{6}\right)^k \left(\frac{5}{6}\right)^{n-k}$$

(4) 연속적으로 k번 시행까지는 6의 눈이 나타나고 $k+1$번부터는 6이 눈이 나타나지 않을 사상은 $\left(\bigcap_{i=1}^{k} A_i\right) \cap \left(\bigcap_{i=k+1}^{\infty} A_i^c\right)$, $k=1,2,\cdots$이다. 문제의 뜻은 k번이 유한적이라 했으므로 $k=1,2,\cdots$ 이다. 그리고 각 사상은 배반적이고 유한적이므로

$\bigcup_{k=1}^{\infty}\left\{\left(\bigcap_{i=1}^{k} A_i\right) \cap \left(\bigcap_{i=k+1}^{\infty} A_i^c\right)\right\}$의 사상의 확률을 구하면 된다.

$$\begin{aligned}
P\left(\bigcup_{k=1}^{\infty}\left\{\left(\bigcap_{i=1}^{k} A_i\right) \cap \left(\bigcap_{i=k+1}^{\infty} A_i^c\right)\right\}\right) &= \sum_{k=1}^{\infty} P\left(\left(\bigcap_{i=1}^{k} A_i\right) \cap \left(\bigcap_{i=k+1}^{\infty} A_i^c\right)\right) \\
&= \sum_{k=1}^{\infty}\left(\prod_{i=1}^{k} P(A_i)\right) \cdot \left(\prod_{i=k+1}^{\infty} P(A_i^c)\right) \\
&= \sum_{k=1}^{\infty}\left\{\lim_{n\to\infty}\left(\frac{1}{6}\right)^k \cdot \left(\frac{5}{6}\right)^{n-k}\right\} \\
&= \lim_{n\to\infty}\left(\frac{5}{6}\right)^n \sum_{k=1}^{\infty}\left(\frac{1}{5}\right)^k = 0
\end{aligned}$$

▣

예제 3.22 두 개의 주사위를 던져 나타나는 눈의 합이 7이 나오기 전에 합이 5가 나타날 확률을 구하시오.

풀이 두 주사위 눈의 합이 처음 시행에서 5가 나타나는 사상을 A_1, 처음 시행은 5나 7이 아니고 두 번째 시행에서 5가 나타날 사상을 A_2, 처음부터 두 번째까지 5나 7이 아니고 세 번째 시행에서 5가 나타날 사상을 A_3, $\cdots$, 또한 $n-1$번의 시행에서 5나 7이 나타나지 않고 n번째 5가 나타날 사상은 A_n이라 하면 5가 나타날 때까지 시행을 계속해야 하므로, 구하고자 하는 사상은 이들의 합 사상인 $\bigcup_{k=1}^{\infty} A_k$ 이 된다. 따라서

$$P(A_1) = \frac{4}{36},\ P(A_2) = \left(\frac{26}{36}\right) \cdot \left(\frac{4}{36}\right),\ \cdots,\ P(A_n) = \left(\frac{26}{36}\right)^{n-1} \cdot \left(\frac{4}{36}\right)$$

이고 $A_1, A_2, \cdots, A_n, \cdots$는 서로 배반적이므로 구하고자 하는 확률은

$$\begin{aligned}
P\left(\bigcup_{k=1}^{\infty} A_k\right) &= \sum_{k=1}^{\infty} P(A_k) \\
&= \sum_{k=1}^{\infty}\left(\frac{26}{36}\right)^{k-1} \cdot \left(\frac{4}{36}\right) \\
&= \frac{2}{5}
\end{aligned}$$

▣

3.2.2 종속성

앞 절에서 독립사상과 독립시행에 관한 내용들을 살펴보았다. 그렇다면 독립 사상이 아닌 사상들의 관계는 어떻게 될까? 두 개의 사상이 독립이 아닌 경우는 서로 종속(mutually dependent)이라 하고 다음 정의에 따른다.

정의 3.4 종속성

두 개의 사상이 다음 식을 만족하면 두 사상은 서로 종속이라 한다.

$$P(E_1 \mid E_2) \neq P(E_1)$$

다시 말하면 축소된 표본공간 상에서 어떤 사상이 일어날 확률이 원래 표본공간상에서 그 사상이 일어날 확률과 같지 않으면 두 사상의 관계는 서로 종속이라 한다.

예를 들어 그 내용을 보기로 하자.

예제 3.23 어떤 회사는 세대의 기계로 한 가지 제품을 생산한다. 전체 생산품의 35%는 기계 A에서, 25%는 기계 B에서, 40%는 기계 C에서 생산되며, 각 기계에서 발생하는 불량품은 각각 2%, 1%, 3%라고 하자. 이 때 하루 동안에 생산된 제품에서 한 개의 생산품을 추출할 때 다음을 구하시오.

(1) 불량품일 확률을 구하시오.

(2) 그 불량품이 기계 C에서 생산되었을 확률을 구하시오. 그리고 기계와 불량품 사이에 독립성을 논의하시오.

(3) 만약 각 기계에서의 불량률이 모두 1%라고 하면 기계와 불량품 사이에 독립성은 어떠한가?

풀이 불량품일 사상을 D라 하고, 기계별 사상을 A, B, C라 할 때, 주어진 확률을 정리하면 $P(A) = 0.35$, $P(B) = 0.25$, $P(C) = 0.40$, $P(D \mid A) = 0.02$, $P(D \mid B) = 0.01$, $P(D \mid C) = 0.03$이다.

(1) $P(D) = P\{(D \cap A) \cup P(D \cap B) \cup P(D \cap C)\}$

$$= P(A)P(D \mid A) + P(B)P(D \mid B) + P(C)P(D \mid C) = 0.0215$$

(2) $P(C \mid D) = \dfrac{P(C)P(D \mid C)}{P(D)} = \dfrac{0.0120}{0.0215} = \dfrac{24}{43}$

따라서 $P(C) \neq P(C \mid D)$이므로 기계와 불량률은 종속이다. 즉, 불량률이 기계에 따라 다르게 나타난다.

(3) 문제의 뜻에 따라 $P(D \mid A) = 0.01$, $P(D \mid B) = 0.01$, $P(D \mid C) = 0.01$이므로 $P(D) = 0.35 \times 0.01 + 0.25 \times 0.01 + 0.40 \times 0.01 = 0.01$ 이고

$P(C \mid D) = \dfrac{0.40 \times 0.01}{0.01} = 0.40$이므로 $P(C) = P(C \mid D)$ 이다. 따라서 기계와 불량률은 서로 독립이다. 즉 기계에 따라 생산품의 불량이 같이 나타난다.

■

예제 3.24 자동차 사고에 관련된 어떤 보험회사의 통계에 의하면, 사람은 자동차 사고를 잘 내는 사람과 그렇지 않은 사람으로 분류할 수 있다고 한다. 1년 내에 사고를 잘 내는 사람은 사고를 낼 확률이 0.35이고, 그렇지 않은 사람은 확률이 0.15라 한다. 단, 전체 모집단이 30%가 사고를 잘 내는 사람이라고 가정할 때, 다음 물음에 답하시오.

(1) 새로운 보험 가입자가 1년 내에 사고를 낼 확률을 구하시오.

(2) 새로운 보험 가입자가 1년 내에 사고를 냈다면, 보험 가입자가 사고를 잘 내는 사람의 부류에 속할 확률을 구하시오.

(3) 어떤 보험 가입자가 보험 첫 해에 사고를 냈다. 그렇다면 두 번째 해에 사고를 저지를 확률을 구하시오.

풀이 새로운 보험 가입자가 사고를 잘 내는 사람일 때의 사상을 A, 보험 가입자가 가입 i번째 해에 사고를 낼 사상을 B_i 라 하자. 따라서 문제에 주어진 내용을 정리하면 $P(A)=0.3$, $P(B_1 \mid A)=0.35$, $P(B_1 \mid A^c)=0.15$ 이다.

(1) $P(B_1)=P\{(A\cap B_1)\cup(A^c\cap B_1)\}=P(B_1 \mid A)P(A)+P(B_1 \mid A^c)P(A^c)$

$\qquad =0.35\times 0.3+0.15\times 0.7=0.21$

(2) $P(A \mid B_1)=\dfrac{P(A)\cdot P(B_1 \mid A)}{P(B_1)}=\dfrac{0.3\times 0.35}{0.21}=\dfrac{1}{2}$

따라서 $P(A)\neq P(A \mid B_1)$ 이므로 사고를 잘 내는 사람의 사상과 첫해에 사고를 낸 사람이 서로 종속관계이다.

(3) 문제의 뜻에 따라 $P(B_2 \mid B_1)$ 을 구하면 된다. 문제의 뜻에 따라, 사고를 잘 내는 사람이 첫 번째 해에 사고를 내고 두 번째 해에 사고를 낼 확률이 35%이므로, $P(B_2 \mid A\cap B_1)=0.35$, 동일한 방법으로 $P(B_2 \mid A^c\cap B_1)=0.15$ 이다. 따라서

$$\begin{aligned}
P(B_2 \mid B_1) &= \frac{P(B_2\cap B_1)}{P(B_1)}=\frac{P(B_2\cap\{(A\cap B_1)\cup(A^c\cap B_1)\})}{P(B_1)}\\
&= \frac{P(B_2\cap A\cap B_1)+P(B_2\cap A^c\cap B_1)}{P(B_1)}\\
&= \frac{P(B_1)P(A|B_1)P(B_2|A\cap B_1)+P(B_1)P(A^c|B_1)P(B_2|A^c\cap B_1)}{P(B_1)}\\
&= P(B_2 \mid A\cap B_1)\cdot P(A \mid B_1)+P(B_2 \mid A^c\cap B_1)\cdot P(A^c \mid B_1)\\
&= 0.35\times\frac{1}{2}+0.15\times\frac{1}{2}=0.25
\end{aligned}$$

▣

제3장 연습문제

exercises

[A형]

3.1 사상 A, B의 관계가 다음과 같다면 $P(A \mid B)$의 값을 계산하고, 그 의미를 해석하시오(단, $P(B) \neq 0$).

(1) $A \cap B = \varnothing$ (2) $B \subset A$ (3) $A \cap B \neq \varnothing$

3.2 (1) 사상 A와 B가 서로 배반이고 $P(B) \neq 0$ 이라면 $P(A \mid B)$에 대해 어떻게 말할 수 있는가? 이 결과를 어떻게 해석하겠는가?

(2) B가 A의 부분사상이라면 $P(A \mid B)$에 대해 어떻게 말할 수 있는가? 이 결과를 어떻게 해석하겠는가?

3.3 사건 E와 F가 독립인 경우, $P(E \cap F \mid F)$)는 무엇인가? 의미를 설명하시오.

3.4 (1) $P(E_1 \cap E_2 \cap E_3) = P(E_1) \cdot P(E_2 \mid E_1) \cdot P(E_3 \mid E_1 \cap E_2)$를 증명하시오.

(2) 정리 3.2를 수학적 귀납법에 의하여 증명하시오.

3.5 사상의 독립성은 사상 자체뿐만 아니라 확률함수 자체에도 의존된다. 예컨대, 주사위를 한 번 던지는 실험에서 1 또는 6의 눈이 나타날 사상을 A, 홀수의 점이 나타날 사상을 B라 하자. 만일 k의 점이 나타날 확률이 k에 비례하는 경우, 두 사상은 독립이 아님을 보이시오.

[B형]

3.6 표본공간 S에서 E_1, E_2, E_3, E_4, E_5가 일어날 확률을 각각 0.2, 0.15, 0.15, 0.35, 0.15라 할 때 다음을 구하시오(단, $A = E_1 \cup E_3 \cup E_4$라 하자.).

(1) 조건사상으로서 A를 이용해서 조건부 확률모형을 찾으시오.

(2) 위에서 구한 확률모형이 적절함을 보이시오.

3.7 모나지 않는 동전을 앞면이 나올 때까지 또는 4회까지 던진다. 두 번 던질 때까지 한 번도 앞면이 나타나지 않을 때 다음 확률을 구하시오.

(1) 동전이 네 번 던져질 사상

(2) 동전이 단지 세 번 던져질 사상

3.8 모나지 않은 동전을 세 번 던진다.

(1) 적어도 두 개의 앞면이 일어나는 사상이 조건으로 주어질 때 조건부 표본공간을 세우시오.

(2) 조건부 표본공간의 각 표본점에 적절한 확률을 할당하시오.

(3) 이 조건의 정보는 세 개의 앞면이 나오는 사건의 확률에 어떤 영향을 미치는가?

3.9 네 개의 다른 상표 A, B, C, D의 커피 맛을 음미하는 실험에서 임의로 순서를 준다.

(1) 네 개의 상표에 대해 출현하는 순서를 묘사할 수 있는 표본공간을 정의하시오.

(2) S 안의 각각의 표본점에 적당한 확률을 할당하시오.

(3) 사상 G는 B가 마지막에 나타나는 사상이고, 사상 H는 A가 C 앞에 나타날 때, 이때 다음 사상들의 확률을 구하시오.

① G ② H ③ $G \cap H$ ④ $H \cup G$

⑤ $G \mid H$ ⑥ $H \mid G$ ⑦ $H \mid G^c$ ⑧ $G^c \mid H$

3.10 상자 안에 검은 공이 b개, 흰 공이 w개 있다고 가정하자. 만약 비복원 추출로 임의로 두 개를 뽑는다고 할 때 다음을 계산하시오.

(1) P(두 번째 뽑은 공이 검은색 | 첫 번째 뽑은 공이 흰색)

(2) P(두 번째 뽑은 공이 흰색)

(3) P(첫 번째 뽑은 공이 검은색 | 두 번째 뽑은 공이 흰색)

3.11 연습문제 3.10에서 복원추출인 경우에 문제를 푸시오.

3.12 T자 형의 미로를 달리는 실험에서 쥐는 ① 왼쪽으로 가서 음식을 얻거나 ② 오른쪽으로 가서 전기 쇼크를 받는 두 가지 선택을 가진다. 처음 시행에서 쥐는 똑같은 가능성으로 왼쪽이나 오른쪽으로 진행한다. 첫 번째 갔을 때 음식을 얻었다면 두 번째 갈 때 왼쪽으로 갈 확률은 0.8, 오른쪽으로 갈 확률은 0.2이다. 또한 만약 첫

번째 갔을 때 전기 쇼크를 받았다면 두 번째에 왼쪽으로 갈 확률은 0.6, 오른쪽으로 갈 확률은 0.4이다.

(1) 두 번 달리게 한 후의 가능한 관측치를 열거하고 적당한 확률을 각각에 할당하시오.

(2) 쥐가 두 번째 달릴 때 오른쪽으로 갈 확률을 구하시오.

(3) 만약 쥐가 두 번째 달릴 때 오른쪽으로 가는 것이 관찰됐다면, 쥐가 첫번째 달릴 때 오른쪽을 선택했을 확률을 구하시오.

3.13 다섯 개의 진위 형태의 문제로 구성된 통계학 시험이 있다. 다음 조건에서 학생이 모든 답을 맞힐 확률을 구하시오.

(1) 그가 단지 추측만으로 맞힐 경우

(2) 그가 답에서 참이 거짓보다 많다는 사실을 알았을 경우

(3) 게다가 그가 선생님께서는 결코 한 줄에 같은 답을 가진 세 문제를 놓지 않는다는 사실을 안 경우

(4) 또한 그가 처음과 마지막에 반대의 답이 놓인다는 것을 안 경우

(5) 게다가 그가 두 번째 답이 거짓임을 안 경우

3.14 N명의 정신과 의사들이 한 환자를 면담한 후 그가 정신 분열증인지 아닌지에 대해 말하도록 요구된다고 가정하자. N명 중 r명이 그가 정신 분열증이라고 말했다. 만약 N명의 의사로부터 임의로 2명을 뽑을 때 다음 확률을 구하시오.

(1) 그들이 모두 환자가 정신분열증이라고 말할 경우

(2) 그들 중 한 명의 의사는 환자가 정신분열증이라고 또 한 명은 그렇지 않다고 말할 경우

3.15 50명의 외국어를 배우는 집단에서 30명은 프랑스어를, 20명은 독일어, 다섯 명은 러시아어, 두 명은 프랑스와 러시아어를, 세 명은 독일어와 러시아어, 두 명은 독일어와 프랑스어, 한 명은 세 개 국어를 모두 읽을 수 있다. 만약 임의로 한 학생을 선택했을 때 다음 조건하에서 그가 독일어를 공부할 확률을 구하시오.

(1) 그가 프랑스어를 공부한다.

(2) 그가 프랑스어와 러시아어를 공부한다.

(3) 그가 프랑스어도 러시아어도 공부하지 않는다.

3.16 한 학생에게 시험을 위해 예비로 A, B 두 형태의 문제가 주어졌다. 형태 A는 다섯 개의 문제로, 형태 B는 열 개의 문제로 이루어져 있다. 그 학생은 A집합에서는 세 문제, B집합에서는 아홉 개 문제의 답을 알고 있다하자. 기말 시험은 선생님이 뽑은 세 개의 문제로 되어 있다.

(1) 선생님께서 임의로 문제의 형태를 선택하고 여기서 임의로 세 개의 문제를 선택한다고 가정하자. 형태 A에 비해 형태 B이 선택될 확률은A집단의 두 배이다. 그 학생이 세 문제 모두 맞힐 확률은 얼마인가?

(2) 선생님 대신 조합된 15개의 문제로부터 임의로 세 개 문제를 선택한다고 가정하자. 그 학생이 세 문제를 모두 맞힐 확률은 얼마인가?

(3) 시험자 입장에서 (1), (2) 두 방법 중 어느 것이 더 좋은가? 이유를 말하시오.

3.17 한 상자에 다섯 개의 붉은 공과 세 개의 녹색 공이 들어 있다. 이 중에서 한 개의 공을 임의로 뽑을 때 뽑혀진 공을 다시 제자리에 돌려 넣고 뽑혀진 공과 같은 색깔의 공을 두 개 더 넣는다. 그리고 두 번째 공이 뽑혀진다.

(1) 이 실험을 위하여 2단계 모형을 잡고 각 단계에 대응하는 확률 모형을 말하시오.

(2) 두 번째에 붉은 공이 뽑혀질 확률은 얼마인가?

(3) 두 번 뽑을 때 뽑혀진 공의 색깔이 첫 번째 공의 색과 다를 확률은 얼마인가?

(4) 만약 두 번째에 붉은 공이 뽑혀졌다면 처음에 붉은 공이 뽑혔을 확률은 얼마인가?

3.18 연습문제 3.17의 일반화로 그 상자에 r개의 붉은 공과 g개의 녹색 공이 있다고 가정하자. 한 개의 공이 임의로 뽑힐 때 이 공을 다시 상자에 집어넣고 같은 색깔의 c개의 공이 더해진다. 그때 두 번 실행이 이루어진다.

(1) 적당한 2단계 모형을 작성하시오.

(2) P(두 번째에 붉은 공이 뽑힌다. | 첫 번째에 붉은 공이 뽑힌다.)가 P(첫 번째에 붉은 공이 뽑힌다.) 보다 큼을 보이시오.

(3) 두 번째 실행에서 한 개의 붉은 공이 나올 확률이 첫 번째 시행에서 붉은 공이 나올 확률과 같다는 것을 보이시오.

3.19 한 상자에 세 개의 결함이 있는 전구와 일곱 개의 결함이 없는 전구가 들어 있다. 다음을 구하시오.

(1) 한 개씩 세 번의 실험에서 비복원 추출될 때 3단계 모형(결과와 확률)으로 나타내시오.

(2) 다음의 확률을 결정하시오.

① 적어도 하나의 결함 없는 전구가 뽑힐 확률

② 만약 첫 번째가 결함이 없다면 세 전구 모두 결함이 없을 확률

3.20 5월 동안 비가 내리는 날의 확률은 0.2이다. A가 맑은 날 이길 확률이 0.7이고 비 오는 날 이길 확률이 0.4라고 하자. 만약 5월 특정한 날에 A가 이겼다는 것을 알았을 때 그날이 비오는 날이었을 확률은 얼마냐?

3.21 한 과일가게는 X, Y, Z 세 공급자로부터 사과를 공급받는다.
X는 20%를 공급하고 그의 사과 중 평균 2%가 흠이 있다.
Y는 30%를 공급하고 그의 사과 중 평균 1%가 흠이 있다.
Z는 50%를 공급하고 그의 사과 중 평균 5%가 흠이 있다.
어떤 날에 과일 가게 주인이 5000개의 사과를 구입했다. 임의로 추출된 한 개의 사과가 흠이 있다면 그것이 Y에 의해 공급되었을 확률은 얼마인가?

3.22 한 마리 쥐가 네 개의 미로 중 임의로 한 개를 선택한다. 만약 우리가 2분 안에 여러 가지 미로를 통과할 확률은 0.5, 0.3, 0.2, 0.1임을 알고 있고, 2분 후에 쥐가 빠져나갔음을 알았다. 쥐가 첫 번째 미로로 통과했을 확률은 구하고, 또한 쥐가 두 번째 미로로 통과했을 확률을 구하시오.

3.23 밀접하게 관련되어 있는 두 종류의 버섯(Ⅰ, Ⅱ)은 현미경의 도움 없이 구별하는 것은 어렵다. 들판에서 두 종류를 분류하는 데 이용하는 한 가지 방법은 그 식물의 줄기에 고리의 유무로 알 수 있다. 또한 Ⅰ은 90%, Ⅱ는 20%가 고리를 가졌고 버섯이 조사되는 특별한 지역에서 버섯의 70%가 Ⅰ종류였다.

(1) 농부가 고리를 가진 버섯을 발견했다고 가정하고 그것이 Ⅰ에 속한다고 결정했을 때 그 결정이 맞을 확률은 얼마인가?

(2) 고리가 달린 버섯이 Ⅰ로 분류되고 고리가 없는 Ⅱ로 분류되었다면 버섯이 옳게 분류되었을 확률은 얼마인가?

3.24 독립시행에서 성공확률이 p이고 실패할 확률이 $1-p$라 하면 다음 확률을 계산하시오.

(1) n번 시행 중에서 적어도 1번 성공이 일어날 확률은 얼마인가?

(2) n번 시행 중에서 k번 성공이 일어날 확률은 얼마인가?

(3) 모든 시행이 성공할 확률을 구하시오.

3.25 i(단, $i=1, 2, \cdots, 10$) 번째 동전을 던지면 표면이 나타날 확률이 $\frac{i}{10}$인 10개의 동전이 있다. 이런 동전들 중에서 한 개를 꺼내 던질 때 표면이 나왔다면 다섯 번째 동전이었을 조건부 확률을 구하시오.

3.26 항아리 A에 흰 공 다섯 개 , 검은 공 일곱 개가 들어 있고 항아리 B에 흰 공 세 개, 검은 공 12개가 들어 있다. 만약 동전을 던져 앞면이 나오면 A에서, 아니면 B에서 한 개의 공을 뽑는다고 하자. 흰 공이 뽑혀졌을 때, 동전이 앞면이었을 확률은 얼마인가?

3.27 다음 사건들이 독립이 되는지 결정하시오.

(1) 두 개의 상이한 주사위를 한 번 던지는 실험에서 주사위의 출현치

(2) 같은 주사위를 두 번 연속 던지는 경우에서 출현치

(3) r개의 빨간 공과 g개의 초록색 공이 들어있는 상자에서 두 개의 공을 복원추출하는 경우에 있어서 출현치

3.28 한 정치학자는 부부간의 투표 형태에 관심이 있다. 결혼한 남자가 투표할 확률은 0.45이고, 결혼한 여자가 투표할 확률은 0.40이다. 또한, 남편이 투표를 한다는 가정하에서 부인이 투표할 확률은 0.60이 알려졌다.

(1) 부부가 투표할 확률은 얼마인가?

(2) 부부의 행위가 독립적이다고 할 수 있는가?

(3) 부인이 투표한다는 조건하에서 남편이 투표할 확률은 얼마인가? 그 결과를 해석하시오.

3.29 테니스 게임에서 경기자는 이전 게임에 영향을 받지 않는 것으로 가정된다. A,B의 두 사람이 게임을 진행한다고 하자. 동전을 던져서 서브를 결정한다. 서브를 먼저 한 사람이 이길 확률은 0.8이고 서브를 받을 경우에 질 확률은 0.6이라 하자. A가 처음부터 여섯 게임을 이길 확률은 얼마인가?

3.30 새로운 두통 치료제의 효과를 시험하기 위해서 n명의 사람들을 대상으로 실험을 실시하였다(단, $a+b+c+d=n$).

		투약 효과	
		있다(E)	없다(E^c)
성별	남자(M)	a	b
	여자(F)	c	d

(1) $P(M)$, $P(E)$, $P(M \mid E)$, $P(E \mid M)$의 값을 구하시오.

(2) 사상 E와 M이 독립이기 위해서는 $ad-bc=0$이 성립됨을 보이시오. 사상 E와 M이 독립이면, 의약 효과와 성별이 독립이라 할 수 있는가?

3.31 직업 훈련의 효과를 연구하는 실험에서 두 명의 숙련공과 두 명의 초보자가 실험에 투입된다고 하자. 작업자들은 독립성을 갖고 실험을 한다고 할 때, 숙련공이 어떤 작업을 성공적으로 마칠 확률은 0.8이고, 초보자들이 작업을 마칠 확률은 0.5이다.

(1) 모든 사람들이 작업을 마칠 확률을 구하시오.

(2) 두 사람만이 작업을 마칠 확률을 구하시오.

(3) 작업을 끝낸 숙련자들의 수와 미숙련자들의 수가 같을 확률을 구하시오.

3.32 상자에 세 개의 빨간 공과 다섯 개의 흰 공이 들어 있다. 두 개의 공을 순차적으로 뽑는다고 하자. 사상 A는 첫 번째 추출에서 빨간 공이 얻어지는 사상이고, 사상 B는 두 번째 추출에서 빨간 공이 얻어지는 사상이라 하자. 복원추출인 경우와 비복원 추출인 경우에 따른 두 사상의 독립성을 논하시오.

[C형]

3.33 여덟 개의 흰 공을 포함하여 12개의 공이 들어 있는 항아리가 있다. 이 항아리에서 네 개의 공을 추출하는 경우, 이들 중 정확히 세 개가 흰 공이라는 사실을 알 때 첫 번째와 세 번째 뽑힌 공이 흰 공일 조건부 확률을 다음 각 경우에 구하시오.

(1) 복원추출

(2) 비복원추출

3.34 모집단 전체에서 어떤 질병에 감염될 확률은 0.01로 추정된다. 이 질병에 걸렸는지 알기 위하여 스크린 검사를 행한다고 가정하자. 이때 진찰 결과 질병을 가진 사람의 95%가 스크린 검사에서 양성반응을 보였고 질병이 없는 사람의 10%가 가짜 양성이라 할 때 물음에 답하시오.

(1) 한 사람이 임의로 추출되고 시험한 결과가 양성이라면, 그가 질병에 걸렸을 확률은?

(2) 이 과정에서 오차가 무엇을 뜻하는가?

(3) 이 진단에서 오차가 생길 확률은 얼마인가?

3.35 연습문제 3.34을 모집단 전체에서 질병을 가진 사람이 50%라는 가정하에 풀어라. 그리고 그 결과를 연습문제 3.34과 비교하시오.

3.36 비행기 한대가 행방이 묘연하다. 관측통에 의하면 이 비행기가 세 곳 중 한 곳에 동일한 확률을 가지고 추락한다고 하자. $1-\alpha_i$ 는 i번째(i=1, 2, 3)지역에 비행기가 추락하였을 때 찾을 수 있는 확률이라 하자. 첫 번째 지역에서 비행기를 찾지 못했을 때 i지역에서 비행기가 있을 조건부 확률은 얼마인가.

3.37 상자 A는 두 개의 빨간 공과 세 개의 흰 공을, 상자 B는 한 개의 빨간 공과 네 개의 흰 공이 들어 있다. 0부터 9까지의 난수 중에서 1 또는 2가 뽑히면, 상자 A가 취해지고, 나머지 수가 뽑히면 상자 B를 취하는 것으로 하자. 상자로부터 무작위로 하나의 공이 뽑혀져서 빨간 공인 것으로 확인되었다. 그것이 상자 B로부터 뽑혀졌을 확률은?

3.38 문제 3.37에서 n개의 공이 임의로 복원추출된다고 하자.

(1) n개의 공이 모두 빨간 공인 경우 그것이 A와 B상자로부터 얻어졌을 확률을 각각 구하시오.

(2) 어떠한 n의 값에 관해, 상자 A와 상자 B로부터 얻어졌을 확률이 같게 되는가?

(3) n이 커지는 경우 이들 상자로부터 얻어질 확률은 어떻게 되는가?

3.39 번호가 0부터 N까지 번호가 붙여진 $(N+1)$개의 상자가 있다. 이들 상자 중에서 $k(k=0,1,2,\cdots,N)$번째일 경우에는 빨강 공이 k개, 흰 공이 $(N-k)$개 들어 있

다. 이들 상자 중에서 한 개의 상자를 선택하여 n번 복원추출한다고 가정할 때, 모두 빨간 공일 때 k번째 상자가 선택되었을 확률은 얼마인가?

3.40 항아리에 흰 공 다섯 개, 붉은 공 일곱 개가 들어있다. 이 중에서 세 개를 꺼내 꺼낸 공의 색깔과 같은 색깔의 공을 같은 숫자로 집어넣고 다시 세 개를 꺼낸다. 이때 다음 확률을 구하시오.

(1) 0개의 흰 공이 포함할 확률

(2) 한 개의 흰 공이 포함할 확률

(3) 두 개의 흰 공이 포함할 확률

(4) 세 개의 흰 공이 포함할 확률

3.41 n쌍의 부부가 있을 때, 한 줄에 부인을 세우고 그 앞에 임의로 남편을 일렬로 세우게 할 때 다음 확률을 구하시오.

(1) 적어도 한 쌍의 부부가 마주 보고 서게 될 확률

(2) 한 쌍도 서로 마주 보고 서지 못할 확률

(3) 1번부터 m번까지 부부만이 서로 마주 보고 설 확률

(4) 순서에 관계없이 m쌍의 부부만이 서로 마주 보고 서게 될 확률

제 4 장

확률변수와 그 성질

4.1 표본공간의 함수로써 확률변수란?
4.2 확률변수의 함수들의 분포는 어떠한가?
4.3 확률변수는 어떤 모양을 갖게 되나?

4.1 표본공간의 함수로써 확률변수란?

앞장에서 주로 다루었던 문제는 잘 정의된 표본공간 상에서 한 번의 실험에 의하여 나타날 수 있는 실현가능성 정도가 같은 표본점의 형태로 어떻게 나타내며, 그 표본점의 수는 몇 개인가 계산하는데 관심을 두어 확률을 계산하였다. 그런데 표본공간의 표본점은 동전의 앞면이나 뒷면 같이 숫자가 아닌 경우도 존재하고 주사위 눈과 같이 숫자인 경우도 있다. 어떤 경우이든 실험의 결과를 분석하는 사람의 입장에서 보면 복잡한 표본점을 일일이 분석하는 것은 어렵고 복잡할 뿐이다. 따라서 통계적 분석을 함에 있어 표본공간을 분석자의 요구에 알맞게 변형하는 것은 대단히 필요한 일이다. 예를 들면 세 개의 동전을 던졌을 때 표면의 수에 관심이 있다면 표본점들은 표면의 수 0, 1, 2, 3 중에 어느 하나와 대응관계를 나타낸다든지, 또한 연속 생산체제를 갖고 있는 공장에서 불량품의 개수에 관심이 있다거나, 30명의 학과에서 여학생 수라는 문제는 다음과 같은 특징을 갖게 된다. 첫 번째는 표본점들을 관심대상이 되는 숫자와 대응시키고 있고, 두 번째는 각 원소들이 나옴직한 정도가 같지 않다는 점이다.

실험에 따른 표본점에 잘 정의된 체계의 실변수를 대응시킨 집합의 함수를 확률변수(random variable)라 하고 알파벳 대문자를 이용하여 나타낸다. 대응된 실변수는 확률변수의 값이라 하고 알파벳 소문자로 나타낸다. 이를 그림으로 나타내면 다음과 같다.

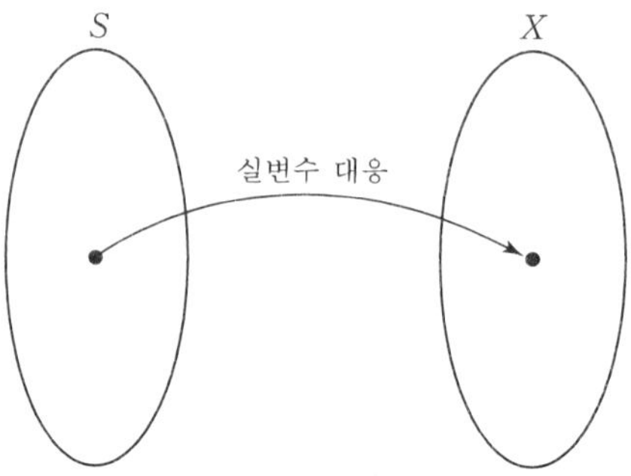

그림 4.1 표본공간과 확률변수

예를 들면 앞의 동전 던지는 확률실험에서 나타날 수 있는 모든 가능한 경우의 표본공간 $S=\{(HHH),(HHT),(HTH),(THH),(HTT),(THT),(TTH),(TTT)\}$인데, 이를 표면의 수에 대응시키면 0,1,2,3 중에서 어느 하나와 대응이 된다. 따라서 이들의 집합 $\{0,1,2,3\}$은 또 다른 표본공간으로서 확률변수라 하고 $X=\{0,1,2,3\}$로 나타내며, $P(X=x)$ 는 표면의 수가 x개인 사상들의 합 사상의 확률을 나타낸다.

예제 4.1 세 자녀를 갖고 있는 가정이 있다. 어떤 분석자는 여자들의 숫자에만 관심이 있다고 한다. 다음 물음에 답하시오.

(1) 표본공간을 구하시오.

(2) 여자들의 숫자에 따른 확률변수를 구하고, 각각에 확률을 대응시키시오.

풀이 (1) 여자일 사상을 F, 남자일 사상을 M라 할 때, 표본공간은 다음과 같다.

$$S=\{(MMM),(MMF),(MFM),(MFF),(FMM),(FMF),(FFM),(FFF)\}$$

(2) 표본공간 상에서 $X\{(FFF)\}=3$, $X\{(MFF),(FMF),(FFM)\}=2$, $X\{(MMF),(MFM),(FMM)\}=1$, $X\{(MMM)\}=0$와 같이 대응되므로 확률변수 $X=\{0,1,2,3\}$이다. 따라서 다음과 같이 확률을 대응시킬 수 있다.

$$P(X=3)=\frac{1}{8},\ P(X=2)=\frac{3}{8}$$

$$P(X=1)=\frac{3}{8},\ P(X=0)=\frac{1}{8}$$

▣

앞에서 본 것과 같이 확률변수는 표본점들의 함수로 나타낼 수 있는데, 이 함수의 원소가 셀 수 있는(countable) 원소인 경우는 이산형 확률변수(discrete random variable)라 하고, 셀 수 없이 실변수의 구간으로 표현되는 함수를 갖는 경우는 연속형 확률변수(continuous random variable)라 하며, 또한 두 종류의 확률변수를 동시에 갖는 변수를 혼합형 확률변수(mixed random variable)라 부른다.

표본공간 내에서 각 표본점에 확률을 부여하여 확률모형을 만드는 것과 같은 방법으로 확률변수에 확률을 대응시켜 확률함수를 구할 수 있다. 즉 표본공간 상의 임의의 표본점이 확률변수에 대응이 되고 아울러 확률함수에 대응을 시킬 수 있을 것이다. 다음 그림을 참고하여 이해하도록 하자.

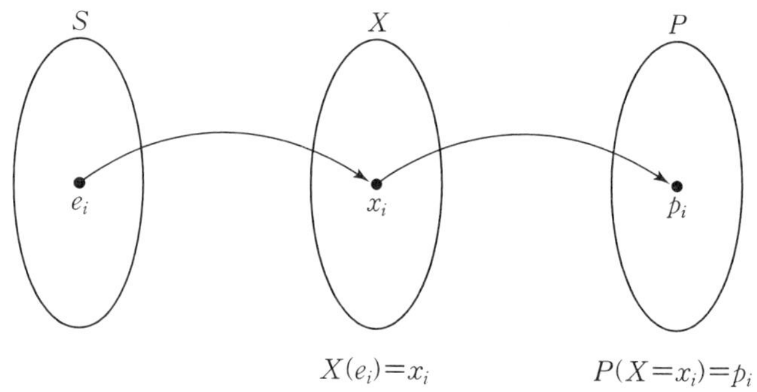

그림 4.2 표본공간, 확률변수 그리고 확률의 관계

확률함수(probability function)는 확률변수의 형태에 따라 구분되는데 확률변수가 이산형인 경우는 확률질량함수(probability mass function, 약해서 pmf)이라 하고, 확률변수가 구간으로 주어진 영역을 갖고 있는 연속형인 경우는 확률밀도함수(probability density function, 약해서 pdf)로 칭하기도 하는데 이 책에서는 혼동을 주지 않는 한 확률함수로 통일하여 부르겠다. 앞의 내용을 정리하여 정의하면 다음과 같다.

정의 4.1 이산형 확률함수

표본공간상의 각 표본점에 실수 값을 대응시키는 함수를 확률변수라 하고, 확률변수 X가 이산형인 실변수 값을 그 영역으로 갖고 다음 조건을 만족할 때, $f_X(x) = P(X=x)$를 이산형 확률함수(discrete probability function)이라 한다(단, R은 실변수 공간이다.).

(1) $f_X(x) > 0,\ x \in R$

(2) $\sum_{x \in R} f_X(x) = 1$

(3) $A \subset R$일 때, $P(X \in A) = \sum_{x \in A} f_X(x)$

예제 4.2 상자에 흰 공 4개와 검은 공 7개가 들어 있다. 이 중에서 2개를 꺼낼 때, 그 중에서 흰공이 개수를 확률변수로 하는 확률함수를 구하시오.

풀이 두 개 중에 흰 공이 포함되어 있는 경우는 0, 1, 2이다. 따라서 확률변수는 $X=\{0,1,2\}$이다. 이때 각각의 확률을 구하면

$$P(X=0)=\frac{\binom{4}{0}\binom{7}{2}}{\binom{11}{2}}=\frac{21}{55},\quad P(X=1)=\frac{\binom{4}{1}\binom{7}{1}}{\binom{11}{2}}=\frac{28}{55},$$

$$P(X=2)=\frac{\binom{4}{2}\binom{7}{0}}{\binom{11}{2}}=\frac{6}{55}$$

따라서 표로 요약하면 다음과 같고, 이를 확률분포표라 한다.

x	0	1	2	합
확률 $P(X=x)$	$\frac{21}{55}$	$\frac{28}{55}$	$\frac{6}{55}$	1

또한 확률분포표를 확률함수로 정의하면 다음과 같다.

$$f_X(x)=P(X=x)=\frac{\binom{4}{x}\binom{7}{2-x}}{\binom{11}{2}}\quad (\text{단, } x=0,1,2)$$ ▣

예제 4.3 빨강, 검정, 초록색의 카드가 각각 한 개씩 항아리에 들어 있다. 항아리를 흔든 다음 임의로 한 장의 카드를 뽑아 차례대로 빨강, 검정, 초록색의 상자에 넣는 실험을 할 때, 카드의 색과 상자의 색이 일치하는 숫자를 확률변수의 값으로 취할 때 확률변수 X의 확률함수를 구하시오.

풀이 빨간색 카드를 R, 검정색 카드를 B, 초록색 카드를 G라 하면 가능한 표본공간은

$$S=\{(RBG),(RGB),(BRG),(BGR),(GRB),(GBR)\}$$

뽑혀진 카드를 담을 상자들의 색이 R, B, G의 순서로 되어 있을 경우에 확률변수 X의 대응관계는 $\{(RBG)\}$일 때는 $X=3$, $\{(RGB),(BRG),(GBR)\}$일 때는 $X=1$, $\{(BGR),(GRB)\}$일 때는 $X=0$이다. 따라서 이를 정리하면 확률함수는

$$f_X(x)=\begin{cases}\frac{1}{3} & x=0\\ \frac{1}{2} & x=1\\ \frac{1}{6} & x=3\end{cases}$$ ▣

예제 4.4 다섯 명의 남학생과 다섯 명의 여학생이 시험을 치른 후 성적에 따라 차례로 순위가 결정된다. 확률변수 X는 여학생 중에서 성적이 제일 좋은 학생의 순위라 하자. 이때 X의 확률함수를 구하시오.

풀이 순위는 임의로 결정된다고 하면 나타날 수 있는 경우는 10! 가지인 균등모형에 따른다. 확률변수 X는 그 값이 1, 2, 3, 4, 5, 6을 갖는다. 예를 들어 $X=3$이라면 여학생 중에서 성적이 제일 좋은 학생의 순위는 3등이라는 것이다. $X=k$일 경우의 확률을 단계적으로 구해 보자.

(1) 여학생이 x등 하면 1등에서 $x-1$등까지는 남학생 5명중에서 차지하게 될 것이다. 따라서 5명 중에서 $x-1$명을 뽑아 나열하는 방법은 ${}_5P_{x-1}$이다.

(2) 여학생이 x등을 해야 하므로 5명의 여학생 중에서 1명 뽑아 x등을 하는 경우는 $\binom{5}{1}$

(3) x명을 제외하고 나머지 $10-x$명은 임의로 나열해야 하므로 $(10-x)!$ 가지가 있다. 따라서

$$P(X=x)=\frac{{}_5P_{x-1}\cdot\binom{5}{1}\cdot(10-x)!}{10!}\quad (\text{단, } x=1,2,3,4,5,6\ )$$

이를 확률분포표로 작성하면 다음 표와 같다.

x	1	2	3	4	5	6
$P(X=x)$	$\frac{1}{2}$	$\frac{5}{18}$	$\frac{5}{36}$	$\frac{5}{84}$	$\frac{5}{252}$	$\frac{1}{252}$

▣

예제 4.5 다섯 쌍의 부부가 어떤 모임에서 여자는 도착한 순서대로 지정된 좌석에 앉은 다음 남자는 임의로 여자의 앞좌석에 착석할 때, 부부가 마주 앉는 경우의 수를 확률변수로 하는 확률함수를 구하시오.

풀이 올바른 쌍의 수의 x라 하면 확률변수 X의 확률함수를 구하는 문제이다. 다섯 쌍의 부부 중에서 x쌍은 마주 보고 앉아야 하고, 다른 쌍은 마주 보고 앉지 않아야 하므로 예제 2.23(2)와 같이 풀면 확률함수는

$$\begin{aligned}P(X=x)&=\frac{1}{x!}\left\{1-1+\frac{1}{2!}+\cdots+(-1)^{5-x}\frac{1}{5!}\right\}\\&=\frac{1}{x!}\sum_{k=0}^{5-x}(-1)^k\cdot\frac{1}{k!},\quad x=0,1,\cdots,5\end{aligned}$$

이를 정리하여 확률분포표를 작성하면 다음 표와 같이 확률변수 $X=\{0,1,2,3,5\}$ 인 확률함수가 된다.

x	0	1	2	3	4
$P(X=x)$	$\frac{44}{120}$	$\frac{45}{120}$	$\frac{20}{120}$	$\frac{10}{120}$	0

▣

반면에 연속형 확률함수(continuous probability function)는 다음과 같이 정의한다.

정의 4.2 연속형 확률함수

확률변수 X가 실수 값을 영역으로 갖고, 다음 조건을 만족할 때 $f_X(x)$는 연속형 확률함수라 한다(단, R은 실수).

(1) $f_X(x) \geq 0,\ x \in R$

(2) $\int_R f_X(x)dx = 1$

(3) $A \subset R$일 때, $P(A \subset R) = \int_A f_X(x)dx$

확률함수는 표본공간 상에서 표본점이 어떻게 분포하고 있는가를 상술한다는 의미에서 확률분포(probability distribution)로 언급되기도 한다. 특히 연속형 확률분포와 이산형 확률분포를 다르게 정의한 것은 연속형 확률함수에서는 x가 어떤 값을 갖든지 간에 확률값은 $P(X=x)=0$ 이 되기 때문이다.

예제 4.6 연속형 확률변수 X가 다음과 같을 때 물음에 답하시오.

$$f_X(x) = \begin{cases} c(4x-2x^2) & 0<x<2 \\ 0 & \text{그 밖에서} \end{cases}$$

(1) c 의 값을 계산하시오.

(2) $P(X>1)$의 값을 계산하시오.

풀이 $f(x)$가 확률함수가 되야 하므로 정의 4.2를 만족해야 한다.

(1) $c\int_0^2 (4x-2x^2)\,dx = 1$에서 $c=\frac{3}{8}$

(2) $P(X>1) = \int_1^2 \frac{3}{8}(4x-2x^2)\,dx = \frac{1}{2}$ ▣

예제 4.7 어떤 회사에서 제조한 형광등은 다음과 같은 연속형 확률함수를 한다고 알려져 있다(단, 확률변수 X는 고장나기 전까지 사용되는 시간이다). 물음에 답하시오.

$$f_X(x) = \begin{cases} \lambda e^{-x/100} & x \ge 0 \\ 0 & x < 0 \end{cases}$$

(1) 이 형광등이 50시간에서 150시간 사용할 수 있는 확률을 구하시오.

(2) 100시간보다 적게 사용할 확률을 구하시오.

풀이 정의 4.2에 의하여 λ를 구하면

$$\int_0^{\infty} f_X(x)dx = \lambda \int_0^{\infty} e^{-x/100}dx = 1$$

에서 $\lambda = \frac{1}{100}$ 이다.

(1) $P(50 \le X \le 150) = \int_{50}^{150} \frac{1}{100} e^{-x/100}dx = e^{-\frac{1}{2}} - e^{-\frac{3}{2}} = 0.3834$

(2) $P(X \le 100) = \int_0^{100} \frac{1}{100} e^{-x/100}dx = 1 - e^{-1} = 0.6321$ ▣

자연 현상을 파악하는데 관심대상에 따라 확률변수의 값이나 그 형태가 다르게 표현할 수도 있다. 따라서 확률 실현의 수량화를 어떻게 정의하느냐에 따라 완전히 다른 양상을 띠는 확률변수로 정의되어지므로, 수량화를 함에 있어 알고자 하는 자연현상에 대한 정확한 이해와 구하고자 하는 성격을 세심히 조사해서 결정할 필요가 있다.

확률함수와 함께 수량화의 방법으로 쓰이는 것 중에 누적된 확률을 구하는 것도 있다. 누적된 확률은 누적 분포함수(cumulative distribution function, 약해서 cdf)라 하며, 간단히 분포함수(distribution function, 약해서 df)라 하고, 대문자를 이용하여 표시한다.

정의 4.3 확률누적분포함수

실변수 확률변수 X의 확률함수를 $f_X(x)$라 하면 확률누적 분포함수 $F_X(x)$는 다음과 같이 정의된다.

$$F_X(x) = P(X \le x) = \begin{cases} \sum_{t=-\infty}^{x} f_X(t) & \text{(이산형인 경우)} \\ \int_{-\infty}^{x} f_X(t)dt & \text{(연속형인 경우)} \end{cases}$$

이때 분포함수 $F_X(x)$의 성질은 다음과 같다.

(1) 비감소 함수(non-decreasing function)이다.

(2) $F_X(-\infty) = 0$, $F_X(+\infty) = 1$

(3) 오른쪽에서 연속(right continuous)인 함수이다.

확률함수 $f_X(x)$와 분포함수 $F_X(x)$는 확률변수 X를 규정하는 것으로서 표본공간을 정형화하는 것으로 생각할 수 있다. 따라서 이들의 성격을 연구하는 것은 표본공간을 형성하는 특정한 자연상태의 성격을 연구하는 것과 같다. 따라서 확률함수 $f_X(x)$를 이용하여 분포함수 $F_X(x)$을 구하거나 분포함수 $F_X(x)$를 이용하여 확률함수 $f_X(x)$를 구할 수 있어야 한다.

예제 4.8 앞의 예제 4.3에서 확률함수 $f_X(x)$의 분포함수를 구하고, 그래프를 그리시오.

풀이 분포함수를 구해보자.

(i) $t < 0$ 인 경우: $F_X(t) = P(X < 0) = 0$

(ii) $0 \le t < 1$ 인 경우: $F_X(t) = P(X \le t) = P(X=0) = \frac{1}{3}$

(iii) $1 \le t < 3$ 인 경우: $F_X(t) = P(X \le t) = P(X=0) + P(X=1) = \frac{5}{6}$

(iv) $t \ge 3$ 인 경우: $F_X(t) = P(X \le t) = P(X=0) + P(X=1) + P(X=3) = 1$

따라서 분포함수

$$F_X(x) = \begin{cases} 0, & x < 0 \\ \frac{1}{3}, & 0 \le x < 1 \\ \frac{5}{6}, & 1 \le x < 3 \\ 1, & x \ge 3 \end{cases}$$

이며 그래프는 다음과 같다.

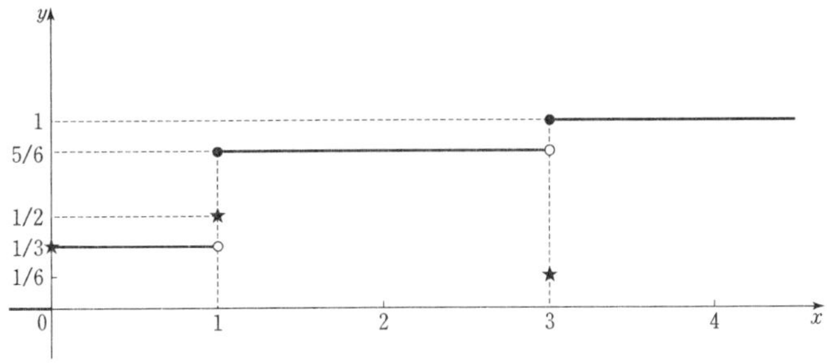

그림 4.3 확률함수와 분포함수 ▣

그림 4.3에서 별표(★)는 확률함수를 의미하고 굵은선 부분은 분포함수를 그린 것이다. 그림에서 분포함수는 비감소함수($x_1 < x_2$이면 $F_X(x_1) \leqq F_X(x_2)$)이며, $P(X<0)=0$ 즉, $F_X(-\infty)=0$이고 $P(X \geqq 3)=1$, 즉 $F_X(+\infty)=1$이다. 또한 구간 $1 \leq x < 3$에서 오른쪽 점은 연속이지만 왼쪽 점은 불연속임을 알 수 있다.

예제 4.9 두 개의 주사위를 던져 나타나는 눈의 차를 확률변수 X라 할 때 다음 물음에 답하시오.

(1) X의 확률함수를 구하시오.

(2) X의 분포함수를 구하고 그래프로 그리시오.

풀이 (1) 두 개 주사위를 던질 때 표본점은 36개로 그 차는 {0, 1, 2, 3, 4, 5}이며 이를 종합적으로 정리하면 X의 확률함수는 다음 표와 같다.

x	0	1	2	3	4	5
$f_X(x)$	$\frac{6}{36}$	$\frac{10}{36}$	$\frac{8}{36}$	$\frac{6}{36}$	$\frac{4}{36}$	$\frac{2}{36}$

(2) 정의 4.3에 의하여 계산하면

$$F_X(x)=\begin{cases} 0 & x<0 \\ \frac{6}{36} & 0 \leq x < 1 \\ \frac{16}{36} & 1 \leq x < 2 \\ \frac{24}{36} & 2 \leq x < 3 \\ \frac{30}{36} & 3 \leq x < 4 \\ \frac{34}{36} & 4 \leq x < 5 \\ 1 & x \geq 5 \end{cases}$$

위 함수의 그래프는 다음과 같은 계단함수가 된다.

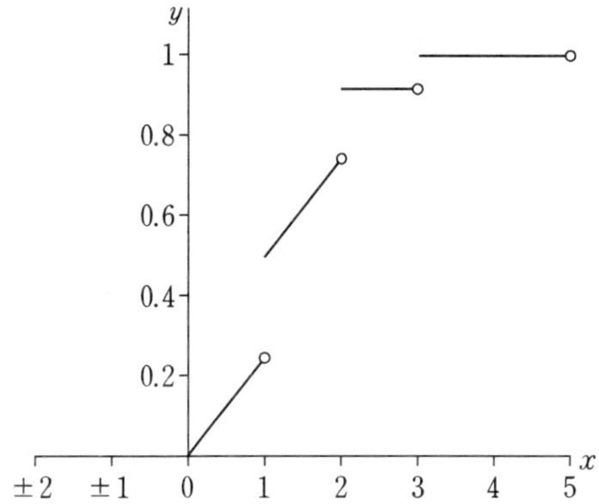

그림 4.4 계단 함수

■

이산형 확률변수일 때, 분포함수에서 확률함수를 계산할 때는 다음과 같은 방법을 사용한다.

$$P(X=x) = P(X \le x) - P(X < x) = F_X(x) - \lim_{n \to \infty} F_X\left(x - \frac{1}{n}\right)$$

반면에 연속형 확률변수에서는 분포함수에서 확률함수로 계산하는 방법은 다음과 같다.

$$f_X(x) = \frac{d}{dx} F_X(x)$$

예제 4.10 확률변수 X의 분포함수는 다음과 같을 때 물음에 답하시오.

$$F_X(x) = \begin{cases} 0 & x < 0 \\ \frac{x}{4} & 0 \le x < 1 \\ \frac{1}{2} + \frac{x-1}{4} & 1 \le x < 2 \\ \frac{11}{12} & 2 \le x < 3 \\ 1 & 3 \le x \end{cases}$$

(1) $P(X=i)$, $i = 1, 2, 3$ 을 구하시오.
(2) $P\left(\frac{1}{2} < X < \frac{3}{2}\right)$의 값을 구하시오.
(3) 확률함수 $f_X(x)$을 구하시오.

풀이 문제의 분포함수는 그림 4.5와 같이 그릴 수 있다.

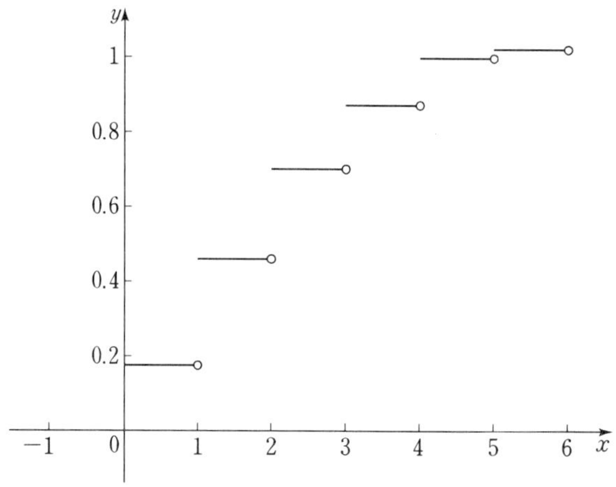

그림 4.5 분포 함수

(1) $P(X=1)=F_X(1)-\lim_{n\to\infty}F_X\left(1-\frac{1}{n}\right)$

$$=\frac{1}{2}+\frac{1-1}{4}-\lim_{n\to\infty}\left(\frac{1}{4}\cdot\left(1-\frac{1}{n}\right)\right)=\frac{1}{4}$$

$P(X=2)=F_X(2)-\lim_{n\to\infty}F_X\left(2-\frac{1}{n}\right)$

$$=\frac{11}{12}-\lim_{n\to\infty}\left(\frac{1}{2}+\frac{1}{4}\cdot\left(2-\frac{1}{n}-1\right)\right)=\frac{1}{6}$$

$P(X=3)=F_X(3)-\lim_{n\to\infty}F_X\left(3-\frac{1}{n}\right)=1-\frac{11}{12}=\frac{1}{12}$

(2) $P\left(\frac{1}{2}<X<\frac{3}{2}\right)=P\left(X<\frac{3}{2}\right)-P\left(X\leq\frac{1}{2}\right)$

$$=\lim_{n\to\infty}P\left(\frac{3}{2}-\frac{1}{n}\right)-P\left(X\leq\frac{1}{2}\right)$$

$$=\lim_{n\to\infty}F_X\left(\frac{3}{2}-\frac{1}{n}\right)-F_X\left(\frac{1}{2}\right)$$

$$=\lim_{n\to\infty}\left\{\frac{1}{2}+\frac{1}{4}\left(\frac{3}{2}-\frac{1}{n}-1\right)\right\}-\frac{1}{4}\cdot\frac{1}{2}$$

$$=\frac{1}{2}$$

(3) 주어진 형태로 보아 영역 $0<x<1$, $1<x<2$ 의 범위에서는 연속이므로 미분하여 구하면 되므로

$$f_X(x) = \begin{cases} \frac{1}{4}, & 0 < x < 1 \\ \frac{1}{4}, & x = 1 \\ \frac{1}{4}, & 1 < x < 2 \\ \frac{1}{6}, & x = 2 \\ \frac{1}{12}, & x = 3 \end{cases}$$

■

이산형 변수의 분포함수는 계단함수(step function)로 나타내지만 연속형 변수에서는 계단함수로 나타나지 않음을 주의하도록 하자.

예제 4.11 확률변수 X의 분포함수는

$$F_X(x) = \begin{cases} 0, & x < 0 \\ \frac{x}{2}, & 0 \le x < 1 \\ \frac{2}{3}, & 1 \le x < 2 \\ \frac{11}{12}, & 2 \le x < 3 \\ 1, & x \ge 3 \end{cases}$$

일 때 확률함수를 구하고, 또한 분포함수를 이용하여 다음을 구하시오.

(1) $P(X < 3)$　　(2) $P(X > \frac{1}{2})$　　(3) $P(2 < X \le 4)$

풀이 분포함수를 관찰하면 $0 \le x < 1$인 범위에서는 연속임을 알 수 있고 $x = 1, 2, 3$인 경우는 이산임을 알 수 있다.

$$f_X(x) = \frac{d}{dx}F_X(x) = \frac{d}{dx}\left(\frac{x}{2}\right) = \frac{1}{2}, \quad 0 \le x < 1$$

$$P(X=1) = P(X \le 1) - P(X < 1)$$

$$= F_X(1) - \lim_{n\to\infty} F_X\left(1 - \frac{1}{n}\right) = \frac{2}{3} - \frac{1}{2} = \frac{1}{6}$$

$$P(X=2) = P(X \le 2) - P(X < 2) = \frac{1}{4}$$

$$P(X=3) = P(X \le 3) - P(X < 3) = \frac{1}{12}$$

따라서 확률함수는

$$f_X(x) = \begin{cases} \frac{1}{2}, & 0 \le x < 1 \\ \frac{1}{6}, & x = 1 \\ \frac{1}{4}, & x = 2 \\ \frac{1}{12}, & x = 3 \end{cases}$$

$f_X(x)$가 확률함수가 되는지를 점검하기 위하여 확률의 함을 계산하면

$$P(0 \le X < 1) + P(X=1) + P(X=2) + P(X=3)$$
$$= \int_0^1 \frac{1}{2}\,dx + \frac{1}{6} + \frac{1}{4} + \frac{1}{12} = 1$$

이므로 함수 $f_X(x)$는 확률함수이다.

(1) $P(\,X < 3\,) = \lim_{n\to\infty} P\left(X \le 3 - \frac{1}{n}\right) = \lim_{n\to\infty} F_X\left(3 - \frac{1}{n}\right) = \frac{11}{12}$

(2) $P(\,X > \frac{1}{2}\,) = 1 - P\left(X \le \frac{1}{2}\right) = 1 - F_X\left(\frac{1}{2}\right) = \frac{3}{4}$

(3) $P(\,2 < X \le 4\,) = F_X(4) - F_X(2) = \frac{1}{12}$ ▣

예제 4.12 다음 함수는 평균이 0.3인 지수함수의 분포함수이다. 이를 이용하여 확률함수를 구하고 두 개의 함수의 그래프를 그려보라.

$$F_X(x) = 1 - \exp(-0.3x),\ 0 < x < \infty$$

풀이 $f_X(x) = \frac{d}{dx}\left(1 - e^{-0.3x}\right) = 0.3e^{-0.3x}$

두 함수의 그래프는 다음 그림과 같다.

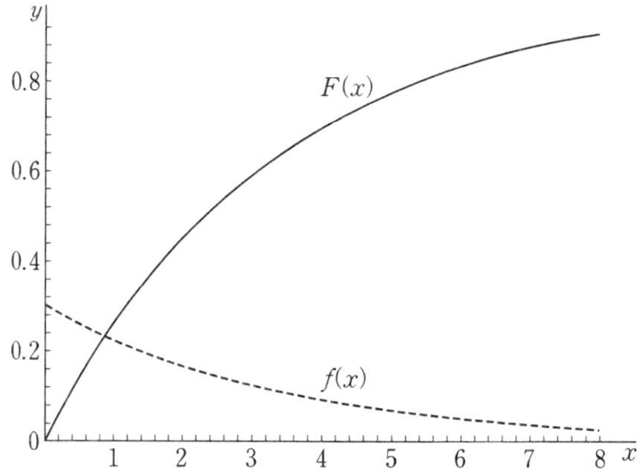

▣

4.2 확률변수의 함수들의 분포는 어떠한가?

앞에서 지적했듯이 확률변수는 실험자가 표본공간상에 있는 표본점을 실변수에 대응시켜 만들어진 표본점들의 함수들이다. 따라서 대응관계가 존재하는 한에 있어서는 또 다른 표본공간으로 만들어질 수 있을 것이다. 이 절에서는 확률변수의 함수들의 분포에 관하여 설명하기로 하자.

확률변수의 함수 $Y=g(X)$ 의 분포는 일반적으로 변수변환법에 의하여 Y의 분포를 구한다.

정의 4.4 이산형 확률변수의 함수의 분포

확률변수 X가 $x_1, x_2, \cdots, x_n$의 값을 갖는 이산형 확률변수라 하면 새로운 확률변수 $Y=g(X)$의 확률변수의 값은 $y_1=g(x_1), y_2=g(x_2), \cdots, y_n=g(x_n)$을 갖게 되며 각각에 대응되는 확률함수는 다음과 같이 정의된다.

$$f_Y(y_i)=\sum_{\{i:\ g(x_i)=y_i\}} f_X(x_i)$$

예제 4.13 사상 E와 사상 E^c로 나뉘는 표본공간에서, 사상 E가 일어나면 1, 사상 E가 일어나지 않으면 0을 대응시키는 확률변수를 $I_E(x)$라 하자. 이 때 다음을 구하시오(확률변수가 0과 1만을 갖는 확률변수를 지시 확률변수 (indicator random variable)라 한다).

(1) $P(E)=p$ 라고 하면 $I_E(x)$의 확률함수를 구하시오.

(2) ${I_E}^k(x)$ 의 확률함수를 구하시오.

풀이 (1) 확률변수 $I_E(x)$를 정리하면

$$I_E(x)=\begin{cases} 1, & x\in E \\ 0, & x\notin E \end{cases}$$

또한 $P(I_E(x)=1)=P(x\in E)=p,\quad P(I_E(x)=0)=P(x\notin E)=1-p$ 이므로 확률함수는

$$f_{I_E(X)}(I_E(x)) = \begin{cases} p, & x \in E \\ 1-p, & x \notin E \end{cases}$$

(2) $J_E(x) = I_E^k(x)$라 하면 $x \in E$인 경우는 $J_E(x) = I_E^k(x) = 1$, $x \notin E$인 경우는 $J_E(x) = I_E^k(x) = 0$가 된다. 따라서 확률변수 $J_E(x)$의 확률함수는

$$f_{J_E(X)}(J_E(x)) = \begin{cases} p, & x \in E \\ 1-p, & x \notin E \end{cases}$$ ▣

예제 4.14 확률변수 X는 0, 1, 2, 3, 4, 5를 갖고, 각각의 확률을 $p_0, p_1, p_2, p_3, p_4, p_5$라 할 때 $Y = (X-2)^2$의 확률함수를 구하시오.

풀이 X의 값이 0, 1, 2, 3, 4, 5 이므로 대응되는 확률변수 Y의 값은 각각 4, 1, 0, 1, 4, 9 이 된다. 이때

$$P(Y=0) = P(X=2) = p_2,$$
$$P(Y=1) = P(X=1) + P(X=3) = p_1 + p_3,$$
$$P(Y=4) = P(X=0) + P(X=4) = p_0 + p_4,$$
$$P(Y=9) = P(X=5) = p_5$$

이므로 확률변수 Y의 확률함수는 다음과 같다.

$$f_Y(y) = \begin{cases} p_2 & y = 0 \\ p_1 + p_3 & y = 1 \\ p_0 + p_4 & y = 4 \\ p_5 & y = 9 \end{cases}$$ ▣

정리 4.1 연속형 확률변수의 함수의 분포

연속형 확률변수 X의 확률함수를 $f_X(x)$라 하면

(1) $y = g(x)$에서 X와 Y가 일대일 대응이 되고

(2) y에 관한 역함수, 즉 $x = g^{-1}(y)$이 일차 미분이 0이 아닌 연속함수이면 $y = g(x)$의 확률함수는

$$f_Y(y) = \left| \frac{d}{dy} g^{-1}(y) \right| \cdot f_X(g^{-1}(y))$$

증명 확률변수 $Y=g(X)$라 하면 이는 연속형이므로 분포함수를 구한 다음 이를 미분하여 확률함수를 구하면

(1) $g(x)$가 단조 증가함수(monotone increasing function)이면

$$\begin{aligned} F_Y(y) &= P(Y \le y) = P(g(X) \le y) \\ &= P(X \le g^{-1}(y)) = F_X(g^{-1}(y)) \end{aligned}$$

이므로, 따라서 이 식을 양변에 y에 관해 미분하면 확률함수를 얻을 수 있다.

$$f_Y(y) = \frac{d}{dy}F_Y(y) = \frac{d}{dy}g^{-1}(y) \cdot f_X(g^{-1}(y))$$

(2) $g(x)$가 단조 감소함수(monotone decreasing function)이면 미분부분에서 부호가 음수이므로

$$f_Y(y) = \frac{d}{dy}F_Y(y) = -\frac{d}{dy}g^{-1}(y) \cdot f_X(g^{-1}(y))$$

이 된다. 이를 결합하여 표시하면

$$f_Y(y) = \left| \frac{d}{dy}g^{-1}(y) \right| \cdot f_X(g^{-1}(y))$$ ▣

예제 4.15 확률변수 X는 $(0, 1)$상에서 정의되는 균일분포(uniform distribution)라 할 때 $y=x^2$의 확률함수를 구하시오.

풀이

$$\begin{aligned} F_Y(y) &= P(Y \le y) = P(X^2 \le y) \\ &= \int_0^{\sqrt{y}} 1 \cdot dx = \sqrt{y} \end{aligned}$$

따라서 양변을 y로 미분하면

$$f_Y(y) = \frac{1}{2\sqrt{y}}, \quad 0 < y < 1$$ ▣

예제 4.16 확률변수 X의 확률함수가 $f_X(x)=e^{-x}$, $x \ge 0$ 일 때, $Y=\ln X$의 확률함수를 구하시오.

풀이

$$F_Y(y) = P(Y \le y) = P(\ln X \le y) = P(X \le e^y)$$

$$= \int_0^{e^y} e^{-x} dx = 1 - \exp(-e^y)$$

따라서

$$f_Y(y) = \frac{d}{dy} F_Y(y) = \frac{d}{dy}\{1 - \exp(-e^y)\} = \exp(y - e^y), \quad -\infty < y < \infty \quad ▣$$

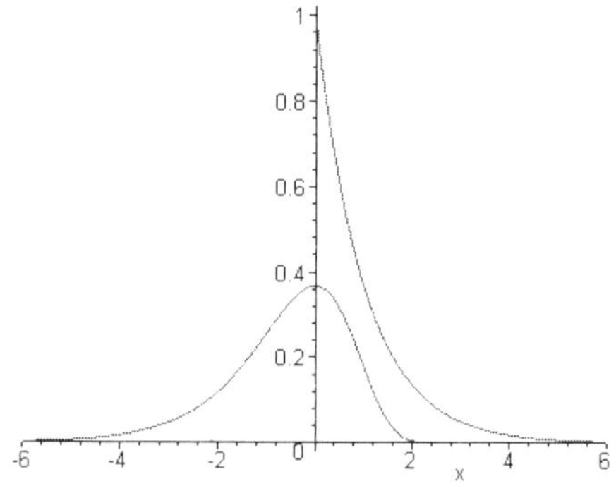

4.3 확률변수는 어떤 모양을 갖게 되나?

명확히 정의된 자연현상을 사상이란 개념으로 정의하는 표본공간의 의미와 실변수로의 상(mapping)이 이루는 확률변수가 갖는 확률함수와 그에 따른 여러 가지 함수들에 관하여 연구하였다. 이 절에서는 함수들이 갖고 있는 여러 가지 성질들을 연구하여 통계적 추론에 의하여 얻어진 통계량을 통해 모집단의 모습을 관찰할 수 있는 확률론적인 정의를 연구하게 된다.

확률함수의 모양을 살필 수 있는 방법은 여러 가지 있지만 제일 중요한 것은 대체적인 분포 형태를 관찰할 수 있는 도구가 필요하다. 우선 분포가 모여 있는 중심이 어디 있는지를 볼 수 있는 위치 모수(location parameter)와, 그 분산 정도를 측정하는 척도 모수(scale parameter), 분포의 치우침 정도를 알 수 있는 외도(skewness)와 그 꼭지점을 파악할 수 있는 첨도(kurtosis) 등이 있다. 이들을 하나의 식으로 계산하는 것이 기대값(expectation)의 개념인데 이를 중심으로 여러 함수의 성질들을 보기로 하자.

4.3.1 위치 모수

확률론 시험을 치르고 난 다음 전체 시험자의 평균성적은 얼마일까? 한강의 다리를 몇 미터 높이로 건설하는 것이 좋은가? 회사의 임금 수준을 어떤 값을 가지고 평가하는 것이 좋은가? 정치적인 문제에서 국민들이 지지하는 정도를 어떻게 측정할 것인가? 라는 문제들은 언제든지 현실적으로 쉽게 접할 수 있다. 이런 문제들을 어떻게 접근해야 올바른 접근 방식일지에 대한 것은 현실적으로 대단히 중요한 일이다

이 해결 방법 중에 하나가 위치 모수를 구하는 것이다. 이에 기초가 되는 기대값에 대한 정의를 내리기 전에 예제를 통하여 생각해 보기로 한다. 이 절에서는 위치 모수 중에서 제일 많이 사용되는 중심모수를 연구하겠다.

예제 4.17 50명 학생을 대상으로 5문항의 시험을 실시한 결과가 다음 표와 같다. 다음 물음에 답하시오.

정답 수	0	1	2	3	4	5
학생 수	2	2	6	20	15	5

(1) 경험적 확률의 정의에 의하여 확률변수를 정하고 그에 따른 확률함수를 구하시오.

(2) 평균 점수를 계산하시오.

풀이 (1) 확률변수 X는 정답 수라 하면 $X = \{0, 1, 2, 3, 4, 5\}$ 이라 할 때, 상대도수를 확률로 정의되는 경험적 확률은 $\frac{2}{50}, \frac{2}{50}, \frac{6}{50}, \frac{20}{50}, \frac{15}{50}, \frac{5}{50}$ 이 된다. 따라서 X의 확률함수는 다음 표와 같이 구할 수 있다.

x	0	1	2	3	4	5
$P(X=x)$	2/50	2/50	6/50	20/50	15/50	5/50

(2) 위 표에서 평균점수는

$$0\times\frac{2}{50}+1\times\frac{2}{50}+2\times\frac{6}{50}+3\times\frac{20}{50}+4\times\frac{15}{50}+5\times\frac{5}{50}=\frac{159}{50}$$ ▣

앞의 예제에서 보는 것처럼 평균점수는 확률분포에서 $\sum_{k=0}^{5} x \cdot P(X=x)$을 구하는 방법과 같은 의미를 갖고 있다.

문제를 확장시켜 일반적인 방법으로 접근해 보기로 하자. 우선 문항수가 n개라면, 정

답수는 $0, 1, 2, \cdots, n$ 이 되며 각 경우의 관찰된 상대도수를 $p_0, p_1, p_2, \cdots, p_n$ 라고 한다면 시험자가 얻은 평균 점수는 $\sum_{x=0}^{n} x \cdot P(X=x) = \sum_{x=0}^{n} x p_x$ 와 같이 구할 수 있을 것이다. 이때 이 값을 확률변수 X의 평균값(mean) 또는 기대값(expected value)이라 하며 $E(X)$라고 표기한다.

정의 4.5 확률변수의 기대값

확률변수 X의 확률함수를 $f_X(x)$이라 하면 기대값은

(1) 확률변수 X가 이산형일 경우는 $E(X) = \sum_x x \cdot P(X=x)$

(2) 확률변수 X가 연속형일 경우는 $E(X) = \int_x x \cdot f_X(x)dx$

예제 4.18 항아리 속에 1부터 n까지 쓰여진 똑같은 크기의 공이 들어 있다. 이 중에서 한 개의 공을 꺼낼 때, 한 번의 추출에서 나타날 수 있는 공의 번호의 기대값을 계산하시오.

풀이 한 번의 추출에서 n개의 공이 나타날 경우는 모두 동일하므로, $k\,(1 \le k \le n)$번 공이 나타날 확률은 $P(X=k) = \frac{1}{n}$이 된다. 따라서 평균값은

$$E(X) = \sum_{k=1}^{n} k \cdot P(X=k) = \frac{1}{n}\sum_{k=1}^{n} k = \frac{n+1}{2}$$

▣

예제 4.19 한 개의 주사위를 던질 때, 나오는 눈의 수의 기대값을 구하시오.

풀이 나타나는 주사위 눈의 확률변수 $X = \{1, 2, 3, 4, 5, 6\}$ 이고 각 주사위 눈이 나타날 확률이 $P(X=x) = \frac{1}{6}$이므로 $E(X) = \sum_{x=1}^{6} x \cdot \frac{1}{6} = \frac{7}{2}$ ▣

예제 4.20 확률변수 X의 확률함수 $f_X(x) = \frac{3}{16}(4x - x^2)$, $0 < x < 2$일 때 $E(X)$를 계산하시오.

풀이 정의에 의하여

$$E(X) = \int_0^2 x \cdot \frac{3}{16}(4x - x^2)dx = \frac{5}{4}$$

▣

예제 4.21 예제 4.10에서 확률함수 $f_X(x)$의 평균을 구하시오.

풀이 이 함수는 혼합형 확률함수이다. 이를 계산할 때는 이산형은 이산형끼리, 연속형은 연속형 평균을 계산하는 방법을 이용하여 계산한다.

$$E(X) = \sum_{x=1}^{3} x P(X=x) + \int_0^1 \frac{1}{4}x\,dx + \int_1^2 \frac{1}{4}x\,dx$$
$$= 1\times\frac{1}{4}+2\times\frac{1}{6}+3\times\frac{1}{12}+\frac{1}{8}+\frac{3}{8} = \frac{4}{3}$$

▣

정의 4.6 확률변수 함수의 기대값

확률변수 X의 확률함수는 $f_X(x)$일 때, 확률변수의 함수 $h(X)$의 기대값은 다음과 같이 정의한다.

(1) 이산형일 때: $E(h(X)) = \sum_x h(x) f_X(x)$

(2) 연속형일 때: $E(h(X)) = \int_x h(x) f_X(x)\,dx$

정리 4.2

확률변수 X의 확률함수는 $f_X(x)$이고, 임의의 상수 a, b에 대하여

$$E(aX+b) = aE(X)+b$$

증명 이산형 확률변수인 경우

$$E(aX+b) = \sum_x (ax+b)P(X=x)$$
$$= a\sum_x x\cdot P(X=x) + b\sum_x P(X=x)$$
$$= aE(X)+b$$

연속형 확률변수인 경우

$$E(aX+b) = \int_x (ax+b) f_X(x)dx$$
$$= a\int_x x f_X(x)\,dx + b\int_x f_X(x)dx$$

$$= a\,E(X) + b$$ ▣

앞의 정리에서 $a = 0$이면 $E(b) = b$, 즉 임의의 상수의 기대값은 상수 그 자체가 되고, $b = 0$이면 $E(aX) = a\,E(X)$이다. 또한 중심 모수란 개념으로 $\mu_X = E(X)$라고 쓰기도 한다. 흔히 μ_X는 물리학에서는 무게심(center of gravity)이란 개념으로 설명하기도 한다.

예제 4.22 엄청나게 큰 항아리에 1번 번호가 붙은 공이 2개, 2번 번호가 붙은 공이 2개, $\cdots$, N번 번호가 붙은 공이 2개씩, 총 $2N$개의 공이 들어 있다. 이 항아리에서 임의로 $m(< N)$개의 공을 꺼낼 때 항아리에 똑 같은 번호가 남아 있는 공들의 쌍의 기대값은 얼마인가?

풀이 m개의 공을 꺼낸 다음, 항아리에 $k(k = 1, 2, \cdots, N)$번호가 붙은 공이 둘 다 남아 있을 사상의 확률변수를 $X_k = 1$라고 하고, 둘 중에서 하나라도 남아 있지 않을 사상의 확률변수를 $X_k = 0$ 라고 정의하자. 이때 $P(X_k = 1)$의 확률은 k번째 공을 미리 뽑아버리고 나머지 $2N-2$개의 공에서 m 개를 추출하는 방법과 같으므로

$$P(X_k = 1) = \frac{{}_{2N-2}C_m}{{}_{2N}C_m} = \frac{(2N-m)(2N-m-1)}{2N(2N-1)}$$

이고, 또한 m번의 추출 후 k번 공이 남아 있을 기대값은

$$E(X_k) = 1 \times P(X_k = 1) + 0 \times P(X_k = 0) = P(X_k = 1)$$

따라서 m번의 추출 후 항아리에 쌍으로 남아 있는 공의 수는 $\sum_{k=1}^{n} X_k$가 될 것이다. 이때 항아리에 남아 있을 쌍 들의 개수의 기대값은

$$E\left(\sum_{k=1}^{N} X_k\right) = \sum_{k=1}^{N} E(X_k) = \sum_{k=1}^{N} \frac{(2N-m)(2N-m-1)}{2N(2N-1)}$$
$$= \frac{(2N-m)(2N-m-1)}{2(2N-1)}$$

만약 $N = 100$, $m = 100$ 이라면 항아리에 쌍이 남아 있을 기대 수는 24.87, 즉 약 25쌍 정도가 될 것이다. ▣

예제 4.23 한 사람이 평면의 원점에 서 있다. 이 사람은 한 번 움직이는데 임의의 방향으로 r만큼 움직이고 다시 그 점에서 똑같은 방법으로 움직인다면 n번의 걸음 후 원점에서의 거리 기대값을 다음과 같은 절차에 의하여 구하시오.

(1) i번의 걸음 후의 위치를 (X_i, Y_i)라 할 때 (X_i, Y_i)을 극좌표로 표시하고 n걸음 후의 위치를 구하시오.

(2) 원점에서 거리의 제곱 D^2을 $\sin\theta$와 $\cos\theta$로 나타내시오(단, θ는 좌표축 상에서 시계반대 방향의 각도이다).

(3) $E(D^2) = n$임을 보이시오.

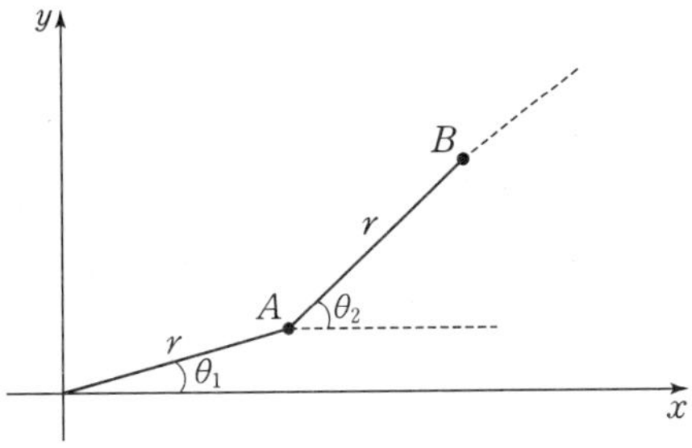

풀이 (1) θ_1방향으로 움직인 후 그 위치를 $\mathrm{A}(x_1, y_1)$라 하면 $x_1 = r \cdot \cos(\theta_1)$, $y_1 = r \cdot \sin(\theta_1)$이 된다. 다음 두 번째 움직인 다음 그 위치를 $\mathrm{B}(x_2, y_2)$라 하고, 처음 도착한 위치(A)에서 임의의 방향 θ_2로 움직였다면 축으로 $r \cdot \cos(\theta_2)$만큼의 증분이 발생할 것이고, y축으로 $r \cdot \sin(\theta_2)$만큼 증분이 발생했으므로

$$x_2 = r \cdot (\cos(\theta_1) + \cos(\theta_2)),\ y_2 = r \cdot (\sin(\theta_1) + \sin(\theta_2))$$

이 된다. 이와 같이 위치를 계속하여 구하면 i 걸음 후의 좌표는

$$(X_n, Y_n) = \left(r\sum_{k=1}^{n} \cos(\theta_k), r\sum_{k=1}^{n} \sin(\theta_k)\right)$$

(2) 피타고라스 정리에 의하여 원점에서의 거리는

$$\begin{aligned} D^2 &= r^2\left\{\left(\sum_{k=1}^{n} \cos(\theta_k)\right)^2 + \left(\sum_{k=1}^{n} \sin(\theta_k)\right)^2\right\} \\ &= r^2\left\{\sum_{k=1}^{n} (\cos^2(\theta_k) + \sin^2(\theta_k))\right. \\ &\quad \left. + \sum_{i=j=1}^{n} \sum_{j\neq i}^{n} (\cos(\theta_i)\cos(\theta_j) + \sin(\theta_i)\sin(\theta_j))\right\} \end{aligned}$$

(3) 그런데 처음 발걸음과 두 번째 발걸음은 임의로 행해지기 때문에 서로 독립시행이라 할 수 있을 것이다. 또한 $\theta_1, \theta_2, \cdots, \theta_n$은 서로 독립이고, θ_i의 분포는 $f_{\theta_i}(\theta_i) = \dfrac{1}{2\pi}$, $0 \le \theta_i \le 2\pi$이다. 그러므로

$$E(\cos(\theta_k)) = \int_0^{2\pi} \cos(t) f_{\theta_t}(t) dt = \int_0^{2\pi} \cos(t) \cdot \frac{1}{2\pi} dt = 0$$

$$E(\sin(\theta_k)) = \int_0^{2\pi} \sin(t) f_{\theta_t}(t) dt = \int_0^{2\pi} \sin(t) \cdot \frac{1}{2\pi} dt = 0$$

이 된다. 따라서

$$E(D^2) = nr^2$$ ▣

이외의 중심모수는 중앙값, 최빈값, 절삭평균(truncated mean), 윈저화 평균(Winsorized mean) 등 많은 경우가 존재하는데 이들은 주어진 모집단을 어떻게 정의하고 원하는 척도가 무엇인지에 따라 적절하게 사용되어야 할 것이다. 예를 들면 한강위에 다리를 건설한다고 한다면 지금까지의 강물 수위의 평균을 이용하는 것이 아니라 지금까지 수량의 최고 높이(순서 통계량의 값) 보다도 높게 위치하도록 설계해야 한다.

4.3.2 분포의 분산 정도를 어떻게 측정할 것인가?

확률변수의 기대값은 분포의 중심 위치를 파악하는데 중요한 요인이 되었다. 그러나 확률변수들의 평균들이 모두 같다고 해서 그들의 확률함수가 동일한 것이 아니다.

예로서 아래 세 가지 그림은 세 확률변수 X, Y, Z의 평균이 모두 0이지만 그 분산 정도는 각각 $\frac{1}{2}$, 1, $\frac{17}{4}$로서 다름을 나타낸다.

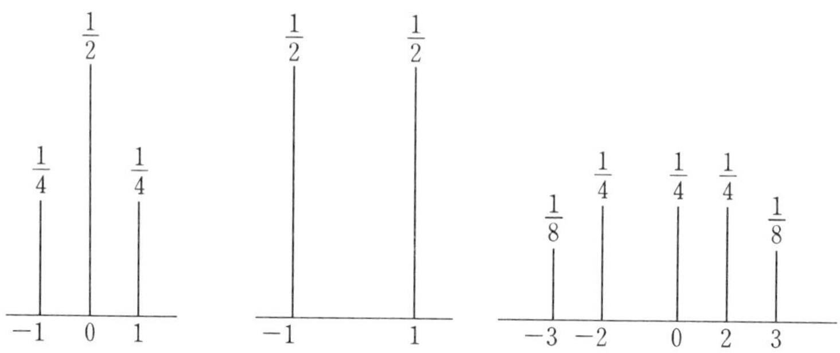

그림 4.7 여러 가지 확률함수

문제는 이들 분포들 간에 차이를 어떻게 측정할 것인가? 우선 생각할 수 있는 것은 평균을 중심으로 얼마나 퍼져있는가를 측정하는 도구일 것이다. 이와 같이 평균을 중심으로 퍼져있는 정도를 나타내는 척도를 분산(variance)이라 하고, 다음과 같이 정의한다.

정의 4.7 **분산**

확률변수 X가 확률함수 $f_X(x)$를 갖고, 그 기대값이 $E(X)=\mu_X$일 때, X의 분산은 다음과 같이 정의한다.

(1) 이산형일 때: $Var(X)=E\{(X-\mu_X)^2\}=\sum_x (x-\mu_X)^2 P(X=x)$

(2) 연속형일 때: $Var(X)=E\{(X-\mu_X)^2\}=\int_x (x-\mu_X)^2 f_X(x)dx$

정의 4.7은 정의 4.6에서 $h(x)=(x-\mu_X)^2$ 인 경우이며, $Var(X)=\sigma_X^2$ 으로 나타내기도 한다. 쉬운 계산을 위하여 연속인 경우 주어진 정의를 풀어 정리하면

$$
\begin{aligned}
Var(X) &= \int_x (x^2-2\mu_X \cdot x+\mu_X^2) f_X(x)dx \\
&= \int_x x^2 f_X(x)dx - 2\mu_X \int_x x \cdot f_X(x)dx + \mu_X^2 \\
&= \int_x x^2 f_X(x)dx - \mu_X^2 = E(X^2)-\mu_X^2
\end{aligned}
$$

와 같이 구할 수 있을 것이다. 이산형인 경우는 독자가 전개하여 보라. 또한 $\sqrt{Var(X)}$ 또는 σ_X 는 표준편차(standard deviation)라 하고 $Sd(X)$로 나타내기도 한다.

예제 4.24 예제 4.13의 $I_E(X)$에 관해 다음 물음에 답하시오. 단, $P(x\in E)=p$

(1) 평균을 구하시오.

(2) 분산을 구하시오.

풀이 확률변수 $I_E(x)$를 다시 쓰면 다음과 같다.

$$
I_E(x)=\begin{cases} 1, & x\in E \\ 0, & x\notin E \end{cases}
$$

(1) $\mu_{I_E(X)}=E\{I_E(X)\}=\sum_{I_E(x)=0}^{1} I_E(x)P(I_E(X)=I_E(x))$

$=0\cdot P(I_E(x)=0)+1\cdot P(I_E(x)=1)$

$=0\cdot P(x\notin E)+1\cdot P(x\in E)=p$

(2) $Var(I_E(X))=E\{(I_E(X))^2\}-\mu_{I_E(X)}^2$

$=0\cdot P(x\notin E)+1^2\cdot P(x\in E)-p^2=p(1-p)$ ▣

정리 4.3

확률변수 X의 기대값을 μ_X이라 할 때, 임의의 상수 $a(\neq 0)$, $b(\neq 0)$이라면 $Var(aX+b)=a^2 Var(X)$이고, $\sigma_{aX+b} = |a| \sigma_X$이다.

증명 연속형 확률변수일 때 증명하면, $E(aX+b)=aE(X)+b$이므로

$$Var(aX+b)=\int_x \{(ax-b)-(a\mu_X+b)\}^2 f_X(x)dx$$
$$= a^2 \int_x (x-\mu_X)^2 f_X(x)dx = a^2 Var(X)$$

이므로 표준편차는 $\sigma_{aX+b} = |a| \sigma_X$이 됨을 알 수 있다. ▣

특히 임의의 확률변수를 X라 할 때, 이 확률변수에서 기대값을 빼고 표준편차로 나누어준 변수변환에 의하여 생긴 확률변수, 즉 $Z=\dfrac{X-\mu_X}{\sigma_X}$을 표준화된 확률변수(standardized random variable)라 하며, 같은 종류의 여러 모양의 함수를 표준화시켜 상대적 비교를 구할 때 많이 이용되며, 그 평균과 분산은 다음과 같다.

$$\mu_Z = E(Z) = E\left(\frac{X-\mu_X}{\sigma_X}\right) = \frac{E(X)-\mu_X}{\sigma_X} = 0$$

$${\sigma_Z}^2 = Var\left(\frac{X-\mu_X}{\sigma_X}\right) = \frac{1}{{\sigma_X}^2} Var(X=1$$

예제 4.25 세 개의 빨간 공과 두 개의 흰 공이 들어 있는 상자에서 두 개의 공을 비복원 추출할 때 빨간 공의 개수를 x라 하면, 다음을 구하시오.

(1) 확률함수

(2) 기대값과 분산

(3) 표준화된 확률변수의 분포를 구하고 평균과 분산을 각각 구하시오.

풀이 확률변수 X는 빨간 공의 개수이므로 $X=\{0, 1, 2\}$이다.

(1) 확률함수는 $P(X=x)=\dfrac{\binom{3}{x}\binom{2}{2-x}}{\binom{5}{2}}$, $x=0, 1, 2$

(2) $E(X)=\sum_{x=0}^{2} x \cdot P(X=x)=0 \cdot \frac{1}{10}+1 \cdot \frac{6}{10}+2 \cdot \frac{3}{10}=\frac{12}{10}$

$$Var(X)=E(X^2)-\mu_X{}^2=0 \cdot \frac{1}{10}+1^2 \cdot \frac{6}{10}+2^2 \cdot \frac{3}{10}-\left(\frac{12}{10}\right)^2=\frac{36}{100}$$

(3) $Z=\dfrac{X-12/10}{6/10}$ 이므로 $Z=\left\{-2,-\frac{1}{3},\frac{4}{3}\right\}$ 이고 확률함수표는 다음과 같다.

z	-2	$-1/3$	$4/3$
$P(Z=z)$	1/10	6/10	3/36

$$E(Z)=(-2)\times\frac{1}{10}+\left(-\frac{1}{3}\right)\times\frac{6}{10}+\left(\frac{4}{3}\right)\times\frac{3}{10}=0$$

$$Var(Z)=(-2)^2\times\frac{1}{10}+\left(-\frac{1}{3}\right)^2\times\frac{6}{10}+\left(\frac{4}{3}\right)^2\times\frac{3}{10}=1$$ ▣

예제 4.26 확률변수 X 의 확률함수가 $f_X(x)=e^{-x}$, $x>0$일 때 평균과 분산을 구하시오.

풀이

$$E(X)=\int_0^\infty x \cdot e^{-x}dx=1$$

$$Var(X)=\int_0^\infty x^2 \cdot e^{-x}\,dx-\mu_X^2=1$$ ▣

척도 모수는 분산, 표준편차 뿐만 아니라 범위(range), 평균편차 등과 같은 것도 있다. 문제는 연구대상이 어떤 모집단이냐에 따라 그 척도도 자연현상에 알맞은 모수를 사용해야한다.

4.3.3 다른 형태의 기대값은 어떤 모양일까?

앞 절에서 모집단의 대략적인 분포의 형태를 살피는데 기대값의 개념을 사용하여 위치 모수를 계산하였고, 분산되어 있는 정도의 척도로서 분산을 계산하였다. 그 다음 문제는 분포의 형태가 어느 쪽에 치우쳐 있는지를 평가하는 외도(skewness)의 개념과 높이의 적정성을 파악할 수 있는 첨도(kurtosis)에 관해 연구하고, 아울러 이들을 통합적으로 계산할 수 있는 적률모함수(moment generating function)의 전개 과정을 보기로 한다.

치우침 정도를 나타내는 척도로서 다음과 같은 식을 이용하여 이를 외도라 한다.

$$S_X = \frac{E(X-\mu_X)^3}{\sigma_X^3}$$

$S_X = 0$ 이면 분포가 평균을 중심으로 대칭(symmetric)인 모양이 되고, $S_X > 0$ 이면 평균을 중심으로 오른쪽이 왼쪽보다 두겁고(heavy tail) 왼쪽으로 길게 뻗어 있으면 양의 방향으로 치우친 분포(skewed positively), 또는 오른쪽으로 치우친 모형(right-skewed model)이라 부르고, $S_X < 0$ 인 분포는 음의 방향으로 치우친 분포(skewed negatively) 또는 왼쪽으로 치우친 모형(left-skewed model)이라 한다.

뾰족한 정도를 나타내는 척도로서 첨도(kurtosis)는

$$K_X = \frac{E(X-\mu_X)^4}{{\sigma_X}^4}$$

이다. 이 값은 분포가 중심 근처에 어느 정도 모아져 있느냐는 척도로 사용된다. 표준 정규분포의 첨도는 $K_X = 3$이면 표준 정규분포의 제일 꼭지점 $\frac{1}{\sqrt{2\pi}} = 0.3989$과 같은 높이로 결정되고, $K_X > 3$이면 표준 정규분포의 꼭지점보다 높게 나타나고, $0 < K_X < 3$ 이면 표준 정규분포의 꼭지점보다 낮은 높이로 나타냄을 의미한다.

예제 4.27 다음 확률함수에 대하여 물음에 답하시오.

$$f_X(x) = 1 - |1-x|,\ 0 < x < 2$$

(1) 기대값, 분산, 외도, 첨도를 구하시오.

(2) 앞에 구한 값을 이용하여 대략적인 그래프를 그리시오.

풀이 (1) 확률함수를 다시 쓰면 $f_X(x) = \begin{cases} x, & 0 < x < 1 \\ 2-x, & 1 < x < 2 \end{cases}$이다. 이를 근거하여 $E(X)$, $E(X^2)$, $E(X^3)$, $E(X^4)$을 각각 구하면

$$E(X) = 1,\ E(X^2) = \frac{7}{6},\ E(X^3) = \frac{3}{2},\ E(X^4) = \frac{31}{15}$$

이 된다. 이를 이용하여

$$E(X-\mu_X)^2 = E(X^2) - \mu_X^2 = \frac{1}{6}$$

$$E(X-\mu_X)^3 = E(X^3) - 3\mu_X E(X^2) + 2\mu_X^3 = 0$$

$$E(X-\mu_X)^4 = E(X^4) - 4\mu_X E(X^3) + 6\mu_X^2 E(X^2) - 3\mu_X^4 = \frac{1}{15}$$

따라서 $\sigma_X = \frac{1}{\sqrt{6}}$, $S_X = 0 \cdot \left(\frac{1}{\sqrt{6}}\right)^{-3} = 0$, $K_X = \left(\frac{1}{15}\right) \cdot \left(\frac{1}{\sqrt{6}}\right)^{-4} = \frac{12}{5}$

(2) 삼각형 모양이 주어진 함수이고 맨 위쪽 그림이 정규분포 그림이며 중간에 위치해 있는 것은 (1)에서 구한 값을 이용하여 대략적으로 그린 것이다.

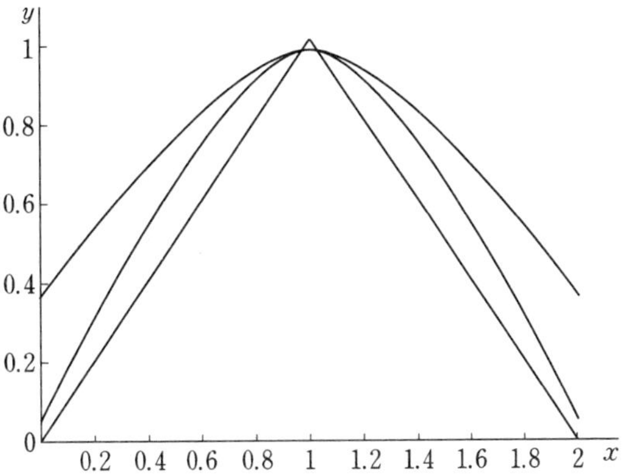

▣

함수의 기대값을 계산하는 데 많은 수식이 필요함을 직접 접했다. 이들을 단일 수식으로 표현하는 방법이 적률생성함수(moment generating function, 약해서 mgf)로써 여러 가지 특성치를 계산하는데 중요한 역할을 하는 함수이다.

확률변수 X의 원점$(\mu_X = 0)$에 관한 k 차 적률(k-th moment about original)은

$$m_k = E(X^k), \quad k = 1, 2, \cdots, n$$

으로 표기하고, 평균 μ_X에 관한 k차 적률(k-th moment about mean)은

$$m^{\mu}{}_k = E\left\{(X-\mu_X)^k\right\}$$

으로 정의한다. 이때 m_1은 평균, m_2^{μ} 은 분산과 같고, m_3^{μ}, m_4^{μ}은 외도와 첨도를 계산하는 식이다.

다음에 나오는 정의들은 확률변수의 형태에 따라 적률생성함수를 구하는 방법들이다.

정의 4.8 실수 변수의 적률생성함수

확률변수 X는 임의의 실수값 t에 관해 다음의 기대값이 존재하면 $M_X(t)$를 X의 적률생성함수 또는 적률모함수라 한다.

$$M_X(t) = E(e^{tX}) = \begin{cases} \sum_x e^{tx} \cdot P(X=x), & X\text{가 이산형일 때} \\ \int_x e^{tx} f_X(x)dx, & X\text{가 연속형일 때} \end{cases}$$

위 정의의 적률생성함수에서 k차 적률을 계산하기 위하여 $M_X(t)$를 k차 미분하면

$$\frac{d^k}{dt^k} M_X(t) = \frac{d^k}{dt^k} \int_x e^{tx} f_X(x)\,dx = \int_x x^k e^{tx} f_X(x)\,dx$$

이므로 양변에 $t=0$을 대입하면

$$\left.\frac{d^k}{dt^k} M_X(t)\right|_{t=0} = E(X^k)$$

이 되어 원점에 관한 적률을 쉽게 계산할 수 있을 것이다. 또한 적률함수의 중요한 특성 중에 하나는 확률함수의 모양에 따라 오직 한 가지로만 함수가 결정되므로 적률생성함수를 알고 있으면 분포의 성질이나 분포 자체를 구할 수도 있다.

예제 4.28 확률함수가 $f_X(x) = \frac{1}{6},\ x = 1, 2, \cdots, 6$일 때 적률생성함수를 구하시오.

풀이 정의에 의하여

$$M_X(t) = E(e^{tX}) = \sum_x e^{tx} \cdot P(X=x)$$
$$= \frac{1}{6}(e^t + e^{2t} + e^{3t} + e^{4t} + e^{5t} + e^{6t})$$

예제 4.29 적률생성함수가 다음과 같을 때 확률분포함수를 구하시오.

$$M_X(t) = \frac{1}{2}e^{3t} + \frac{1}{2}e^{5t}$$

풀이 적률함수는 $M_X(t) = \sum_x e^{tx} P(X=x)$에 의하여 계산되므로 윗 식에서 확률에 해당하는 것은 $\frac{1}{2}$로 동일하고 x값은 3과 5임을 알 수 있다. 따라서 다음과 같은 확률함수를 계산할 수 있을 것이다.

x	3	5
$P(X=x)$	$\frac{1}{2}$	$\frac{1}{2}$

▣

예제 4.30 표준 정규함수인 경우에 적률생성함수를 구하고 이를 이용하여 평균과 표준편차를 구하시오.

풀이 표준정규분포함수는 $f_X(x) = \frac{1}{\sqrt{2\pi}} e^{-\frac{x^2}{2}}, \quad -\infty < x < \infty$이므로

$$M_X(t) = \int_{-\infty}^{\infty} e^{tx} \cdot \frac{1}{\sqrt{2\pi}} e^{-\frac{x^2}{2}} dx = e^{\frac{t^2}{2}} \int_{-\infty}^{\infty} \frac{1}{\sqrt{2\pi}} e^{-\frac{(x-t)^2}{2}} dx = e^{\frac{t^2}{2}}$$

이를 t에 관하여 차례로 미분하여 $t=0$를 대입하여 계산하면

$$E(X) = \frac{d}{dt} M_X(t) \Big|_{t=0} = t\, e^{\frac{t^2}{2}} \Big|_{t=0} = 0$$

$$E(X^2) = \frac{d^2}{dt^2} M_X(t) \Big|_{t=0} = \left[e^{\frac{t^2}{2}} + t^2 e^{\frac{t^2}{2}} \right]_{t=0} = 1$$

따라서 평균은 0이고 분산은 1인 분포가 된다. ▣

예제의 적률생성함수를 연속적으로 미분해가면 다음과 같은 식을 얻을 수 있다.

$$m_{2k-1} = 0\,, \quad m_{2k} = \frac{(2k)!}{k!\ 2^k}\,, \quad k = 1, 2, \cdots$$

이 식을 이용하여 외도와 첨도를 구하면 0와 3임을 확인할 수 있다.

예제 4.31 확률변수 X의 적률모함수를 $M_X(t)$라 할 때, $Y = aX + b$의 적률모함수는 $M_Y(t) = e^{bt} M_X(at)$임을 증명하시오.

풀이 $$M_Y(t) = E(e^{ty}) = E\left(e^{t(aX+b)}\right) = e^{tb} \cdot E(e^{atX}) = e^{tb} \cdot M_X(at)$$ ▣

예제 4.32 앞의 예제를 이용하여 다음을 구하시오.

(1) 예제 4.28에서 $Y=2X+3$일 때, Y의 적률생성함수를 구하시오.

(2) 예제 4.29에서 $Y=-X+3$일 때, Y의 적률생성함수를 구하시오.

(3) 확률변수 X가 표준정규분포일 때, $Y=\sigma_X X+\mu_X$의 적률생성함수를 구하시오.

풀이 앞의 정리를 이용하여 풀면

(1) $$M_Y(t)=E\left(e^{(2X+3)t}\right)=e^{3t}E\left(e^{2X}\right)$$
$$=\frac{1}{6}e^{3t}\times\left(e^{2t}+e^{4t}+e^{6t}+e^{8t}+e^{10t}+e^{12t}\right)$$

(2) $$M_Y(t)=E\left(e^{(-X+3)t}\right)=e^{3t}M_X(-t)$$
$$=e^{3t}\cdot e^{\frac{(-t)^2}{2}}=e^{3t+\frac{t^2}{2}}$$

(3) $$M_Y(t)=E(e^{tY})=E(t\sigma_X X+t\mu_X)=e^{t\mu_X}M_X(t\sigma_X)$$
$$=e^{t\mu_X}e^{\frac{\sigma_X^2t^2}{2}}=e^{t\mu_X+\frac{\sigma_X^2t^2}{2}}$$

이 분포는 평균이 μ_X이고 분산이 σ_X^2인 정규분포인 확률함수의 적률생성함수이다.

▣

정리 4.4 다변량 적률생성함수

확률변수 X_i, $i=1, 2, \cdots, n$의 적률생성함수가 $M_{X_i}(t)$인 독립인 확률변수라 할 때, $Y=\sum_{k=1}^{n}X_k$의 적률생성함수는 $M_Y(t)=\prod_{k=1}^{n}M_{X_k}(t)$이다.

증명
$$M_Y(t)=E(e^{tY})=E\left(e^{tX_1}\cdot e^{tX_2}\cdot\ \cdots\ \cdot e^{tX_n}\right)$$
$$=\prod_{k=1}^{n}E(e^{tX_k})=\prod_{k=1}^{n}M_{X_k}(t)$$
▣

정리 4.4에서 만약 $X_1, X_2, \cdots, X_n$의 적률생성함수가 $M_X(t)$인 독립인 확률변수이며 동일한 분포를 가질 때 $Y=\sum_{k=1}^{n}X_k$의 적률생성함수는

$$M_Y(t)=E(e^{tY})=E\left(e^{tX_1}\cdot e^{tX_2}\cdot\ \cdots\ \cdot e^{tX_n}\right)$$

$$= \prod_{k=1}^{n} E(e^{tX_k}) = \prod_{k=1}^{n} M_{X_k}(t) \quad = [M_X(t)]^n$$

와 같이 간단히 나타낼 수 있다.

예제 4.33 n개의 독립인 확률변수 $X_1, X_2, \cdots, X_n$이 각각 평균이 μ, 분산이 σ^2인 정규분포를 따를 때 $Y = \sum_{k=1}^{n} X_k$의 적률생성함수를 구하시오.

풀이 X_k의 적률생성함수를 구하면

$$M_{X_k}(t) = E(e^{tx_k}) = \int_{-\infty}^{\infty} e^{tx_k} \cdot \frac{1}{\sqrt{2\pi}\,\sigma} exp\left\{-\frac{(x_k-\mu)^2}{2\sigma^2}\right\} dx_k$$

$$= \frac{1}{\sqrt{2\pi}\,\sigma} \int_{-\infty}^{\infty} \exp\left\{tx_k - \frac{(x_k-\mu)^2}{2\sigma^2}\right\} dx_k$$

$$= \exp\left\{\mu t + \frac{\sigma^2 t^2}{2}\right\}$$

이 된다. 따라서 앞의 정리 4.4에 의하여

$$M_Y(t) = E\left(e^{t\sum_{k=1}^{n} X_k}\right) = \prod_{k=1}^{n} M_{X_k}(t)$$

$$= \prod_{k=1}^{n} \exp\left\{\mu t + \frac{\sigma^2 t^2}{2}\right\} = \exp\left\{n\mu t + \frac{n\sigma^2 t^2}{2}\right\}$$ ▣

정의 4.9 요인 적률생성함수

음이 아닌 정수를 정의역으로 갖는 확률변수 X의 r차 요인적률(factorial moment)은 $E[X(X-1) \cdot \cdots \cdot (X-r+1)]$이고 요인 적률생성함수(factorial moment generating function)는

$$G_X(\alpha) = E(\alpha^X)$$

이다. 또한 이 식을 적률생성함수로 표시하면

$$G_X(\alpha) = E(\alpha^X) = E(e^{X \cdot \ln(\alpha)}) = M_X(\ln(\alpha)), \quad 0 \le \alpha \le 1$$

이 된다.

확률변수 X의 요인 적률생성함수는 $G_X(\alpha)=E(\alpha^X)$일 때,

$$\frac{d}{d\alpha}G_X(\alpha)\Big|_{\alpha=1}=E(X\cdot\alpha^{X-1})\Big|_{\alpha=1}=E(X)$$

$$\frac{d^2}{d\alpha^2}G_X(\alpha)\Big|_{\alpha=1}=E(X(X-1)\cdot\alpha^{X-2})\Big|_{\alpha=1}=E[X(X-1)]$$

$$\vdots$$

$$\frac{d^r}{d\alpha^r}G_X(\alpha)\Big|_{\alpha=1}=E[X(X-1)\cdots(X-r+1)]$$

에 의하여 확률변수의 함수들의 적률을 계산할 수 있다.

예제 4.34 확률변수 X의 확률함수가 $f_X(x)=\dfrac{\lambda^x e^{-\lambda}}{x!}$, $x=0,1,2,\cdots$일 때 요인 적률생성함수를 구하고 이를 이용하여 평균과 분산을 구하시오.

풀이

$$G_X(\alpha)=E(e^X)=\sum_{x=0}^{\infty}\frac{e^{-\lambda}(\lambda\alpha)^x}{x!}$$
$$=e^{-\lambda}\cdot e^{\lambda\alpha}=e^{\lambda(\alpha-1)}$$

그러므로

$$\frac{d}{d\alpha}G_X(\alpha)|_{\alpha=1}=E(X)=\lambda$$

$\dfrac{d^2}{d\alpha^2}G_X(\alpha)|_{\alpha=1}=E\{X(X-1)\}=\lambda^2$, $E(X^2)=\lambda^2+\lambda$이므로 $Var(X)=\lambda$ ▣

예제 4.35 확률변수 X의 확률함수가 다음과 같을 때 요인 적률생성함수를 이용하여 평균과 분산을 구하시오

$$f_X(x)=\binom{n}{x}p^x(1-p)^{n-x},\quad x=0,1,\cdots,n$$

풀이 $G_X(\alpha)=E(\alpha^X)=\displaystyle\sum_{x=0}^{n}\alpha^x\cdot\binom{n}{x}p^x(1-p)^{n-x}$

$$=\sum_{x=0}^{n}\binom{n}{x}(p\alpha)^x(1-p)^{n-x}=(1-p+p\alpha)^n$$

그러므로

$$\frac{d}{d\alpha}G_X(\alpha)\Big|_{\alpha=1} = E(X) = np,$$

$$\frac{d^2}{d\alpha^2}G_X(\alpha)\Big|_{\alpha=1} = E[X(X-1)] = (n-1)np^2$$

에서 $E(X^2) = np + (n-1)np^2 = np + (np)^2 - np^2$임을 알 수 있다. 따라서 $Var(X) = np(1-p)$이다. ▣

정의 4.10 음이 아닌 양수의 적률생성함수

확률변수 X가 음이 아닌 양수를 정의역으로 가질 때, $F(\alpha) = E\left(e^{-\alpha X}\right)$, $0 \leq \alpha \leq 1$은 적률생성함수이다. 또한 적률은 $F^{(k)}(\alpha)\mid_{\alpha=0} = (-1)^k E(X^k)$로 구할 수 있다.

예제 4.36 어떤 기계의 수명 분포가 다음 분포를 가질 때 정의 4.10에 의한 생성함수를 구하고 이를 이용하여 평균과 분산을 구하시오.

$$f_X(x) = 0.02\,e^{-0.02x}, \quad x \geq 0$$

풀이 $E(e^{-\alpha X}) = \int_0^\infty e^{-\alpha x} \cdot 0.02e^{-0.02x}dx = \dfrac{0.02}{\alpha + 0.02}$에서

$$\frac{d}{d\alpha}E(e^{-\alpha X})\mid_{\alpha=0} = -E(X) = -50$$

$$\frac{d^2}{d\alpha^2}E(e^{-\alpha X})\mid_{\alpha=0} = E(X^2) = 5000$$

따라서 $E(X) = 50$, $Var(X) = 2500$ ▣

예제 4.37 확률변수 X의 확률함수가 $f_X(x) = \dfrac{1}{4}xe^{-\frac{x}{2}}$, $x > 0$일 때, 정의 4.10에 따라 적률생성함수를 구하고 평균과 분산을 구하시오.

풀이

$$F(\alpha) = E(e^{-\alpha X}) = \frac{1}{4}\int_0^\infty xe^{-\frac{x}{2}} \cdot e^{-\alpha x}dx$$

$$= \frac{1}{4}\int_0^\infty xe^{-\frac{1}{2}(1+2\alpha)}dx$$

$$= \frac{1}{4}\left[-x\left(\frac{2}{1+2\alpha}\right)e^{-\frac{1}{2}(1+2\alpha)x} - \left(\frac{2}{1+2\alpha}\right)^2 e^{\frac{1}{2}(1+2\alpha)x}\right]_0^\infty$$

$$= \left(\frac{1}{1+2\alpha}\right)^2$$

그러므로

$$\frac{d}{d\alpha}F(\alpha)|_{\alpha=0} = (-2)(2)(1+2\alpha)^{-3}|_{\alpha=0} = -4,\ \ E(X) = (-1)^1(-4) = 4$$

$$\frac{d^2}{d\alpha^2}F(\alpha)|_{\alpha=0} = (-4)(-3)(2)(1+2\alpha)^{-4}|_{\alpha=0} = 24,\ \ Var(X) = 24 - 4^2 = 8$$

▣

정의 4.11 특성함수

확률변수 X의 적률생성함수는 실변수에서 존재하지 않는 경우에도 사용할 수 있으며, 또한 복소수 범위에서도 구할 수 있는 또 다른 적률생성함수로서 특성함수(characteristic function)가 있다. 이는 다음과 같이 정의한다. (단, $i = \sqrt{-1}$)

$$\phi_X(t) = E[e^{itX}] = \int_x e^{itx} f_X(x)\,dx$$

정의 4.11의 특성함수를 이용하여 적률을 계산해 보면

$$\frac{d^k}{dt^k}\phi_X(t)\Big|_{t=0} = i^k \int_x x^k f_X(x)\,dx$$

에서

$$E(X^k) = \frac{1}{i^k} \cdot \frac{d^k}{dt^k}\phi_X(t)\Big|_{t=0}$$

에 의하여 쉽게 계산이 가능할 것이다. 특히 실변수 뿐만 아니라 복소수 범위에서도 사용이 가능한 특성함수는 유일무이하게 적률을 계산할 수 있는 장점을 갖고 있다.

예제 4.38 확률변수 X의 확률함수가 $f_X(x)=e^{-x}$, $x>0$일 때, 특성함수를 구하시오.

풀이

$$\phi_X(t)=E(e^{itX})=\int_0^\infty e^{itx}e^{-x}dx$$
$$=\left[-\frac{e^{(1-it)x}}{1-it}\right]_0^\infty=(1-it)^{-1}$$

그러므로

$$\frac{d}{dt}\phi_X(t)|_{t=0}=i(1-it)^{-2}|_{t=0}=i$$
$$\frac{d^2}{dt^2}\phi_X(t)|_{t=0}=i(-2)(-i)(1-it)^{-3}|_{t=0}=-2$$

따라서

$$E(X)=\frac{1}{i}\times i=1,$$
$$E(X^2)=\frac{1}{i^2}\times(-2)=2,\quad Var(X)=2-1=1$$

▣

예제 4.39 확률변수 X의 확률함수가 다음과 같을 때 특성함수를 구하고 이를 이용하여 평균과 분산을 구하시오.

$$f_X(x)=\frac{1}{\Gamma(r)}x^{r-1}e^{-x},\qquad x\geq 0,\ r>0$$

풀이 $\phi_X(t)=E[e^{itX}]=\int_0^\infty e^{itx}\cdot\frac{1}{\Gamma(r)}x^{r-1}e^{-x}dx$

$$=\frac{1}{\Gamma(r)}\int_0^\infty x^{r-1}e^{-(1-it)x}dx$$

이를 적분하기 위하여 $u=(1-it)x$로 치환 적분하여 구하면, 특성함수는

$$\phi_X(t)=\frac{1}{(1-)^r}$$

그러므로

$$\frac{d}{dt}\phi_X(t)\Big|_{t=0} = i\,r, \quad E(X) = \frac{1}{i} \times ir = r$$

$$\frac{d^2}{dt^2}\phi_X(t)\Big|_{t=0} = i^2\,r(r+1),$$

$$E(X^2) = \frac{1}{i^2} \times i^2\,r(r+1) = r(r+1)$$

따라서 $Var(X) = r(r+1) - r^2 = r$이다. ▣

제4장 연습문제

exercises

[B형]

4.1 확률변수 X는 $x_1 \leqq x_2 \leqq \cdots \leqq x_k$의 값들을 취하고, 대응되는 확률은 $p_1, p_2, \cdots, p_k$라 하자. $x_1 \leqq E(X) \leqq x_k$임을 보이시오. 이 부등식에서 등식은 어떤 조건에서 얻어지는가?

4.2 $E[(X-c)]^2 = Var(X) + [E(X)-c]^2$임을 보이고, $E[(X-c)]^2$을 최소화시키는 c 값을 구하시오.

4.3 (1) 이산형 확률변수 X의 확률 $P(X=k)$가 단조 감소라면, 다음 식이 성립함을 증명하시오.

$$P\{X=k\} \leqq \frac{2E(X)}{k^2} \quad (\text{단, } k=1, 2, \cdots)$$

(2) X가 음이 아닌 연속형 확률변수라 하고 단조 감소함수를 갖고 있을 때, 다음 식이 성립함을 증명하시오.

$$f(x) \leqq \frac{2E(X)}{x^2}, \quad x > 0$$

4.4 X와 Y가 독립이고 평균 분산이 각각 μ_X, μ_Y, σ_X^2, σ_Y^2이라 한다. $Z=XY$의 평균과 분산이 다음과 같음을 보이시오.

(1) $\mu_Z = \mu_X \mu_Y$

(2) $\sigma_Z^2 = \sigma_X^2 \sigma_Y^2 + \mu_X^2 \sigma_Y^2 + \mu_Y^2 \sigma_X^2$

4.5 확률변수 X의 기대값과 분산이 μ_X, σ_X^2이라 하자. $Y = a + bX + cX^2$의 기대값을 μ와 σ^2로 나타내시오.

4.6 항아리에 검은 공 b개, 흰 공 w개가 있다. 각 단계에서 r개의 검은 공을 집어넣고

$b+w+r$개의 공중에서 r개를 꺼낸다. 이때 t단계 후 흰 공의 수의 기대값은 $\left(\dfrac{b+w}{b+w+r}\right)^t w$ 임을 보이시오.

7.7 $(E(XY))^2 \leqq E(X^2)E(Y^2)$임을 증명하시오. 이를 코시－슈바르츠(Cauchy-Schwarz) 부등식이라 한다(힌트: $E(tX+Y)^2 > 0$을 이용하시오).

[B형]

4.8 확률변수 X는 어떤 날의 TV시청 시간을 나타낸다고 하자. X의 확률함수가 다음과 같이 주어지는 경우 k값을 결정하고, $P(X \geqq 3)$ 의 확률을 구하시오.

$$f(x) = \begin{cases} 0.1\ , & x=0 \\ kx\ , & x=1 \text{ 또는 } 2 \\ k(6-x)\ , & x=3 \text{ 또는 } 4 \\ 0, & \text{기타} \end{cases}$$

4.9 확률변수 X의 확률분포가 다음과 같이 주어진다고 하자. 다음을 구하시오.

$$F(x) = \begin{cases} 0\ , & x<4 \\ 0.1\ , & 4 \leqq x < 5 \\ 0.4\ , & 5 \leqq x < 6 \\ 0.7\ , & 6 \leqq x < 8 \\ 0.9\ , & 8 \leqq x < 9 \\ 1\ , & x \geqq 9 \end{cases}$$

(1) X의 확률함수를 구하시오.

(2) $P(X \leqq 6.5)$, $P(5 < X < 8)$를 구하시오.

4.10 다음 확률분포함수에서 확률변수 X의 확률함수를 구하고 평균과 분산을 구하시오.

$$F_X(x) = \begin{cases} 0\ , & x<10 \\ \dfrac{1}{4}, & 10 \leqq x < 15 \\ \dfrac{3}{4}, & 15 \leqq x < 20 \\ 1\ , & x \geqq 20 \end{cases}$$

4.11 X는 확률함수가 $f_X(x)=c\left(\frac{1}{4}\right)^x$, $x=0, 1, 2, \cdots$일 때

(1) 확률함수가 되기 위한 c의 값을 구하시오.

(2) $E(X)$와 $Var(X)$ 의 값을 구하시오.

4.12 앞면이 나타날 확률은 3/8이고, 뒷면이 나타날 확률은 5/8인 동전을 한 번의 앞면이나 세 번의 뒷면이 나타날 때까지 던진다고 하자. 동전을 던진 횟수를 확률변수 X로 정의할 때, X의 확률함수, 분포함수를 그래프로 나타내시오.

4.13 확률변수 X의 확률분포가 다음과 같다고 하자.

x	-2	-1	0	1	2
$f_X(x)$	.2	.1	.3	.3	.1

(1) $E(X)$, $Var(X)$를 구하시오.

(2) $Y=3X-1$의 확률함수, 평균, 분산을 구하시오.

4.14 X가 다음 확률함수를 갖고 있을 때 평균과 분산을 구하시오.

$$f_X(x)=\frac{(|x|+1)^2}{9}, \quad x=-1, 0, 1$$

4.15 두 확률변수 X, Y의 확률함수가 다음과 같다고 하자.

x	-1	0	1	2	3
$f_X(x)$	.125	.5	.20	.05	.125

y	-1	1	3	5	7
$f_Y(y)$	.125	.5	.20	.05	.125

(1) 두 확률변수들의 평균 및 분산을 구하시오.

(2) 두 확률변수의 관련성에 관하여 논하시오.

4.16 확률변수 Z의 평균과 분산은 각각 100과 25라 하자. 이때, 다음 값들을 계산하시오.

(1) $E(Z^2)$ (2) $Var(2Z+100)$ (3) $2Z+100$의 표준편차

(4) $E(-Z)$　　(5) $Var(-Z)$　　(6)$(-Z)$의 표준편차

4.17 어떤 생산 공정에서 온도는 77도를 중심으로 2도 이내의 편차를 갖는다. 온도 X의 확률함수는 다음과 같다고 하자.

x	75	76	77	78	79
$f_X(x)$	2/10	2/10	3/10	2/10	1/10

(1) $Y = X - 77$라 할 때, Y의 평균과 분산을 구하시오.

(2) 표준화된 확률변수 X의 확률함수를 구하시오.

4.18 한 유권자가 새로운 세법을 지지할 확률은 p이다. 유권자는 임의로 선택된다고 하자. 확률변수 X는 유권자가 법안을 지지할 경우 $X=1$, 거부할 경우 $X=0$으로 정의된다고 하자.

(1) X의 평균과 분산을 구하시오.

(2) $Var(X) \leq \frac{1}{4}$ 임을 보이고, 등호가 성립할 때의 p값을 구하시오.

(3) 확률변수 X가 $E(X^2) = E(X)$ 인 경우, $Var(X) \leq \frac{1}{4}$ 임을 보이고, 그 의미를 말하시오.

4.19 I_A, I_B는 사상 A, B에 관한 지시 확률변수라 하자. 다음 확률변수에 관한 확률함수를 구하시오.

(1) $I_A I_B$　　(2) $I_A(1-I_B)$　　(3) $(1-I_A)(1-I_B)$

4.20 X의 확률함수가 다음과 같고 $E(X) = \frac{3}{5}$일 때 a, b값을 구하시오.

$$f_X(x) = \begin{cases} a + bx^2, & 0 \leq x \leq 1 \\ 0, & \text{그 밖에서} \end{cases}$$

4.21 X의 확률밀도함수가 $f(x) = \frac{x+1}{2}, -1 < x < 1$ 일 때 다음 물음에 답하시오.

(1) 밀도함수를 그리시오.

(2) 확률밀도함수 아래의 넓이가 1임을 보이시오.

(3) x가 구간 [0.5, 0.75]에 놓일 확률을 구하시오.

(4) 분포의 25번째 백분위수와 90번째 백분위수를 구하시오.

4.22 확률변수 X가 다음과 같을 때 물음에 답하시오.

$$f_X(x) = \frac{1}{2}x, \quad 0 < x < 2$$

(1) X가 구간 [1, 1.5] 사이에 올 확률을 구하시오.

(2) 분포의 25번째 백분위수와 90번째 백분위수를 구하시오.

4.23 다음은 혼합형 확률변수 X의 분포함수이다. 물음에 답하시오.

$$F_X(x) = \begin{cases} 0, & x < 0 \\ \frac{x^2}{4}, & 0 \leq x < 1 \\ \frac{x}{4}, & 1 \leq x < 2 \\ 1, & x \geq 2 \end{cases}$$

(1) 확률함수를 구하시오.

(2) 평균과 분산을 구하시오.

(3) $P\left(\frac{1}{4} < X < 1\right)$, $P\left(X = \frac{1}{2}\right)$, $P\left(\frac{1}{2} \leq X\right)$를 구하시오.

4.24 임의성(randomness)을 조사하는 데 있어서, 수들의 경향을 조사하는 방식이 이용되기도 한다. 예컨대 열 개의 동전을 던지는 실험에서 다음과 같은 관측이 얻어졌다고 하자.

$$\{T\ H\ H\ H\ TT\ T\ T\ H\ H\}$$

이 예에서 연속하여 나타난 면 중에서 제일 많은 연속은 뒷면(T)으로서 연속 네 번 출현한다. 이를 경향이라 한다. 유사하게 임의 생산라인에서 정품과 불량품을 검사하는 경우에도 이와 같은 경향의 조사가 많이 이용된다. 각 제품이 정품과 불량품이 될 확률은 동등하다고 하고, 연속 다섯 개의 제품이 검사된다고 하자. 확률변수 X는 경향의 수를 나타낸다고 할 때, X의 확률함수를 구하시오.

4.25 상자 안에 들어 있는 여덟 개 건전지 중 두 개는 불량품이다. 이 중에서 네 개의 건전지를 비복원 추출한다고 하자. 불량품의 개수를 확률변수 X로 정의할 때, X의 확률함수를 구하시오.

4.26 확률변수X는 0, 1, 2, 3, 및 4의 값을 각각 동일한 확률로서 취한다고 하자. X^2의 값을 5로 나눈 나머지를 취하는 확률변수를 Y라 할 때, Y의 확률함수를 구하시오. 또한 Y^2의 값을 5로 나눈 나머지를 취하는 확률변수를 Z라 할 때, Z의 확률함수를 구하시오.

4.27 의학실험에서 새로운 치료법이 연구되고 있다 하자. 다섯 명의 환자들에게 새로운 치료를 실시하고, 일주일 후에 이 새로운 치료법이 환자의 상태를 호전시켰는지의 조사를 행했다고 하자. 이 실험에 따른 확률모형을 나타내라. 단, 환자상태의 호전 및 악화는 등확률인 것으로 가정된다. 확률변수 X를 호전된 환자들의 수로 정의할 때, 확률함수를 구하시오.

4.28 두 개의 지역의 유권자가 각각 100명씩이다. A지역의 여당 당원의 수는 20명이고, B지역의 여당 당원의 수는 60명이다. 임의로 두 명의 유권자들을 다음 방식에 따라 뽑는다고 하자.

① 각 지역에서 임의로 한 명씩 뽑는다.
② 전체에서 두 명을 복원 추출한다.
③ 전체에서 두 명을 비복원 추출한다.
④ 두 지역 중의 하나를 임의로 뽑아서 두 명을 복원 추출한다.
⑤ 두 지역 중의 하나를 임의로 뽑아서 두 명을 비복원 추출한다.

(1) 위 다섯 가지 추출 방식에 관해 여당의 수를 나타내는 확률변수를 X라 할 때, X의 분포를 구하시오.
(2) 각 분포에 관한 평균과 분산을 구하시오.

4.29 상자에 1부터 n까지 번호가 붙은 n장의 카드가 들어있다고 하자. 한 장의 카드가 임의로 추출될 때 카드번호를 X 나타낸다고 하자.

(1) X의 확률함수와 분포함수를 구하시오.
(2) 평균과 분산을 구하시오.
(3) 위 두 문항이 해가 적용될 수 있는 예를 더 나타내시오.

4.30 골프공 제조업자는 새로운 생산 공정을 고려하고 있다. 새로운 공정에서 불량품이 얻어질 확률은 0.05이고, 기존 공정에서 불량품이 얻어질 확률은 0.08이다. 기존

공정에서 생산비는 공당 40원이고, 새로운 공정에서는 60원이라 하자. 공은 각각 125원에 팔린다고 하자. 이윤의 극대화를 위해서는 어떤 공정이 사용되어야 하는가?

4.31 한 개의 동전과 1에서 10까지 숫자가 쓰여있는 열 등분된 원판이 있다. 만약 동전을 던져 표면이 나오면 5원을 받고 이면이 나오면 원판을 돌려 뽑힌 숫자만큼 돈을 받는다면, 기대금액과 분산을 구하시오.

4.32 다음 이산형 확률함수의 요인 적률함수를 각각 구하고 이를 이용하여 평균과 분산을 구하시오.

(1) 이항분포 $f_X(x) = \binom{n}{x} p^x (1-p)^{n-x}, \quad x = 0, 1, 2, \cdots, n$

(2) 포아송 분포 $f_X(x) = \dfrac{e^{-\lambda}\lambda^x}{x!}, \quad x = 0, 1, 2, \cdots$

4.33 Y의 적률생성함수가 $M_Y(t) = \left(\dfrac{1}{4} + \dfrac{3}{4}e^t\right)^{12}$ 일 때 다음을 구하시오.

(1) $E(Y)$ (2) $Var(Y)$

(3) $P(Y = 0)$ (4) $P(Y = 3)$

4.34 다음 식에서 $E(X)$를 계산하시오.

(1) $f_X(x) = \dfrac{1}{4} x e^{-\frac{x}{2}}, \quad x > 0$

(2) $f_X(x) = c(1 - x^2), \quad -1 < x < 1$

(3) $f_X(x) = \dfrac{5}{x^2}, \quad x > 5$

4.35 $E(X^k) = 5^k,\ k = 1, 2, 3, \cdots$ 일 때 $M_X(t)$를 구하고, X의 확률함수를 구하시오.

4.36 다음 함수들의 외도를 구하시오.

(1) $f_X(x)=\begin{cases} \dfrac{1}{32}, & x=1 \\ \dfrac{2^{6-x}}{32}, & x=2,3,4,5,6 \end{cases}$

(2) $f_x(x)=1-|x-1|,\ 0<x<2$

(3) $f_x(x)=e^{-x},\ x>0$

(4) $f_X(x)=\begin{cases} \dfrac{2^{6-x}}{64}, & x=1,2,3,4,5,6 \\ \dfrac{1}{64}, & x=7 \end{cases}$

4.37 다음 함수들의 첨도를 구하시오.

(1) $f(x)=\dfrac{1}{6},\quad x=1,2,3,4,5,6$

(2) $f(x)=1,\quad 0<x<1$

4.38 X의 확률함수가 다음과 같을 때 각각의 적률생성함수를 구하시오.

(1) $f_X(x)=\dfrac{1}{3},\ x=1,2,3$

(2) $f_X(x)=1,\ x=5$

(3) $f_X(x)=\dfrac{6!}{x!(6-x)!}\left(\dfrac{1}{4}\right)^x\left(\dfrac{3}{4}\right)^{6-x},\quad x=0,1,\cdots,6$

4.39 X의 적률생성함수가 $M_X(t)=\dfrac{1}{3}+\dfrac{2}{3}e^t$라 할 때, X의 확률함수, 평균, 분산을 각각 구하시오.

[C형]

4.40 상자에 네 개의 빨간 공과 여섯 개의 흰 공이 들어 있다고 하자. 이 중 세 개의 공을 추출할 때 확률변수 X를 추출된 빨간 공의 개수라 할 때,

(1) 복원(비복원)추출에 따른 $X(Y)$의 확률함수를 구하시오.

(2) 백번 실험을 행한 결과표가 다음과 같다고 하자. 어떤 추출방식이 사용되었다

고 볼 수 있는가?

빨간 공의 개수	0	1	2	3
빈도 수	15	52	29	4

4.41 한국 시리즈에서 두 팀은 네 게임을 이길 때까지 경기를 계속한다. 두 팀 중 A팀이 보다 강해서 각 게임에서 이길 확률은 3/4이고, 각 게임은 독립이라고 하자. 확률변수 X는 시리즈를 끝낼 게임 수를 나타낸다고 하자. X의 확률함수를 구하시오.

4.42 X의 확률함수는 $f_X(x)=\dfrac{3}{2}x^2,\ -1<x<1$ 일 때 $Y=\dfrac{X^3+1}{2}$의 확률함수를 구하시오.

4.43 2000개의 점이 독립적으로 단위면적 $S=\{(x,y)\,;\,0\leq x<1, 0\leq y<1\}$에서 임의로 뽑혔다고 하자. W를 $A=\{(x,y);x^2+y^2\leq 1\}$에 놓여지는 점들의 수라고 하자.

(1) W는 어떤 분포를 갖는가?

(2) W의 평균, 분산, 표준편차를 구하시오.

4.44 다음 연속형 확률함수의 특성적률함수를 구하고 이를 이용하여 평균과 분산을 각각 구하시오.

(1) 표준 정규분포

(2) 코쉬분포: $f_X(x)=\dfrac{1}{\pi\beta\left\{1+\left(\dfrac{x-\alpha}{\beta}\right)^2\right\}}$

4.45 X의 확률함수가 다음과 같을 때 $Y=X^2$의 확률함수를 구하시오.

(1) $f_X(x)=\dfrac{1}{\sqrt{2\pi}}\exp\left\{-\dfrac{x^2}{2}\right\},\ -\infty<x<\infty$

(2) $f_X(x)=2xe^{-x^2},\quad 0<x<\infty$

4.46 확률함수가 다음과 같은 베타분포일 때 $Y=1-X$의 확률함수를 구하시오.

$$f_X(x) = \frac{\Gamma(a)\Gamma(b)}{\Gamma(a+b)} x^{a-1}(1-x)^{b-1}, \quad 0 < x < 1$$

4.47 확률함수가 다음과 같을 때 $Y = \frac{X}{X+1}$의 확률함수를 구하시오.

$$f_X(x) = e^{-x}, \quad 0 < x < \infty$$

4.48 확률함수가 다음과 같을 때 $Y = \frac{1}{X}$의 확률함수를 구하시오.

$$f_X(x) = \frac{1}{\pi(1+x^2)}$$

4.49 상자에 1부터 5까지의 번호가 붙은 종이 조각이 들어 있다.

(1) 하나의 종이 조각이 임의로 추출되는 경우, X가 추출된 종이 조각의 번호를 나타낸다고 할 때, 평균과 분산을 구하시오.

(2) 두 개가 복원추출 된다고 할 때 Y가 두 수중에서 큰 수를 나타낸다고 할 때, 평균과 분산을 구하시오.

(3) 비복원 추출인 경우 (2)의 결과를 다시 계산하시오.

4.50 세 사람이 쓰고 있는 모자를 수집해서 섞은 다음 임의로 돌려주는 문제를 고려하자. 각 사람은 하나의 모자만을 돌려받는다. 이 실험에 관한 적절한 확률모형을 세워라. 자신의 모자를 옳게 돌려받은 사람의 수를 확률변수 X로 정의할 때, X의 확률함수를 구하시오. 이 문제를 일반화 시켜서 n명으로 확장한 경우에 있어서, $P(X=n)$ 및 $P(X=n-1)$의 확률을 계산하시오.

4.51 확률변수 X의 분포는 $f_X(x) = 3(1-x)^2$, $0 < x < 1$ 에서 확률표본(독립이고 동일한 분포를 갖는 분포)에서 일곱 개를 추출했을 때 다음을 구하시오.

(1) 중위수가 $1 - \sqrt[3]{0.6}$ 보다 작을 확률을 구하시오.

(2) 네 번째 작은 수를 Y_4라 할 때 $P(Y_4 < 1 - \sqrt[3]{0.6})$을 구하시오.

제 5 장

확률변수의 분포와 그 성질

명확히 정의된 자연현상에서 표본공간을 형성하고 이를 실 변수로 변환하면 확률을 갖는 확률변수가 생성된다. 확률을 갖는 확률변수는 확률함수로 다룬다는 것을 앞의 장에서 공부하였다. 그러나 확률함수는 모든 확률변수에서 동일하지는 않을 것임은 쉽게 알 수 있다. 따라서 어떤 조건하에서 어떤 확률함수를 갖게 될지를 연구하는 것은 대단히 중요한 일이다. 이 장에서는 통계학이나 자연과학에서 자주 나타나는 확률함수에 대하여, 어떤 조건하에서 어떤 확률함수가 구성되며 그 확률함수의 평균과 분산 및 그 성질과 적용범위와 근사 성질(limiting property) 등을 연구해 보기로 하자.

5.1 이산형 확률변수의 확률함수

이산형 영역을 갖는 확률변수를 이산형 확률변수(discrete random variable)라 하며 이산형 확률변수를 갖는 함수를 이산형 확률함수라 부른다는 것과 정의 4.1에서 그 조건들을 서술하였다. 이 절에서는 기본이 되는 여러 가지 이산형 확률함수에 관해 연구하자.

5.1.1 베르누이 시행

대부분의 이산형 확률변수의 확률함수는 베르누이 시행(Bernoulli trial)을 기본적인 확률변수로 갖는 확률함수들로 형성되어 있다. 우선 베르누이 시행을 정의하기로 하자.

정의 5.1 베르누이 시행

확률변수 X가 다음 세 가지 조건을 만족할 때, X는 베르누이 시행을 갖는다고 한다.

(1) 한 시행에서 오직 두 가지 서로 배반적인 결과만이 나타난다. 이때 관심 대상이 되는 쪽은 성공, 그렇지 않은 쪽은 실패라 부른다.

(2) 성공 확률을 p라 하면, 반복시행의 경우에 모든 시행에서 동일(identical)하다.

(3) 반복시행이 경우 각 시행은 서로 독립(independent)이다.

정의 5.1에 알맞는 확률함수를 구하기 위하여, 확률변수를 성공 사상에는 1, 실패 사상에 0으로 변수변환하면 확률변수 X의 확률함수는 다음과 같다.

$$P(X=x)=f_X(x)=\begin{cases} p, & x=1 \\ 1-p, & x=0 \end{cases}$$

또는

$$f_X(x)=p^x(1-p)^{1-x}, \quad x=0,1$$

여기서 베르누이 시행의 평균과 분산을 구하면 다음과 같다.

$$\mu_X=E(X)=\sum_{x=0}^{1} x\cdot f_X(x)=0\cdot P(X=0)+1\cdot P(X=1)=p$$

$$E(X^2)=\sum_{x=0}^{1} x^2\cdot f_X(x)=0\cdot P(X=0)+1^2\cdot P(X=1)=p$$

이므로

$$Var(X)=E(X^2)-\mu_X^2=p-p^2=p(1-p)$$

앞서 제시한 성공의 기준은 그 결과가 나쁜 결과이든 좋은 결과이든 상관하지 않고 오직 분석하고자 하는 결과가 일어났느냐 아니냐에 따라 결정됨을 명심하기 바란다.

예제 5.1 큰항아리에 검은 공이 다섯 개, 빨간 공이 세 개 들어 있다. 이 중에서 두 개를 꺼낸다고 할 때, 다음을 구하시오. 단 복원 추출한다고 가정한다.

(1) 두 개의 공이 모두 빨간 공인 사상을 확률변수 X라 하면 베르누이 시행이 되는지를 검토하시오.

(2) 확률함수를 구하시오.

(3) 평균과 분산을 각각 구하시오.

풀이 이 항아리에서 i번째 두 개의 공을 추출하는 경우(둘 다 빨간 공일 때 성공이라 하고 s로 표시)에의 확률변수를 X_i라 하자.

(1) 두 개의 공이 모두 빨간 공을 추출하게 되면 성공이 될 것이고 아니면 실패이므로 두 개의 배반적인 사상으로 분리된다. 그리고 복원 추출이므로 몇 번의 시행 후에도 성공할 확률은 $P(X_i=s)=\binom{3}{2}\Big/\binom{8}{2}=\frac{3}{28}$으로 동일하고, 앞의 시행의 결과에 따라 뒤의 성공확률도 $P(X_i=s \mid X_{i-1}=s)=\binom{3}{2}\Big/\binom{8}{2}=\frac{3}{28}$이다. 따라서 각 사상은 독립이다. 따라서 베르누이 시행이 된다.

(2) 성공 사상이면 1을, 실패 사상이면 0이라 하면 확률함수는 다음과 같다.

$$f_X(x) = P(X = x) = \begin{cases} \dfrac{3}{28}, & x = 1 \\ \dfrac{25}{28}, & x = 0 \end{cases}$$

또는

$$f_X(x) = \left(\frac{3}{28}\right)^x \left(\frac{25}{28}\right)^{1-x}, \quad x = 0, 1$$

(3) $\mu_X = E(X) = \sum_{x=0}^{1} x \cdot f_X(x) = 0 \cdot P(X=0) + 1 \cdot P(X=1) = \dfrac{3}{28}$

$E(X^2) = \sum_{x=0}^{1} x^2 \cdot f_X(x) = 0 \cdot P(X=0) + 1^2 \cdot P(X=1) = \dfrac{3}{28}$이므로

$Var(X) = E(X^2) - \mu_X^2 = \dfrac{3}{28} - \left(\dfrac{3}{28}\right)^2 = \dfrac{75}{784}$ ▣

5.1.2 이항분포

베르누이 시행을 n번 반복하여 시행할 때, 성공횟수를 x라 하면 확률변수 X는 이항분포(binomial distribution)를 한다고 한다. 이때 시행횟수 n이 고정되어 있다고 하면 베르누이 시행에서 n번 중에서 정확히 x번 성공할 확률에 관심이 있다.

예제 5.2 어느 사수가 성공과 실패로만 분리되는 과녁에 활을 쏜다고 가정하고, 성공일 확률을 p라 할 때 다음 물음에 답하시오.

(1) 두 번 과녁을 향하여 화살을 발사했을 경우의 표본공간을 구하시오.

(2) 성공횟수를 x라 하면 확률변수 X의 확률함수를 구하시오.

(3) 사수가 n번 발사했을 경우, 성공횟수를 x라 하면 확률변수 X의 확률함수를 구하시오.

풀이 성공을 s라 하고 실패를 f라 하면 $P(X_i = s) = p$, $P(X_i = f) = 1 - p$이다.

(1) 표본공간 $S = \{(s, s), (s, f), (f, s), (f, f)\}$이다.

(2) i번째 시행의 결과 X_i는 베르누이 시행에 따르고, 확률변수 X는 두 번 시행에서 적중(성공)의 수라 할 때

$P(X=0) = P(X_1 = f, X_2 = f) = P(X_1 = f) \cdot P(X_2 = f) = (1-p)^2$

$P(X=1) = P(X_1 = s, X_2 = f) + P(X_1 = f, X_2 = s) = 2p(1-p)$

$P(X=2) = P(X_1 = s, X_2 = s) = p^2$

X의 확률함수는

x	0	1	2
$P(X=x)$	$(1-p)^2$	$2p(1-p)$	p^2

와 같고, 또는

$$f_X(x)=\binom{2}{x}p^x(1-p)^{2-x}, \quad x=0, 1, 2$$

(3) n회 시행을 하면, 그것은 명확히 X가 $\{0,1,2,\cdots,n\}$의 값을 갖는 확률변수이다. 각 원소에 대응하는 확률을 표본공간에서 2^n개의 순서점(ordered point)을 갖는다. 표본공간에 있는 각 시행은 확률변수 $X=x$ 일 때 x개의 s 와 $(n-x)$개의 f로 구성되는 수열이 되므로, x번의 성공이 있는 경우는 $\binom{n}{x}$개이다. 그리고 각 경우는 베르누이 시행을 따르므로 표본공간에 있는 각 점은 p^xq^{n-x}의 확률을 갖는다. 따라서

$$f_X(x)=\binom{n}{x}p^xq^{n-x}, \ x=0, 1, 2, \cdots, n$$ ▣

성공횟수가 x일 때 확률은 $(p+q)^n$의 전개식에서 $x+1$번째 항으로 나타낼 수 있다. 그리고 이들의 확률을 알려면 시행 횟수 n과 성공 확률 p를 알고 있어야 할 것이다. 이와 같은 상수는 확률함수 또는 확률분포를 규정짓는데 필요한 것으로서 모수(parmeter)라 한다. 따라서 분포의 특성치(예를 들면 평균, 분산, 표준편차 등)들은 모집단을 규정짓는 함수임을 알 수 있을 것이다. 분포가 모수에 의하여 결정되기 때문에 모수가 n, p를 갖는 이항분포를 $B_X(n, p)$로 표시하기로 하며, 이를 이항 확률함수(binomial distribution)라 칭한다. 예를 들면 $B_X(10, 0.3)$일 때는

$$f_X(x)=\binom{10}{x}0.3^x\ 0.7^{10-x}, \ x=0, 1, 2, \cdots, 10$$

으로 나타낼 수 있다. (이후부터는 기호 '~'를 '분포를 갖는다'는 뜻으로 쓰겠다. 예를 들면 $X\sim B_X(n,p)$는 확률변수 X가 모수 n, p인 이항분포를 갖는다는 뜻이다.)

그림 5.1은 이항분포의 여러 가지 모양일 때의 그래프이다.

이항 확률함수의 실험은 n의 값이 크거나 p가 아주 작거나 1에 가까운 값이 되면 계산하기가 어려워진다. 이를 구하기 위하여 흔히 많이 쓰고 있는 여러 가지 n,p에 관하여 부록 [표 1]에 그 확률이 수록되어 있다.

표의 사용법을 보기 위하여 $p=0.8$이고 $n=20$일 때를 생각해 보면

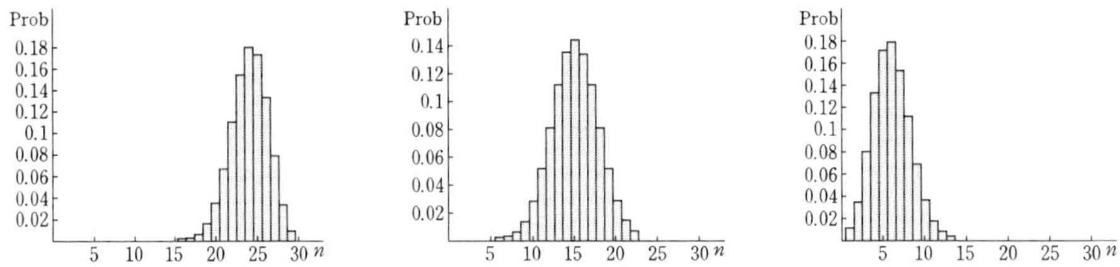

(1) $X \sim B_X(30,\ 4/5)$ (2) $X \sim B_X(30,\ 1/2)$ (3) $X \sim B_X(30,\ 1/5)$

그림 5.1 여러 가지 이항분포

$$P(X=12) = B_{12}(20, 0.8) = 0.0321 - 0.0100 = 0.0221$$

$$P(X>12) = \sum_{x=13}^{20} B_x(20, 0.8) = 1 - 0.0321 = 0.9679$$

임을 표에서 구할 수 있다.

제4장에서 가끔은 확률 변수를 평균과 분산으로 서술하는 것이 유용함을 보았다. 이항 확률 함수는 두 개의 모수 n, p에 의존하므로 이들의 함수로서 이항 확률변수의 평균과 분산을 얻는 것이 가능할 것이다.

예제 5.3 확률변수 $X \sim B_X(n,p)$일 때 다음을 구하시오.

(1) $E(X)$ (2) $Var(X)$ (3) $M_X(t)$

풀이 (1) $X \sim B_X(n,p)$일 때 확률함수는

$$f_X(x) = \binom{n}{x} p^x q^{n-x}, \quad x = 0, 1, 2, \cdots, n$$

단, $q = 1-p$이다. 정의에 의하여

$$E(X) = \sum_{x=0}^{n} \binom{n}{x} p^x q^{n-x}$$

$$= \sum_{x=0}^{n} x \cdot \frac{n!}{x! \cdot (n-x)!} p^x q^{n-x} = np(p+q)^{n-1} = np$$

(2) $Var(X)$의 계산에서 $E(X^2) = E(X(X-1)) + E(X)$을 이용하여 계산하면

$$E(X(X-1)) = \sum_{x=0}^{n} x(x-1) \cdot \frac{n!}{x! \cdot (n-x)!} p^x q^{n-x}$$

$$= \sum_{x=0}^{n} x(x-1) \cdot \frac{n(n-1) \cdot (n-2)!}{x(x-1) \cdot (x-2)! \cdot (n-x)!} p^2 \cdot p^{x-2} q^{n-x}$$

$$= n(n-1)\, p^2 \sum_{x=2}^{n} \frac{(n-2)!}{(x-2)! \cdot (n-x)!} \cdot p^{x-2} q^{n-x}$$

$$= n(n-1)\, p^2 (p+q)^{n-2} = n(n-1)\, p^2$$

따라서

$$Var(X) = E(X(X-1)) + E(X) - \mu_X^2$$

$$= n(n-1)p^2 + np - n^2p^2 = np - np^2 = np(1-p)$$

(3) $M_X(t) = E(e^{tX}) = \sum_{x=0}^{n} e^{tx} \cdot \binom{n}{x} p^x (1-p)^{n-x}$

$$= \sum_{x=0}^{n} \binom{n}{x} (pe^t)^x (1-p)^{n-x} = (1-p+pe^t)^n$$ ▣

예제 5.4 항아리에 a개의 빨간 공(R)과 b 개의 파란 공(B)이 들어 있다. 이 항아리에서 한 개를 꺼내 보고 다시 집어넣어 다시 뽑는 시행을 n번 반복한다고 하자. 이때 n회 시행 중에서 빨간 공의 출현 횟수를 x라 할 때 다음을 구하시오.

(1) X의 확률함수를 구하시오.

(2) 평균, 분산, 적률모함수를 구하시오.

풀이 (1) 확률변수 X가 이항분포를 갖기 위한 조건을 점검해 보자.

(i) 각 시행은 두 개의 결과만 나타난다. 즉, 빨강 아니면 파랑색이다.

(ii) 복원추출이므로, $P(R) = \frac{a}{a+b}$, $P(B) = \frac{b}{a+b}$가 모든 시행에서 동일하게 나타난다.

(iii) 표본은 복원 추출이기 때문에 독립시행이므로 베르누이 시행의 조건을 만족하고 시행횟수가 n번으로 고정되어 있으므로 이항분포를 함을 알 수 있다. 따라서

$$f_X(x) = \binom{n}{x} \left(\frac{a}{a+b}\right)^x \left(\frac{b}{a+b}\right)^{n-x}, \quad x = 0, 1, 2, \cdots, n$$

(2) $p = \frac{a}{a+b}$ 이므로 예제 5.3에 의하여 계산하면

$$\mu_X = \frac{na}{a+b}, \quad Var(X) = \frac{nab}{(a+b)^2}, \quad M_X(t) = \left(\frac{b+ae^t}{a+b}\right)^n$$ ▣

이때 만약 복원 추출이 아니고 비복원 추출일 때는 처음 공의 색깔에 의하여 두 번째 공의 색깔이 나올 확률에 영향을 미치므로 독립시행이 되지 못한다. 따라서 이항분포가 되지 못하고 나중에 공부하게 될 초기하분포를 갖는다.

예제 5.5 베르누이 함수를 다음과 같이 지시함수로 표현할 때 물음에 답하시오.

$$I_A(x) = \begin{cases} 1, & x \in A \\ 0, & x \not\in A \end{cases}$$

(1) 지시함수의 평균과 분산을 각각 구하시오.

(2) $B_X(n,p)$를 지시함수로 나타내고 평균과 분산을 각각 구하시오.

풀이 (1) $\mu_I = E(I_A(X)) = \sum_x I_A(x) \cdot P(X=x)$

$= 1 \times P(x \in A) + 0 \times P(x \not\in A) = P(x \in A)$

$E\{(I_A(X))^2\} = \sum_x (I_A(x))^2 \cdot P(X=x)$

$= 1^2 \times P(x \in A) + 0 \times P(x \not\in A) = P(x \in A)$

$Var(I_A(X)) = P(x \in A) - \{P(x \in A)\}^2 = P(x \in A)(1 - P(x \in A))$

만약 $P(x \in A) = p$ 라면 $\mu_I = E(I_A(X)) = p$, $Var(I_A(X)) = p(1-p)$이다.

(2) $B_X(n,p)$의 의미는 지시확률변수에서 A를 성공인 경우라 하면 X는 성공확률의 개수를 나타내며, $X = \sum_{i=1}^{n} I_A(x_i)$ 라 표현될 수 있을 것이다. 그러므로

$$E(X) = \sum_{x_i=1}^{n} E(I_A(X_i)) = np$$

$$Var(X) = Var\left(\sum_{i=1}^{n} I_A(X_i)\right)$$

$$= \sum_{i=1}^{n} Var(I_A(X_i)) + \sum_{i \neq j}\sum Cov(I_A(x_i), I_A(x_j))$$

$$= \sum_{i=1}^{n} Var(I_A(X_i)) = npq$$ ▣

예제 5.6 어떤 사수가 표적에 적중할 확률이 0.3이다. 이때 확률변수 X_1, X_2를 월요일에 세 번과 화요일에 네 번 시행에서 성공하는 횟수를 각각 나타내기로 할 때 물음에 답하시오.

(1) 모두 4번의 적중될 확률을 구하시오.

(2) 만약 $X_1 \sim B_{X_1}(n_1, p)$, $X_2 \sim B_{X_2}(n_2, p)$이면 $X = X_1 + X_2$의 확률함수

를 구하시오.

풀이 (1) 확률변수 X_1, X_2는 이항 확률변수이므로 $X_1 \sim B_{X_1}(3, 0.3)$, $X_2 \sim B_{X_2}(4, 0.3)$가 된다. 따라서 2일에 걸친 일곱 번의 시행에서 사수가 적중할 경우의 수를 x라 하면 확률변수 X의 확률을 계산하면 된다.

$$P(X=4)=P(X_1+X_2=4)=\sum_{k=0}^{3}P(X_1+X_2=4 \mid X_1=k)P(X_1=k)$$
$$=\sum_{k=0}^{3}P(X_1=k)\cdot P(X_2=4-k)$$
$$=(0.3)^4(0.7)^3\left\{\binom{3}{0}\binom{4}{4}+\binom{3}{1}\binom{4}{3}+\binom{3}{2}\binom{4}{2}+\binom{3}{3}\binom{4}{1}\right\}$$
$$=\binom{7}{4}(0.3)^4(0.7)^3$$

(2) $X_1 \sim B_{X_1}(n_1, p)$, $X_2 \sim B_{X_2}(n_2, p)$ 라 하고 $X=X_1+X_2$일 때

$$P(X=k)=P(X_1+X_2=k)=\sum_{i=0}^{k}P(X_1+X_2=k \mid X_1=i)\cdot P(X_1=i)$$
$$=\sum_{i=0}^{k}P(X_2=k-i)\cdot P(X_1=i)$$
$$=\sum_{i=0}^{k}\binom{n_2}{k-i}p^{k-i}q^{n_2-k+i}\cdot\binom{n_1}{i}p^iq^{n_1-i}$$
$$=p^kq^{n_1+n_2-k}\left\{\binom{n_1}{0}\binom{n_2}{k}+\binom{n_1}{1}\binom{n_2}{k-1}+\cdots+\binom{n_1}{k}\binom{n_2}{0}\right\}$$
$$=\binom{n_1+n_2}{k}p^kq^{n_1+n_2-k}$$

이므로 $X \sim B_X(n_1+n_2,\ p)$가 된다. 따라서 X는 성공확률 p를 갖는 이항분포를 갖게 된다. ▣

앞의 예제의 결과를 이용하여 수학적 귀납법을 사용하면, $X_i \sim B_{X_i}(n_i, p)$, $i=1, 2, \cdots, k$일 때 $X=\sum_{i=1}^{k}X_i$ 이라면 $X \sim B_X\left(\sum_{i=1}^{k}n_i, p\right)$이 된다.

그러나 p가 모두 같지 않다면 $p^kq^{n_1+n_2-k}$라는 공통요인이 생기지 않으므로 X는 이항 확률변수가 되지 않는다.

5.1.3 기하분포와 음이항분포

동일한 조건하에서 독립적으로 성공사상이 처음 일어날 때까지 시행한다고 하면 표본공간(단, s는 성공, f는 실패)은 $S=\{s, fs, ffs, fffs, \cdots\}$로 나타낼 수 있을 것이다. 이때 시행횟수를 x라 하면 확률변수 X는 처음 성공이 일어날 때까지 기다리는 모수 p (성공 확률)를 갖는 기하분포(geometric distribution)라 하고 $X \sim G_X(p)$로 표시하며, 기다리는 빈도 분포함수라고도 한다.

만약 x번 시행에서 성공이 일어났다고 한다면 $x-1$번째까지는 실패라는 것을 앞의 설명에서 알 수 있을 것이다. i번째 시행의 결과를 X_i라 하면 각각은 베르누이 시행을 하므로 다음과 같이 확률을 구할 수 있다.

$$P(X_1=f, X_2=f, \cdots, X_{x-1}=f, X_x=s) = \prod_{i=1}^{x-1} P(X_i=f) \cdot P(X_x=s)$$

$$= (1-p)^{x-1}p, \quad x=1,2,\cdots$$

따라서 기하분포의 확률함수는

$$f_X(x) = (1-p)^{x-1}p, \quad x=1, 2, 3, \cdots$$

이다. 그러나 이항분포는 시행회수가 고정되어 있는데 반하여, 기하분포는 시행횟수가 고정되어 있지 않다. 그렇다면 기하분포도 확률함수의 자격이 있는지를 점검해야 할 것이다. $0 \le p \le 1$이고 모든 x에 대하여

$$\sum_{x=1}^{\infty} G_X(p) = \sum_{x=1}^{\infty} (1-p)^{x-1}p = \frac{p}{1-(1-p)} = 1$$

이므로 $G_X(p)$는 확률함수이다.

참고로 아래 그림은 기하분포에서 모수값을 변경시키며 그린 것이다. 모수가 작으면 지수분포와 유사함을 볼 수 있다.

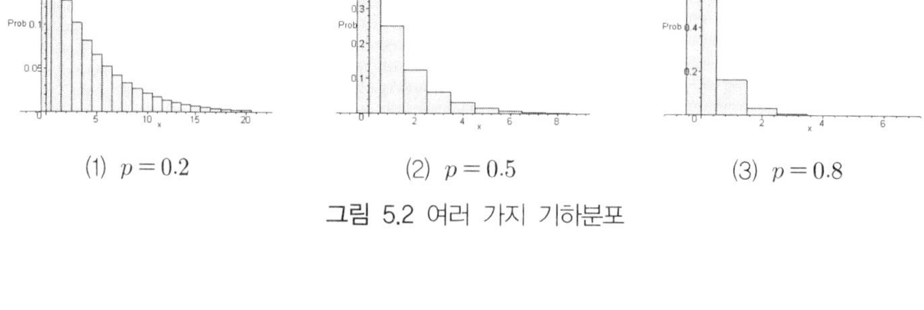

(1) $p=0.2$ (2) $p=0.5$ (3) $p=0.8$

그림 5.2 여러 가지 기하분포

정리 5.1 **꼬리 확률**

만약 $X \sim G_X(p)$라면 $P(X > c) = (1-p)^c$, $c = 0, 1, 2, \cdots$이다.

증명 $P(X > c)$는 꼬리 확률(tail probability)을 나타내는 것으로서

$$P(X > c) = 1 - P(1 \leq X \leq c) = 1 - \sum_{x=1}^{c} pq^{x-1} = 1 - (1-p)^c \quad ▣$$

예제 5.7 확률변수 X가 성공확률 p를 갖는 기하분포를 따를 때 다음을 구하시오.

(1) $E(X)$ (2) $Var(X)$ (3) $M_X(t)$

풀이 (1) $X \sim G_X(p)$이므로

$$E(X) = \sum_{x=1}^{\infty} xpq^{x-1} = p(1-q)^{-2} = \frac{1}{p}$$

(2) $Var(X) = E[X(X-1)] + E(X) - [E(X)]^2$을 이용하여 분산을 계산하기로 하자.

$$\begin{aligned} \sum_{x=1}^{\infty} x(x-1)pq^{x-1} &= p[2q + (3)(2)q^2 + (4)(3)q^3 + \cdots] \\ &= 2pq(1-q)^{-3} = \frac{2q}{p^2} \end{aligned}$$

이므로

$$Var(X) = \frac{2q}{p^2} + \frac{1}{p} - \frac{1}{p^2} = \frac{q}{p^2}$$

(3) $M_X(t) = E(e^{tX}) = \sum_{x=1}^{\infty} e^{tx}q^{x-1}p = \dfrac{p}{q}\sum_{x=1}^{\infty}(e^tq)^x = \dfrac{pe^t}{1-qe^t}$ ▣

예제 5.8 어떤 지역에 거주하는 10,000명의 사람들의 혈액형을 조사한 결과 특수한 형태의 혈액형을 갖는 사람이 100명이라 한다. 이 지역에서 특수한 피를 갖는 사람을 조사하기 위하여 복원추출 방법으로 계속 조사할 때 다음 물음에 답하시오.

(1) 이런 형의 혈액 견본을 얻기 위하여 필요한 시행의 기대 수는 얼마인가?

(2) 이런 형의 혈액형을 조사하는 데 150명 이상 조사할 확률은 얼마인가?

풀이 X는 요구되는 이 지역에서 특수한 형태의 피를 보유하는 사람의 평균은 100/10,000 = 0.01이고, 확률변수 X는 혈액형이 나타날 때까지의 시행 수이다. 따라서 $X \sim G_X(0.01)$이므로

(1) $E(X) = \dfrac{1}{0.01} = 100$

(2) $P(X > 150) = (1-0.01)^{150} = 0.2215$ ▣

기하분포는 처음 성공이 일어날 때까지의 시행횟수의 분포였음을 앞에서 연구하였다. 그렇다면 k번의 성공이 일어날 때까지 시행횟수에 관한 분포는 어떻게 되느냐는 또 다른 문제로 남는다.

k번의 성공이 일어날 때까지 시행횟수를 x라 할 때 x의 값은 $k, k+1, \cdots$로 나타날 수 있다. 이때 확률변수 X의 확률함수의 형태는 어떠한가?

표본공간에서 x번의 시행 중에서 k번 성공해야 하므로 $(x-1)$번의 시행에 서는 $(k-1)$번의 성공이 일어나야 할 것이다. 따라서 $(x-1)$번 시행 중에서

$(k-1)$번의 성공일 경우는 $\binom{x-1}{k-1}$ 가지이다. 이 중에서 한 가지 경우의 확률을 계산하면

$$\begin{aligned} &P(X_1 = s, X_2 = f, X_3 = f, \cdots, X_x = s) \\ &= \prod_{i=1}^{x-1} P(X_i\text{는 } x-k\text{개의 } f\text{와 } k-1\text{개의 } s)\, P(X_x = s) \\ &= (1-p)^{x-k} \cdot p^{k-1} \cdot p = (1-p)^{x-k} \cdot p^k \end{aligned}$$

따라서 확률변수 X의 확률함수는

$$f_X(x) = \binom{x-1}{k-1} p^k (1-p)^{x-k}, \qquad x = k, k+1, \cdots$$

이와 같이 k번 성공이 일어날 때까지 기다리는 확률함수를 모수 p, k를 갖는 음이항분포(negative binomial distribution)라 하고 $X \sim NB_X(p, k)$ 라 표시한다. 또한

$$\begin{aligned} \sum_{x=0}^{\infty} p^k (1-p)^{x-k} &= p^k \sum_{x=0}^{\infty} \binom{j+k-1}{j} (1-p)^j \\ &= p^k \{1-(1-p)\}^{-k} = 1 \end{aligned}$$

이므로 확률함수가 된다.

예제 5.9 확률변수 X가 음이항분포 $X \sim NB_X(p, k)$를 따를 때 다음을 구하시오.

(1) $E(X)$ (2) $Var(X)$ (3) $M_X(t)$

풀이 (1) $E(X)=\sum_{x=k}^{\infty}x\binom{x-1}{k-1}p^k(1-p)^{x-k}$

위 식에서 $j=x-k$라 하면

$$\binom{x-1}{k-1}=\binom{x-1}{x-k}=\binom{k+j-1}{j},\ (j+k)\binom{j+k-1}{j}=k\binom{j+k}{j}$$

이므로

$$E(X)=\sum_{j=0}^{\infty}\binom{j+k-1}{j}p^k(1-p)^j(j+k)$$
$$=\sum_{j=0}^{\infty}k\binom{j+k}{j}p^k(1-p)^j$$

이 되는데 $n=k+1$과 $t=1-p$를 갖는 일반적 음이항 확장식을 사용하면

$$E(X)=p^k k[1-(1-p)]^{-(k+1)}=\frac{k}{p}$$

(2) 유사한 방법으로

$$E[X(X+1)]=\frac{k(k+1)}{p^2}$$

이므로

$$Var(X)=E[X(X+1)]-E(X)-[E(X)]^2=\frac{k(1-p)}{p^2}$$

(3) $M_X(t)=\sum_{x=k}^{\infty}\binom{x-1}{k-1}e^{tx}p^k(1-p)^{x-k}$

$$=\sum_{j=0}^{\infty}\binom{k+j-1}{j}(pe^t)^k(qe^t)^j$$
$$=(pe^t)^k\sum_{j=0}^{\infty}(qe^t)^j=\left\{\frac{pe^t}{1-qe^t}\right\}^k$$ ▣

예제 5.10 한 개의 동전을 세 번 표면이 얻어질 때까지 반복하여 던진다. 이때 여섯 번째의 시행 전에 세 번의 표면이 나타날 확률은 얼마인가?

풀이 X를 시행횟수라 하자. $X \sim NB_X(0.5,3)$이므로

$$P(\ X<\ 6\ )=\sum_{x=3}^{5}NB_X(0.5,3)=\frac{1}{3^3}+\frac{3}{2^4}+\frac{6}{2^5}=\frac{1}{2}$$ ▣

반면에 각 시행이 독립일 때는 다섯 번 던지는 중에 세 번이 표면이 나올 경우의 확률은 이항확률이므로 $\binom{5}{3}\left(\frac{1}{2}\right)^3\left(\frac{1}{2}\right)^2 = \frac{10}{32}$이 된다. 따라서 음이항분포와 이항분포와의 오차는 $\frac{3}{16}$으로 매우 크다. 이와 같이 실험적 시행의 분석은 세밀하게 시도해야 하며 그렇지 않은 경우는 엄청난 오차를 포함하게 된다. 따라서 어떤 시행이든 두 상황 차이를 분명하게 구분할 필요가 있다.

5.1.3 포아송분포

1898년 독일학자 보트키비츠(L. Bortkewitch)는 프러시아의 기마병 중에서 말에 치여 사망한 병사의 숫자를 20년 동안 기록에 의해 조사하였다. 그는 이 데이터를 1837년 프랑스 수학자 포아송(S. D. Poisson)에 의해 발표한 분포공식에 처음으로 근사시켜 구한 것에서 그 유래를 찾을 수 있다. 이때 대입한 분포공식은 이항분포의 근사식으로 구할 수 있다. 우선 이를 이용한 방법을 보기로 하자.

이항분포에서 p가 매우 작고 n이 점차 커진다면 확률을 계산하기가 매우 힘들어진다. 예를 들어 $X \sim B_X(100, 0.001)$이라면 $P(X>20) = \sum_{k=21}^{100}\binom{100}{k}(0.001)^k(0.999)^{100-k}$의 계산을 수행해야 한다. 이때 $k=50$일 때를 계산하면 0.9597×10^{-121}으로 아주 작은 값이 되어 각각의 항을 계산하기에는 매우 힘들다. 따라서 근사값으로 이를 계산하는 것이 효과적일 수 있다. 따라서 이항분포의 근사식으로 다음과 같은 포아송분포를 이용하기로 한다.

모수가 n, p인 이항 확률변수 X에서 표본이 크고 p가 $1/n$의 비율로 작아지는, 즉 $p \to 0$일 때 $\lambda(=np)$에 의존한다.

정리 5.2 포아송분포

이항분포 $B_X(n,p)$에서 $p \to 0$, $n \to \infty$이면, 다음 포아송분포로 근사시킬 수 있다.

$$f_X(x) = \frac{\lambda^x e^{-\lambda}}{x!}, \quad x = 0, 1, 2, \cdots$$

증명 일반적으로 n번의 시행에서 x번의 성공이 일어나고 성공확률 $p = \frac{\lambda}{n}$이라면

$$P(X=x) = \frac{n!}{(n-x)!x!} p^x (1-p)^{n-x}$$
$$= \frac{n(n-1)\cdots(n-x+1)}{x!} \left(\frac{\lambda}{n}\right)^x \left(1-\frac{\lambda}{n}\right)^n \left(1-\frac{\lambda}{n}\right)^{-x}$$

이 식에서 x를 고정시켰을 때

$$\lim_{n\to\infty} \left(1-\frac{\lambda}{n}\right)^{-x} = 1,$$

$$\lim_{n\to\infty} \frac{n(n-1)\cdots(n-x+1)}{n^x} = 1 \quad 및 \quad \lim_{n\to\infty} \left[\left(1-\frac{\lambda}{n}\right)^{-\frac{n}{\lambda}}\right]^{-\lambda} = e^{-\lambda}$$

를 이용하여 정리하면

$$\lim_{n\to\infty} P(X=x) = \frac{\lambda^x e^{-\lambda}}{x!}$$

된다. 그러므로 X의 확률함수는

$$f_X(x) = \frac{e^{-\lambda}\lambda^x}{x!}, \quad x = 0, 1, 2...$$ ▣

이 함수는 모수 λ인 포아송분포(Poisson distribution)를 갖는다고 말하고 $X \sim P_X(\lambda)$로 표시하자. 아래 그림은 포아송분포의 여러 가지 모수에 대한 그림이다. 모수가 작을 때는 지수분포와 유사하나 모수가 크게 되면 이항분포와 유사해진다.

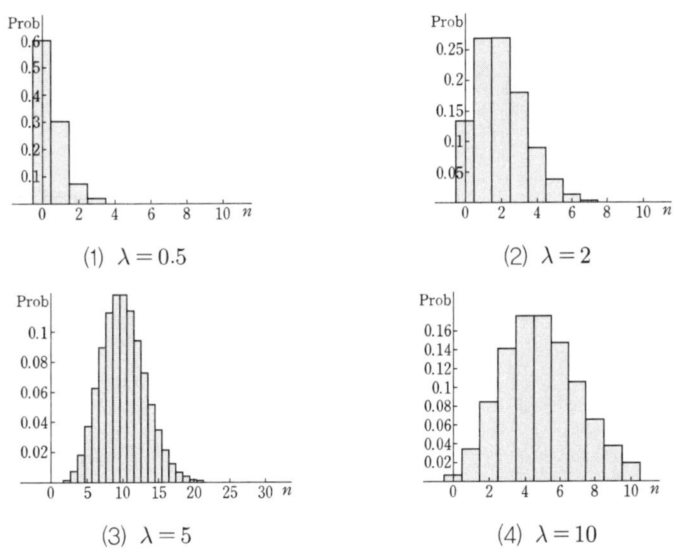

그림 5.3 여러 가지 포아송분포

이와 같이 포아송분포는 이항분포에서 $p \to 0$인 경우의 근사식이므로 주어진 구간에서 발생빈도가 극히 작다는 것을 의미하므로 희귀분포(rared distribution)라고도 한다.

포아송분포의 특징은 첫째 각 사건이 일어날 경우가 겹치지 않은 구간에서 서로 독립이어야 하고, 둘째 단위구간에서 두 번 이상 발생할 확률이 거의 없어야 하고, 셋째 단위구간에서 사건의 평균 발생횟수가 일정해야 하며 시간과 공간에 따라 변하지 않아야 한다. 이에 관한 자연현상은 우리 주위에 많이 있다. 예를 들면, 일정한 시간에 걸려오는 교환대의 발신음수, 단위길이의 전선에 나타나는 홈의 수, 초당 방사선 물질이 방출하는 미립자의 수, 일주일 동안 보험회사에서 접수되는 사망 보험금 청구건수, 백과사전 한 페이지에 나타나는 오자의 수 등이다.

예제 5.11 확률변수 X가 포아송분포 $X \sim P_X(\lambda)$을 따를 때 다음을 구하시오.

(1) $E(X)$ (2) $Var(X)$ (3) $M_X(t)$

풀이 함수 e^x 를 원점에서 테일러 급수(Taylor series)로 전개하면 $e^x = \sum_{k=0}^{\infty} \frac{x^k}{k!}$ 이다.

(1) $\sum_{x=0}^{\infty} x \cdot \frac{\lambda^x e^{-\lambda}}{x!} = e^{-\lambda}\lambda \sum_{x=1}^{\infty} \frac{\lambda^{x-1}}{(x-1)!} = \lambda e^{-\lambda} e^{\lambda} = \lambda$

이항분포의 평균도 np이므로 포아송 분포의 결과와 같다.

(2) 이항분포와 유사한 방법을 이용하여 구하면 $E\{X(X-1)\} = \lambda^2$이므로

$$\begin{aligned} Var(X) &= E\{X(X-1)\} + E(X) - [E(X)]^2 \\ &= \lambda^2 + \lambda - \lambda^2 = \lambda \end{aligned}$$

(3) $M_X(t) = \sum_{x=0}^{\infty} e^{tx} \frac{\lambda^x e^{-\lambda}}{x!} = \exp\{\lambda(e^t - 1)\}$ ▣

예제 5.12 삼쌍둥이가 탄생할 확률이 0.0001이라 할 때 10,000명의 신생아 중에서 적어도 네 쌍 이상이 삼쌍둥이가 될 확률은 얼마인가?

풀이 $n = 10{,}000$, $p = 0.0001$이므로 이항분포에서

$$P(X \geq 4) = \sum_{x=4}^{10{,}000} \binom{10{,}000}{x} (0.0001)^x (0.9999)^{10{,}000-x} = 0.018982$$

를 계산하면 된다. 그러나 이는 계산이 복잡하기 때문에 $\lambda = np = 1$인 포아송분포에 근사시키고 부록 [표 2]에 의하여 구한다. 그러나 이 문제에서는 오차의 크기를 보기 위하여 앞서와 같은 소수점이하로 표시하겠다.

$$P(X \geqq 4) = \sum_{x=4}^{\infty} e^{-1} \frac{(1)^x}{x!} = 0.018988$$

이항분포와 포아송분포와의 오차는 이 문제에서는 0.00006이다. ▣

예제 5.13 베니어합판 1.5cm^3당 평균 한 개의 흠이 있다고 가정할 때, 다음 확률을 구하시오.

(1) 같은 두께의 베니어합판에서 가로가 1.5m이고 세로가 2m인 경우에 흠이 한 개도 없을 확률과 많아야 한 개의 흠이 발생할 확률을 구하시오.

(2) 흠의 평균, 분산과 적률 모함수를 구하시오.

풀이 베니어 합판의 두께를 1cm로 하면 크기는 $1.5 \times 1 \times 2 = 3$이므로 3cm^3이므로 흠의 평균수는 두 개가 된다. 따라서 흠의 수를 x개라 한다면 $X \sim P_X(2)$를 따르는 포아송분포에 근사하여 계산한다.

(1) $P(X=0) = e^{-\frac{1.5 \times 2}{1.5}} = e^{-2} = 0.1353$

$P(X \leqq 1) = e^{-2} + 2e^{-2} = 3e^{-2} = 0.4096$

(2) 예제 5.11를 이용하여 구하면

$E(X) = 1$

$Var(X) = 1$

$M_X(t) = \exp\{e^t - 1\}$ ▣

예제 5.6에서 적중률이 $p = 0.01$인 사수라 하자. 사수의 기술을 향상시키기 위하여 월요일에 100번, 화요일에 200번 시험한다고 가정하고, 포아송 분포에 근사시켜 구하면

$$X_1 \sim B_{X_1}(100, 0.01) \approx P_{X_1}(1), \quad X_2 \sim B_{X_2}(200, 0.01) \approx P_{X_2}(2)$$

이므로, $X \sim X_1 + X_2 = B_X(300, 0.01)$ 이 된다. 따라서 $X \approx P_X(3)$ 으로 근사시킬 수 있을 것이다.

그러나 만약 사수가 열심히 연습한 결과 실력이 향상되어 두 번째 날은 $p = 0.02$라면 $X_1 \sim B_{X_1}(100, 0.01)$, $X_2 \sim B_{X_2}(200, 0.02)$ 이다. 이때 $X = X_1 + X_2$는 이항분포가 되지 못했다. 그러나 포아송분포로 접근시키면 $X_1 \sim P_{X_1}(1)$, $X_2 \sim P_{X_2}(4)$ 이므로 위 결과를 이용하면 $X \sim P_X(5)$ 가 된다.

예제 5.14 만약 X_1 과 X_2 가 모수 λ_1과 λ_2를 갖는 포아송 확률변수라 한다면

(1) $X = X_1 + X_2 \sim P_X(\lambda_1 + \lambda_2)$ 임을 보이시오.

(2) 만약 $X_i \sim B_{X_i}(n_i, p_i), \quad i = 1, 2, \cdots, n$ 일 때 n_i가 크고 p_i가 작다면 $X = \sum_{i=1}^{n} X_i$ 의 확률함수는 $P_X\left(\sum_{i=1}^{n} n_i p_i\right)$을 따른다.

풀이 (1) $P(X=k) = \prod_{i=0}^{k} P(X_1 = i)\ P(X_2 = k-i)$

$$= \sum_{i=0}^{k}\left(\frac{e^{-\lambda_1}\lambda_1^i}{i!} \cdot \frac{e^{-\lambda_2}\lambda_2^{k-i}}{(k-i)!}\right)$$

이 식에 $\frac{k!}{k!}$를 곱하여 정리하면

$$P(X=k) = \frac{e^{-(\lambda_1+\lambda_2)}}{k!}\sum_{i=0}^{k}\binom{k}{i}\lambda_1^i\,\lambda_2^{k-i}$$

$$= \frac{e^{-(\lambda_1+\lambda_2)}}{k!}(\lambda_1+\lambda_2)^k, \quad k = 0, 1, 2, \cdots$$

이므로 $X \sim P_X(\lambda_1 + \lambda_2)$가 된다.

(2) n_i가 크고 p_i가 작으므로 $X_i \sim B_{X_i}(n_i, p_i)$ 을 포아송분포에 근사시키면 $X_i \approx P_{X_i}(n_i p_i)$ 이 된다. 그리고 $E(X) = \sum_{i=1}^{n} E(X_i) = \sum_{i=1}^{n} n_i p_i$ 이므로 이를 평균으로 갖는 포아송 분포는 $\lambda = \sum_{i=1}^{n} n_i p_i$ 을 갖는 확률함수가 된다. ▣

5.1.5 초기하 분포

이항분포, 기하분포 및 포아송 분포 등은 복원 추출일 때의 분포를 의미했었다. 그렇다면 비복원 추출일 경우는 어떨까? 앞에서 지적했듯이 비복원 추출에서 두 번째 성공할 확률이 처음 성공할 확률과 같지 않으므로, 베르누이 시행이 아니다.

예로서, M개의 빨간 공과 $N-M$개의 파란 공이 들어 있는 상자가 있다고

할 때 이 상자에서 비복원 추출로 n개를 꺼낸다고 가정하면, 처음에 빨간 공이 뽑힐 확률은 $\frac{M}{N}$ 인데 반해 두 번째 추출에서 빨간 공일 확률은 처음에 빨간 공이었다면 $\frac{M-1}{N-1}$이고, 처음에 빨간 공이 아니었다면 $\frac{M}{N-1}$이 되므로, 확률이 일정치 못하고 처음 시행에 의하여 두 번째 시행에 영향을 주기 때문에 독립이 아니다.

이때 n개의 공 중에서 빨간 공의 수를 x라 하면 각 시행이 독립이 아니므로 확률변수 X는 이항 확률변수가 되지 못한다. 이를 2×2 분할표로 그리면 다음의 표와 같다.

	빨간 공	파란 공	합 계
표 본	x	$n-x$	n
모 집 단	$M-x$	$N-M-(n-x)$	$N-n$
합 계	M	$N-M$	N

따라서 순열에서 M개의 빨간 공 중에서 x개를 뽑고 $N-M$개의 파란 공 중에서 $n-x$개의 공을 뽑는 방법의 수는 각각 $\binom{M}{x}$, $\binom{N-M}{n-x}$이 되며, 아울러 전체 N개의 공 중에서 n개의 공을 뽑는 방법을 $\binom{N}{n}$이다. 이 함수를 초기하분포(hypergeometric distribution)라 하며 $X \sim H_X(N, M, n)$으로 표시한다. 이때의 확률함수는 다음과 같다.

$$f_X(x) = P(X=x) = \frac{\binom{M}{x}\binom{N-M}{n-x}}{\binom{N}{n}}$$

(단, $\max(0, n-(N-M)) \le x \le \min(n\ N)$)

예제 5.15 확률변수 X가 초기하분포 $X \sim H_X(N, M, n)$를 따를 때 다음을 구하시오.

(1) $E(X)$ (2) $Var(X)$

풀이 (1) $E(X) = \sum_{x=0}^{n} x \cdot \dfrac{\binom{M}{x}\binom{N-M}{n-x}}{\binom{N}{n}} = n\dfrac{M}{N} \cdot \sum_{x=1}^{n} \dfrac{\binom{M-1}{x-1}\binom{N-M}{n-x}}{\binom{N-1}{n-1}}$

이 성립한다. 이때 $y = x-1$ 이라 하면

$$E(X) = n\frac{M}{N} \cdot \sum_{y=0}^{n-1} \frac{\binom{M-1}{y}\binom{N-1-M+1}{n-1-y}}{\binom{N-1}{n-1}}$$

로 변경이 가능하다. 이때 합($\sum$)안의 항은 모수가 $(N-1, M-1, n-1)$인 초기하 분포를 따르므로 그 합은 1이다. 따라서

$$E(X) = n\frac{M}{N}$$

(2) 분산은 $E(X(X-1))$ 와 앞에서 계산한 방법을 이용하여 구하자.

$$\begin{aligned} E\{X(X-1)\} &= \sum_{x=0}^{n} x(x-1) \cdot \frac{\binom{M}{x}\binom{N-M}{n-x}}{\binom{N}{n}} \\ &= n(n-1)\frac{M(M-1)}{N(N-1)} \sum_{x=2}^{n} \frac{\binom{M-2}{x-2}\binom{N-M}{n-x}}{\binom{N-2}{n-2}} \\ &= n(n-1)\frac{M(M-1)}{N(N-1)} \sum_{y=0}^{n-2} \frac{\binom{M-2}{y}\binom{N-2-M+2}{n-2-y}}{\binom{N-2}{n-2}} \\ &= n(n-1)\frac{M}{N}\frac{M-1}{N-1} \end{aligned}$$

이다. 이때 합($\sum$) 안의 항은 모수가 $(N-2, M-2, n-2)$인 초기하 분포를 따르므로 그 합은 1이다. 따라서

$$E(X^2) = n(n-1)\frac{M}{N}\frac{M-1}{N-1} + n\frac{M}{N}$$

이므로

$$\begin{aligned} Var(X) &= n(n-1)\frac{M}{N}\frac{M-1}{N-1} + n\frac{M}{N} - \left(n\frac{M}{N}\right)^2 \\ &= n\frac{M}{N}\left(1-\frac{M}{N}\right) \cdot \left(\frac{N-n}{N-1}\right) \end{aligned}$$ ▣

예제에서 $p = \dfrac{M}{N}$이라 하면

$$E(X) = np, \quad Var(X) = np(1-p) \cdot \frac{N-n}{N-1}$$

와 같이 쓸 수 있다. 그 분산의 형태는 마치 이항분포 $B_X(n,p)$ 와 유사함을 알 수 있다. 이때 분산에서 $\dfrac{N-n}{N-1}$항은 각 시행이 독립인 이항분포에는 없고, 종속인 경우는 이 항만큼 분산이 감소하는 효과를 보고 있음을 알 수 있다. 역으로 초기하분포를 이항분포로 근사시키게 되면 이항만큼 보정(補正)을 해주어야 한다. 만약 초기하분포에서 다음과 같이 M과 N이 크고 거의 고정된 비율이라 하면

$$\frac{M-a}{N-b} \to p\,;\frac{N-M-a}{N-b} \to 1-p \quad (\text{단, } a, b\text{는 상수})$$

이 되고

$$H(N, M, n) = \frac{\binom{M}{x}\binom{N-M}{n-x}}{\binom{N}{n}}$$

$$= \frac{n!}{x!(n-x)!}\left[\frac{M(M-1)\ldots(M-x+1)}{N(N-1)\ldots(N-x+1)}\right]$$

$$\cdot\left[\frac{(N-M)\ldots(N-M-n-x+1)}{(N-x)\ldots(N-n+1)}\right]$$

이다. 이 식에 극한을 취하면

$$H(N, M, n) = \frac{n!}{x!(n-x)!}\left\{\frac{M}{N}\right\}^{x}\left\{1-\frac{M}{N}\right\}^{n-x}$$

$$= \binom{n}{x}p^{x}(1-p)^{n-x}$$

이 된다. 따라서 아래와 같이 근사식을 구할 수 있다.

$$\lim_{N\to\infty} H_X(N, M, n) \approx B_X(n, p)$$

예제 5.16 대량 생산 공정에서 완제품의 품질검사를 다음과 같은 절차로 행해진다고 가정하자(단, 1로트(lot)는 10개의 묶음으로 한다).

(a) 1로트 중에서 두 개의 표본을 취해 그 중에서 불량품이 없으면 그 로트는 합격시킨다.

(b) 처음 추출에서 한 개의 불량품이 나타나면 나머지 중에서 한 개를 뽑아 양품이면 그 로트는 합격시키고, 불량품이면 불합격시킨다.

(c) 처음 추출에서 두 개의 불량품이면 그 로트는 불합격시킨다.

이때 다음 물음에 답하시오.

(1) 어느 날 한 개의 로트를 취했을 때 합격될 확률을 구하시오.

(2) 불합격될 확률을 구하시오.

풀이 1로트에 포함된 불량품의 개수를 y개라 하고, 확률변수 X_{ki}는 i번째 k개 추출에서 양품의 수라고 하자.

(1) 합격의 사상은 처음 추출에서 합격하든지 또는 두 번째 추출에서 합격해야 한다.

$P(\text{합격}) = P(X_{21}=2) + P(X_{12}=1)$

$$= \frac{\binom{10-y}{2}\cdot\binom{y}{0}}{\binom{10}{2}} + \frac{\binom{10-y}{1}\binom{y}{1}}{\binom{10}{2}} \cdot \frac{\binom{9-y}{1}\binom{y-1}{0}}{\binom{8}{1}},\quad y=0,1,2,\cdots,8$$

$y=0$일 때는 위 식에서 $P(X_{21}=2)$인 경우만 나타난다는 것에 주의하기 바란다.

(2) $P(\text{불합격}) = P(X_{21}=0,\ X_{21}=0)$

$$= \frac{\binom{10-y}{0}\cdot\binom{y}{2}}{\binom{10}{2}} + \frac{\binom{10-y}{1}\binom{y}{1}}{\binom{10}{2}} \cdot \frac{\binom{9-y}{0}\binom{y-1}{1}}{\binom{8}{1}},\quad y=0,1,2,\cdots,8$$

▣

예제 5.17 1,000개의 제품이 상자에 담겨져 있다. 이 중에서 다섯 개를 추출할 때 불량품이 2개 이상일 확률을 구하시오(단, 불량률은 1%라 알려져 있다).

풀이 다섯 개의 표본 중에 불량품의 개수를 x라 하면, 확률변수 $X \sim H_X(1000, 10, 5)$이다.

우선 초기하분포에 의한 계산은

$$P(X \geqq 2) = 1 - P(X \leqq 1) = 1 - \sum_{x=0}^{1} \frac{\binom{990}{5-x}\binom{10}{x}}{\binom{1000}{5}} = 1 - 0.9991 = 0.0009$$

이를 이항분포 $X \sim B_X(5, 0.01)$로 근사시키면

$$P(X \geqq 2) = 1 - P(X \leqq 1) = 1 - \sum_{x=0}^{1} \binom{5}{x} 0.01^x \cdot 0.99^{5-x} = 1 - 0.9990 = 0.0010$$

확률의 오차도 크지 않다. 또한 평균은 0.05로서 같고, 초기하분포와 이항분포의 분산은 각각 0.0493, 0.0495로서 거의 근사한 값을 갖는다. ▣

5.1.6 다항분포

이항분포는 베르누이 시행에서 시행횟수 n을 고정시킬 때 성공의 수의 분포라 하였다. 이와 같이 이항분포는 베르누이 시행의 결과가 두 개의 범주(category)로 나누어지는 경우에 해당하는 분포이다. 그런데 k개의 가능한 범주를 갖고 있다면 어떻게 될까? 즉

세 개 이상의 범주로 나누어지고 각 시행은 독립적이고 각 시행마다 각 범주에 속할 확률이 모두 동일하다면 이를 다항분포(multinomial distribution)라 한다.

예제 5.18 예제 5.5의 사수 문제에서 세 가지 가능한 결과가 나타난다고 가정하자. 즉 R_1은 중심점에 맞히는 사상, R_2는 표적판에 맞지만 중심점이 아닌 사상, R_3는 표적판에도 맞지 않는 사상이라 하고 각 사상이 일어날 확률을 $P(R_i)=p_i,\ \ i=1,2,3$이라 하고 각 사상에 해당하는 확률변수를 각각 $X_1,\ X_2,\ X_3$ 라 할 때, 다음 물음에 답하시오.

(1) 네 번의 시행에서 $P(X_1=1,\ X_2=1,\ X_3=2)$ 의 값은 얼마인가?

(2) k 개의 범주를 갖는 시행에서 n 번의 시행의 확률을 계산하는 방식을 서술하시오.

풀이 (1) 네 번 쏘았을 때 적절한 확률모형은 3^4가지의 원소를 갖는 표본공간이 될 것이다. 사상 $\{X_1=1,\ X_2=1,\ X_3=2\}$은 R_1에 한 번, R_2에 한 번, R_3에 두 번이다. 따라서 경우의 수는 $\frac{4!}{1!1!2!}=12$가 된다. 또한 각 경우의 확률은 $p_1p_2p_3^2$이다. 따라서

$$P(X_1=1,\ X_2=1,\ X_3=2)=\frac{4!}{1!1!2!}p_1p_2p_3^2$$

만약 네 번의 시행에서 X_1이 x_1이고 X_2가 x_2번일 경우의 확률은

$$P(X_1=x_1, X_2=x_2, X_3=4-x_1-x_2)=\frac{4!}{x_1!x_2(4-x_1-x_2)}p_1^{x_1}p_2^{x_2}p_3^{4-x_1-x_2}$$

(단, $x_1=0,\ 1,\ 2,\ 3,\ 4\ ;\ x_2=0,\ 1,\ 2,\ 3,\ 4\ ,\ \ 0\leq x_1+x_2\leq 4$)

(2) 앞의 문제를 일반화시키면, k개의 결과가 매 시행마다 나타나고 각 시행마다 i번째의 결과가 나타날 확률을 p_i라고 하면 확률변수 $X_1,\ X_2,\ \cdots,\ X_k$은 다항확률변수(multinomial random variable)라 하고 $M_X(p_1,\ p_2,\ \cdots,\ p_{k-1})$이라 하자. 이때 결합 확률함수

$$f_X(x_1,\ x_2,\ \cdots,\ x_{k-1},\ x_k)=\frac{n!}{\prod_{i=1}^{k}x_i!}\prod_{i=1}^{k}p_i^{x_i}$$

(단, $x_i=0,\ 1,\ \cdots,\ n,\ \sum_{i=1}^{k}x_i=n, \sum_{i=1}^{k}p_i=1$) ▣

이런 확률은 $(p_1+p_2+\cdots p_k)^n$의 전개식에서 각 항의 상수항으로 나타낸다. 이런 분포를 다항분포(multinomial distribution)라 하며, $k=2$일 때는 이항분포를 뜻한다.

예제 5.19 확률변수 $X_1, X_2, \cdots, X_k$가 모수 n, p_i인 다항분포를 갖는다면 다음을 구하시오.

(1) $E(X_i)$, $Var(X_i)$ (2) $Cov(X_i, X_j)$

풀이 (1) 확률변수 $X_1, X_2, \cdots, X_k$를 X_i를 제외하고 나머지는 한 개의 범주로 하면 두 개의 범주인 확률변수와 같은 분포로서, 이항분포 $X_i \sim B_X(n, p_i)$이므로 이항분포의 평균과 분산을 구하는 방법으로 구할 수 있을 것이다. 따라서

$$E(X_i)=np_i,\quad Var(X_i)=np_i(1-p_i)$$

(2) $Var(X_i+X_j)=Var(X_i)+Var(X_j)+2Cov(X_i, X_j)$의 식을 이용하여 계산하자. 우선 $Var(X_i+X_j)$를 계산하기 위해서는 X_i+X_j를 확률변수로 취급할 필요가 있다. i번째와 j번째 시행을 성공이라 하고 나머지를 실패라 한다면 $X_i+X_j \sim B_{X_i+X_j}(n, p_i+p_j)$이므로

$$E(X_i+X_j)=n(p_i+p_j)$$
$$Var(X_i+X_j)=n(p_i+p_j)(1-p_i-p_j)$$

을 이용하여 구하면

$$\begin{aligned}2Cov(X_i,X_j)&=Var(X_i+X_j)-Var(X_i)-Var(X_j)\\&=n(p_i+p_j)(1-p_i-p_j)-np_i(1-p_i)-np_j(1-p_j)=-2np_ip_j\end{aligned}$$

그러므로 $Cov(X_i,X_j)=-np_ip_j$이 된다. ▣

참고로 상관계수 $\rho_{X_i,X_j}=-\sqrt{\dfrac{p_i\,p_j}{(1-p_i)(1-p_j)}}$이다.

예제 5.20 전화번호에서 끝 수의 임의성(randomness)을 생각하자. 지금 전화번호부에서 복원추출로 임의의 15개의 전화번호를 뽑았을 때 끝자리가 0이 다섯 번, 3이 네 번 나타나고 9가 여섯 번 나타날 확률은?

풀이 확률변수 X_i를 15개 전화번호 중에서 끝수라고 생각한다. 각 숫자가 나타날 확률이 0.1이므로 $\{X_0, X_1, \cdots, X_9\}$의 결합분포는

$$P(X_0 = x_0, X_1 = x_1, \cdots, X_9 = x_9) = \frac{15!}{\prod_{i=0}^{9} x_i!} \prod_{i=0}^{9} (0.1)^{x_i}$$

단, $x_i = 0, 1, \cdots, 15$, $\sum_{i=0}^{9} x_i = 15$이며, $\{Y_0 = 5, Y_3 = 4, Y_9 = 6\}$일 때의 결합확률은

$$P(X_0 = 5, X_1 = 0, X_2 = 0, X_3 = 4, \cdots, X_9 = 6) = \frac{15!}{5!4!6!}(0.1)^{15} = 0.6306 \times 10^{-9}$$ ▣

5.2 연속형 확률함수

확률변수가 시간, 길이, 무게와 같은 측정값은 어떤 구간에 있는 값으로 셀 수 없는 경우이다. 이런 값들은 정의되어지는 구간 위에 있는 모든 점을 가지고 측정된다. 이런 확률변수를 연속형 확률변수(continuous random variable)이라 하며, 이에 대한 확률함수는 정의 4.2에서 규정했다. 이 절에서는 흔히 많이 사용되는 연속형 분포에 관해서 연구하기로 하자.

5.2.1 균일분포

연속형 확률변수 중에서 가장 단순한 확률함수를 갖는 분포로서 어떤 구간에서 표본이 뽑힐 확률이 모두 균일한 경우이다. 다음은 균일분포(uniform distribution)에 관한 정의이며 $X \sim U_X(a, b)$로 표기하기로 하자.

정의 5.2 균일분포

확률변수 X의 확률함수가 다음과 같을 때 균일분포를 갖는다.

$$f_X(x) = \begin{cases} \dfrac{1}{b-a}, & a \le x \le b \\ 0, & \text{그 밖에} \end{cases}$$

예를 들어 $X \sim U_X(0, 2)$의 그래프는 그림 5.4와 같다.

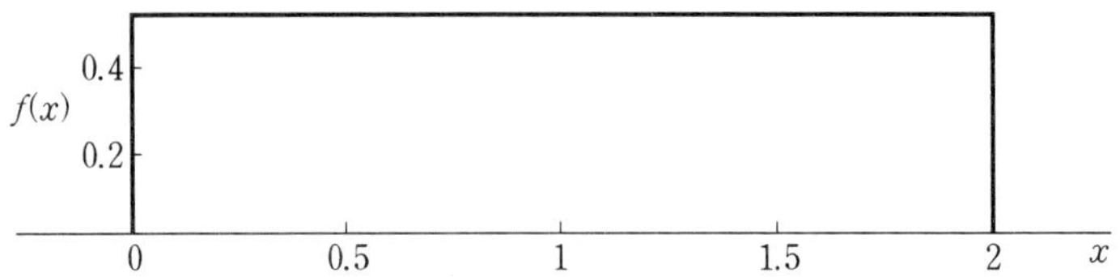

그림 5.4 $X \sim U_X(0.2)$

예제 5.21 확률변수X가 $[a, b]$상에서 정의되는 균일분포라 할 때, 다음을 구하시오.

(1) $E(X)$ (2) $Var(X)$ (3) $M_X(t)$

풀이 (1) $E(X) = \int_a^b x \frac{1}{b-a} dx = \frac{b^2-a^2}{2(b-a)} = \frac{b+a}{2}$

(2) $Var(X) = E(X^2) - \{E(X)\}^2$

$$= \int_a^b x^2 \frac{1}{b-a} dx - \left(\frac{a+b}{x}\right)^2$$

$$= \frac{(a+b)^2}{12}$$

(3) $M_X(t) = E(e^t x) = \int_a^b e^{tx} \cdot \frac{1}{b-a} dx = \frac{e^{bt} - e^{at}}{(b-a)t}$ ▣

이 분포는 어떤 구간에서 난수(random number)를 발생시킬 때 매우 유용한 분포로서 널리 쓰인다. 특히 컴퓨터에서 흔히 쓰이는 난수는 구간 $(0, 1)$에서 발생시키는 것이다. 이때 얻어지는 난수는 흔히 가 난수(pseudo-random number)라 부른다.

예제 5.22 확률변수 X가 분포함수 $F(x)$를 갖는 증가하는 연속형 확률변수라 할 때, $Y = F(x)$는 무슨 분포인가?

풀이 Y는 X의 분포함수이므로 $0 \le y \le 1$의 범위에서 그 값을 갖는다. Y의 분포함수를 이용하여 구하자.

$$F_Y(y) = P(Y \le y) = P\{F(X) \le y\}$$
$$= P\{X \le F^{-1}(y)\}$$
$$= F\{F^{-1}(y)\} = y$$

이를 미분하여 확률함수를 구하면

$$f_Y(y) = \frac{d}{dy} F_Y(y) = 1, \quad 0 \le y \le 1$$

이다. 따라서 $Y \sim U_Y(0, 1)$ ▣

예제 5.23 퍼스널 컴퓨터를 이용한 난수를 발생시키는 부 프로그램을 RAN이라 하자. 1000명의 사람을 일련번호를 주고 10사람을 뽑아 표본을 삼으려고 한다. 501번이 뽑힐 확률을 계산하고 500번 이하 중에서 다섯 명을 뽑을 확률을 각각 구하시오.

풀이 가 난수(pseudo-random number)는 $(0,1)$구간에서 발생되는 수이므로 확률함수

$$f_X(x) = \begin{cases} 1, & 0 \le x \le 1 \\ 0, & \text{그 밖에서} \end{cases}$$

에서 1000개의 구간으로 나누어 처음 구간에서 난수가 발생하면 1번을 갖고 있는 사람이 뽑힌다고 할 때 특정한 한 사람이 뽑힐 확률은

$$P\left(0 < X < \frac{1}{1000}\right) = \int_0^{\frac{1}{1000}} dx = \frac{1}{1000}$$

따라서 501번이 뽑힐 확률은 $\frac{1}{1000}$이 된다. 또한 500번 이하 중에서 한 사람이 뽑힐 확률은 $\frac{1}{2}$이므로 500번 이하에서 다섯 명이 뽑힐 확률은 $\binom{10}{5}\left(\frac{1}{2}\right)^5\left(\frac{1}{2}\right)^5 = 0.2461$이다. ▣

5.2.2 정규분포

통계학 분야는 물론 자연과학의 여러 분야에서 가장 흔히 사용되는 분포는 정규분포(normal distribution)이다. 그림 5.5과 같이 정규분포는 종 모양의 확률함수(bell-shaped probability density)라고도 하고 또한 특히 물리학이나 공학에서는 Gaussian 분포라고도 한다. 이와 같은 정규분포는 프랑스 수학자 Abram de Moivre가 1733년에 처음으로 소개하였고 이항확률변수의 근사확률로서 사용하였다. 그 후 Laplace에 의하여 여러 가지 기법으로 발전시켰으며, 확률이론에서 가장 중요한 두 가지 결과 중 하나인 중심극한정리(central limit theorem)를 발전시켰다.

그 확률밀도함수는

$$f_X(x) = \frac{1}{\sqrt{2\pi}\,\sigma_X} exp\left\{-\frac{(x-\mu_X)^2}{2\sigma_X^2}\right\}, \quad -\infty < x < \infty$$

여기서 μ_X와 σ_X^2는 정규분포의 모수(parameter)로서 평균과 분산이다.

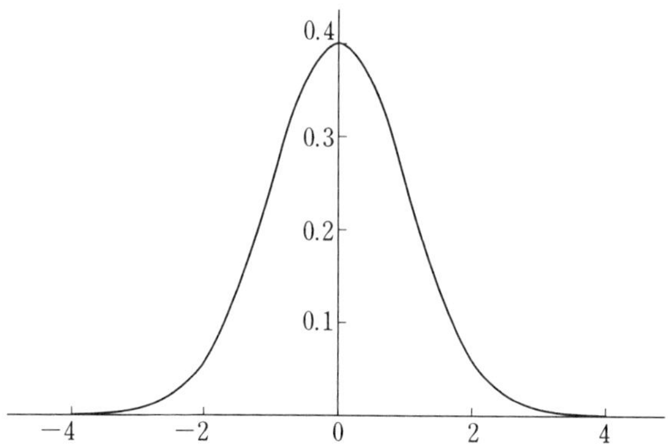

그림 5.5 표준정규 확률함수

함수 $f_X(x)$가 확률함수가 되기 위해서는 곡선 밑의 면적이 1임을 보여야 한다. 함수 $f_X(x)$에서 $y=(x-\mu_X)/\sigma_X$에 의하여 변수변환을 시켜 계산하면

$$\frac{1}{\sqrt{2\pi}\,\sigma_X}\int_{-\infty}^{\infty} e^{-\frac{(x-\mu_X)^2}{2\sigma_X^2}}dx = \frac{1}{\sqrt{2\pi}}\int_{-\infty}^{\infty} e^{-\frac{y^2}{2}}dy$$

따라서 $\int_{-\infty}^{\infty} e^{-\frac{y^2}{2}}dy = \sqrt{2\pi}$ 임을 보이면 된다. 이때 $I=\int_{-\infty}^{\infty} e^{-\frac{y^2}{2}}dy$ 라면

$$I^2=\int_{-\infty}^{\infty} e^{-\frac{y^2}{2}}dy\int_{-\infty}^{\infty} e^{-\frac{x^2}{2}}dx = \int_{-\infty}^{\infty}\int_{-\infty}^{\infty} e^{-\frac{x^2+y^2}{2}}dydx$$

이를 $x=r\cos\theta$, $y=r\sin\theta$, $dydx=rd\theta dr$에 의하여 극좌표로 변환하면

$$I^2=\int_0^{\infty}\int_0^{2\pi} re^{-\frac{r^2}{2}}d\theta dr = 2\pi\int_0^{\infty} re^{-\frac{r^2}{2}}dr = -2\pi e^{-\frac{r^2}{2}}\Big|_0^{\infty} = 2\pi$$

이므로 $I=\sqrt{2\pi}$가 된다. 따라서 $f_X(x)$는 확률함수이다. 이를 $X\sim N_X(\mu_X,\sigma_X^2)$으로 표시한다.

또한 정규분포에서 $\mu_X=0$, $\sigma_X=1$인 곡선을 표준정규분포(standard normal distribution)라 하고 확률변수는 다른 변수와 구분하기 위하여 특별히 Z로 표시한다. $Z\sim N_Z(0,1)$인 표준정규분포의 확률밀도함수는 $\phi(z)$로 표시하고, 분포함수는 $\Phi(z)$로 나타낸다.

$$\phi(z) = \frac{1}{\sqrt{2\pi}} exp\left\{-\frac{z^2}{2}\right\}, \ -\infty < z < \infty$$

표준정규분포는 0을 중심으로 대칭분포이며, 그림 5.5에서 보듯이 구간 [−3.0, 3.0] 사이는 1에 가까운 확률을 갖는 분포이다. 부록 [표 3]은 Z의 누적분포함수의 값, 즉 $P(Z \le z) = \Phi(z)$의 값이다.

반면에 $X \sim N_X(\mu_X, \sigma_X^2)$ 이라면,

$$Z = \frac{X - \mu_X}{\sigma_X} \sim N_Z(0,1)$$

이 된다. 이런 변수를 표준측도(standardized score)라 부른다.

$$F_X(a) = P\{X \le a\} = P\left\{\frac{X-\mu_X}{\sigma_X} \le \frac{a-\mu_X}{\sigma_X}\right\} = P\left(z \le \frac{a-\mu_X}{\sigma_X}\right) = \Phi\left(\frac{a-\mu_X}{\sigma_X}\right)$$

와 같이 변형시켜 구할 수 있다.

예제 5.24 $X \sim N_X(50, 4)$일 때

(1) $P\{48 < X < 53\}$의 값을 구하시오.

(2) 90번째 백분위수(90th percentile)[1]를 구하시오.

풀이 (1) 확률변수 X를 변환시킨 다음 부록 [표 3]에 의하여 구하면

$$\begin{aligned} P\{48 < X < 53\} &= P\left\{\frac{48-50}{\sqrt{4}} < \frac{X-50}{\sqrt{4}} < \frac{53-50}{\sqrt{4}}\right\} \\ &= P\{-1 < Z < 1.5\} \\ &= 1 - (\Phi(1) + \Phi(1.5)) \\ &= 1 - (0.1587 + 0.0668) = 0.7745 \end{aligned}$$

(2) $P\{Z < z\} = 0.900$ 이여야 하므로 표에서 찾으면 $z = 1.28$이 된다.

$x = 50 + 1.28\sqrt{4} = 52.56$이다. 따라서 90백분위수는 $x = 52.56$이다. ▣

예제 5.25 확률변수 X는 $X \sim N_X(\mu_X, \sigma_X^2)$을 따를 때 다음을 구하시오.

(1) $E(X)$ (2) $Var(X)$ (3) $M_X(t)$

1) decile[n]은 십등분한 후에 n번째 수, quantile[a]는 분위수이며, a등분시켜 a-1개의 등분값, quartile[n]은 4등분 후 n번째 사분위수, percentile은 백분위 수를 의미한다.

풀이 적률모함수 $M_X(t)$를 구한 다음, 이를 이용하여 평균과 분산을 구하자.

$$M_X(t)=E(e^{tX})=\frac{1}{\sqrt{2\pi}\,\sigma}\int_{-\infty}^{\infty}e^{tx}\cdot e^{-\frac{(x-\mu)^2}{2\sigma^2}}dx$$

$$=\frac{1}{\sqrt{2\pi}\,\sigma}\int_{-\infty}^{\infty}e^{-\frac{(x-\mu)^2}{2\sigma^2}+tx}dx$$

에서 지수부분만 정리하면

$$-\frac{1}{2\sigma^2}(x-\mu)^2+tx=-\frac{1}{2\sigma^2}(x-\mu-t\sigma^2)^2+\left(\mu t+\frac{\sigma^2t^2}{2}\right)$$

이므로, 이를 식에 넣어 정리하면

$$M_X(t)=e^{\mu t+\frac{\sigma^2t^2}{2}}\cdot\frac{1}{\sqrt{2\pi}\,\sigma}\int_{-\infty}^{\infty}e^{-\frac{(x-\mu-t\sigma^2)^2}{2\sigma^2}}dx$$

$$=\exp\left(\mu t+\frac{\sigma^2t^2}{2}\right)$$

이다. 평균과 분산을 구하기 위하여 적률생성함수를 미분하여 $t=0$를 대입하면

$$E(X)=\frac{\partial M_X(t)}{\partial t}\bigg|_{t=0}=(\mu+\sigma^2t)\cdot e^{\mu t+\frac{\sigma^2t^2}{2}}\bigg|_{t=0}=\mu$$

$$E(X^2)=\frac{d^2M_X(t)}{dt^2}\bigg|_{t=0}=(\sigma^2+(\mu+\sigma^2t)^2)\cdot e^{\mu t+\frac{\sigma^2t^2}{2}}\bigg|_{t=0}=\mu^2+\sigma^2$$

$$Var(X)=E(X^2)-\{E(X)\}^2=\sigma^2$$

▣

예제 5.26 확률변수 X가 $N_X(\mu_X,\sigma_X^2)$일 때 $Y=\dfrac{(X-\mu_X)^2}{\sigma_X^2}$의 분포를 구하시오.

풀이 $Z=\dfrac{X-\mu_X}{\sigma_X}$라 하면 $Y=Z^2$ 이고, $Z\sim N_Z(0,1)$이므로

$$F_Y(y)=P(Y\le y)$$

$$=P\{-\sqrt{y}\le Z\le\sqrt{y}\}$$

$$=\int_{-\sqrt{y}}^{\sqrt{y}}\frac{1}{\sqrt{2\pi}}exp\left\{-\frac{z^2}{2}\right\}dz$$

$$=2\int_0^{\sqrt{y}}\frac{1}{\sqrt{2\pi}}e^{-\frac{z^2}{2}}dz$$

이때, $z^2 = t$라 하면 $dz = \frac{1}{2z}dt = \frac{1}{2\sqrt{t}}dt$이므로

$$F_Y(t) = \int_0^y \frac{1}{\sqrt{2\pi t}} e^{-\frac{t}{2}} dt$$

이를 양변에 y에 관해 미분하면

$$f_Y(y) = \frac{1}{\sqrt{2\pi y}} e^{-\frac{y}{2}} = \frac{1}{\sqrt{\pi}\sqrt{2}} y^{\frac{1}{2}-1} e^{-\frac{y}{2}},\ 0 < y < \infty$$

이 함수는 자유도(degree of freedom)가 1인 카이제곱(χ^2) 확률함수라 하고 5.2.4절에서 논의하겠다. ▣

예제 5.27 통계학 시험에서 학생들의 분포가 정규분포를 따른다고 가정하자. 이때 A학점을 받으려면 $\mu+\sigma$보다 커야 하고, B학점은 μ와 $\mu+\sigma$ 사이인 경우로 하고, C는 $\mu-\sigma$와 μ 사이를 D학점은 $\mu-2\sigma$와 $\mu-\sigma$ 사이를, F학점은 $\mu-2\sigma$보다 작은 경우에 각각 학점을 부여한다고 할 때, 한 학급이 100명인 학과에서 각 학점은 몇 명씩 받게 되나?

풀이 A학점을 받을 확률을 먼저 계산하면

$$P\{X > \mu+\sigma\} = P\left(Z > \frac{\mu+\sigma-\mu}{\sigma}\right) = P(Z > 1) = 0.1587$$

따라서 $0.1587 \times 100 = 15.87$이므로 16명 정도이다. 유사한 방법으로 이를 계산하면 B, C, D, F학점은 각각 34명, 34명, 14명, 2명 정도이다. ▣

확률변수 X는 평균이 μ_X, 분산이 σ_X^2을 갖는 이산형 확률변수일 때

$$P(a \le X \le b) \approx P\left\{a - \frac{1}{2} \le X \le b + \frac{1}{2}\right\}$$

에 의하여 연속분포로 근사시킬 수 있다. 특히 표준정규 분포에 근사시키기 위해서는

$$P\left\{\frac{a-1/2-\mu_X}{\sigma_X} < Z < \frac{b+1/2+\mu_X}{\sigma_X}\right\} = \Phi\left\{\frac{b+1/2+\mu_X}{\sigma_X}\right\} - \Phi\left\{\frac{a-1/2-\mu_X}{\sigma_X}\right\}$$

에 의하여 계산할 수 있다. 이때 $\pm\frac{1}{2}$은 연속성의 수정계수(correction term for continuity)라 한다.

예제 5.28 두 개의 주사위를 600번 던질 때 주사위 눈의 합이 7이 되는 경우의 수를 x라 하면 $P(90 \le X \le 110)$을 계산하시오.

풀이 한 번 던질 때 합이 7일 확률은 $\frac{1}{6}$ 이다. 따라서 $X \sim B_X\left(600, \frac{1}{6}\right)$이 되므로

$\mu_X = 100, \quad Var(X) = 600 \times \frac{1}{6} \times \frac{5}{6} = \frac{500}{6}$

이다.

(i) 정확한 풀이

$$P(90 \le X \le 110) = \sum_{k=90}^{110} \binom{600}{k} \left(\frac{1}{6}\right)^k \left(\frac{5}{6}\right)^{600-k} = 0.7501$$

으로 계산해야 한다. 그러나 이의 계산은 매우 복잡하다.

(ii) 정규근사 풀이

$$\begin{aligned} P(90 \le X \le 110) &= P\left\{\frac{90-1/2-100}{\sqrt{500/6}} \le Z \le \frac{110+1/2-100}{\sqrt{500/6}}\right\} \\ &= P(-1.15 \le Z \le 1.15) = 0.7498 \end{aligned}$$

▣

5.2.3 지수분포

포아송분포는 일정한 시간이나 구간 내에서 관심 있는 사상의 발생횟수에 관심이 있는 경우를 말하며, 지수분포(exponential distribution)란 관심 있는 사상이 처음 발생할 때까지 기다리는 시간(waiting time)에 관한 분포이다. 예를 들면, 지진이 일어날 때까지 걸리는 시간, 새로운 전쟁이 발발할 때가지 걸리는 시간, 전화를 받았을 때 번호가 잘못된 전화를 받는 시간까지 기다리는 시간에 관한 분포로서 확률함수는

$$f_X(x) = \begin{cases} \lambda e^{-\lambda x}, & x \ge 0 \\ 0, & \text{그 밖에서} \end{cases}$$

이고, 이 확률함수는 모수 λ(기다리는 평균시간의 역수)를 갖는 지수분포이며, $X \sim E_X(\lambda)$로 표시하자(그림 5.6은 λ가 1, 2, 3, 4일 때이다).

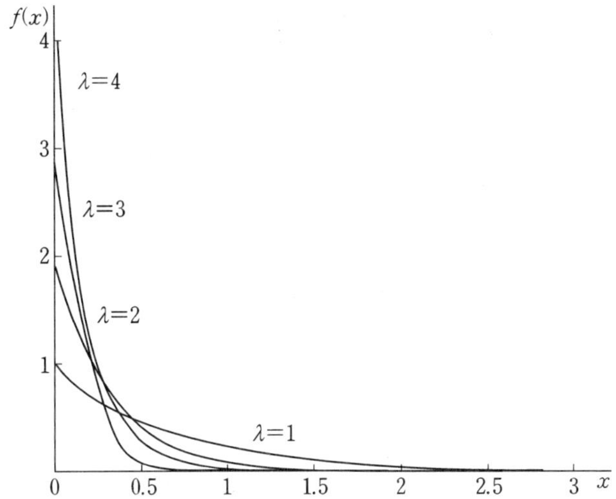

그림 5.6 여러 가지 지수분포

예제 5.29 어떤 공중전화 부스에서는 다음 사람이 전화를 하기 위하여 기다리는 평균 시간이 10분인 지수분포를 한다면, 어떤 사람이 공중전화 부스에 도착한 후 다음 확률을 구하시오.

(1) 10분 이상 기다린다.

(2) 10분에서 20분 사이에 기다린다.

풀이 평균 기다리는 시간이 10분이므로 지수분포의 모수 $\lambda = \frac{1}{10}$ 이다. 따라서 지수분포의 확률함수는 $f_X(x) = \frac{1}{10}e^{-\frac{x}{10}}$, $x > 0$ 이다.

(1) $P(X > 10) = \int_{10}^{\infty} \frac{1}{10} e^{-\frac{x}{10}} dx = e^{-1} = 0.3679$

(2) $P(10 < X < 20) = \int_{10}^{20} \frac{1}{10} e^{-\frac{x}{10}} dx = e^{-1} - e^{-2} = 0.2325$ ▣

예제 5.30 확률변수 X가 모수 $\lambda > 0$ 인 지수분포 $X \sim E_X(\lambda)$를 따를 때 다음을 구하시오.

(1) $E(X)$ (2) $Var(X)$ (3) $M_X(t)$

풀이 이 문제는 적률모함수를 구한 다음에 이를 이용하여 평균과 분산을 구하기로 하자.

$$M_X(t) = E(e^{tX}) = \int_0^\infty \lambda e^{tx} e^{-\lambda x} dx$$

$$= \int_0^\infty \lambda e^{-(\lambda - t)} dx = \frac{\lambda}{\lambda - t} \quad (\text{단, } t < \lambda)$$

$$\frac{d}{dt} M_X(t) \Big|_{t=0} = \frac{\lambda}{(\lambda - t)^2} \Big|_{t=0} = \frac{1}{\lambda}$$

$$\frac{d^2}{dt^2} M_X(t) \Big|_{t=0} = \frac{2\lambda}{(\lambda - t)^3} \Big|_{t=0} = \frac{2}{\lambda^2}$$

$$Var(X) = \frac{2}{\lambda^2} - \left(\frac{1}{\lambda}\right)^2 = \frac{1}{\lambda^2}$$ ▣

참고로 만약 확률변수 X가 어떤 전기기구의 잔여 사용기간을 나타낸다면, X는 지수확률변수를 가진다고 한다. 예를 들면 t시간 사용 후 s시간을 더 사용할 확률은

$$P\{X > s + t \mid X > t\} = \frac{P(X > s + t,\ X > t)}{P(X > t)} = P(X > s)$$

와 같이 계산된다. 이 식을 다시 정리하면

$$P(X > s + t) = P(X > s) P(X > t)$$

이다. 이는 t시간 사용 후 $t + s$시간까지 사용하게 될 확률은 처음부터 s시간 사용할 확률과 같아지는 경우로서 이를 비기억성(memoryless)이라 하며, 지수분포가 이런 성질을 갖는다.

예제 5.31 자동차 축전지는 평균 100시간인 지수분포를 따른다고 할 때, 한 사람이 50시간이 걸리는 장거리 여행을 하기 위하여 중고차 한 대를 구입하였다. 이 사람이 축전지 교체 없이 여행을 마칠 확률은 얼마인가?

풀이 축전지 수명이 $\lambda = \frac{1}{100} = 0.01$인 지수분포를 따르고 중고차를 구입하기 전에 사용한 시간을 t라 하면

$$P(X > t + 50 \mid X > t) = P(X > 50) = \int_{50}^\infty \frac{1}{100} exp\left\{-\frac{1}{100}x\right\} dx$$

$$= e^{-\frac{1}{2}} = 0.604$$ ▣

위의 예제에서 축전지를 교환하게 될 확률에 관심이 있다면, X가 dt시간 동안 문제가 없다고 가정한다면,

$$P\{t < X < t+dt \mid X > t\} = \frac{P\{t < X < t+dt,\ X > t\}}{P\{X > t\}}$$
$$= \frac{P\{t < X < t+dt\}}{P\{X > t\}} \fallingdotseq \frac{f(t)dt}{1-F(t)}$$

으로서 dt시간 후 고장(실패)이 날 확률이 된다.

이때 $r(t) = \dfrac{f(t)}{1-F(t)}$를 t시간 생존한 후 고장날(또는, 죽을) 조건부 확률함수로서 실패율 함수(failure rate function)라 한다.

이 함수의 분포함수 $F(t)$를 계산해 보면

$$\int_0^t r(t)dt = \int_0^t \frac{\frac{d}{dt}F(t)}{1-F(t)}dt = -\ln\{1-F(t)\}$$

에서

$$1-F(t) = e^{-\int_0^t r(t)dt}$$

따라서

$$F(t) = 1 - e^{-\int_0^t r(t)dt}$$

이다. 이를 위험률 분포(hazard rate function)라 하며, 특히 $r(t) = a+bt$라 하면 $F(t) = 1-e^{-at-bt^2/2}$가 되므로 이때의 확률함수는

$$f(t) = (a+bt)e^{-\left(at+\frac{bt^2}{2}\right)},\quad t \ge 0$$

이 된다. 특히 $a=0$인 함수를 레일리 분포(Rayleigh distribution)라 하며 생존분석(survival analysis)에 많이 이용된다.

5.2.4 감마분포

어떤 구간에서 r번 발생할 때까지 기다리는 분포는 앞 절에서 음이항분포를 함을 보

았다. 반면에, 지수분포는 관심 있는 사상이 처음 발생할 때 기다리는 시간(구간)에 관한 분포라면, 감마분포(gamma distribution)는 r번 발생할 때가지 기다리는 시간(구간)에 관한 분포이다. 이 때, $\lambda > 0$는 단위구간에서 평균 발생수라면 모수가 $r > 0$, $\lambda > 0$ 인 감마분포의 함수는

$$f_X(x) = \begin{cases} \dfrac{\lambda e^{-\lambda x}(\lambda x)^{r-1}}{\Gamma(r)}, & x \geq 0 \\ 0, & \text{그 밖에서} \end{cases}$$

으로 정의하며, 여기서 $\Gamma(r) = \int_0^\infty e^{-y} y^{r-1} dy$에 의해 계산되는데 $\Gamma(0) = \Gamma(1)$, $\Gamma\left(\frac{1}{2}\right) = \sqrt{\pi}$ 이고, r이 자연수일 때 $\Gamma(r) = (r-1)!$이다. 그림 5.7의 첫 번째 것은 $r = 5$ 일 때 λ값에 따른 여러 가지 모양의 그래프이고, 두 번째 것은 $\lambda = 3$ 일 때 여러 가지 r에 따른 그래프이다.

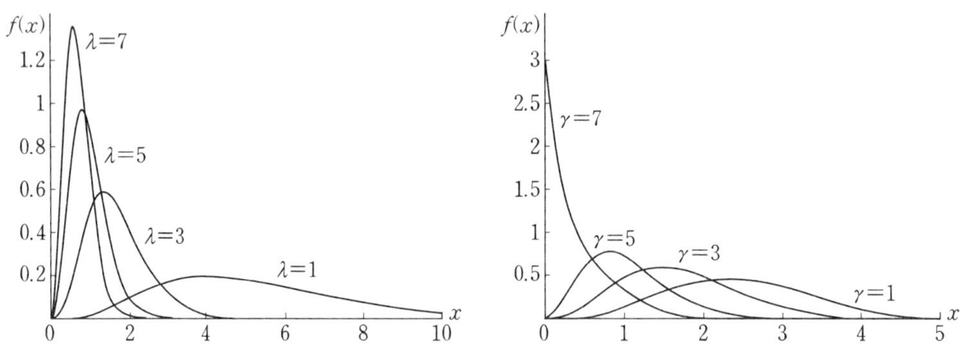

그림 5.7 감마분포

예제 5.32 확률변수 X가 모수 r, λ을 갖는 감마분포를 따를 때, 다음을 구하시오.

(1) $M_X(t)$(단, $t < \lambda$) (2) $E(X)$ (3) $Var(X)$

풀이 (1) $M_X(t) = E(e^{tX})$

$$= \int_0^\infty e^{tx} \cdot \frac{\lambda e^{-\lambda x}(\lambda x)^{r-1}}{\Gamma(r)} dx$$

$$= \frac{\lambda^r}{\Gamma(r)} \int_0^\infty e^{-(\lambda - t)x} \cdot x^{r-1} dx$$

$(\lambda - t)x = y$라 하면 $\dfrac{dy}{dx} = \lambda - t$이므로 준식을 변수변환하여 풀면

$$M_X(t)=\frac{\lambda^r}{\Gamma(r)}\int_0^\infty e^{-y}\cdot\left(\frac{y}{\lambda-t}\right)^{r-1}\cdot\frac{1}{\lambda-t}dy$$

$$=\frac{\lambda^r}{(\lambda-t)^r}\int_0^\infty\frac{1}{\Gamma(r)}e^{-y}y^{r-1}dy$$

$$=\left(\frac{\lambda}{\lambda-t}\right)^r$$

여기서 평균과 분산을 구하기 위하여 미분하여 푼다.

(2) $E(X)=\frac{d}{dt}M_X(t)\Big|_{t=0}=r\lambda^r(\lambda-t)^{-r-1}\Big|_{t=0}=\frac{r}{\lambda}$

(3) $E(X^2)=\frac{d^2}{dt^2}M_X(t)\Big|_{t=0}=r(r+1)\lambda^r(\lambda-t)^{-r-2}\Big|_{t=0}=\frac{r(r+1)}{\lambda^2}$

$Var(X)=\frac{r(r+1)}{\lambda^2}-\left(\frac{r}{\lambda}\right)^2=\frac{r}{\lambda^2}$ ▣

예제 5.33 백화점에서 물건을 사러오는 손님의 수는 포아송과정(poisson process)을 따른다고 한다. 만약 어느 기간 동안에 1분당 평균 30명의 고객이 입장하는 것으로 집계되었다. 이 때 다음 물음에 답하시오.

(1) 두 번째 손님이 입장하는 시간이 5초 이상일 확률을 구하시오.

(2) 다섯 번째 손님이 도착하는 시간이 10초 이상일 확률을 구하시오.

풀이 단위시간 1초당 평균 1/2명이 도착하므로 $\lambda=\frac{1}{2}$ 이다.

(1) 기다리는 시간 X는 모수 $\lambda=\frac{1}{2}$, $r=2$인 감마분포에 따르므로, 확률함수는

$f_X(x)=\frac{1}{4}xe^{-\frac{x}{2}}$, $x>0$ 이다.

$$P(X>5)=\int_5^\infty\frac{xe^{-\frac{x}{2}}}{4}dx=\frac{1}{4}\left[(-2)xe^{-\frac{x}{2}}-4e^{-\frac{x}{2}}\right]_5^\infty$$

$$=\frac{7}{2}e^{-\frac{5}{2}}=0.2873$$

(2) 기다리는 시간 X는 모수 $\lambda=\frac{1}{2}$, $r=5$ 인 감마분포에 따르므로, 확률함수는

$f_X(x)=\frac{1}{\Gamma(5)\cdot 2^5}x^4e^{-\frac{x}{2}}$, $x>0$이다.

$$P(X>10)=\int_{10}^{\infty}\frac{1}{\Gamma(5)\cdot 2^5}x^4 e^{-\frac{x}{2}}dx$$
$$=\frac{523}{8}e^{-5}=0.4405$$ ▣

특히 $r=\frac{r}{2}$이고 $\lambda=\frac{1}{2}$일 때 감마분포는 $f_X(x)=\frac{1}{\Gamma(r)\cdot 2^{r/2}}x^{\frac{r}{2}-1}e^{-\frac{x}{2}}$이다. 이 분포는 자유도가 r인 카이 제곱분포(chi-square distribution)이라 하고 $\chi^2_{(r)}$라 쓰며, $M_X(t)=(1-2t)^{-\frac{r}{2}}$, $t<\frac{1}{2}$인 분포이다.

5.2.5 코쉬분포

X_1과 X_2가 표준정규분포를 따를 때 $\frac{X_1}{X_2}$의 분포는 코쉬분포(Cauchy distribution)를 따른다. 일반적으로 코쉬분포는 표준정규분포보다는 꼬리부분이 두꺼운(heavy-tail) 분포로서 분산을 갖지 않은 분포 중의 하나이다. 코쉬분포 확률변수를 X라 할 때 확률함수는

$$f_X(x)=\frac{1}{\pi\{1+(x-\theta)^2\}},\quad -\infty<x<\infty$$

여기서, θ는 코쉬분포의 모수이다. 이때 코쉬분포는 θ에 관하여 대칭이며 평균은 θ이다. 또한 분포함수는

$$F_X(x)=\frac{1}{2}+\frac{1}{\pi}tan^{-1}(x-\theta)$$

이다.

그림 5.8은 정규분포와 코쉬분포를 비교하기 위해 동일 화면에 그린 것이다. 이를 보면 범위 $[-2, 2]$ 사이에서는 표준정규분포가 상위에 있고 그 밖의 범위에서는 표준정규분포보다 두꺼운 꼬리를 갖는 분포임을 알 수 있다.

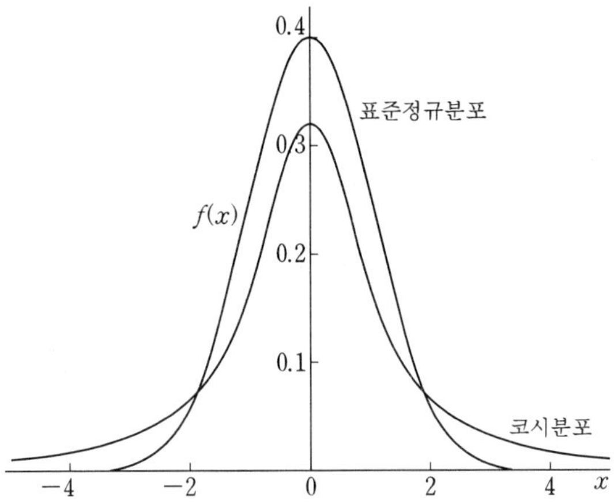

그림 5.8 정규분포와 코쉬분포

예제 5.34 감시 카메라는 그림과 같이 y축에서 1m 떨어져 있는 곳에 위치하여 좌우로 움직임을 감시한다. 중심점 0에서 x까지 거리를 확률변수 X라 할 때,

(1) θ가 균일분포 $\left(-\dfrac{\pi}{2}, \dfrac{\pi}{2}\right)$를 따를 때 X의 확률함수를 구하시오.

(2) 그 움직임이 좌축 끝점에서 우축 끝점으로 도달하는 시간이 1분 걸린다고 한다면, 10m 이상 떨어진 지점에 도달하는 시간을 계산하시오.

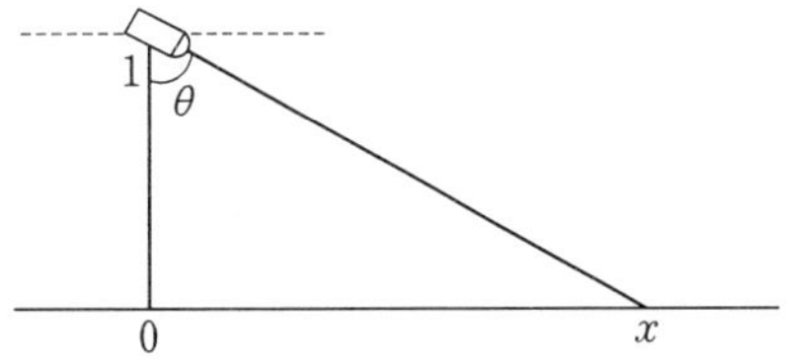

풀이 (1) θ는 균일 분포를 따르므로

$$f_\Theta(\theta) = \frac{1}{\pi},\ -\frac{\pi}{2} \le \theta \le \frac{\pi}{2}$$

이고 $x = \tan\theta$을 이용하여 구하면

$$\begin{aligned} F_X(x) &= P\{\tan\theta \le x\} \\ &= P\{\theta \le \tan^{-1}x\} \\ &= \frac{1}{2} + \frac{1}{\pi} tan^{-1}x \end{aligned}$$

따라서 이를 미분하면

$$f_X(x) = \frac{d}{dx}F_X(x) = \frac{1}{\pi(1+x^2)}, \ -\infty < x < \infty$$

(2) 좌측과 우측에서 각각 10m 떨어진 곳에 존재하므로

$$2P(X \geq 10) = 2\int_{10}^{\infty} f_X(x)dx = 2\left[\frac{1}{\pi}tan^{-1}x\right]\Big\}$$

$$= \frac{2}{\pi}\{\tan^{-1}\infty - \tan^{-1}10\} = \frac{2}{\pi}\left(\frac{\pi}{2} - 1.4711\right) = 0.0635$$

따라서 0.2×60=0.0635×60=3.8이므로 4초 후에 도달한다.

(단, $\tan^{-1}(\infty) = \frac{1}{2}\pi$, $\tan^{-1}(10) = 1.4711$) ▣

5.2.6 기타 여러 가지 분포

순서통계량에서 흔히 쓰이는 베타분포(beta distribution)는 구간 (0, 1)상의 연속형 확률변수로서 확률함수는

$$f_X(x) = \frac{1}{B(a,b)}x^{a-1}(1-x)^{b-1}, \ 0 < x < 1$$

이고 여러 가지 a, b에 대한 그래프는 그림 5.9와 같다.

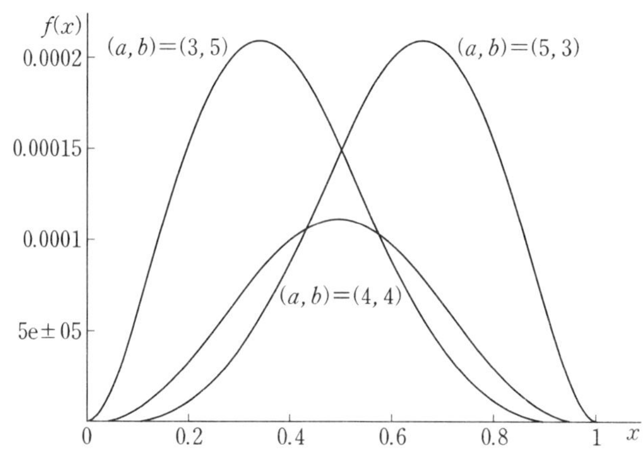

그림 5.9 여러 가지 베타함수 그래프

로 정의되며 $B(a,b) = \int_0^1 x^{a-1}(1-x)^{b-1}dx = \frac{\Gamma(a+b)}{\Gamma(a)\Gamma(b)}$ 인 베타함수(beta function)이다. 베타분포에서 $a = b = 1$이면 (0, 1)상에서 균일분포(uniform distribution)이고, 그

분포함수 $F_X(x)$는 불완전 베타(incomplete beta)분포라고도 한다.

예제 5.35 확률변수 X가 베타 확률변수일 때 평균과 분산은 각각 다음과 같다.

(1) $E(X) = \dfrac{b}{a+b}$　　(2) $Var(X) = \dfrac{ab}{(a+b+1)(a+b)^2}$

풀이

$$\begin{aligned} E(X^k) &= \frac{1}{B(a,\, b)}\int_0^1 x^{k+a-1}(1-x)^{b-1}dx \\ &= \frac{B(k+a,b)}{B(a,b)} = \frac{\Gamma(a+k)\Gamma(b)}{\Gamma(k+a+b)}\cdot\ \frac{\Gamma(a+b)}{\Gamma(a)\Gamma(b)} \\ &= \frac{(a+k-1)!(a+b-1)!}{(k+a+b-1)!(a-1)!} \end{aligned}$$

따라서 $k=1,2$일 때 각각

$$E(X) = \frac{a!(a+b-1)!}{(a+b)!(a-1)!} = \frac{a}{a+b}$$

$$E(X^2) = \frac{(a+1)!(a+b-1)!}{(a+b+1)!(a-1)!} = \frac{a(a+1)}{(a+b)(a+b+1)}$$

$$Var(X) = \frac{ab}{(a+b+1)(a+b)^2}$$

▣

통계학에서 많이 쓰이는 분포들 중에서 다음과 같은 분포들이 있다. 공학분야에서 물체의 장력측정 등에 많이 이용되는 와이블 분포(Weibull distribution)는

$$f_X(x) = \frac{\beta}{\theta^\beta}x^{\beta-1}\exp\left\{-\left(\frac{x}{\theta}\right)^\beta\right\},\quad x>0$$

이며 특히 $\beta=2$일 때는 레일리 분포(Rayleigh distribution)라 한다. 다음의 그림 5.10은 와이블 분포에서 모수를 변화시킬 때 그림이다. 처음 그림은 $\beta=2$이고 $\theta=1,3,5,10$일 때의 그림이고, 두 번째는 $\theta=2$이고 $\beta=1,3,5,7$일 때이다.

생물통계학 및 경제학에서 불평등곡선으로 많이 쓰이는 파레토 분포(Pareto distribution)는

$$f_X(x) = \frac{k}{\theta}\left(1+\frac{x}{\theta}\right)^{-(k+1)},\ x>0$$

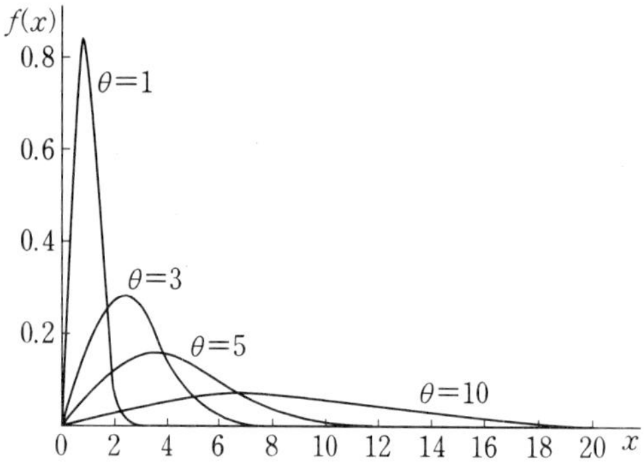

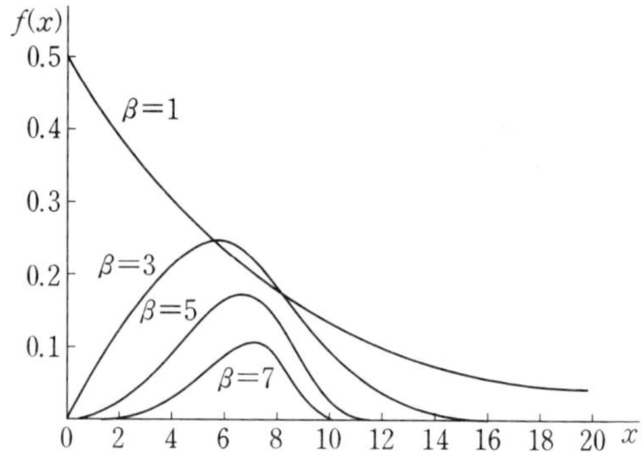

그림 5.10 와이블 분포

이다. 아래 그림은 $\theta = 11$일 때 여러 가지 k에 대한 파레토 분포를 나타낸다.

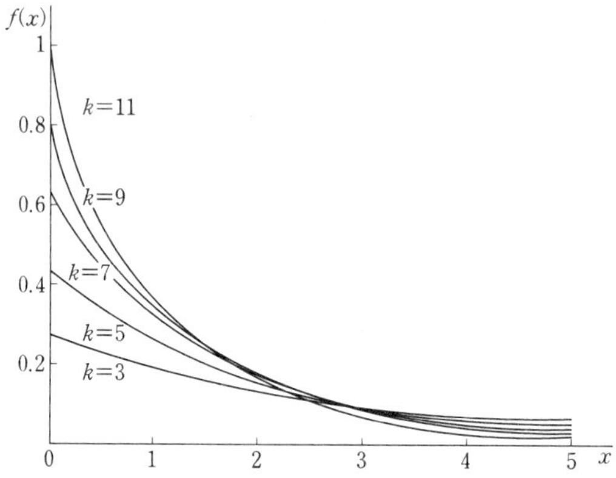

그림 5.11 파레토 분포

비모수 통계학에서 꼬리부분의 비교방법으로는 정규분포와 코쉬분포 및 중지수 분포(double exponential distribution) 등이 있는데, 중지수분포는

$$f_X(x) = \frac{1}{2\beta} exp\left(-\frac{|x-\alpha|}{\beta}\right), \quad -\infty < x < \infty$$

이 있으며 이외에도 표본들의 분포를 정의할 수 있는 t-분포, χ^2-분포, F-분포 등 수많은 분포가 있다.

참고로 그림 5.12는 다섯 개의 확률함수(로지스틱분포, 중지수분포, 표준정규분포, 코쉬분포, 균일분포)를 비교하기 위한 그래프이다. 첫 번째 그래프는 $-3 \le x \le 3$에서 그림이고, 두 번째 것은 꼬리 부분의 확률을 비교하기 위한 $2 \le x \le 5$의 그래프이다. 이

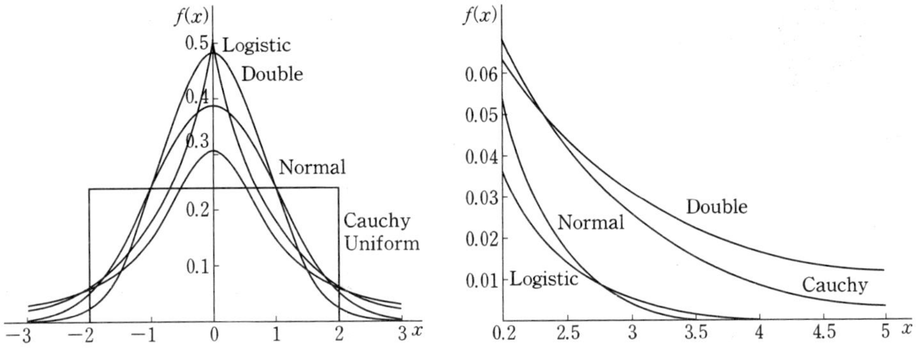

그림 5.12 다섯 개의 확률함수 곡선

때 사용된 함수는 차례대로

$$\text{로지스틱 분포 : } F_X(x) = \frac{\exp(x)}{\exp(x)+\exp(-x)}$$

$$\text{중지수분포 : } f_X(x) = \frac{1}{2} exp(-\mid x \mid),$$

$$\text{표준정규분포 : } f_X(x) = \frac{1}{\sqrt{2\pi}} exp\left(-\frac{x^2}{2}\right),$$

$$\text{코쉬분포 : } f_X(x) = \frac{1}{\pi(1+x^2)},$$

$$\text{균일분포 : } f_X(x) = \frac{1}{4}, \quad -2 \leqq x \leqq 2$$

를 나타낸다. 꼬리 부분의 확률이 아주 크게 다름을 나타낸다.

제5장 연습문제 exercises

[A형]

5.1 수학적 귀납법을 사용하여 다음을 증명하시오.

(1) $X_i, i=1, 2, \cdots, k$가 확률함수 $B_{X_i}(n_i, p)$인 k개의 독립 이항 확률변수라 한다면, $T=\sum_{i=1}^{r} X_i \sim B_T\left(\sum_{i=1}^{r} n_i,\ p\right)$이다.

(2) $Y_i,\ i=1, 2, \cdots, r$이 확률함수 $P_i(\lambda_i)$인 r개의 독립 포아송 확률변수라면, $S=\sum_{i=1}^{r} Y_i$ 는 모수$\sum_{i=1}^{r}\lambda_i$를 갖는 포아송 확률변수이다.

5.2 성공할 확률이 p이고 실패할 확률이 $1-p$인 베르누이 시행을 n회 시행할 때 짝수 번 성공할 확률을 P_n이라면 다음 식을 증명하시오.

(1) $P_n = p(1-P_{n-1}) + (1-p)P_{n-1},\ n \geqq 1$

(2) $P_n = \dfrac{1+(1-2p)^n}{2}$

5.3 성공확률이 p인 이항분포에서 n번 시행 후 k번 성공할 때의 확률을 $B_k(n, p)$ 라고 표시하고, 또한 $P_k(\lambda)$는 모수가 λ 인 포아송분포에서 k번 성공할 확률이라 하자. 이때, 다음 식을 증명하시오.

(1) $B_k(n+1, p) = pB_{k-1}(n, p) + (1-p)B_k(n, p)$

(2) $B_k(n, p) = B_{n-k}(n, 1-p)$

(3) $B_{k+1}(n, p) = \dfrac{n-k}{k+1}\dfrac{p}{1-p}B_k(n, p)$

(4) $\sum_{k=r}^{n} B_k(n, p) = 1 - \sum_{k=n-r+1}^{n} B_k(n, 1-p)$

(5) $P_{k+1}(\lambda) = \dfrac{\lambda}{k+1}P_k(\lambda)$

5.4 표면이 나타날 확률이 p인 동전을 n번 던질 때 다음을 구하시오.

(1) 표면이 짝수 번 나타날 확률

(2) (1)번을 이용하여 $\sum_{i=0}^{[n/2]}\binom{n}{2i} p^{2i}q^{n-2i} = \frac{1}{2}[(p+q)^n + (q-p)^n]$임을 증명하시오.

5.5 확률변수 $X_1, X_2, \cdots, X_n$ 은 독립이고 동일한 분포를 갖는 확률변수로서 평균은 μ_X 분산은 σ_X^2이다. $\overline{X} = \sum_{i=1}^{n}\frac{X_i}{n}$ 일 때, 다음을 보이시오.

(1) $E(\overline{X}) = \mu_X$

(2) $Var(\overline{X}) = \frac{\sigma_X^2}{n}$

(3) $E\left\{\sum_{i=1}^{n}(X_i - \overline{X}^2)\right\} = (n-1)\sigma_X^2$

5.6 X가 $\left(-\frac{\pi}{2}, \frac{\pi}{2}\right)$에서 만족하는 균일분포를 갖는다고 할 때 $Y = \tan X$는 코쉬분포를 갖음을 증명하시오.

5.7 만약 z가 표준 정규확률변수라면 다음을 증명하시오.

$$\lim_{x\to\infty}\frac{P\left\{Z \geqq x + \frac{a}{x}\right\}}{P\{z \geqq x\}} = e^{-a}, \quad a > 0$$

5.8 확률변수 X는 평균 μ_X, 분산 σ_X^2인 분포을 하고 $g(\cdot)$는 2차미분이 가능할 때, 다음을 보이시오.(힌트: $g(\cdot)$를 μ_X에 관해 테일러 급수 전개하시오.)

$$E\{g(X)\} \approx g(\mu_X) + \frac{g''(\mu_X)}{2}\sigma_X^2$$

[B형]

5.9 X의 확률함수가 $f_X(x) = \left(\frac{1}{2}\right)^x$, $x = 1, 2, \cdots$로 정의될 때 $E(X)$를 구하시오.

5.10 어떤 날에 팔린 빵의 수는 X개다. 만약 확률함수를 다음과 같다면 물음에 답하시오.

$$f(x) = \left(\frac{1}{2}\right)^{x+1}, \quad x = 0, 1, 2 \cdots$$

(1) $f(x)$가 확률함수가 됨을 보이시오.

(2) 짝수 개의 빵이 팔릴 확률은 얼마인가?

(3) 열 개 이상 팔릴 확률은 얼마인가?

5.11 성공확률이 0.01인 베르누이 시행에서 적어도 한 번의 성공의 확률이 1/2이거나 크기 위하여 얼마나 많은 베르누이 시행이 이루어져야 하는가?

5.12 성공 확률 p를 갖는 이항분포에서 n번의 시행을 했을 때 실패의 횟수를 y라 하면 Y의 평균과 분산을 구하시오.

5.13 확률변수 X는 $\mu_X = 6$, $\sigma_X^2 = 2.4$인 이항 확률변수일 때 다음을 구하시오.

(1) $P(X > 2)$

(2) $P(2 < X < 8)$

(3) $P(X \leq 8)$

5.14 주사위를 던져 1,2가 나오면 이기고 3, 4, 5, 6이 나오면 지는 게임을 할 때, 3번 던지는 게임에서 다음의 확률을 구하시오.

(1) 적어도 2번 이긴다.

(2) 기껏해야 2번 이긴다.

(3) 정확히 2번 이긴다.

5.15 어떤 도시는 5000명의 어른들이 있다. 이들에게 시정에 대한 찬반을 알아보기 위하여 100명을 추출하여 찬반을 물었다. 이때 60명 이상이 시정에 찬성할 확률을 구하시오.

5.16 한 조사자는 가족의 수입을 조사하려고 한다. 모집단에서 60만 원 이상인 가족의 비율을 p라 하자. 조사는 복원 추출로 n번 시행했을 때 60만 원 이상의 가족 수를 x라 하면 확률변수 X는 어떤 분포를 하며, 확률함수는 어떤가?

5.17 어떤 고등학교는 350명, 300명, 250명 200명의 학생으로 구성되는 4개의 학급을 갖고 있다. 각 학급의 대략 10%가 새로운 형태의 학급형태를 반대한다고 보고있다. 이를 조사하기 위하여 각 학급에서 35, 30, 20, 15명을 각각 취하여 조사했을 경우에 새로운 형태를 반대하는 학생의 수가 열 명 이상일 확률을 계산하시오. 또한 여러분이 사용한 분포나 근사식은 어떤 가정의 필요한지를 점검하시오.

5.18 텔레비전만을 판매하는 상점에 입장하는 고객 중 45%가 보통형을 사고, 15%는 대형을, 나머지 40%는 구경만 하고 상점을 떠난다고 하자. 어떤 날 다섯 명의 고객이 상점에 들어왔을 때 두 명은 보통형을 한 명은 대형을 나머지는 구경만 하고 상점을 떠날 확률을 계산하시오.

5.19 교환대에 시간 당 평균 600번의 수신음이 들린다고 한다. 다음을 구하시오.

(1) 분당 20번 이상 수신음이 들릴 확률

(2) 20분에 100번 이하 들릴 확률

5.20 1시간에 평균 30명의 고객이 포아송 과정을 따라서 어떤 상점에 들어온다. 점원이 두 사람이 들어오기 전까지 5분 이상 기다릴 확률을 구하시오.

5.21 주당 한 백화점에서 팔리는 야구 글러브의 수는 $\lambda = 2$인 포아송 분포를 한다고 가정하자. 이런 요구에 95% 정도 부응하기 위하여 주당 몇 개의 글러브를 준비해야 할까?

5.22 기계 A와 B는 1%와 2%의 비율로서 불량품을 생산한다. 만약 100개의 표본이 각 기계에서 취해졌다면, 불량품의 개수가 1보다 클 확률을 계산하시오.

5.23 어떤 직물에서 흠이 150평방 피트에 평균 한 개가 나타난다. 포아송 분포를 가정할 때, 255평방 피트에 많아야 흠이 한 개 있을 확률을 구하시오.

5.24 어떤 타자수가 50단어당 한 개의 오타를 낸다고 가정할 때 다음 물음에 답하시오.

(1) 만약 10단어씩 열 개의 예를 시험한다면 한 개 이하의 오타를 낼 확률은 얼마인가? 또한 여러분이 사용한 분포나 근사식에 대한 가정을 점검하시오.

(2) 100개의 단어로 구성된 것을 타이프한다면, 한 개 이하의 오자를 낼 확률은 얼

마인가? (1)번의 결과와 비교 설명하시오.

5.25 $X_1, X_2, \cdots, X_{30}$을 평균이 $\frac{2}{3}$인 포아송분포에서 크기가 30인 확률표본이라 하자. 다음의 근사값을 구하시오.

(1) $P\left(15 \leq \sum_{i=1}^{30} X_i \leq 22\right)$ (2) $P\left(21 \leq \sum_{i=1}^{30} X_i \leq 27\right)$

5.26 최근에 국도 상에 버려진 자동차에 대하여 많은 관심이 있다. 특정한 국도에 일주일 동안 버려진 자동차의 수가 모수 $\lambda = 2$인 포아송분포라 가정하자.

(1) 지방 행정 관서는 버려진 자동차를 견인하고 버리기 위하여 자동차당 100원을 지불한다. 이때 특정한 국도 상에서 주당 자동차의 폐기처분에 드는 기대 비용은 얼마인가?

(2) 지방 행정 관서는 어떤 주간에 국도 상에 버려진 자동차의 폐기처분을 위하여 지불하지 않으면 안 되는 가장 많은 돈은 얼마인가?

(3) 지방 행정 관서는 이 국도 상에 버려진 자동차 폐기처분에 한 주당 400원보다 더 많이 소비할 확률은 얼마인가?

5.27 적률생성함수가 $M_X(t) = \exp\{5(e^t - 1)\}$일 때 $P(3 \leq X < 5)$를 구하시오.

5.28 자동차를 갖고 출근하는 25명의 통근자가, 주차를 시키기 위한 장소로 A, B, C가 있는데 A를 이용할 확률이 0.5, B는 0.4, C는 0.1 정도로 이용한다고 하자.

(1) 17대의 차가 A에, 여섯 대의 차가 B에 주차시킬 확률은 얼마인가?

(2) A, B, C에 주차시킬 기대값을 각각 구하시오.

5.29 A와 B가 탁구 경기를 한다. B가 게임에서 이길 확률이 3/4이다. B가 두 번 이길 때까지 게임을 하기로 했다.

(1) X를 B가 두 번 이길 때까지 필요한 게임의 수라 하자. 가정을 서술하고 X의 확률함수를 구하시오.

(2) X의 확률함수가 진정한 확률함수임을 보이시오.

(3) $E(X)$와 $Var(X)$를 구하시오.

5.30 구두시험에서 진위형의 질문을 답한다고 한다. 한 시험자가 질문에 대하여 짐작으로 합하여 여덟 번 맞힐 때까지 계속한다고 한다.

(1) ① 20문제 질문할 확률을 구하시오.

② 20문제보다 많은 질문을 할 확률을 구하시오.

(2) 시험자가 필요한 질문의 기대값은 얼마인가?

5.31 아래 실험 상황의 각각에 대하여 (1) 확률변수 형태를 서술하고 (2) 확률변수를 구하고 (3) 모든 가정을 서술하고 (4) 가능한 적절한 근사식을 구하시오.

(1) 한 집단의 3%가 특수한 혈액형을 가지고 있다. 이 중에서 다섯 명의 수혈자를 선택한다. 이런 특수한 혈액형을 갖는 사람의 수에 주의하시오.

(2) 5000대의 TV를 진열한 회사가 있다. 이 중에서 400대는 결함이 있다고 한다. 이 중에서 임의로 25대를 선택했을 때 불량품의 수를 조사한다.

(3) 하루에 1000대를 생산하는 공장에서 처음 400대를 옮기고 다시 두 번째로 600대를 옮겼을 때, 다섯 대를 임의로 뽑는다면 처음 옮긴데서 선택되는 수에 관심이 있다.

(4) 검은색이 아닌 TV를 소유하고 있는 소비자의 비율이 0.001이다. 100,000명의 모집단에서 100명의 표본을 취한다면 검은색이 아닌 TV를 소유하는 사람의 수에 관심이 있다.

5.32 함수 $f_X(x) = ae^{-|x|}$, $-\infty < x < \infty$가 확률함수가 되기 위한 a의 값을 구하시오.

5.33 트랜지스터의 대집단에서 10%의 결함을 갖는다. 확률변수 X를 불량품이 처음 찾을 때까지 필요한 표본의 수라 하자.

(1) 이때 필요한 모든 가정을 서술하고 $P(X=x)$, $k=1,2,\cdots$ 을 구하시오.

(2) $(t+1)$번 이상 뽑아야 될 확률 $P(X>t)$ 을 구하시오.

(3) $P(X=j \mid X>t)$, $j=t+1, t+2, \cdots$ 을 구하시오.

(4) 1번과 3번의 결과를 비교하라.

5.34 $X \sim U_X(0,1)$일 때 $Y=a+(b-a)X$에 대하여 다음 물음에 답하시오.

(1) Y의 확률함수를 구하시오.

(2) Y의 분포함수를 구하시오.

(3) Y는 어떤 분포를 하는가?

5.35 다음 함수의 25번째 백분위수를 계산하시오.

(1) 표준 정규분포

(2) $\mu = 220$, $\sigma = 25$인 정규분포

5.36 $M_X(t) = \exp(-6t + 32t^2)$일 때, 다음을 구하시오.

(1) $P(-4 \leq X < 16)$

(2) $P(-10 < X < 10)$

5.37 다음을 구하시오.

(1) $X \sim U_X(1,2)$일 때 $P(X > z + \mu_X) = \dfrac{1}{4}$를 만족하는 z값은?

(2) $X \sim N(2,1)$일 때 $P(|X-2| < 1)$을 구하시오.

(3) X가 평균이 2인 지수분포를 따를 때 $P(X < 1 | X < 2)$을 구하시오.

(4) 평균 1, 분산 4/3인 균일 분포에서 $P(X < 0)$의 값은?

(5) $M_X(t) = \exp\{e^t - 1\}$일 때 $E(X)$의 값은?

5.38 음료수 자동판매기는 한 컵당 평균 μ온스씩 들어가도록 설계되었다. 만약 가득찬 컵의 음료수의 무게는 표준편차가 0.3온스인 정규분포를 한다면 8온스 컵이 단지 5% 정도만 넘치게 하게 되기 위하여 μ를 어떻게 주면 될까?

5.39 인류의 두개골의 용량은 평균이 105mm, 표준편차가 15mm인 정규분포를 갖는다. 만약 열 개의 표본을 취했을 때 적어도 세 사람이 적어도 117.6mm의 두개골의 용량을 갖게 될 확률은 얼마인가?

5.40 X는 어떤 진공관의 수명을 나타내자. X는 평균이 20, 분산이 σ^2인 정규분포를 따른다고 가정할 때

(1) 적어도 90%가 150시간 이상 사용할 수 있는 σ의 최대값을 계산하시오.

(2) 적어도 95%일 때 150시간 이상 사용할 수 있는 σ의 최대값을 계산하시오.

5.41 라디오 진공관(ratio tube)의 고장이 있을 확률함수가

$$f_X(x)= \begin{cases} 0 & , x \leqq 100 \\ \dfrac{100}{x^2} & , x > 100 \end{cases}$$

일 때 다섯 개의 진공관 중 두 개의 진공관이 150시간 이상 작동될 확률을 계산하시오.

5.42 X를 다음과 같은 확률밀도함수를 갖는 확률변수라 할 때 물음에 답하시오.

$$f_X(x)= \begin{cases} x+1, & -1 < x < 0 \\ 1-x, & 0 < x < 1 \end{cases}$$

(1) 확률밀도함수의 그래프를 그리시오.

(2) 곡선밑의 전체 넓이가 1임을 보이시오.

(3) 이 분포의 중앙값을 구하시오. 이 경우에 중앙값은 평균과 왜 같은지를 말하라 (이런 분포를 삼각형 분포(triangular distribution)라 부른다.).

5.43 다음 분포는 자유도가 n인 $t-$분포라 한다. 이때 $E(X^r)$을 구하고 이를 이용하여 평균, 분산을 구하시오.

$$f_X(x)= \frac{\Gamma\left(\dfrac{n+1}{2}\right)}{\sqrt{n\pi}\,\Gamma\left(\dfrac{n}{2}\right)}\left(1+\frac{x^2}{n}\right)^{-\frac{n+1}{2}}, \quad -\infty < x < \infty$$

5.44 $f_X(x) = \dfrac{e^{-x}}{(1+e^{-x})^2}, \ -\infty < x < \infty$는 로지스틱 분포라 한다. 이때 다음 물음에 답하시오.

(1) X의 분포함수를 구하시오.

(2) 적률 모함수를 구하시오.

5.45 감마분포에서 $\gamma = \dfrac{v}{2}$, $\lambda = \dfrac{1}{2}$ 일 때를 자유도가 v인 카이제곱분포라 한다. 이 함수의 평균, 분산 및 적률 생성함수를 구하시오.

5.46 X, Y, Z가 독립이고 영역 (0, 1)에서 균일분포를 따를 때, $P\{X \geq YZ\}$의 값을 구하시오.

[C형]

5.47 확률함수 X의 모수가 $\gamma = 2,\ \lambda = 1$인 감마분포를 따를 때 $E\left(\frac{1}{X}\right)$을 구하고 $\frac{1}{E(X)}$와 비교하시오.

5.48 다음 각 경우의 중앙값을 계산하시오.

(1) $f_X(x) = \lambda e^{-\lambda x}$

(2) $X \sim U_X(\theta_1, \theta_2)$

(3) $X \sim N(0,1)$

5.49 어떤 정거장에서는 A지역으로 향하는 기차는 오전 7시부터 15분마다 한 대씩 출발하고 B지역을 향해서 오전 7시 5분에 15분마다 한 대씩 출발한다고 하자. 만약 어떤 여행자가 7시에서 8시 사이의 임의 시간에 정거장에 도착하여 처음 도착한 기차에 탑승한다면, 이 여행자가 A지점으로 향하는 기차에 탑승할 확률은 얼마인가?

5.50 $X \sim N(\mu_X, \sigma_X^2)$일 때 $a(< \mu_X)$보다 작거나 $b(> \mu_X)$보다 큰 경우를 짤라 버리고 분포를 만든다(이를 절단정규분포(truncated normal distribution)이라 한다). 이때 절단 정규분포의 평균을 다음 절차에 의하여 구하시오.

(1) $a < X < b$상에서의 확률밀도 함수를 구하시오.

(2) 평균을 구하시오.

5.51 흰 공 N개와 검은 공 M개가 들어 있는 항아리에서 검은 공이 나타날 때까지 임의로 한 개씩 복원추출을 할 때, 다음 물음에 답하시오.

(1) n번을 시행할 확률은 얼마인가?

(2) 적어도 k번 시행해야 할 확률은 얼마인가?

(3) 계속하여 시행할 때 시행 수는 어떤 분포를 하게 될 것인가?

(4) (3)번의 평균과 분산을 구하시오.

제 6 장

이변량 이상의 확률변수의 함수와 그 성질

6.1 두 개 이상의 확률변수의 결합 확률함수는 어떻게 구하는가?

6.2 주변 확률함수와 조건부 확률함수는 어떤 의미를 갖는가?

6.3 독립인 확률함수의 관계는 어떠한가?

6.4 이변량 이상의 확률변수의 기대값

6.5 조건부 확률분포의 기대값

제4장에서는 단일변량 확률변수(univariate random variable)의 확률함수의 확률적 변동(stochastical variation)의 간결한 설명(예를 들면 평균, 분산, 외도, 첨도, 적률모함수 등)을 계산하였고, 제5장에서 여러 분야에서 자주 나타나는 확률변수의 분포들을 연구하였다. 이 장에서는 이변량 확률변수(bivariate random variable)와 다변량 확률변수(multivariate random variable)의 평균, 분산, 공분산과 상관계수에 대하여 논하고 조건부 기대값에 대한 연구를 하게 될 것이다.

6.1 두 개 이상의 확률변수의 결합 확률함수는 어떻게 구하는가?

동일한 표본공간에서 관심대상이 동시에 두 개의 사상인 경우나, 또는 동일한 실험을 두 번 시행하게 되면 첫 번째 시행 결과 사상과 두 번째 시행의 결과 사상 등은 그 결합 방법에 따라 그 확률은 다른 형태로 나타나게 되므로 전체 확률을 파악하기 위해서는 두 개의 확률변수로 형성되는 확률값을 알아야 될 것이다. 그렇다면, 두 개의 확률변수 사이에는 확률적으로 어떤 연관이 있을 것임을 어렵지 않게 알 수 있다.

연관이 있는 두 개의 확률변수를 이변량 확률변수(bivariate random variable)라 하고 이들 확률함수를 이변량 확률함수(bivariate probability function)라 한다. 우선 이변량 함수의 성질에 관하여 정의하겠다.

정의 6.1 이산형 이변량 확률함수

확률변수 X와 Y가 이산형 실변수 값을 영역으로 갖고 다음 조건을 만족할 때, 결합 확률함수는 $f_{X,\,Y}(x,\,y) = P(\,X = x,\; Y = y)$이다.

(1) $f_{X,\,Y}(x,\,y) \leq 0, \quad x \in R,\, y \in R$

(2) $\sum_{x \in R}\sum_{y \in R} f_{X,\,Y}(x,\,y) = 1$

정의 6.2 연속형 이변량 확률함수

실수값을 영역으로 갖는 확률변수 X와 Y는 연속형인 분포를 갖고 다음 조건을 만족할 때, 결합 확률함수는 $f_{X,\,Y}(x,\,y)$이다.

(1) $f_{X,\,Y}(x,\,y) \geq 0, \quad x \in R,\, y \in R$

(2) $\displaystyle\int_x \int_y f_{X,\,Y}(x,\,y)\,dy\,dx = 1$

예를 들어 이산형인 경우의 이변량 확률함수를 계산해 보도록 하자.

예제 6.1 모나지 않은 주사위를 두 번 던지는 실험에서 확률변수 X는 두 수 중에서 큰 숫자를, 확률변수 Y는 짝수 눈의 개수를 나타낸다고 하자. 이때 X와 Y에 관한 확률을 동시에 구할 수 있는 확률모형을 구하시오.

풀이 두 개의 주사위를 던졌으므로 표본공간은 $S=\{(1,1),\,(1,2),\,\cdots,\,(6,6)\}$와 같이 그 표본점이 36개를 갖는다. 이때 두 개의 확률변수 값이 동시에 만족하는 사상들로 분류를 하면 다음과 같다.

$$\{(x=1,\,y=0)\}=\{(1,\,1)\}$$
$$\{(x=3,\,y=0)\}=\{(1,3),\,(3,1),\,(3,3)\}$$
$$\{(x=5,\,y=0)\}=\{(1,5),\,(3,5),\,(5,5),\,(5,1),\,(5,3)\}$$
$$\{(x=2,\,y=1)\}=\{(1,2),\,(2,1)\}$$
$$\{(x=3,\,y=1)\}=\{(3,2),\,(2,3)\}$$
$$\{(x=4,\,y=1)\}=\{(1,4),\,(3,4),\,(4,1),\,(4,3)\}$$
$$\{(x=5,\,y=1)\}=\{(2,5),\,(4,5),\,(5,2),\,(5,4)\}$$
$$\{(x=6,\,y=1)\}=\{(1,6),\,(3,6),\,(5,6),\,(6,1),\,(3,6),\,(5,6)\}$$
$$\{(x=2,\,y=2)\}=\{(2,2)\}$$
$$\{(x=4,\,y=2)\}=\{(2,4),\,(4,4),\,(4,2)\}$$
$$\{(x=6,\,y=2)\}=\{(2,6),\,(4,6),\,(6,6),\,(6,2),\,(6,4)\}$$

이를 확률화하여 표로 나타내면 다음과 같다.

y \ x	1	2	3	4	5	6
0	1/36	0	3/36	0	5/36	0
1	0	2/36	2/36	4/36	4/36	6/36
2	0	1/36	0	3/36	0	5/36

표에서 각 칸에 있는 값은 $P(X=x,\ Y=y)$의 값을 나타낸다. ▣

그림 6.1은 예제에 나타난 확률분포이다.

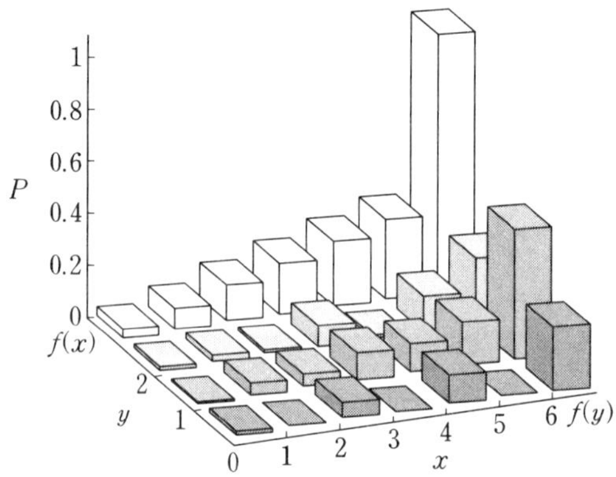

그림 6.1 이변량 이산형 확률함수

예제 6.1에서 두 개의 확률변수가 동시에 만족하는 확률을 구하였다. 이 확률을 결합 확률함수(joint probability function)라 한다. 또한 누적 확률함수, 즉 결합 분포함수(joint distribution function)는 다음과 같이 정의한다.

정의 6.3 누적 이변량 분포함수

두 확률변수 X와 Y의 결합 분포함수와 그 성질은 다음과 같다.

$$F_{X,Y}(x,y) = P(X \le x,\ Y \le y)$$

$$= \begin{cases} \displaystyle\sum_{-\infty}^{x}\sum_{-\infty}^{y} P(X=t_1, Y=t_2), & \text{이산인 경우} \\ \displaystyle\int_{-\infty}^{x}\int_{-\infty}^{y} f_{X,Y}(t_1,t_2)\,dt_2\,dt_1, & \text{연속인 경우} \end{cases}$$

(1) 비감소 함수(non-decreasing function)이다.

(2) $F_{X,Y}(-\infty,-\infty)=0$, $F_{X,Y}(+\infty,+\infty)=1$

예제 6.2 1, 2, 3, 4가 쓰여진 네 개의 면(four-sided polyhedron)을 갖고 있는 주사위(검은색, 파란색)를 두 개 던진다고 가정하자. 확률변수 X는 밑면의 두 수중에서 큰 수를 나타내고, 확률변수 Y는 파란색 주사위 밑면의 수를 나타낸다고 하자. 이때 물음에 답하시오.

(1) 결합 확률함수를 구하시오.

(2) 결합 분포함수를 구하시오.

(3) 결합 분포함수를 이용해 $P(X<2, Y\le 4)$, $P(X<3.5, Y\le 2.3)$를 구하시오.

풀이 (1) 표본공간 S={(1,1), (1,2), (1,3), (1,4), (2,1), (2,2), (2,3), (2,4), (3,1), (3,2), (3,3), (3,4), (4,1), (4,2), (4,3), (4,4)}으로 이를 정리하면 다음과 같은 결합 확률함수를 얻을 수 있다(첫번째 수는 검은색 주사위고, 두 번째 수는 파란색 주사위를 나타낸다).

y \ x	1	2	3	4
1	1/16	1/16	1/16	1/16
2	0	2/16	1/16	1/16
3	0	0	3/16	1/16

(2) 이를 결합 분포함수로 나타내면 다음 표와 같다.

	$x<1$	$1\le x<2$	$2\le x<3$	$3\le x<4$	$x\ge 4$
$y<1$	0	0	0	0	0
$1\le y<2$	0	1/16	2/16	3/16	4/16
$2\le y<3$	0	1/16	4/16	6/16	8/16
$3\le y<4$	0	1/16	4/16	9/16	12/16
$y\ge 4$	0	1/16	4/16	9/16	1

(3) $P(X<2, Y\le 4)=\frac{1}{16}$, $P(X<3.5, Y\le 2.3)=\frac{6}{16}$ ▣

예제 6.3 다음 확률함수를 이용하여 물음에 답하시오.

$$f_{X,Y}(x,y)= x+y \ , \ 0< x< 1, 0< y< 1$$

(1) 결합 분포함수를 구하시오.

(2) $P\left(0< X< \frac{1}{2}, 0< Y< \frac{1}{4}\right)$를 구하시오.

풀이 (1) $F_{X,Y}(x,y)=P(X\le x, Y\le y)=\int_0^x\int_0^y f_{X,Y}(x,y)dydx$

$$= \frac{1}{2}x^2y+\frac{1}{2}xy^2$$

따라서 결합분포함수는

$$F_{X,Y}(x,y)=\begin{cases} 0 & x\le 0, y\le 0 \\ \frac{1}{2}x^2y+\frac{1}{2}xy^2 & 0\le x\le 1, 0\le y\le 1 \\ 1 & x>1, y>1 \end{cases}$$

(2) $P\left(0< X< \frac{1}{2}, 0< Y< \frac{1}{4}\right)=\int_0^{\frac{1}{2}}\int_0^{\frac{1}{4}}(x+y)dydx=\frac{3}{64}$ ▣

참고로 다음은 위 예제의 그래프로서 윗면은 확률함수이고, 아래 면은 분포함수의 그래프를 나타낸다.

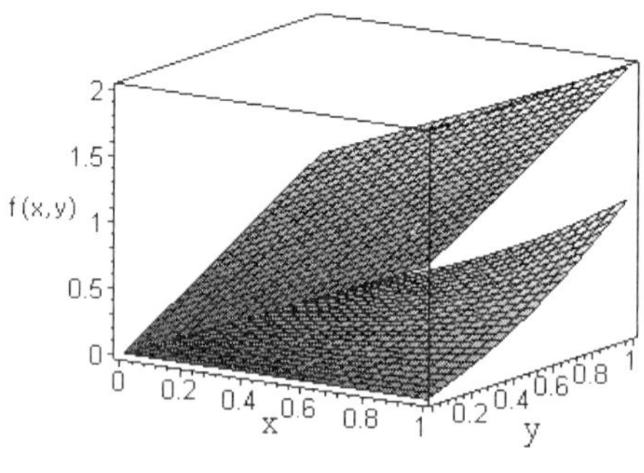

그림 6.2 이변량 연속형 확률함수와 분포함수

두 개의 이산형 확률변수 X_1, X_2의 결합 확률함수가 $f_{X_1,X_2}(x_1, x_2)$일 때, 두 확률변수의 결합함수가 다른 변수 $Y_1 = g_1(X_1,X_2)$, $Y_2 = g_2(X_1,X_2)$로 변환했을 때 Y_1과 Y_2의 결합 확률함수는

$$\begin{aligned} f_{Y_1, Y_2}(y_1, y_2) &= P(Y_1 = y_1, Y_2 = y_2) \\ &= P\left\{X_1 = g_1^{-1}(y_1,y_2), X_2 = g_2^{-1}(y_1,y_2)\right\} \end{aligned}$$

으로 정의할 수 있다. 이때 $g_1^{-1}(y_1,y_2)$, $g_2^{-1}(y_1,y_2)$은 x_1과 x_2를 연립으로 풀어놓은 것임을 의미한다.

예제 6.4 X_1, X_2, X_3의 결합 확률함수가 다음의 표와 같다고 할 때, Y_1, Y_2의 합성함수가 $Y_1 = X_1 + X_2 + X_3$, $Y_2 = | X_3 - X_2 |$ 일 때, Y_1, Y_2의 결합 확률함수를 구하시오.

x_1, x_2, x_3	(0,0,0)	(0,0,1)	(0,1,1)	(1,0,1)	(1,1,0)	(1,1,1)
$f_{X_1,X_2,X_3}(x_1,x_2,x_3)$	1/8	3/8	1/8	1/8	1/8	1/8

풀이 표본점 (x_1,x_2,x_3)을 대응점 (y_1,y_2)에 대입하여 구하면

$$f_{Y_1,\,Y_2}(0,\,0)=f_{X_1,\,X_2,\,X_3}(0,\,0,\,0)=\frac{1}{8}$$

$$f_{Y_1,\,Y_2}(1,\,1)=f_{X_1,\,X_2,\,X_3}(0,\,0,\,1)=\frac{3}{8}$$

$$f_{Y_1,\,Y_2}(2,\,0)=f_{X_1,\,X_2,\,X_3}(0,\,1,\,1)=\frac{1}{8}$$

$$f_{Y_1,\,Y_2}(2,\,1)=f_{X_1,\,X_2,\,X_3}(1,\,0,\,1)+f_{X_1,\,X_2,\,X_3}(1,\,1,\,0)=\frac{2}{8}$$

$$f_{Y_1,\,Y_2}(3,\,0)=f_{X_1,\,X_2,\,X_3}(1,\,1,\,1)=\frac{1}{8}$$

이 되며, 이를 표로 나타내면 다음 표와 같다.

y_1 \ y_2	0	1	2	3
0	1/8	0	1/8	1/8
1	0	3/8	2/8	0

■

정리 6.1 확률변수의 함수들의 결합확률함수

두 개의 연속형 확률변수 X_1, X_2의 결합 확률함수는 $f_{X_1,X_2}(x_1,x_2)$일 때, 새로운 확률변수 $Y_1 = g_1(X_1, X_2)$, $y_2 = g_2(x_1, x_2)$의 결합 확률함수는

$$f_{Y_1, Y_2}(y_1, y_2) = |J| f_{X_1, X_2}\left\{g_1^{-1}(y_1, y_2), g_2^{-1}(y_1, y_2)\right\}$$

이다. 단, 다음 조건을 만족해야 한다.

(1) $y_1 = g_1(x_1, x_2)$와 $Y_2 = g_2(X_1, X_2)$는 일대일 대응관계가 존재해야 한다.

(2) 역함수 $x_1 = g_1^{-1}(y_1, y_2)$, $x_2 = g_2^{-1}(y_1, y_2)$가 제1차 부분 도함수(first partial derivative)가 존재하며, 자코비안 행렬식(Jacobian determinant)

$$J = \begin{vmatrix} \dfrac{\partial x_1}{\partial y_1} & \dfrac{\partial x_1}{\partial y_2} \\ \dfrac{\partial x_2}{\partial y_1} & \dfrac{\partial x_2}{\partial y_2} \end{vmatrix} \neq 0$$

증명 구체적인 증명은 고급해석학의 합성함수 미분법이나 수리 통계학 서적을 참고하시기 바랍니다. ▣

예제 6.5 X_1과 X_2는 각각 독립이고 구간 $(0, 1)$상에서 정의되는 균일분포라 할 때 $Y_1 = X_1 + X_2$, $Y_2 = X_1 - X_2$의 결합 확률함수를 구하시오.

풀이 X_1과 X_2의 결합 확률함수부터 먼저 구해 보기로 하자. X_1과 X_2의 확률함수는 $f_{X_i}(x_i) = 1,\ i = 1, 2,\ 0 \le x_i \le 1$이며, 두 확률변수가 독립이라 했으므로

$f_{X_1, X_2}(x_1, x_2) = f_{X_1}(x_1) \cdot f_{X_2}(x_2) = 1 \cdot 1 = 1$

따라서 X_1과 X_2의 결합확률함수는

$$f_{X_1, Y_2}(x_1, y_2) = \begin{cases} 1, & 0 \le x_1 \le 1, 0 \le x_2 \le 1 \\ 0, & \text{그 밖에서} \end{cases}$$

이며, 또한 $y_1 = x_1 + x_2$, $y_2 = x_1 - x_2$에서 x_1과 x_2에 관하여 풀면

$$x_1 = \frac{1}{2}(y_1 + y_2), \quad x_2 = \frac{1}{2}(y_1 - y_2)$$

이다. 이와 같이 두 변수의 변환 관계를 그림으로 나타내면 다음과 같다. 첫 번째 그림은 X_1과 X_2의 관계를 나타내고, 두 번째 그림은 문제에서 주어진 변환에 의한 Y_1과 Y_2의 정의역 그림

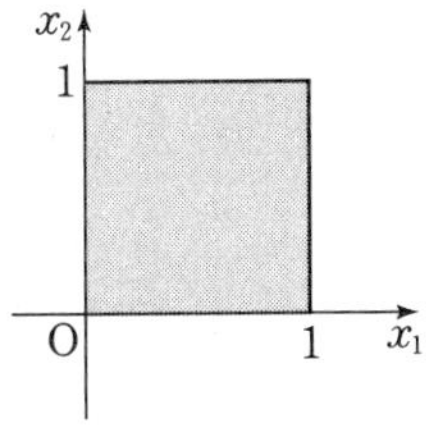

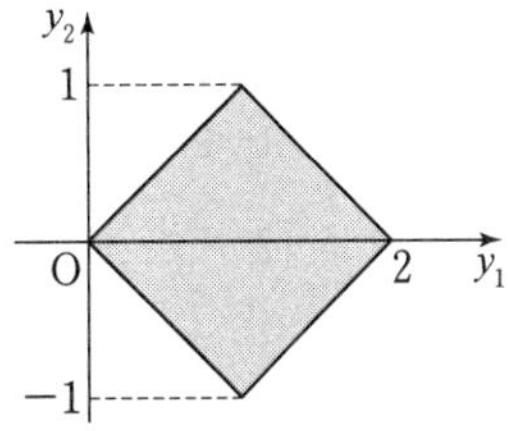

이다.

$$J=\begin{bmatrix} \dfrac{\partial x_1}{\partial y_1} & \dfrac{\partial x_1}{\partial y_2} \\ \dfrac{\partial x_2}{\partial y_1} & \dfrac{\partial x_2}{\partial y_2} \end{bmatrix} = \begin{bmatrix} \dfrac{1}{2} & \dfrac{1}{2} \\ \dfrac{1}{2} & -\dfrac{1}{2} \end{bmatrix} = -\frac{1}{2}$$

따라서 $|J| = \dfrac{1}{2}$ 이므로 앞의 정의에 의하여

$$f_{Y_1, Y_2}(y_1, y_2) = \frac{1}{2} f_{X_1, X_2}\left(\frac{y_1+y_2}{2}, \frac{y_1-y_2}{2}\right)$$

$$= \begin{cases} \dfrac{1}{2}, & \text{위 그림의 내부} \\ 0, & \text{그 밖에서} \end{cases}$$

■

예제 6.6 X_1과 X_2는 각각 독립이고 표준 정규분포를 따를 때, $Y_1 = X_1 + X_2$, $Y_2 = \dfrac{X_1}{X_2}$의 결합 확률함수를 구하시오.

풀이 X_1과 X_2는 표준정규분포를 따르고, 확률분포는 $f_{X_i}(x_i) = \dfrac{1}{\sqrt{2\pi}} exp\left\{-\dfrac{x_i^2}{2}\right\}$, $-\infty < x_i < \infty$ 이므로 X_1과 X_2의 결합 확률함수는

$$f_{X_1, X_2}(x_1, x_2) = f_{X_1}(x_1) \cdot f_{X_2}(x_2) = \frac{1}{2\pi} exp\left\{-\frac{x_1^2+x_2^2}{2}\right\}$$

이고, y_1과 y_2를 x_1과 x_2로 나타내면 $x_1 = \dfrac{y_1 y_2}{1+y_2}$, $x_2 = \dfrac{y_1}{1+y_2}$ 이다.

$$J=\begin{vmatrix} \dfrac{y_2}{1+y_2} & \dfrac{y_1}{(1+y_2)^2} \\ \dfrac{1}{1+y_2} & -\dfrac{y_1}{(1+y_2)^2} \end{vmatrix} = \frac{y_1(y_2+1)}{(1+y_2)^3} = -\frac{y_1}{(1+y_2)^2}$$

정의에 따라 결합 확률함수를 구하면

$$f_{Y_1, Y_2}(y_1 y_2) = \frac{|y_1|}{(1+y_2)^2} \cdot \frac{1}{2\pi} exp\left\{-\frac{1}{2}\left[\frac{(y_1 y_2)^2}{(1+y_2)^2} + \frac{y_1^2}{(1+y_2)^2}\right]\right\}$$

$$= \frac{1}{2\pi} \cdot \frac{|y_1|}{(1+y_2)^2} exp\left\{-\frac{1}{2} \cdot \frac{(1+y_2^2)y_1^2}{(1+y_2)^2}\right\},$$

$$-\infty < y_1 < \infty\ ,\ -\infty < y_2 < \infty$$ ▣

확률변수가 세 개 이상이면 다변량(multivariate)이라 하고, 다변량 확률변수를 갖는 확률함수를 다변량 확률함수(multivariate probability function)라 한다. 다변량 확률변수일 때에도 이변량 확률함수와 같은 방법으로 결합된 변수들의 확률함수를 구할 수 있다.

n개의 변수 $X_1, X_2, \cdots, X_n$가 이산형이고 결합 확률함수 $f_{X_1, X_2, \cdots, X_n}(x_1, x_2, \cdots, x_n)$이며, $y_1 = g_1(x_1, x_2, \cdots, x_n)$, $y_2 = g_2(x_1, x_2, \cdots, x_n)$, $\cdots$, $y_k = g_k(x_1, x_2, \cdots, x_n)$에 의하여 변환되었을 때 이들의 결합 확률함수를 구해 보자. 변환된 확률변수 Y_1, $Y_2, \cdots, Y_k$의 확률함수는

$$P(Y_1 = y_1,\ Y_2 = y_2,\ \cdots,\ Y_k = y_k) = \sum_A f_{X_1, X_2, \cdots, X_n}(x_1, x_2, \cdots, x_n)$$

이다. 이때, $A = \{(y_1, y_2, \cdots, y_k) = (g_1(x_1, x_2, \cdots, x_n), \cdots, g_k(x_1, x_2, \cdots, x_n))\}$

예제 6.7 예제 6.4에서 Y_1, Y_2, Y_3의 합성함수가 $Y_1 = X_1 + X_2 + X_3$, $Y_2 = |X_2 - X_1|$, $Y_3 = |X_3 - X_2|$일 때, Y_1, Y_2, Y_3의 결합 확률함수를 구하시오.

풀이 앞의 풀이와 같은 방법으로 구하면 다음 표와 같다.

(x_1, x_2, x_3)	(0,0,0)	(0,0,1)	(0,1,1)	(1,0,1)	(1,1,0)	(1,1,1)
(y_1, y_2, y_3)	(0,0,0)	(1,0,1)	(2,1,0)	(2,1,1)	(2,0,1)	(3,0,0)
$f_{Y_1, Y_2, Y_3}(y_1, y_2, y_3)$	1/8	3/8	1/8	1/8	1/8	1/8

이 표에서 $f_{Y_1, Y_2, Y_3}(y_1, y_2, y_3) = P(Y_1 = y_1,\ Y_2 = y_2,\ Y_3 = y_3)$을 나타낸다. ▣

앞의 예제는 이산형 확률변수에 관한 것이고, 연속형 확률변수인 경우는 다음의 정리를 따른다.

정리 6.2 다변량 확률변수의 함수의 결합확률함수

확률변수 $X_1, X_2, \cdots, X_n$의 결합 확률함수가 $f_{X_1, X_2, \cdots, X_n}(x_1, x_2, \cdots, x_n)$이고, 1 대 1대응이 되는 n개 변환 함수들 $y_1 = g_1(x_1, x_2, \cdots, x_n)$, $y_2 = g_2(x_1, x_2, \cdots, x_n)$, $\cdots$, $y_n = g_n(x_1, x_2, \cdots, x_n)$에 의하여 변환될 때 새로운 확률변수 $Y_1, Y_2, \cdots, Y_n$의 결합 확률함수는

$$f_{Y_1, Y_2, \cdots, Y_n}(y_1, y_2, \cdots, y_n) = |J| f_{X_1, \cdots, X_n}\{g_1^{-1}(y_1, \cdots, y_n), \cdots, g_n^{-1}(y_1, \cdots, y_n)\}$$

여기서 $g_1^{-1}(y_1, \cdots, y_n), \cdots, g_n^{-1}(y_1, \cdots, y_n)$은 변환 함수를 x_i, $i = 1, 2, \cdots, n$에 관하여 y_i들의 함수로 변환시킨 함수이고 각각의 역함수는 편미분이 가능한 함수들이다. 또한 $|J|$은 다음과 같은 자코비안 행렬식(Jacobian determinant)이다.

$$J_i = \begin{vmatrix} \dfrac{\partial g_1^{-1}}{\partial y_1} & \dfrac{\partial g_1^{-1}}{\partial y_2} & \cdots & \dfrac{\partial g_1^{-1}}{\partial y_n} \\ \dfrac{\partial g_2^{-1}}{\partial y_1} & \dfrac{\partial g_2^{-1}}{\partial y_2} & \cdots & \dfrac{\partial g_2^{-1}}{\partial y_n} \\ \vdots & \vdots & \vdots & \vdots \\ \dfrac{\partial g_n^{-1}}{\partial y_1} & \dfrac{\partial g_n^{-1}}{\partial y_2} & \cdots & \dfrac{\partial g_n^{-1}}{\partial y_n} \end{vmatrix} \neq 0$$

증명 증명은 이 책의 범위를 벗어나므로 생략한다. 그러나 관심있는 독자는 고급해석학이나 수리통계학 책을 참고하기 바란다. ▣

예제 6.8 세 개의 확률변수 X_1, X_2, X_3가 서로 독립인 표준 정규분포를 갖는다고 할 때, $Y_1 = X_1$, $Y_2 = \dfrac{X_1 + X_2}{2}$, $Y_3 = \dfrac{X_1 + X_2 + X_3}{3}$의 결합 확률함수를 구하시오.

풀이 X_i, $i = 1,2,3$의 확률함수는 $f_{X_i}(x_i) = \dfrac{1}{\sqrt{2\pi}} exp\left\{-\dfrac{x_i^2}{2}\right\}$, $-\infty < x_i < \infty$이고 각 변수는 독립이므로 X_1, X_2, X_3의 결합 확률함수는

$$\begin{aligned} f_{X_1, X_2, X_3}(x_1, x_2, x_3) &= f_{X_1}(x_1) \cdot f_{X_2}(x_2) \cdot f_{X_3}(x_3) \\ &= \left(\frac{1}{\sqrt{2\pi}}\right)^3 \exp\left(-\frac{x_1^2 + x_2^2 + x_3^2}{2}\right) \end{aligned}$$

또한 세 개의 변환된 함수를 연립으로 풀면 $x_1 = y_1$, $x_2 = 2y_2 - y_1$, $x_3 = 3y_3 - 2y_2$이고 이를 이용하여 자코비안 행렬식을 구하면

$$|J| = \begin{vmatrix} \frac{\partial x_1}{\partial y_1} & \frac{\partial x_1}{\partial y_2} & \frac{\partial x_1}{\partial y_3} \\ \frac{\partial x_2}{\partial y_1} & \frac{\partial x_2}{\partial y_2} & \frac{\partial x_2}{\partial y_3} \\ \frac{\partial x_3}{\partial y_1} & \frac{\partial x_3}{\partial y_2} & \frac{\partial x_3}{\partial y_3} \end{vmatrix} = \begin{vmatrix} 1 & 0 & 0 \\ -1 & 2 & 0 \\ 0 & -2 & 3 \end{vmatrix} = 6$$

따라서 정의에 의하여 Y_1, Y_2, Y_3 의 결합 확률함수는

$$\begin{aligned} f_{Y_1, Y_2, Y_3}(y_1, y_2, y_3) &= |J| f_{X_1, X_2, X_3}(y_1, 2y_2 - y_1, y_3 - 2y_2) \\ &= 6\left(\frac{1}{\sqrt{2\pi}}\right)^3 \exp\left\{-\frac{y_1^2 + (2y_2 - y_1)^2 + (3y_3 - 2y_2)^2}{2}\right\} \\ &= 6\left(\frac{1}{\sqrt{2\pi}}\right)^3 \exp\left\{-\frac{2y_1^2 - 4y_1y_2 + 8y_2^2 - 12y_2y_3 + 9y_3^2}{2}\right\} \end{aligned}$$

여기서 $-\infty < y_1 < \infty$, $-\infty < y_2 < \infty$, $-\infty < y_3 < \infty$ 이다. ▣

예제 6.9 확률변수 X_1, X_2, X_3가 서로 독립이고 확률함수 $f_{X_i}(x_i) = \lambda \exp(-\lambda x_i)$, $0 < x_i < \infty$, $i = 1, 2, 3$일 때

$$Y_1 = X_1, \quad Y_2 = X_1 + X_2, \quad Y_3 = X_1 + X_2 + X_3$$

의 결합 확률함수를 구하시오.

풀이 각 변수는 독립이므로 X_1, X_2, X_3의 결합 확률함수는

$$\begin{aligned} f_{X_1, X_2, X_3}(x_1, x_2, x_3) &= f_{X_1}(x_1) \cdot f_{X_2}(x_2) \cdot f_{X_3}(x_3) \\ &= \lambda^3 \exp(-\lambda(x_1 + x_2 + x_3)) \end{aligned}$$

또한 세 개의 변환된 함수를 연립으로 풀면 $x_1 = y_1$, $x_2 = y_2 - y_1$, $x_3 = y_3 - y_2$이고 이를 이용하여 자코비안 행렬식은

$$J = \begin{vmatrix} 1 & 0 & 0 \\ -1 & 1 & 0 \\ 0 & -1 & 1 \end{vmatrix} = 1$$

따라서 정의에 의하여 Y_1, Y_2, Y_3의 결합 확률함수는

$$f_{Y_1, Y_2, Y_3}(y_1, y_2, y_3) = |J| f_{X_1, X_2, X_3}(y_1, y_2 - y_1, y_3 - y_2)$$

$$= \lambda^3 \exp(-3\lambda y_3),$$

$$(\text{단},\ 0 < y_1 < \infty,\ 0 < y_2 < \infty,\ 0 < y_3 < \infty) \quad ■$$

6.2 주변 확률함수와 조건부 확률함수는 어떤 의미를 갖는가?

이변량 이상의 확률변수의 확률함수를 알고 있는 경우에 관심 대상이 되는 것은 특정한 한 개 이상의 변수들에 관한 확률함수를 구한다거나, 또는 한 개 이상의 확률변수를 고정시켰을 때 어떤 모양의 분포가 나타나는지에 대한 것이다. 전자의 경우에 나타나는 확률함수는 특별히 주변 확률함수(marginal probability function)라 하고 후자의 경우는 조건부 확률함수(conditional probability function)라 한다.

정의 6.4 주변 확률함수

확률변수 X와 Y의 결합 확률함수를 $f_{X,\,Y}(x,\,y)$라 하면 X와 Y의 주변확률함수 $f_X(x)$, $f_Y(y)$는 다음과 같이 정의한다.

(1) 이산형 확률변수일 때: $f_X(x) = \sum_y f_{X,\,Y}(x,\,y)$, $f_Y(y) = \sum_x f_{X,\,Y}(x,\,y)$

(2) 연속형 확률변수일 때: $f_X(x) = \int_y f_{X,\,Y}(x,\,y)\,dy$,

$$f_Y(y) = \int_x f_{X,\,Y}(x,\,y)\,dx$$

예제 6.10 예제 6.4에서 Y_1, Y_2의 주변 확률함수를 구하시오.

풀이 Y_1, Y_2의 결합 확률함수는 이용하여 구해 보기로 하자.

y_2 \ y_1	0	1	2	3	$f_{Y_2}(y_2)$
0	1/8	0	1/8	1/8	3/8
1	0	3/8	2/8	0	5/8
$f_{Y_1}(y_1)$	1/8	3/8	3/8	1/8	1

Y_1의 주변 확률함수는 $f_{Y_1}(y_1) = \sum_{y_2=0}^{1} P(Y_1 = y_1, Y_2 = y_2)$ 에 의하여 계산한다.

$$f_{Y_1}(0) = \sum_{y_2=0}^{1} P(Y_1 = 0, Y_2 = y_2) = \frac{1}{8}$$

$$f_{Y_1}(1) = \sum_{y_2=0}^{1} P(Y_1 = 1, Y_2 = y_2) = \frac{3}{8}$$

$$f_{Y_1}(2) = \sum_{y_2=0}^{1} P(Y_1 = 2, Y_2 = y_2) = \frac{3}{8}$$

$$f_{Y_1}(3) = \sum_{y_2=0}^{1} P(Y_1 = 3, Y_2 = y_2) = \frac{1}{8}$$

따라서 Y_1의 주변 확률함수는

$$f_{Y_1}(y_1) = \begin{cases} \frac{1}{8}, & y_1 = 0,3 \\ \frac{3}{8}, & y_1 = 1,2 \end{cases}$$

그리고 Y_2의 주변 확률함수도 같은 방법으로 구하면

$$f_{Y_2}(y_2) = \begin{cases} \frac{3}{8}, & y_2 = 0 \\ \frac{5}{8}, & y_2 = 1 \end{cases}$$

또한 앞의 표에서와 같이 가로 세로의 합이 각각의 주변확률함수가 됨을 알 수 있다. ▣

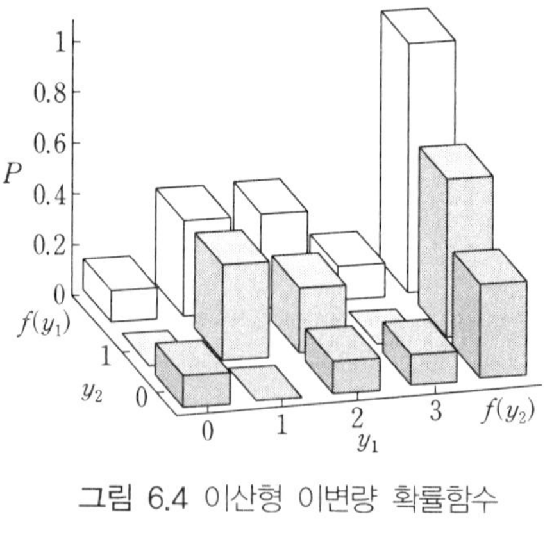

그림 6.4 이산형 이변량 확률함수

예제 6.11 4개의 흰 공, 5개의 검은 공과 6개의 붉은 공이 들어 있는 항아리에서 4개의 공을 임의로 동시에 추출할 때 나타나는 흰 공의 수를 x, 검은 공의 수를

y라 하면, 이들을 확률변수로 갖는 결합 확률함수를 구하고 각각의 주변 확률함수를 구하시오.

풀이 4개의 공을 추출하는데 그 중에서 흰 공의 수는 x개, 검은 공의 수는 y개라고 하면 X와 Y의 결합 확률함수는

$$f_{X,Y}(x,y) = P(X=x, Y=y) = \frac{\binom{4}{x}\cdot\binom{5}{y}\cdot\binom{6}{4-x-y}}{\binom{15}{4}}$$

(단, $0 \le x \le 4,\ 0 \le y \le 4,\ 0 \le x+y \le 4$)

주변 확률함수를 계산하기 위하여 Vandermonde 공식[2]을 이용하자.

$$\begin{aligned} f_X(x) &= \sum_y f_{X,Y}(x,y) = \sum_{y=0}^{4-x} f_{X,Y}(x,y) \\ &= \frac{\binom{4}{x}\cdot\binom{11}{4-x}}{\binom{15}{4}}, \quad x=0,1,2,3,4 \end{aligned}$$

$$\begin{aligned} f_Y(y) &= \sum_x f_{X,Y}(x,y) = \sum_{x=0}^{4-y} f_{X,Y}(x,y) \\ &= \frac{\binom{5}{y}\cdot\binom{10}{4-y}}{\binom{15}{4}}, \quad y=0,1,2,3,4 \end{aligned}$$

■

예제 6.12 확률변수 X와 Y는 단위 원 내부$\{(x,\ y):\ x^2+y^2 \le 1\}$에서 균등분포를 한다. 다음 물음에 답하시오.

(1) X와 Y의 결합 확률함수를 정의하시오.

(2) X와 Y의 주변 확률함수를 구하시오.

풀이 (1) 확률변수 X와 Y가 만족하는 결합 확률함수를 우선 구해 보기로 하자.

$$f_{X,Y}(x,y) = \begin{cases} c, & x^2+y^2 \le 1 \\ 0, & \text{그 밖의 영역에서} \end{cases}$$

이라 하면 확률함수의 성질에 의하여

2) Vandermonde 공식 : $\sum_{l=0}^{k}\binom{n}{h}\cdot\binom{m}{l-h} = \binom{m+n}{l}$

$$\iint_{x^2+y^2\le 1} f_{X,Y}(x,y)\,dxdy = \iint_{x^2+y^2\le 1} c\ \ dxdy = 1$$

을 만족해야 한다. 이 적분은 극 좌표(polar coordinate)를 이용하여 풀어 보자. 평면좌표 (x, y)를 극 좌표로 변환하면 $(r\cos(\theta), r\sin(\theta))$이고,

$$dxdy = |J|\, drd\theta = \begin{vmatrix} \cos(\theta) & -r\sin(\theta) \\ \sin(\theta) & r\cos(\theta) \end{vmatrix} drd\theta = rdrd\theta$$

이고, 또한 $0 \le \theta \le 2\pi$, $0 \le r \le 1$이므로

$$\int_0^1 \int_0^{2\pi} cr\, d\theta dr = c\pi$$

따라서, $c = \dfrac{1}{\pi}$ 이다.

(2) $f_X(x) = \displaystyle\int_{-\sqrt{1-x^2}}^{\sqrt{1-x^2}} \frac{1}{\pi} dy = 2\int_0^{\sqrt{1-x^2}} \frac{1}{\pi} dy = \frac{2}{\pi}\sqrt{1-x^2},\ -1 \le x \le 1$

$f_Y(y) = \displaystyle\int_{-\sqrt{1-y^2}}^{\sqrt{1-y^2}} \frac{1}{\pi} dx = 2\int_0^{\sqrt{1-y^2}} \frac{1}{\pi} dx = \frac{2}{\pi}\sqrt{1-y^2},\ -1 \le y \le 1$ ▣

예제 6.13 예제 6.6에서 Y_2의 주변 확률함수를 구하시오.

풀이 예제에서 Y_1 과 Y_2 의 결합 확률함수는

$$f_{Y_1, Y_2}(y_1 y_2) = \frac{1}{2\pi} \cdot \frac{|y_1|}{(1+y_2)^2} exp\left\{-\frac{1}{2} \cdot \frac{(1+y_2^2)y_1^2}{(1+y_2)^2}\right\},$$

$$-\infty < y_1 < \infty,\ -\infty < y_2 < \infty$$

이므로 Y_2의 주변 확률함수는

$$\begin{aligned} f_{Y_2}(y_2) &= \int_{-\infty}^{\infty} f_{Y_1, Y_2}(y_1, y_2)\, dy_1 \\ &= \frac{1}{2\pi} \cdot \frac{1}{(1+y_2)^2} \int_{-\infty}^{\infty} |y_1| \exp\left(-\frac{(1+y_2^2)y_1^2}{2(1+y_2)^2}\right) dy_1 \end{aligned}$$

에서 $t = \dfrac{(1+y_2^2)}{2(1+y_2)^2} y_1^2$ 이라면 $dt = \dfrac{(1+y_2^2)}{(1+y_2)^2} y_1 dy_1$ 이므로

$$f_{Y_2}(y_2) = \frac{1}{2\pi} \cdot \frac{1}{(1+y_2)^2} \cdot \frac{2(1+y_2)^2}{1+y_2^2} \int_0^{\infty} e^{-t} dt = \frac{1}{\pi(1+y_2^2)}$$ ▣

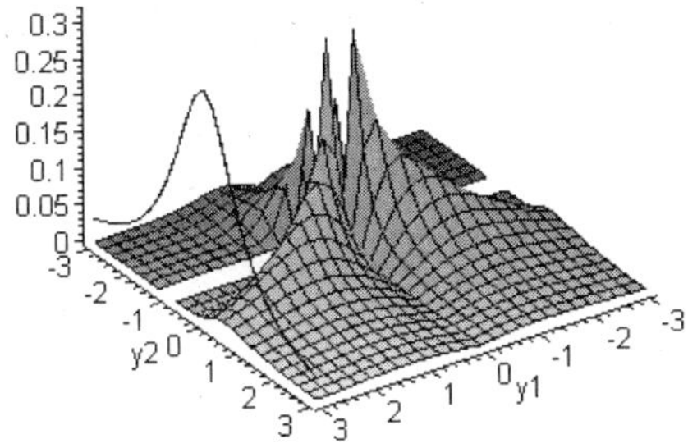

그림 6.5 $f_{Y_1, Y_2}(y_1, y_2)$와 $f_{Y_2}(y_2)$의 그래프

이와 같이 표준 정규분포를 표준 정규분포로 나누어진 형태의 분포는 코쉬분포(Cauchy distribution)를 갖게 된다. 이 분포는 정규분포보다도 두꺼운 꼬리(heavy tail)이며, 특히 큰 분산을 갖고 있는 것이 특징임을 제5장에서 논의하였다.

이변량 확률함수인 경우를 확장시키면 다음과 같이 n차원 결합 확률함수에서 주변 확률함수를 구할 수 있다.

정의 6.5 다변량 함수의 주변확률함수

(1) 이산형 확률변수 $X_1, X_2, \cdots, X_n$의 결합 확률함수를 $f_{X_1, X_2, \cdots, X_n}(x_1, x_2, \cdots, x_n)$ 라고 할 때 X_i의 주변 확률함수는

$$f_{X_i}(x_i) = \sum_{x_1} \cdots \sum_{x_{i-1}} \sum_{x_{i+1}} \cdots \sum_{x_n} f_{X_1, X_2, \cdots, X_n}(x_1, x_2, \cdots, x_n)$$

또한 X_i와 X_j의 주변 결합 확률함수는

$$f_{X_i, X_j}(x_i, x_j) = \sum_{x_1} \cdots \sum_{x_{i-1}} \sum_{x_{i+1}} \cdots \sum_{x_{j-1}} \sum_{x_{j+1}} \cdots \sum_{x_n} f_{X_1, \cdots, X_n}(x_1, \cdots, x_n)$$

(2) 연속형 확률변수 $X_1, X_2, \cdots, X_n$ 의 결합 확률함수를 $f_{X_1, X_2, \cdots, X_n}(x_1, x_2, \cdots, x_n)$ 라고 할 때 X_i의 주변 확률함수는

$$f_{X_i}(x_i) = \int_{x_1} \cdots \int_{x_{i-1}} \int_{x_{i+1}} \cdots \int_{x_n} f_{X_1, X_2, \cdots, X_n}(x_1, x_2, \cdots, x_n)\, dx_n \cdots dx_{i+1} dx_{i-1} \cdots dx_1$$

또한 X_i와 X_j의 주변 결합 확률함수는

$$f_{X_i, X_j}(x_i, x_j) = \int_{x_1} \cdots \int_{x_{i-1}} \int_{x_{i+1}} \cdots \int_{x_{j-1}} \int_{x_{j+1}} \cdots \int_{x_n} f_{X_1, \cdots, X_n}(x_1, \cdots, x_n)\, dx_n \cdots dx_{i+1} dx_{i-1} \cdots dx_{j+1} dx_{j-1} \cdots dx_1$$

예제 6.14 예제 6.4에서 X_1, X_2, X_3의 각각 주변 확률함수를 구하시오.

풀이

$$f_{X_1}(x_1) = \sum_{x_2}\sum_{x_3} f_{X_1, X_2, X_3}(x_1, x_2, x_3) = \begin{cases} \frac{5}{8}, & x_1 = 0 \\ \frac{3}{8}, & x_1 = 1 \end{cases}$$

$$f_{X_2}(x_2) = \sum_{x_1}\sum_{x_3} f_{X_1, X_2, X_3}(x_1, x_2, x_3) = \begin{cases} \frac{5}{8}, & x_2 = 0 \\ \frac{3}{8}, & x_2 = 1 \end{cases}$$

$$f_{X_3}(x_3) = \sum_{x_1}\sum_{x_2} f_{X_1, X_2, X_3}(x_1, x_2, x_3) = \begin{cases} \frac{1}{4}, & x_3 = 0 \\ \frac{3}{4}, & x_3 = 1 \end{cases}$$

▣

예제 6.15 $f_X(x) = 2x,\ 0 < x < 1$에서 추출한 세 개의 확률표본(random sample)이다. 그 중에서 제일 작은 수를 y_1, 두 번째 작은 수를 y_2, 제일 큰 수를 y_3라고 할 때 다음 물음에 답하시오.

(1) 순서통계량(order statistic) Y_1, Y_2, Y_3의 결합 확률함수를 구하시오.

(2) y_1의 주변 확률함수를 구하시오.

(3) $P(Y_1 < 0.1)$를 구하시오.

풀이 (1) 확률표본은 동일한 모집단에서 독립적으로 추출된 것을 의미한다. x_1, x_2, x_3의 크기는 다음과 같은 $3! = 6$ 가지 경우로 나타난다.

$$E_1 = \{(x_1, x_2, x_3) \mid x_1 < x_2 < x_3\},\ E_2 = \{(x_1, x_2, x_3) \mid x_1 < x_3 < x_2\}$$
$$E_3 = \{(x_1, x_2, x_3) \mid x_2 < x_1 < x_3\},\ E_4 = \{(x_1, x_2, x_3) \mid x_2 < x_3 < x_1\}$$
$$E_5 = \{(x_1, x_2, x_3) \mid x_3 < x_1 < x_2\},\ E_6 = \{(x_1, x_2, x_3) \mid x_3 < x_2 < x_1\}$$

이 중에서 한 개의 사상 E_4 인 경우의 순서통계량과의 변환관계는 다음과 같을 것이다.

$$y_1 = x_2,\ y_2 = x_3,\ y_3 = x_1$$

따라서 y_1, y_2, y_3의 결합 확률함수를 구하기 위하여 자코비안 행렬식을 구하면

$$|J_4| = \begin{vmatrix} \frac{\partial x_1}{\partial y_1} & \frac{\partial x_1}{\partial y_2} & \frac{\partial x_1}{\partial y_3} \\ \frac{\partial x_2}{\partial y_1} & \frac{\partial x_2}{\partial y_2} & \frac{\partial x_2}{\partial y_3} \\ \frac{\partial x_3}{\partial y_1} & \frac{\partial x_3}{\partial y_2} & \frac{\partial x_3}{\partial y_3} \end{vmatrix} = \begin{vmatrix} 0 & 0 & 1 \\ 1 & 0 & 0 \\ 0 & 1 & 0 \end{vmatrix} = -1$$

같은 방법으로 E_1, E_2, E_3, E_5, E_6의 J_i값을 구하면 -1 또는 1이므로, $|J_i|=1$이다. 따라서 y_1, y_2, y_3의 결합 확률함수는

$$f_{Y_1,Y_2,Y_3}(y_1,y_2,y_3)=\sum_{k=1}^{6}|J_k|\cdot f_{X_1}(y_1)f_{X_2}(y_2)f_{X_3}(y_3)$$
$$=3!(2y_1)(2y_2)(2y_3)=48y_1y_2y_3,\ 0<y_1<y_2<y_3<1$$

(2) $f_{Y_1}(y_1)=\int_{y_1}^{1}\int_{y_2}^{1}(48y_1y_2y_3)dy_3dy_2=6y_1(1-y_1^2)^2,\ 0<y_1<1$

(3) $P(Y_1<0.1)=\int_0^{0.1}f_{Y_1}(y_1)dy_1=0.0297$ ▣

예제 6.16 예제 6.8에서 Y_3의 주변 확률함수를 구하시오.

풀이 Y_1, Y_2, Y_3의 결합 확률함수는

$$f_{Y_1,Y_2,Y_3}(y_1,y_2,y_3)=\ 6\left(\frac{1}{\sqrt{2\pi}}\right)^3\exp\left\{-\frac{2y_1^2-4y_1y_2+8y_2^2-12y_2y_3+9y_3^2}{2}\right\}$$

여기서, $-\infty<y_1<\infty$, $-\infty<y_2<\infty$, $-\infty<y_3<\infty$ 이다.

$$f_{Y_3}(y_3)=\int_{-\infty}^{\infty}\int_{-\infty}^{\infty}f_{Y_1,Y_2,Y_3}(y_1,y_2,y_3)dy_1dy_2$$
$$=6\left(\frac{1}{\sqrt{2\pi}}\right)^3\int_{-\infty}^{\infty}\left[\exp\left\{-\frac{6y_2^2-12y_2y_3+9y_3^2}{2}\right\}\right.$$
$$\left.\int_{-\infty}^{\infty}\exp\left\{-\frac{2y_1^2-4y_1y_2+2y_2^2}{2}\right\}dy_1\right]dy_2$$
$$=\frac{\sqrt{3}}{\sqrt{2\pi}}exp\left\{-\frac{3}{2}y_3^2\right\}-\infty<y_3<\infty$$

따라서 Y_3는 평균 0, 분산 $\frac{1}{3}$인 정규분포와 같다. ▣

제3장에서는 축소된 표본공간 상에서 어떤 사상이 일어날 확률과 조건부 확률에 대해 연구하였다. 이를 바탕으로 하여 조건부 확률분포에 대한 개념을 정립하기로 하자. 조건부 확률함수는 공간도형 상에서 주어진 어떤 평면에서 보게 되는 단면의 분포라 할 수 있다.

정의 6.6 이변량 확률함수의 조건부 확률함수

확률변수가 X와 Y에서 $Y=y$가 주어졌을 때 $X=x$가 발생할 확률은 $f_{X|Y}(x|y)$이라 쓰고 이 확률함수를 조건부 확률함수(conditional probability function)라 하고, $F_{X|Y}(x|y)$은 조건부 분포함수라 할 때 다음과 같이 정의한다(단, $f_Y(y)>0$).

(1) 이산형 확률변수이면

$$f_{X|Y}(x|y)=P(X=x|Y=y)=\frac{f_{X,Y}(x,y)}{f_Y(y)}$$

$$F_{X|Y}(x|y)=\sum_{t\le x} f_{X|Y}(t|y)$$

(2) 연속형 확률변수이면

$$f_{X|Y}(x|y)=\frac{f_{X,Y}(x,y)}{f_Y(y)}$$

$$F_{X|Y}(x|y)=\int_{-\infty}^{x} f_{X|Y}(t|y)\,dt$$

만약 X와 Y가 독립인 확률변수라면 $f_{X,Y}(x,y)=f_X(x)\cdot f_Y(y)$이므로

$$f_{X|Y}(x|y)=\frac{f_{X,Y}(x,y)}{f_Y(y)}=f_X(x)$$

이라 할 수 있다. 역으로 $f_{X|Y}(x|y)=f_X(x)$이면 X와 Y는 독립인 확률변수이다.

예제 6.17 X와 Y의 결합 확률함수가 다음 표와 같을 때 물음에 답하시오.

y \ x	0	1
0	0.2	0.1
1	0.4	0.3

(1) $Y=y$가 주어졌을 때 X의 조건부 확률함수를 구하시오.

(2) $X=x$가 주어졌을 때 Y의 조건부 확률함수를 구하시오.

풀이 X와 Y의 주변 확률함수를 구하면

$$f_X(x)=\begin{cases}0.6, & x=0\\ 0.4, & x=1\end{cases},\qquad f_Y(y)=\begin{cases}0.3, & y=0\\ 0.7, & y=1\end{cases}$$

(1) $Y=y$가 주어졌을 때 X의 조건부 확률함수는 정의에 따라 구하면

$$f_{X|Y}(0 \mid 0) = P(X=0 \mid Y=0) = \frac{f_{X,Y}(0,0)}{f_Y(0)} = \frac{0.2}{0.3} = \frac{2}{3}$$

$$f_{X|Y}(1 \mid 0) = \frac{f_{X,Y}(1,0)}{f_Y(0)} = \frac{0.1}{0.3} = \frac{1}{3}$$

따라서

$$f_{X|Y}(x \mid y=0) = \begin{cases} \frac{2}{3}, & x=0 \\ \frac{1}{3}, & x=1 \end{cases}$$

같은 방법으로 $y=1$ 일 경우에 구하면

$$f_{X|Y}(x \mid y=1) = \begin{cases} \frac{4}{7}, & x=0 \\ \frac{3}{7}, & x=1 \end{cases}$$

(2) 앞의 방법과 같이 풀면

$$f_{Y|X}(y \mid x=0) = \begin{cases} \frac{2}{6}, & y=0 \\ \frac{4}{6}, & y=1 \end{cases}$$

$$f_{Y|X}(y \mid x=1) = \begin{cases} \frac{1}{4}, & y=0 \\ \frac{3}{4}, & y=1 \end{cases}$$

▣

예제 6.18 확률변수 X와 Y의 모수가 λ_1, λ_2인 독립인 포아송 확률변수라 할 때, 다음 물음에 답하시오.

(1) $P(X+Y=n)$을 구하시오.

(2) 조건부 확률함수 $f_{X|X+Y}(x \mid x+y=n)$을 구하시오.

풀이 (1) 모수가 λ인 포아송 확률함수는 $f_X(x) = P(X=x) = \dfrac{e^{-\lambda_1}\lambda_1^x}{x!}$에서 x의 값은 발생횟수를 의미하므로 $x+y=n$은 두 개의 확률변수의 발생 횟수의 합이 n을 의미한다. 따라서 $\mathrm{X+Y=n} = \bigcup_{k=0}^{n} \{\mathrm{X=k,\ Y=n-k}\}$이며, 사상 X와 Y는 서로 배반적이므로 다음과 같이 전개가 가능하다.

$$P(X+Y=n)=P\left(\bigcup_{k=0}^{n}(X=k,Y=n-k)\right)$$
$$=\sum_{k=0}^{n}P(X=k,Y=n-k)=\sum_{k=0}^{n}P(X=k)\cdot P(Y=n-k)$$
$$=\sum_{k=0}^{n}\left(\frac{e^{-\lambda_1}\lambda_1^k}{k!}\right)\cdot\left(\frac{e^{-\lambda_2}\lambda_2^{n-k}}{(n-k)!}\right)$$
$$=\frac{\exp(-\lambda_1-\lambda_2)}{n!}\sum_{k=0}^{n}\frac{n!}{k!(n-k)!}\lambda_1^k\lambda_2^{n-k}$$
$$=\frac{\exp(-\lambda_1-\lambda_2)\cdot(\lambda_1+\lambda_2)^n}{n!}$$

따라서 $X+Y$의 확률함수는 $\lambda_1+\lambda_2$를 모수로 갖는 포아송 분포를 갖고 있음을 알 수 있다.

(2) 조건부 확률함수을 계산하자.

$$f_{X|X+Y}(x\mid x+y=n)=P(X=x\mid X+Y=n)=\frac{P(X=x,\ Y=n-x)}{P(X+Y=n)}$$
$$=\frac{P(X=x)\cdot P(Y=n-x)}{P(X+Y=n)}$$
$$=\frac{e^{-\lambda_1}\lambda_1^x}{x!}\cdot\frac{e^{-\lambda_2}\lambda_2^{n-x}}{(n-x)!}\cdot\left[\frac{e^{-\lambda_1-\lambda_2}(\lambda_1+\lambda_2)^n}{n!}\right]^{-1}$$
$$=\binom{n}{x}\left(\frac{\lambda_1}{\lambda_1+\lambda_2}\right)^x\left(\frac{\lambda_2}{\lambda_1+\lambda_2}\right)^{n-x}$$

따라서 $X+Y=n$ 이 주어졌을 때 $X=k$의 조건부 확률함수는 모수가 $\frac{\lambda_1}{\lambda_1+\lambda_2}$을 갖는 이항분포에 따름을 알 수 있다. ▣

예제 6.19 확률변수 X와 Y의 결합 확률함수가 다음과 같을 때 물음에 답하시오.

$$f_{X,Y}(x,\ y)=\frac{6}{7}\left(x^2+\frac{xy}{2}\right),\quad 0<x<1,\ 0<y<2$$

(1) X 의 주변 확률함수를 구하시오.

(2) $X=x$ 가 주어졌을 때, Y의 조건부 확률함수를 구하시오.

(3) $P\left(Y>\frac{1}{2}\,\middle|\,X<\frac{1}{2}\right)$를 구하시오.

풀이 (1) $f_X(x)=\frac{6}{7}\int_0^2\left(x^2+\frac{xy}{2}\right)dy=\frac{6}{7}(2x^2+x)$, (단, $0<x<1$)

(2) $f_{Y|X}(y \mid x) = \dfrac{f_{X,Y}(x,y)}{f_X(x)} = \dfrac{x + \dfrac{y}{2}}{2x+1}$, (단, $0 < y < 2$)

다음 그림은 결합확률함수와 $X = 0.5$을 조건으로 하는 Y의 확률함수와 $Y = 1$ 일 때 X의 확률함수를 그린 것이다.

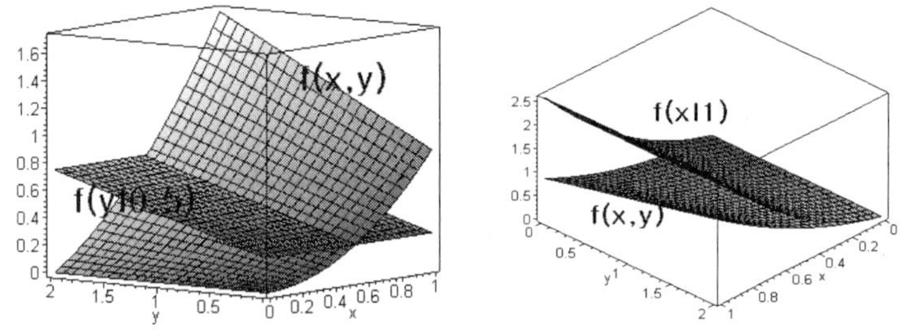

그림 6.6 결합확률함수와 조건부함수

다음 그림은 주변확률함수를 그린 것이다.

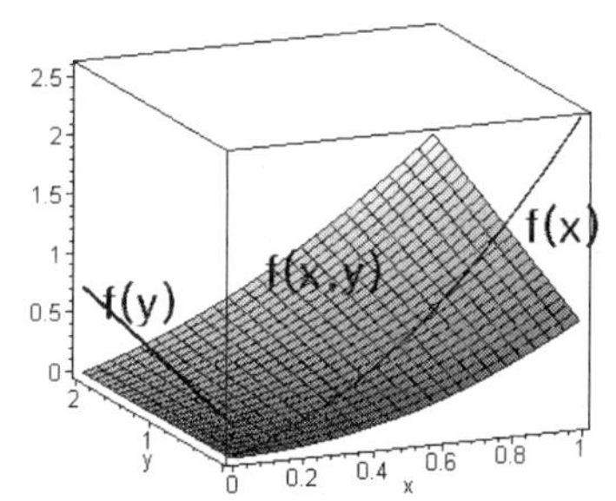

그림 6.7 결합확률함수와 주변확률함수

(3) $$P\left(Y > \frac{1}{2} \mid X < \frac{1}{2} \right) = \frac{P\left(Y > \frac{1}{2}, X < \frac{1}{2} \right)}{P\left(X < \frac{1}{2} \right)} = \frac{\int_0^{\frac{1}{2}} \int_{\frac{1}{2}}^{2} \frac{6}{7}\left(x^2 + \frac{xy}{2} \right) dy dx}{\int_0^{\frac{1}{2}} \frac{6}{7}(2x^2 + x) dx}$$

$$= \frac{69}{80}$$ ▣

예제 6.20 확률함수 X와 Y의 결합 확률함수가 다음과 같을 때 $P(X > 1 \mid Y = y)$을 구하시오.

$$f_{X,Y}(x, y) = \frac{e^{-\frac{x}{y}-y}}{y}, \quad 0 < x < \infty, 0 < y < \infty$$

풀이 Y가 주어졌을 때 X의 조건부 확률함수는

$$f_Y(y) = \int_0^\infty \frac{e^{-\frac{x}{y}-y}}{y} dx = e^{-y}, 0 < y < \infty$$

그리고

$$f_{X|Y}(x \mid y) = \frac{f_{X,Y}(x,y)}{f_Y(y)} = \frac{1}{y} e^{-\frac{x}{y}}$$

그러므로

$$P(X > 1 \mid Y = y) = \int_1^\infty \frac{1}{y} e^{-\frac{x}{y}} dx = e^{-\frac{1}{y}}$$ ▣

6.3 독립인 확률함수의 관계는 어떠한가?

두 사상의 독립과, 또는 독립시행에 관한 문제는 앞장에서 자세하게 다루었다. 이 절에서는 확률변수가 독립이란 가정 하에서 여러 종류의 확률함수가 어떤 관계로 발전하느냐의 문제를 다루자.

정의 6.7 독립성

(1) 확률변수 X와 Y가 $f_{X,Y}(x,y) = f_X(x) \cdot f_Y(y)$일 때 두 개의 확률변수는 서로 독립이라 하고, 등호가 성립하지 않으면 서로 종속이라 한다.

(2) 확률변수 $X_1, X_2, \cdots, X_n$ 가 $f_{X_1, \cdots, X_n}(x_1, x_2, \cdots, x_n) = \prod_{k=1}^{n} f_{X_k}(x_k)$을 만족할 때 각 변수는 독립이라 한다. 또한 그 역도 성립한다.

예제 6.21 확률변수 $I_A(x)$, $I_B(x)$는 다음과 같이 정의하고 A와 B가 독립일 때 물음에 답하시오.

$$I_A(x) = \begin{cases} 1, & x \in A \\ 0, & x \notin A \end{cases}, \quad I_B(x) = \begin{cases} 1, & x \in B \\ 0, & x \notin B \end{cases}$$

(1) $P(x \in A) = P(x \in B) = p$ 이라면, $Y = I_A(x) + I_B(x)$의 확률함수를 구하시오.

(2) $I_A(x) \cdot I_B(x)$의 확률함수를 구하시오.

풀이 (1) $I_A(x) + I_B(x)$의 값은 $x \in A \cap B$일 때는 2이고, $\{x \in A, x \notin B\}$ 또는 $\{x \notin A, x \in B\}$일 때는 각각 1이고, $x \notin A$, $x \notin B$일 때는 0이 된다. 따라서

$$\begin{aligned}
P(Y=2) &= P(x \in A \cap B) = P(x \in A) \cdot P(x \in B) = p^2 \\
P(Y=1) &= P(\{x \in A, x \notin B\} \cup \{x \notin A, x \in B\}) \\
&= P(\{x \in A, x \notin B\}) + P(\{x \notin A, x \in B\}) \\
&= P(\{x \in A\}) \cdot P(\{x \notin B\}) + P(\{x \notin A\}) \cdot P(\{x \in B\}) = 2p(1-p) \\
P(Y=0) &= P(x \notin A) \cdot P(x \notin B) = (1-p)^2
\end{aligned}$$

그러므로 Y의 확률함수는

$$f_Y(y) = \begin{cases} p^2, & y=2 \\ 2p(1-p), & y=1 \\ (1-p)^2, & y=0 \end{cases}$$

또는

$$f_Y(y) = \binom{2}{y} p^y (1-p)^{2-y}, \quad y = 0, 1, 2$$

(2) $Z = I_A(x) \cdot I_B(x)$ 의 값 $x \in A \cap B$ 일 때는 1이고, $\{x \in A, x \notin B\}, \{x \notin A, x \in B\}$ 일 때나, $x \notin A, x \notin B$ 일 때는 0이 된다. 따라서

$$\begin{aligned}
P(Z=1) &= P(x \in A \cap B) = P(x \in A) \cdot P(x \in B) = p^2 \\
P(Z=0) &= P(x \notin A \cap B) = 1 - P(x \in A) \cdot P(x \in B) = 1 - p^2
\end{aligned}$$

이므로 Z의 확률함수는

$$f_Z(z) = \begin{cases} p^2, & z=1 \\ 1-p^2, & z=0 \end{cases}$$

또는

$$f_Z(z) = p^{2z}(1-p^2)^{1-z}, \quad z = 0, 1$$

■

예제 6.22 여섯 개는 검은 공이고, 세 개는 빨간 공이 들어 있는 상자에서 한 개씩 공을 차례대로 추출한다고 하자. 확률변수 X_i는 i번째 추출한 공이 빨간 공일 지시확률변수라 하자. 다음 각 경우에 독립성 여부를 검토하시오.

(1) 복원추출일 경우

(2) 비복원추출일 경우

풀이 확률변수 X_i는 i번째 추출한 공이 빨간 공일 지시확률변수라 하면

$$X_i = \begin{cases} 1, & i\text{번째 추출한 공이 빨간공} \\ 0, & i\text{번째 추출한 공이 검은공} \end{cases}$$

(1) 복원추출(with replacement)인 경우는 $P(X_i = 1) = \frac{3}{9}$, $i = 1,2,\cdots,\infty$ 이고 $P(X_i = 1 \mid X_j = 1) = \frac{3}{9}$ 이다. 그러므로 $P(X_i = 1 \mid X_j = 1) = P(X_i = 1)$ 이므로 X_i와 X_j는 서로 독립이다.

(2) 비복원추출(without replacement)인 경우는

$$\begin{aligned} P(X_2 = 1) &= P(\{X_1 = 1, X_2 = 1\} \cup \{X_1 = 0, X_2 = 1\}) \\ &= P(\{X_1 = 1, X_2 = 1\}) + P(\{X_1 = 0, X_2 = 1\}) \\ &= P(\{X_1 = 1\})P(\{X_2 = 1 \mid X_1 = 1\}) \\ &\quad + P(\{X_1 = 0\})P(\{X_2 = 1 \mid X_1 = 0\}) \\ &= \frac{3}{9} \cdot \frac{2}{8} + \frac{6}{9} \cdot \frac{3}{8} = \frac{3}{9} \end{aligned}$$

그리고 $P(X_2 = 1 \mid X_1 = 1) = \frac{2}{8}$, $P(X_2 = 1 \mid X_1 = 0) = \frac{3}{8}$ 이므로

$$P(X_2 = 1 \mid X_1) \neq P(X_2 = 1)$$

이다. 따라서 X_1와 X_2는 서로 종속이다. ▣

예제 6.23 결합 확률함수가 다음과 같을 때 X와 Y의 독립성 여부를 판정하시오.

$$f_{X,Y}(x,y) = \begin{cases} e^{-(x+y)}, & 0 < x < \infty,\ 0 < y < \infty \\ 0, & \text{그 밖에서} \end{cases}$$

풀이 X와 Y의 주변 확률함수를 각각 구하면

$$f_X(x) = \int_0^{\infty} e^{-(x+y)} dy = e^{-x},\ 0 < x < \infty$$

$$f_Y(y) = \int_0^{\infty} e^{-(x+y)}dx = e^{-y},\ 0 < y < \infty$$

따라서 $f_{X,Y}(x,y) = f_X(x) \cdot f_Y(y)$ 이므로 두 확률변수는 서로 독립이다. ▣

예제 6.24 X와 Y의 결합확률함수가 다음과 같을 때, 독립성 여부를 판단하시오.

$$f_{X,\ Y}(x,\ y) = 2, \quad 0 \le x \le y \le 1$$

풀이 X와 Y의 주변 확률함수를 각각 구하면

$$f_X(x) = \int_x^1 2dy = 2(1-x), \quad 0 \le x \le 1$$

$$f_Y(y) = \int_0^y 2dx = 2y, \quad 0 \le y \le 1$$

따라서 $f_{X,Y}(x,y) \ne f_X(x) f_Y(y)$ 이므로 확률변수 X와 Y는 종속이다. ▣

n개의 사상 $A_1, A_2, \cdots, A_n$ 이 서로 독립이고 $X_1 \in A_1, X_2 \in A_2, \ldots, X_n \in A_n$일 때, $X_1, X_2, \cdots, X_n$ 은 독립 확률변수라 하면 다음 식이 성립한다.

$$P(X_1 \le a_1,\ X_2 \le a_2, \cdots, X_n \le a_n) = \prod_{k=1}^{n} P(X_k \le a_k)$$

예제 6.25 X, Y, Z가 구간 $(0,1)$상에서 독립인 균일분포를 갖는다면 $P(X \ge YZ)$의 값을 계산하시오.

풀이 우선 X, Y, Z의 결합 확률함수를 구하자.

$$f_{X,Y,Z}(x, y, z) = f_X(x) f_Y(y) f_Z(z) = 1,\ 0 \le x \le 1,\ 0 \le y \le 1,\ 0 \le z \le 1$$

따라서

$$P(X \ge YZ) = \int\int\int_{x \ge yz} f_{X,Y,Z}(x, y, z)\, dx\, dy\, dz$$

$$= \int_0^1 \int_0^1 \int_{yz}^1 dx dy dz = \frac{3}{4}$$ ▣

6.4 이변량 이상의 확률변수의 기대값

제4장에서 단일 변량(univariate)에 대한 여러 가지 기대값을 계산하였고, 그 의미를 살펴보았다. 이 절에서는 앞에서 배운 주변 확률함수와 조건부 확률함수의 기대값과, 이에 해당하는 성질을 확대시켜 적용해 보기로 하고 새로운 개념인 두 변수 사이의 관계를 측정할 수 있는 공분산과 상관계수에 대하여 연구하기로 하자.

정의 6.8 결합확률변수의 기대값

확률변수 X와 Y의 결합 확률함수는 $f_{X,\,Y}(x,\,y)$일 때, x와 y의 함수 $h(x,\,y)$의 기댓값은, 이산형일 경우는

$$E\{h(X,\,Y)\}=\sum_x\sum_y h(x,\,y)\cdot P(X=x,\,Y=y)$$

연속형인 경우는

$$E\{h(X,\,Y)\}=\int_x\int_y h(x,\,y)\cdot f_{X,\,Y}(x,\,y)dy\,dx$$

이를 n개의 확률변수로 확장하면 다음과 같은 정의를 내릴 수 있다.

정의 6.9 다변량 결합확률함수의 기대값

n개 확률변수 $X_1,\,X_2,\,\cdots,\,X_n$의 결합 확률함수는 $f_{X_1,\,\cdots,\,X_n}(x_1,\,\cdots,\,x_n)$일 때, 함수 $h(x_1,\,\cdots,\,x_n)$의 기대값은

(1) 이산형일 경우는

$$E\{h(X_1,\,\cdots,\,X_n)\}=\sum_{x_1}\cdots\sum_{x_n}h(x_1,\,\cdots,\,x_n)P(X_1=x_1,\,\cdots,\,X_n=x_n)$$

(2) 연속형인 경우는

$$E\{h(X_1,\,\cdots,\,X_n)\}=\int_{x_1}\cdots\int_{x_n}h(x_1,\,\cdots,\,x_n)f_{X_1,\,\cdots,\,X_n}(x_1,\,\cdots,\,x_n)dx_n\cdots dx_1$$

예제 6.26 확률변수 X와 Y의 결합 확률함수가 예제 6.1과 같이 주어졌을 때 다음을 구하시오.

(1) $E(XY)$ (2) $E\left(\frac{Y}{X}\right)$

풀이 정의에 의하여

$$(1)\ E(XY) = \sum_{x=1}^{6}\sum_{y=0}^{2} xy \cdot P(X=x, Y=y)$$
$$= \sum_{x=1}^{6} 1 \cdot x \cdot P(X=x, Y=1) + \sum_{x=1}^{6} 2 \cdot x \cdot P(X=x, Y=2)$$
$$= \frac{82}{36} + \frac{88}{36} = \frac{85}{18}$$

$$(2)\ E\left(\frac{Y}{X}\right) = \sum_{x=1}^{6}\sum_{y=0}^{2} \frac{y}{x} \cdot P(X=x, Y=y)$$
$$= \sum_{x=1}^{6} \frac{1}{x} \cdot P(X=x, Y=1) + \sum_{x=1}^{6} \frac{2}{x} \cdot P(X=x, Y=2)$$
$$= \frac{1}{2} \cdot \frac{2}{36} + \frac{1}{3} \cdot \frac{2}{36} + \frac{1}{4} \cdot \frac{4}{36} + \frac{1}{5} \cdot \frac{4}{36} + \frac{1}{6} \cdot \frac{6}{36}$$
$$+ \frac{2}{2} \cdot \frac{1}{36} + \frac{2}{4} \cdot \frac{3}{36} + \frac{2}{6} \cdot \frac{5}{36} = \frac{259}{1080}$$

▣

예제 6.27 단위원 내부 $\{(x,y) : x^2 + y^2 \le 1\}$ 에서 확률변수 X와 Y는 균일분포를 따른다고 할 때 $E(\sqrt{X^2 + Y^2})$의 값을 계산하시오.

풀이 예제 6.12에서 확률변수 X와 Y의 결합확률함수를 구한 결과

$$f_{X,Y}(x, y) = \begin{cases} \frac{1}{\pi}, & x^2 + y^2 \le 1 \\ 0, & \text{그 밖의 영역에서} \end{cases}$$

이므로, 이를 이용하여 계산해 보자.

$$E(\sqrt{X^2+Y^2}) = \iint_{x^2+y^2 \le 1} \frac{1}{\pi}\sqrt{x^2+y^2}\, dydx$$
$$= \int_0^{2\pi}\int_0^1 \frac{1}{\pi} r^2 dr d\theta = \frac{1}{\pi} \cdot 2\pi \cdot \frac{1}{3} = \frac{2}{3}$$

▣

정의 6.9에서 확률변수 X와 Y의 관계를 규명할 수 있는 관계식으로 흔히 사용되는

것이 $h(x, y) = (x - \mu_X)(y - \mu_Y)$이다. 이와 같이 얻어진 값을 공분산(covariance)이라 하고 다음 정의를 따른다.

정의 6.10 공분산

확률변수 X와 Y의 각각의 편차의 곱의 기대값은 공분산이라 하고 다음과 같이 정의한다.

$$Cov(X, Y) = E\{(X - \mu_X)(Y - \mu_Y)\}$$

위 정의에서 나타난 공분산을 σ_{XY} 라고도 하고 이를 간략히 하면

$$\sigma_{XY} = E\{XY\} - \mu_X \cdot \mu_Y$$

이라 할 수 있다. 또한 확률변수 X자신의 공분산은

$$Cov(X, X) = E\{(X - \mu_X)(X - \mu_X)\} = Var(X)$$

이 된다.

공분산의 정의를 살펴보면, 변환된 확률변수 $X - \mu_X$ 와 $Y - \mu_Y$ 의 값에 의하여 좌우됨을 알 수 있을 것이다. 즉, $\{X - \mu_X > 0, Y - \mu_Y > 0\}$ 일 때, 그 곱의 값은 양(+)이고, $\{X - \mu_X > 0, Y - \mu_Y < 0\}$ 또는 $\{X - \mu_X < 0, Y - \mu_Y > 0\}$ 일 때는 그 곱의 값은 음(−)이고, $\{X - \mu_X < 0, Y - \mu_Y < 0\}$ 이면 그 곱의 값은 양(+)이 된다. 이는 평균을 중심으로 좌표를 그었을 때 자료의 값이 제1사분면과 제3사분면에서는 양이고, 제2사분면과 제4분면은 음이 된다는 것이다. 이는 두 개의 변수가 양의 기울기를 갖는 것과 음의 기울기를 평가하는 것과 유사한 성격을 갖게 된다. 그리고 그 값은 양수가 되는 경우와 음수가 되는 경우의 크기에 따라 결정될 것이다.

음이 되는 것들의 크기와 양이 되는 것들의 크기가 같다면 그 값은 0이 된다. 특히 두 개의 확률변수가 독립인 관계에 있다면 공분산은 반드시 0이 되지만 공분산이 0이라 해서 두 개의 확률변수가 독립이라고는 할 수 없다. 이때 공분산은 음과 양으로 구분은 되지만 데이터의 측정방법에 따라 그 값은 변한다. 예를 들면 똑같은 길이를 cm로 측정했을 때와 m 로 측정했을 때는 당연히 다른 크기의 공분산을 얻는다. 이를 방지하고 그 크기로 두 개 확률변수의 관계성을 규정하는 것이 상관계수(coefficient of correlation)로서 다음 정의에 따른다.

정의 6.11 **상관계수**

확률변수 X와 Y의 평균과 분산을 각각 μ_X, μ_Y과 σ_X^2, σ_Y^2라 할 때 두 확률변수의 상관계수 ρ_{XY}는

$$\rho_{XY} = \frac{E\{(X-\mu_X)(Y-\mu_Y)\}}{\sigma_X \sigma_Y} = \frac{\sigma_{XY}}{\sigma_X \sigma_Y}$$

예제 6.28 확률변수 X와 Y의 결합확률함수가 다음과 같을 때, 두 확률변수의 상관계수를 다음 절차에 의하여 계산하시오.

$$f_{X,\,Y}(x,\,y) = x+y, \qquad 0<x<1, \qquad 0<y<1$$

(1) 확률변수 X와 Y의 주변 확률함수를 구하시오.

(2) 각 확률변수의 평균과 분산을 구하시오.

(3) 공분산을 구하시오.

(4) 상관계수를 구하시오.

풀이 (1) $f_X(x) = \int_0^1 (x+y)dy = x+\frac{1}{2}$, $0<x<1$

$f_Y(y) = \int_0^1 (x+y)dx = y+\frac{1}{2}$, $0<y<1$

(2) $E(X) = \int_0^1 x\left(x+\frac{1}{2}\right)dx = \frac{7}{12}$, $E(Y) = \int_0^1 y\left(y+\frac{1}{2}\right)dy = \frac{7}{12}$

$E(X^2) = \int_0^1 x^2\left(x+\frac{1}{2}\right)dx = \frac{5}{12}$, $E(Y^2) = \int_0^1 y^2\left(y+\frac{1}{2}\right)dy = \frac{5}{12}$

이므로

$$\sigma_X^2 = \frac{5}{12} - \left(\frac{7}{12}\right)^2 = \frac{11}{144}, \quad \sigma_Y^2 = \frac{5}{12} - \left(\frac{7}{12}\right)^2 = \frac{11}{144}$$

(3) $E(XY) = \int_0^1 \int_0^1 xy(x+y)\,dydx = \int_0^1 \left(\frac{1}{2}x^2 + \frac{1}{3}x\right)dx = \frac{1}{3}$

이므로 정의에 의하여

$$Cov(X,\,Y) = \frac{1}{3} - \frac{7}{12} \times \frac{7}{12} = -\frac{1}{144}$$

(4) 정의에 의하여 상관계수를 구하면

$$\rho_{XY} = \frac{-1/144}{\sqrt{11/144} \cdot \sqrt{11/144}} = -\frac{1}{11}$$ ▣

예제 6.29 예제 6.2에서 구한 결합확률함수를 이용하여 다음을 구하시오.

(1) 확률변수 X와 Y의 주변확률함수를 구하시오.

(2) 각 확률변수의 평균과 분산을 구하시오.

(3) 공분산을 구하시오.

(4) 상관계수를 구하시오.

풀이 (1) 문제의 뜻에 따라 주변확률을 구하면 다음 표에서 볼 수 있다.

y \ x	1	2	3	4	$f_Y(y)$
1	1/16	1/16	1/16	1/16	4/16
2	0	2/16	1/16	1/16	4/16
3	0	0	3/16	1/16	4/16
4	0	0	0	4/16	1/16
$f_X(x)$	1/16	3/16	5/16	7/36	1

(2) $E(X) = 1 \times \frac{1}{16} + 2 \times \frac{3}{16} + 3 \times \frac{5}{16} + 4 \times \frac{7}{16} = \frac{25}{8}$

$$E(Y) = 1 \times \frac{1}{4} + 2 \times \frac{1}{4} + 3 \times \frac{1}{4} + 4 \times \frac{1}{4} = \frac{5}{2}$$

$$\sigma_X^2 = E(X^2) - \{E(X)\}^2 = \frac{170}{16} - \left(\frac{25}{8}\right)^2 = \frac{55}{64}$$

$$\sigma_Y^2 = E(Y^2) - \{E(Y)\}^2 = \frac{15}{2} - \left(\frac{5}{2}\right)^2 = \frac{5}{4}$$

(3) $\sigma_{XY} = E(XY) - \mu_X \mu_Y = \frac{135}{16} - \frac{25}{8} \cdot \frac{5}{2} = \frac{5}{8}$

(4) $\rho_{XY} = \dfrac{\frac{5}{8}}{\sqrt{\frac{55}{64}} \times \sqrt{\frac{5}{4}}} = \dfrac{2}{\sqrt{11}}$ ▣

정리 6.3 두 확률변수의 함수의 기대값

(1) 확률변수 X와 Y가 독립임에 상관없이 다음 식이 성립한다.

$$E(X+Y)=E(X)+E(Y)$$

(2) 만약 X와 Y가 독립인 확률변수라고 하면

$$E(XY)=E(X)E(Y)$$

(3) 확률변수 X와 Y의 결합함수 $X+Y$의 분산은 다음과 같다(단, 복호동순).

$$Var(X\pm Y)=Var(X)+Var(Y)\pm 2\,Cov(X,\ Y)$$

증명 (1) 이산형 확률변수인 경우를 증명하겠다.

$$\begin{aligned}
E(X+Y) &= \sum_x\sum_y(x+y)f_{X,Y}(x,y)\\
&= \sum_x\sum_y xf_{X,Y}(x,\ y)+\sum_x\sum_y yf_{X,\ Y}(x,\ y)\\
&= \sum_x x\left(\sum_y f_{X,\ Y}(x,\ y)\right)+\sum_y y\left(\sum_x f_{X,\ Y}(x,\ y)\right)\\
&= \sum_x xf_X(x)+\sum_y yf_Y(y)\\
&= E(X)+E(Y)
\end{aligned}$$

(2) 확률변수 X와 Y가 독립인 확률변수라고 했으므로 $f_{X,\ Y}=f_X(x)\,f_Y(y)$인 관계가 성립하므로

$$\begin{aligned}
E(XY) &= \sum_x\sum_y xyf_{X,\ Y}(x,\ y)=\sum_x\sum_y xyf_X(x)f_Y(y)\\
&= \sum_x xf_X(x)\cdot\sum_y yf_Y(y)\\
&= E(X)\cdot E(Y)
\end{aligned}$$

(3) 분산의 정의에 의하여

$$\begin{aligned}
Var(X+Y) &= E(X+Y-\mu_X-\mu_Y)^2\\
&= E(X-\mu_X)^2+E(Y-\mu_Y)^2+2E\{(X-\mu_X)(Y-\mu_Y)\}\\
&= Var(X)+Var(Y)+2Cov(X,\ Y)
\end{aligned}$$

■

따라서 두 개의 확률변수가 독립이라면 그 공분산은 0이 될 것이고 상관계수도 0이

됨을 알 수 있다. 그러나 역으로 $Cov(X, Y)=0$ 이라고 하여 독립이라고는 할 수 없다. 이 관계를 자주 나타나는 예제를 통하여 검토해 보기로 하자.

예제 6.30 두 개의 확률변수의 분포가 다음과 같을 때 물음에 답하시오.

y \ x	-1	0	1	$f_Y(y)$
0	0	1/3	0	1/3
1	1/3	0	1/3	2/3
$f_X(x)$	1/3	1/3	1/3	1

(1) 공분산을 구하시오.

(2) 독립인지 아닌지를 검토하시오.

풀이 (1) $E(X)=\sum_{x=-1}^{1} xf_X(x)=(-1)\cdot\frac{1}{3}+0\cdot\frac{1}{3}+1\cdot\frac{1}{3}=0$

$E(Y)=\sum_{y=0}^{1} yf_Y(y)=0\cdot\frac{1}{3}+1\cdot\frac{2}{3}=\frac{2}{3}$

$Cov(X, Y)=E(XY)-\mu_X\mu_Y=(-1)(1)\cdot\frac{1}{3}+(1)(1)\cdot\frac{1}{3}-0\cdot\frac{2}{3}=0$

(2) $P(X=-1, Y=1)=\frac{1}{3}$,

$P(X=-1)\cdot P(Y=1)=\frac{1}{3}\cdot\frac{2}{3}=\frac{2}{9}$ 으로서

$P(X=-1, Y=1)\neq P(X=-1)\cdot P(Y=1)$

이므로 두 확률변수는 독립이 아니다. ▣

이 예제에서 보았듯이 $Cov(X, Y)=0$ 이므로 상관계수는 $\rho_{XY}=0$ 이 된다. 상관계수란 X와 Y의 선형관계의 강도(strength of linear relation)의 척도를 뜻하며, $\rho_{XY}=0$ 이면 두 변수간의 선형관계는 존재하지 않음을 의미하며, 반면에 $\rho_{XY}=\pm 1$ 이면 두 변수는 완전한 선형의 관계를 갖는다는 뜻이다.

정리 6.4 선형결합의 평균과 분산

k개의 확률변수 $X_1, X_2, \cdots, X_k$의 선형결합으로 만들어진 새로운 확률변수 $Y=\sum_{i=1}^{k} a_i X_i$의 평균과 분산은 다음과 같다.

(1) $E\left\{\sum_{i=1}^{k} a_i X_i\right\} = \sum_{i=1}^{k} a_i E(X_i)$

(2) $Var\left(\sum_{i=1}^{k} a_i X_i\right) = \sum_{i=1}^{k} a_i^2 Var(X_i) + 2\sum\sum_{i<j} a_i a_j Cov(X_i, X_j)$

증명 이 증명은 앞의 정리와 유사한 방법으로 증명이 된다. 그러므로 이를 연습문제로 남겨 놓겠다. ▣

위 정리에서 $a_i = 1, i = 1, 2, \cdots, k$라면

$$E\left\{\sum_{i=1}^{k} X_i\right\} = \sum_{i=1}^{k} E(X_i) \ ,$$

$$Var\left(\sum_{i=1}^{k} X_i\right) = \sum_{i=1}^{k} Var(X_i) + 2\sum\sum_{i<j} Cov(X_i, X_j)$$

이 된다. 또한 $a_i = 1, i = 1, 2, \cdots, k$이고, 각 확률변수가 독립이라면 $Cov(X_i, X_j) = 0$이 되므로

$$Var\left(\sum_{i=1}^{k} X_i\right) = \sum_{i=1}^{k} Var(X_i)$$

와 같이 전개가 가능하다. 또한 각 확률변수가 같은 모수를 갖고 있다면

$$Var\left(\sum_{i=1}^{k} X_i\right) = \sum_{i=1}^{k} Var(X_i) = k\ Var(X)$$

이 수식은 통계학이나 앞으로 나타날 확률계산에 많이 이용된다(이를 통계학에서는 $X \sim i\,i\,d$로 표시한다는 것을 기억해 두기 바란다.)

예제 6.31 큰 항아리에 N개의 공이 들어있다. 이 중에서 흰 공은 M개, 검은 공은 $N-M$개이면, 이 중에서 n개의 공을 추출할 때 흰 공의 개수를 x개라 하면 확률변수 X는 초기하분포를 한다고 한다. 여기서 j번째 추출된 공의 색의 변수를 지시 확률변수 I_j, $j = 1, 2, ..., n$ 라 할 때 다음을 구하시오.

(1) 초기하분포의 확률변수를 지시확률변수로 나타내시오.

(2) 지시 확률변수의 평균, 분산, 공분산, 상관계수를 구하시오.

(3) X 의 평균과 분산을 구하시오.

풀이 (1) 확률변수 I_j, $j=1, 2, \cdots, n$에서 j번째 추출에서 흰 공이면 1, 검은 공이면 0이라 하자. n번의 추출에서 흰 공의 개수는 $X=I_1+I_2+\cdots+I_n=\sum_{j=1}^{n} I_j$ 로 표시할 수 있다.

(2) 모든 j에 대하여 $P(I_j=1)=\dfrac{M}{N}$ 이고, $P(I_j=0)=\dfrac{N-M}{N}$이므로

$$E(I_j)=0\times P(I_j=0)+1\times P(I_j=1)=\frac{M}{N}$$

$$E(I_j{}^2)=\frac{M}{N} \text{ 이므로 } \quad Var(I_j)=\frac{M}{N}\left(1-\frac{M}{N}\right)$$

또한

$$\begin{aligned}Cov(I_i, I_j) &= P(I_i=1, I_j=1)-P(I_i=1)\,P(I_j=1)\\ &=\frac{M(M-1)}{N(N-1)}-\frac{M}{N}\cdot\frac{M}{N}=-\frac{M(N-M)}{N^2(N-1)}\end{aligned}$$

$$\rho_{I_i,I_j}=\frac{-\dfrac{M(N-M)}{N^2(N-1)}}{\sqrt{\dfrac{M}{N}\left(1-\dfrac{M}{N}\right)}\cdot\sqrt{\dfrac{M}{N}\left(1-\dfrac{M}{N}\right)}}=-\frac{1}{N-1}$$

(3) $E(X)=\left\{E\sum_{j=1}^{n} I_j\right\}=\sum_{j=1}^{n} E(I_j)=\sum_{j=1}^{n}\dfrac{M}{N}=n\dfrac{M}{N}$

$$\begin{aligned}Var(X) &= Var\left\{\sum_{j=1}^{n} I_j\right\}=\sum_{j=1}^{n} Var(I_j)+2\sum\sum_{i<j} Cov(I_i,I_j)\\ &=\sum_{j=1}^{n}\frac{N}{M}\left(1-\frac{M}{N}\right)+2\sum\sum_{i<k}\left(\frac{M(M-1)}{N(N-1)}-\frac{M}{N}\cdot\frac{M}{N}\right)\\ &=n\frac{M}{N}\left(1-\frac{M}{N}\right)+2\cdot\frac{n(n-1)}{2}\left(-\frac{M(N-M)}{N^2(N-1)}\right)\\ &=n\frac{M}{N}\left(1-\frac{M}{N}\right)\left(\frac{N-n}{N-1}\right)\end{aligned}$$

▣

예제 6.32 모자를 착용한 N명의 남자가 어떤 파티에 가서 모자를 벗어 큰 항아리에 놓고 파티를 즐겼다. 파티가 끝난 다음 각 사람은 항아리에서 임의로 한 개의 모자를 골라 착용한다고 하자. 다음 물음에 답하시오.

(1) 자신의 모자를 착용할 기대 수를 구하시오.

(2) 자신의 모자를 착용할 분산을 구하시오.

풀이 (1) i번째 사람이 자신의 모자를 착용할 사상을 확률변수 X_i라 하자. 그러면

$$X_i = \begin{cases} 1, & \text{자신의 모자를 착용.} \\ 0, & \text{자신의 모자가 아님.} \end{cases}$$

따라서 $X = \sum_{i=1}^{N} X_i$ 이 의미하는 것은 자기 모자를 제대로 골라 쓴 사람의 수다.

$$E(X_i) = P(X_i = 1) = \frac{(N-1)!}{N!} = \frac{1}{N}$$

$$E(X) = E\left(\sum_{i=1}^{N} X_i\right) = N \cdot \left(\frac{1}{N}\right) = 1$$

(2) $E(X_i^2) = P(X_i = 1) = \dfrac{(N-1)!}{N!} = \dfrac{1}{N}$

$$Var(X_i) = E(X_i^2) - (E(X_i))^2 = P(X_i = 1) - \left(\frac{1}{N}\right)^2 = \frac{N-1}{N^2}$$

$$E(X_i X_j) = P(X_i = 1, X_j = 1) = \frac{(N-2)!}{N!} = \frac{1}{N(N-1)} \text{ 이므로}$$

$$Cov(X_i, X_j) = \frac{1}{N(N-1)} - \left(\frac{1}{N}\right)^2 = \frac{1}{N^2(N-1)}$$

또한 $\left\{ \sum_{i<j} \sum \right\}$ 의 가지 수는 $\binom{N}{2}$ 이므로, 구하고자 하는 분산은

$$Var(X) = N \cdot \frac{N-1}{N^2} + 2\binom{N}{2} \cdot \frac{1}{N^2(N-1)} = 1$$ ■

앞의 정리를 행렬로 표시하면 다음과 같은데 독자는 이 행렬의 구조를 보고 표현식 전체를 이해하기 바란다. 예를 들어 두 개의 확률변수인 경우는

$$\Sigma_2 = \begin{bmatrix} Var(X_i) & Cov(X_1, X_2) \\ Cov(X_2, X_1) & Var(X_2) \end{bmatrix}$$

으로서 첨자 2는 2차원이라 한다. 이런 행렬을 분산-공분산 행렬(variance-covariance matrix, 보통 Σ로 표시)이라 한다. 또한 이 행렬에서 $Cov(X_1, X_2) = Cov(X_2, X_1)$이므로 대칭행렬(symmetric matrix)이다. 그렇다면 k개의 확률변수를 갖는 경우는 어떤지를 보자.

$$\Sigma_k = \begin{bmatrix} Var(X_1) & Cov(X_1, X_2) & \cdots & Cov(X_1, X_k) \\ Cov(X_2, X_1) & Var(X_2) & \cdots & Cov(X_2, X_k) \\ \vdots & \vdots & \vdots & \vdots \\ Cov(X_k, X_1) & Cov(X_k, X_2) & \cdots & Var(X_k) \end{bmatrix}$$

따라서 $Var\left(\sum_{i=1}^{k} X_i\right)$의 값은 Σ_k 의 대각원소(diagonal element)와 비대각 원소(off-diagonal element)를 전부 합한 것과 같음을 알 수 있고, 또한 확률변수들이 독립이라고 한다면 비대각 원소는 전부 0이므로 대각선상의 값의 합으로 표시할 수 있을 것이다.

예제 6.33 두 개의 확률변수 X, Y가 서로 선형관계가 있을 때, 상관계수의 값의 범위가 다음과 같음을 보이시오.

$$-1 \le \rho_{XY} \le 1$$

풀이 두 개의 확률변수 X, Y를 표준화된 확률변수로 표시하면 $Z_1 = \dfrac{X-E(X)}{\sqrt{Var(X)}}$, $Z_2 = \dfrac{Y-E(Y)}{\sqrt{Var(Y)}}$이라고 한다면, $E(Z_1) = E(Z_2) = 0$, $Var(Z_1) = Var(Z_2) = 1$에서

$$\begin{aligned} Cov(Z_1, Z_2) &= E(Z_1 Z_2) - E(Z_1)E(Z_2) \\ &= \frac{E\{(X-E(X)) \cdot (Y-E(Y))\}}{\sqrt{Var(X)} \cdot \sqrt{Var(Y)}} \\ &= \rho_{XY} \end{aligned}$$

또한

$$\begin{aligned} Var(Z_1+Z_2) &= Var(Z_1) + Var(Z_2) + 2Cov(Z_1, Z_2) \\ &= 2(1+\rho_{XY}) \end{aligned}$$

이다. 이때 $Var(Z_1+Z_2) \geq 0$이므로 $\rho_{XY} \geq -1$이 된다. 반면에

$$Var(Z_1-Z_2) = 2(1-\rho_{XY})$$

이므로 $\rho_{XY} \le 1$이 된다. 이를 결합하면 $-1 \le \rho_{XY} \le 1$ ▣

예제 6.34 두 개의 확률변수 X와 Y가 $Y = aX+b$ (단, a, b는 상수)인 관계가 성립할 때 상관계수 ρ_{XY}를 구하시오.

풀이 $E(Y) = aE(X)+b$이므로 $Y-E(Y) = a(X-E(X))$이다. 따라서

$$Var(Y) = a^2\, Var(X)$$

또한 $Cov(X, Y) = E\{(X - E(X)) \cdot (Y - E(Y))\} = a\,Var(X)$이므로

$$\rho_{XY} = \frac{a\,Var(X)}{\sqrt{a^2\,Var(X)\,Var(X)}} = \frac{a}{|a|}$$

이 된다. 따라서 $a \geq 0$인 경우는 $\rho_{XY} = 1$이 되고, $a < 0$ 인 경우는 $\rho_{XY} = -1$이다.

▣

참고 $$Cov\left(\sum_{i=1}^{n} X_i, \sum_{j=1}^{m} Y_j\right) = E\left(\left(\sum_{i=1}^{n} X_i - \sum_{i=1}^{n} E(X_i)\right) \cdot \left(\sum_{j=1}^{m} Y_j - \sum_{j=1}^{m} E(Y_j)\right)\right)$$
$$= \sum_{i=1}^{n} \sum_{j=1}^{m} E(X_i - E(X_i)) \cdot (Y_j - E(Y_j))$$
$$= \sum_{i=1}^{n} \sum_{j=1}^{m} Cov(X_i, Y_j)$$

정의 6.12 이변량, 다변량 확률변수의 적률생성함수

다변량 확률변수의 적률모함수는 다음과 같이 정의한다.

(1) 두 개의 확률변수 X_1, X_2의 결합 확률함수를 $f_{X_1, X_2}(x_1, x_2)$라 할 때

$$M_{X_1, X_2}(t_1, t_2) = E\left(e^{t_1 X_1 + t_2 X_2}\right)$$
$$= \begin{cases} \sum_{x_1} \sum_{x_2} e^{t_1 x_1 + t_2 x_2} P(X_1 = x_1, X_2 = x_2), & \text{이산형인 경우} \\ \int_{x_1} \int_{x_2} e^{t_1 x_1 + t_2 x_2} f_{X_1, X_2}(x_1, x_2)\, dx_2\, dx_1, & \text{연속형인 경우} \end{cases}$$

(2) $X_1, X_2, \cdots, X_n$ 의 결합확률함수를 $f_{X_1, X_2, \cdots, X_n}(x_1, x_2, \cdots, x_n)$이라 하면

$$M_{X_1, X_2, \cdots, X_n}(t_1, t_2, \cdots, t_n) = E\left(e^{\sum_{i=1}^{n} t_i X_i}\right)$$
$$= \begin{cases} \sum_{x_1} \sum_{x_2} \cdots \sum_{x_n} e^{\sum_{i=1}^{n} t_i X_i} \cdot P(X_1 = x_1, X_2 = x_2, \cdots, X_n = x_n), & \text{이산형인 경우} \\ \int_{x_1} \int_{x_2} \cdots \int_{x_n} e^{\sum_{i=1}^{n} t_i X_i} \cdot f_{X_1, X_2, \cdots, X_n}(x_1, x_2, \cdots, x_n)\, dx_n \cdots dx_2 dx_1, & \text{연속형인 경우} \end{cases}$$

예제 6.35 $X \sim N(\mu_1, \sigma_1^2)$, $Y \sim N(\mu_2, \sigma_2^2)$이라 하고, 상관계수를 ρ_{XY}이라 할 때 이변량 정규분포의 적률모함수를 구하시오.

풀이 확률변수 X, Y의 이변량 정규분포는

$$f_{X,Y}(x, y) = \frac{1}{2\pi\sigma_1\sigma_2\sqrt{1-\rho^2}} \exp\left(-\frac{R}{2(1-\rho^2)}\right), -\infty < x < \infty, -\infty < y < \infty$$

$$(\text{단, } R = \left(\frac{x-\mu_1}{\sigma_1}\right)^2 + \left(\frac{y-\mu_2}{\sigma_2}\right)^2 - 2\rho \cdot \frac{(x-\mu_1)(y-\mu_2)}{\sigma_1\sigma_2})$$

앞의 정의에 이를 대입하여 정리하면

$$\begin{aligned} M_{X,Y}(t_1\ t_2) &= E\left(e^{t_1 X + t_2 Y}\right) \\ &= \exp(t_1\mu_1 + t_2\mu_2) \int_{-\infty}^{\infty}\int_{-\infty}^{\infty} \exp(t_1\sigma_1 x + t_2\sigma_2 y) \\ &\quad \times \frac{1}{2\pi\sqrt{1-\rho^2}} \exp\left(-\frac{x^2 - 2\rho xy + y^2}{2(1-\rho^2)}\right) dxdy \end{aligned}$$

적분 속에 들어 있는 지수함수의 지수들을 정리하면

$$\begin{aligned} \text{지수} &= -\frac{1}{2(1-\rho^2)}\{ x^2 - 2\rho xy + y^2 - 2(1-\rho^2)t_1\sigma_1 x - 2(1-\rho^2)t_2\sigma_2 y \} \\ &= -\frac{1}{2(1-\rho^2)}\{(x - \rho y - (1-\rho^2)t_1\sigma_1)^2 + (1-\rho^2)(y - \rho t_1\sigma_1 - t_2\sigma_2)^2 \\ &\quad -(1-\rho^2)(t_1^2\sigma_1^2 + 2\rho t_1 t_2 \sigma_1\sigma_2 + t_2^2\sigma_2^2)\} \end{aligned}$$

에서 $w = \dfrac{x - \rho y(1-\rho^2)t_1\sigma_1}{\sqrt{1-\rho^2}}$, $z = y - \rho t_1\sigma_1 - t_2\sigma_2$ 라 놓으면 지수부분은

$$-\frac{1}{2}w^2 - \frac{1}{2}z^2 + \frac{1}{2}(t_1^2\sigma_1^2 + 2\rho t_1 t_2\sigma_1\sigma_2 + t_2^2\sigma_2^2)$$

이 될 것이다. 이를 원 식에 넣고 계산하여 정리하면 다음과 같다.

$$M_{X,Y}(t_1, t_2) = \exp\left\{t_1\mu_1 + t_2\mu_2 + \frac{1}{2}(t_1^2\sigma_1^2 + 2\rho t_1 t_2\sigma_1\sigma_2 + t_2^2\sigma_2^2)\right\}$$ ▣

참고로 그림 6.8은 이변량 정규분포에서 상관계수값이 0.0, 0.5, 0.9, 0.999인 경우의 그래프이다. 어떤 관계가 존재하는지를 관찰해 보기 바란다.

만약 $X \sim N(0, 1)$, $Y \sim N(0, 1$이고 독립이라고 한다면 적률모함수는 예제 6.35에 대입하여 계산하면

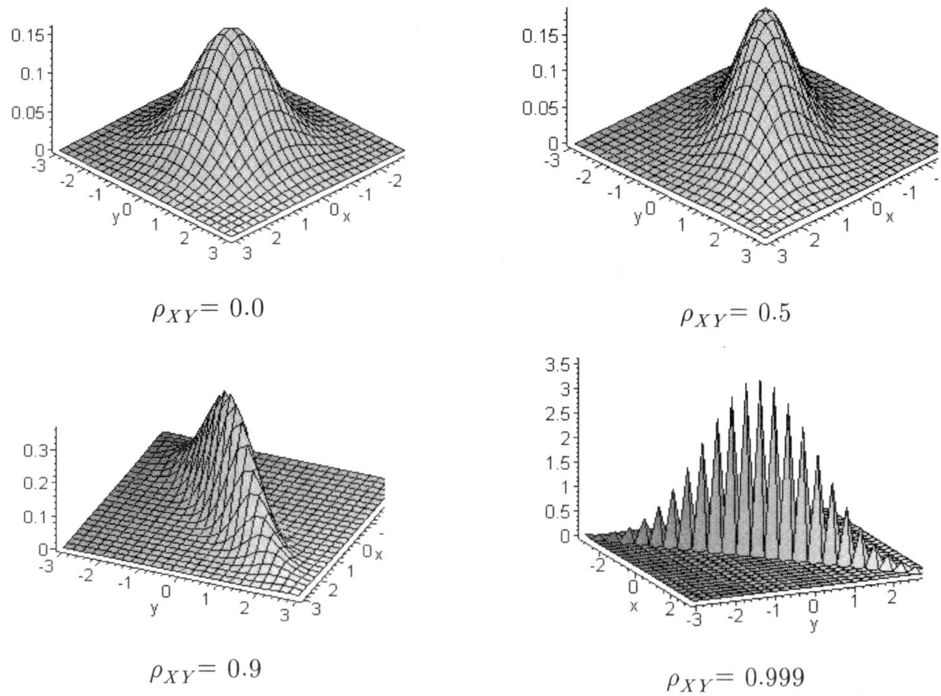

그림 6.8 여러 가지 이변량 정규분포

$$M_{X,Y}(t_1, t_2) = \exp\left\{\frac{t_1^2 + t_2^2}{2}\right\}$$

이 됨을 알 수 있다.

예제 6.36 k개의 확률변수 $X_1, X_2, \cdots, X_k$의 평균이 τ, 분산은 η를 갖고, 또한 공분산은

$$Cov(X_i, X_{i+j}) = \begin{cases} \rho\eta, & j = 1 \\ 0, & j \neq 1 \end{cases}$$

이라 할 때, $\frac{1}{k}\sum_{i=1}^{k} X_i$ 의 평균과 분산을 계산하시오.

풀이 문제의 뜻에 따라 분산-공분산 행렬로 표현하면 다음과 같다.

$$\Sigma = \begin{vmatrix} \eta & \rho\eta & 0 & 0 & \cdots & 0 \\ \rho\eta & \eta & \rho\eta & 0 & \cdots & 0 \\ 0 & \rho\eta & \eta & \rho\eta & \cdots & 0 \\ 0 & 0 & \rho\eta & \eta & \cdots & 0 \\ \vdots & \vdots & \vdots & \vdots & \vdots & \vdots \\ 0 & 0 & 0 & 0 & \cdots & \eta \end{vmatrix}$$

이를 이용하여 계산하기로 하자.

$$E\left(\frac{1}{k}\sum_{i=1}^{k} X_i\right) = \frac{1}{k}\sum_{i=1}^{k} E(X_i) = \tau$$

$$\begin{aligned} Var\left(\frac{1}{k}\sum_{i=1}^{k} X_i\right) &= \frac{1}{k^2}\left(\sum_{i=1}^{k} Var(X_i) + \sum_{i<j}\sum Cov(X_i, X_j)\right) \\ &= \frac{1}{k^2} \cdot k\eta + \frac{2(k-1)}{k^2} \cdot \rho\eta \\ &= \frac{\eta}{k}\left\{1 + 2\rho\left(1 - \frac{1}{k}\right)\right\} \end{aligned}$$

▣

6.5 조건부 확률분포의 기대값

제 3 장에서 조건부 확률의 의미를 연구하였고 또 다른 장에서는 조건부 확률함수의 이론적 배경을 고찰한 바 있다. 이 절에서는 조건부 확률에 대응하는 조건부 분포와 이들의 평균과 분산을 구해 보기로 하자.

정의 6.13 조건부 기대값

$Y=y$의 조건하에서 X의 조건부 기대값(conditional expectation)과 조건부 분산(conditional variance)을 다음과 같이 정의한다.

(1) $$E(X \mid Y=y) = \begin{cases} \sum_x x\, P(X=x \mid Y=y), & \text{이산형인 경우} \\ \int_x x f_{X \mid Y}(x \mid y)\, dx, & \text{연속형인 경우} \end{cases}$$

(2) $Var(X \mid Y) = E(X^2 \mid Y) - \{E(X \mid Y)\}^2$

예제 6.37 확률변수 X와 Y의 결합 확률함수가 다음과 같을 때 물음에 답하시오.

(1) $E(X \mid Y=1)$, $Var(X \mid Y=1)$을 구하시오.

(2) $E(X \mid Y=2)$, $Var(X \mid Y=2)$을 구하시오.

x \ y	1	2	$f_X(x)$
1	0.5	0.1	0.6
2	0.1	0.3	0.4
$f_Y(y)$	0.6	0.4	1

풀이 $Y=y$인 조건이 주어졌을 때 X의 확률함수를 $f_{X\mid Y}(x \mid y)=\dfrac{f_{X,Y}(x,y)}{f_Y(y)}$ 을 이용하여 구하면 다음 표와 같다.

x	1	2
$f_{X\mid Y}(x \mid 1)$	$\dfrac{0.5}{0.6}=\dfrac{5}{6}$	$\dfrac{0.1}{0.6}=\dfrac{1}{6}$
$f_{X\mid Y}(x \mid 2)$	$\dfrac{0.1}{0.4}=\dfrac{1}{4}$	$\dfrac{0.3}{0.4}=\dfrac{3}{4}$

(1) $$E(X \mid Y=1)=\sum_{x=1}^{2} xP(X=x \mid Y=1)$$

$$=1\times\frac{5}{6}+2\times\frac{1}{6}=\frac{7}{6}$$

$$E(X^2 \mid Y=1)=\sum_{x=1}^{2} x^2P(X=x \mid Y=1)=1^2\times\frac{5}{6}+2^2\times\frac{1}{6}=\frac{9}{6}$$

따라서

$$Var(X \mid Y=1)=\frac{9}{6}-\left(\frac{7}{6}\right)^2=\frac{5}{36}$$

(2) $$E(X \mid Y=2)=\sum_{x=1}^{2} xP(X=x \mid Y=2)$$

$$=1\times\frac{1}{4}+2\times\frac{3}{4}=\frac{7}{4}$$

$$E(X^2 \mid Y=2)=\sum_{x=1}^{2} x^2P(X=x \mid Y=2)=1^2\times\frac{1}{4}+2^2\times\frac{3}{4}=\frac{13}{4}$$

따라서

$$Var(X \mid Y=2)=\frac{13}{4}-\left(\frac{7}{4}\right)^2=\frac{3}{16}$$

▣

예제 6.38 성공확률이 p 인 독립적인 시행을 $N=n+m$ 회 반복할 때, 성공이 일어난 전체횟수가 k 번이라고 하자. 이때 처음부터 n 번째 시행 사이에서 일어난 성공의 수에 대한 조건부 기대값과 분산을 구하시오.

풀이 확률변수 Y는 N회 시행에서 성공이 일어날 사상이고, 확률변수 X_i는 i번째 시행에서 성공이면 1, 실패이면 0이라 하자. 문제의 뜻에 따라 시행을 N회 반복할 때, 성공이 일어난 전체횟수가 k번이므로

$$P(X_i=1 \mid Y=k)=\frac{k}{N}, \quad P(X_i=0 \mid Y=k)=\frac{N-k}{N}$$

이 된다. 따라서 처음부터 n 번째 시행 사이에서 일어난 성공의 수는 $\sum_{i=1}^{n} X_i$ 라 할 수 있다.

$$\begin{aligned} E\left(\sum_{i=1}^{n} X_i \;\middle|\; Y=k\right) &= \sum_{i=1}^{n} E(X_i \mid Y=k) \\ &= \sum_{i=1}^{n}\{1\times P(X_i=1 \mid Y=k)+0\times P(X_i=0 \mid Y=k)\}=\frac{nk}{N} \end{aligned}$$

분산을 계산하기 위해 $Var(X_i \mid Y=k)$와 $Cov(X_i, X_j \mid Y=k)$를 계산하면

$$\begin{aligned} Var(X_i \mid Y=k) &= E(X_i^2 \mid Y=k)-\{E(X_i \mid Y=k)\}^2 \\ &= \frac{k}{N}-\left(\frac{k}{N}\right)^2=\frac{k(N-k)}{N^2} \\ E(X_iX_j \mid Y=k) &= P(X_i=1, X_j=1 \mid Y=k) \\ &= P(X_i=1 \mid Y=k)\cdot P(X_j=1 \mid Y=k, X_i=1) \\ &= \left(\frac{k}{N}\right)\cdot\left(\frac{k-1}{N-1}\right) \end{aligned}$$

따라서

$$Cov(X_i, X_j \mid Y=k)=\frac{k(k-1)}{N(N-1)}-\left(\frac{k}{N}\right)^2=-\frac{k(N-k)}{N^2(N-1)}$$

그러므로

$$\begin{aligned} Var\left(\sum_{i=1}^{n} X_i \;\middle|\; Y=k\right) &= \sum_{i=1}^{n} Var(X_i \mid Y=k)+2\sum_{i<}\sum_{j} Cov(X_i, X_j \mid Y=k) \\ &= n\times\frac{k(N-k)}{N^2}-n(n-1)\times\frac{k(N-k)}{N^2(N-1)}=\frac{nmk(N-k)}{N^2(N-1)} \end{aligned}$$ ▣

예제 6.39 두 개의 확률변수 X와 Y의 결합함수가 다음과 같을 때 $Y=y$ 라는 조건 하에서 X의 조건부 함수를 구하고 그 기대값과 분산을 각각 구하시오.

$$f_{X,Y}(x,y)=\frac{12}{5}x(2-x-y) \quad (\text{단, } 0<x<1,\ 0<y<1)$$

풀이 $Y=y$인 조건하에서 X의 조건부 확률함수를 구하면

$$f_{X\mid Y}(x\mid y)=\frac{f_{X,Y}(x,y)}{\int_0^1 f_{X,Y}(x,y)dx}=\frac{6x(2-x-y)}{4-3y}$$

이므로 정의에 의하여 각각 계산하면

$$E(X\mid Y=y)=\int_0^1\frac{6x^2(2-x-y)}{4-3y}dx=\frac{5-4y}{8-6y}$$

$$E(X^2\mid Y=y)=\int_0^1\frac{6x^3(2-x-y)}{4-3y}dx=\frac{18-15y}{10(4-3y)}$$

$$Var(X\mid Y=y)=\frac{19-28y+10y^2}{20(4-3y)^2}$$

■

아래 그림은 위 예제에 대한 것이다.

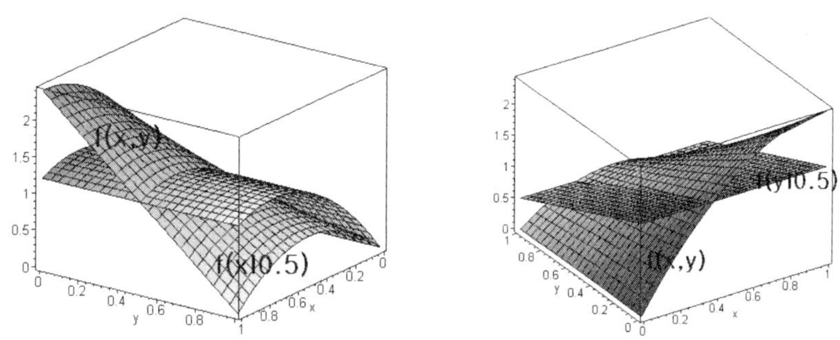

그림 6.9 $f_{X,Y}(x,y)$, $f(x\mid 0.5)$, $f(y\mid 0.5)$의 그래프

위 예제의 결과에서 보듯이 조건부 기대값이나 분산은 주어진 조건의 변수의 함수로 나타낸다는 것을 기억해 주기 바란다.

예제 6.40 두 개의 확률변수 X와 Y의 결합함수가 다음과 같을 때 $Y=y$ 라는 조건하에서 X의 조건부 함수를 구하고 그 기대값과 분산을 각각 구하시오.

$$f_{X,Y}(x, y) = 4y(x-y)e^{-(x+y)}, \qquad 0 < x < \infty,\ 0 < y < x$$

풀이 $Y=y$인 조건하에서 X의 조건부 확률함수를 구하면

$$f_{X|Y}(x \mid y) = \frac{4y(x-y)e^{-(x+y)}}{\int_y^\infty 4y(x-y)e^{-(x+y)}dx} = (x-y)e^{-(x-y)}$$

이므로 정의에 의하여 각각 계산하면

$$E(X \mid Y=y) = \int_y^\infty x(x-y)e^{-(x-y)}dx = y+2$$

$$E(X^2 \mid Y=y) = \int_y^\infty x^2(x-y)e^{-(x-y)}dx = y^2+4y+6$$

$$Var(X \mid Y=y) = y^2+4y+6-(y+2)^2 = 2$$

▣

정리 6.5 이중 기대값

두 개의 확률변수 X, Y가 이변량 확률분포를 갖는다면

$$E(X) = E\{E(X \mid Y)\}$$

증명 이산형일 때만을 증명하고 연속형인 경우는 각자가 증명하기 바란다.

$$\begin{aligned} E(X) &= \sum_x xP(X=x) \\ &= \sum_x x\sum_y P(X=x, Y=y) \\ &= \sum_y\sum_x xP(X=x, Y=y) \\ &= \sum_y\sum_x xP(X=x \mid Y=y)P(Y=y) \\ &= \sum_y E(X \mid Y=y)P(Y=y) \\ &= E(E(X \mid Y)) \end{aligned}$$

▣

예제 6.41 철수가 미로의 출발지점에 서 있다. 출발지에서 미로로 들어가는 세 개의 문이 있는데 첫 번째 문으로 들어가면 도착지점까지 3시간이 소요되고, 두 번

째 문으로 들어가면 5시간을 소모한 뒤 출발지점으로 돌아오고, 세 번째 문으로 들어가면 7시간을 소요하고 다시 출발지점에 되돌아오게 된다고 하자. 단, 출발지점에서 입구를 선택할 확률이 모두 동일하다고 할 때, 출발지점에서 도착지점까지 빠져 나올 기대시간을 구하시오.

풀이 X를 도착지점에 도달하는 시간이라면 출발지점에서 도착지점까지 기대시간은 $E(X)$라 할 수 있다. 출발지점에서 입구 선택의 경우는 세 가지이므로 Y를 $i\,(i=1,2,3)$ 번째 문을 선택하는 경우의 확률변수라 하면 문제의 뜻에 따라 주어진 조건을 정리하면

$$E(X \mid Y=1)=3,$$
$$E(X \mid Y=2)=5+E(X),$$
$$E(X \mid Y=3)=E(X)+7$$

이다. 앞의 정리의 증명 밑에서 두 번째 식을 이용하면

$$\begin{aligned}E(X) &= \sum_{i=1}^{3} E(X \mid Y=i)\,P(Y=i)\\ &= \frac{1}{3}\{E(X \mid Y=1)+E(X \mid Y=2)+E(X \mid Y=3)\}\\ &= \frac{1}{3}\{3+5+E(X)+7+E(X)\}\end{aligned}$$

을 풀어 구하면

$$E(X)=15$$ ▣

예제 6.42 항아리에 다음과 같이 공이 들어있다. 이 중에서 한 개의 공을 꺼낼 때 흰 공이 나올 때까지 비복원으로 계속된다면 검은 공을 뽑을 기대 수를 구하시오.

(1) 흰 공 3개, 검은 공 1개

(2) 흰 공 5개, 검은 공 2개

(3) a개의 흰 공과 b개의 검은 공

풀이 흰 공이 뽑힐 때까지 검은 공의 수의 확률변수를 X라 하고, Y_i는 i번째 추출에서 흰 공이면 1, 검은 공이면 0를 할당하는 확률변수라 하자. 여기서 구하는 값은 $E(X)$이다.

(1) 처음 추출에서 흰 공 $\{Y_1=1\}$일 때 $X=0$이고, $\{Y_1=0, Y_2=1\}$일 때는 $X=1$이 된다. 따라서

$$E(X) = 0 \times P(Y_1 = 1) + 1 \times P(Y_1 = 0, Y_2 = 1)$$
$$= P(Y_1 = 0) \cdot P(Y_2 = 1 \mid Y_1 = 0) = \frac{1}{4} \times 1 = \frac{1}{4}$$

(2) 처음 추출에서 흰 공 $\{Y_1 = 1\}$일 때 $X = 0$이고, $\{Y_1 = 0, Y_2 = 1\}$일 때는 $X = 1$, $\{Y_1 = 0, Y_2 = 0, Y_3 = 1\}$일 때는 $X = 2$가 된다. 따라서

$$E(X) = 0 \times P(Y_1 = 1) + 1 \times P(Y_1 = 0, Y_2 = 1) + 2 \times P(Y_1 = 0, Y_2 = 0, Y_3 = 0)$$
$$= P(Y_1 = 0) P(Y_2 = 1 \mid Y_1 = 0) + 2P(Y_1 = 0)$$
$$P(Y_2 = 0 \mid Y_1 = 0) P(Y_3 = 1 \mid Y_1 = 0, Y_2 = 0) = \frac{2}{7} \times \frac{5}{6} + 2 \times \frac{2}{7} \times \frac{1}{6} \times 1 = \frac{1}{3}$$

(3) a개의 흰 공과 b개의 검은 공이 있을 경우에 $E(X) = T_{a,b}$ 라면

$$T_{a,b} = E(X) = \sum_{k=0}^{1} E(X \mid Y_1 = k) P(Y_1 = k)$$

이다. 이 식에서

$$P(Y_1 = 1) = \frac{a}{a+b}, \ P(Y_1 = 0) = \frac{b}{a+b}$$

또한 $E(X \mid Y_1 = 1)$는 처음 추출에서 흰 공이 나타났으므로 검은 공의 기대수는 0 이고, $E(X \mid Y_1 = 0)$는 처음 추출에서 검은 공이 나타났으므로 두 번째 흰 공이 나타나든 아니든 간에 검은 공은 한 번 나타나므로 $E(X \mid Y_1 = 0) = 1 + E(X)$이 된다. 따라서

$$T_{a,b} = E(X) = \sum_{k=0}^{1} E(X \mid Y_1 = k) P(Y_1 = k)$$
$$= \frac{b}{a+b} \cdot (1 + E(X)) + E(X \mid Y_1 = 1) \cdot 0$$
$$= \frac{b}{a+b} \cdot (1 + E(X))$$

그런데 위 식에서 $E(X)$은 처음 추출에서 한 개의 검은 공이 나타났으므로 항아리에는 흰 공이 a개이고 검은 공은 $b-1$개 있는 경우이므로 다음과 같이 나타날 수 있을 것이다.

$$T_{a,b} = \frac{b}{a+b} \cdot (1 + T_{a,b-1})$$

이런 시험은 $T_{a,0}$일 때까지 계속될 것이다. 왜냐하면 검은 공이 하나도 없으면 흰 공이 자동적으로 뽑히게 되기 때문이다. 따라서 이 순환방정식을 풀기 위하

여 b 대신에 $1, 2, \cdots$ 를 대입하여 정리해 보자(단, $T_{a,0}$는 검은 공이 하나도 없을 때이므로 흰 공박에 없으므로 그 값은 0이 된다).

$$T_{a,1} = \frac{1}{a+1}(1 + T_{a,0}) = \frac{1}{a+1}$$

$$T_{a,2} = \frac{2}{a+1}(1 + T_{a,1}) = \frac{2}{a+1}$$

$$T_{a,3} = \frac{3}{a+1}(1 + T_{a,2}) = \frac{3}{a+1}$$

$$\vdots$$

에서 귀납적으로 추론하면

$$T_{a,b} = \frac{b}{a+1}$$

▣

정리 6.6 이변량의 확률 계산

독립인 두 개의 확률변수 X와 Y의 결합확률함수가 $f_{X,Y}(x,y)$라 할 때

$$P(X+Y<a) = \begin{cases} \int_y F_X(a-y) f_Y(y) dy, & \text{연속형일 경우} \\ \sum_y P(X+Y<a \mid Y=y) P(Y=y), & \text{이산형일 경우} \end{cases}$$

증명 연속형인 경우를 증명하자.

$$\begin{aligned} P(X+Y<a) &= \iint_{x+y<a} f_{X,Y}(x,y)\, dxdy \\ &= \int_y \int_{-\infty}^{a-y} f_X(x) f_Y(y)\, dxdy \\ &= \int_y F_X(a-y) f_Y(y)\, dy \end{aligned}$$

▣

예제 6.43 독립인 두 개의 확률변수 X와 Y가 각각 (0, 1)상에서 균일분포를 갖고 있을 때 $P(X^2 + Y^2 \leq 1)$ 을 구하시오

풀이 확률변수 X와 Y의 결합확률함수를 구하면

$$f_{X,Y}(x,y)=\begin{cases}1, & 0\le x\le 1, 0\le y\le 1\\ 0, & \text{그 밖에서}\end{cases}$$

이 된다. 앞의 정리 6.6에 따라 이를 풀면

$$\begin{aligned}P(X^2+Y^2\leq 1) &= \int_x P(X^2+Y^2\leq 1 \mid X=x)\, f_X(x)\,dx\\ &= \int_0^1 P(Y^2\leq 1-x^2)dx\\ &= \int_0^1\int_0^{\sqrt{1-x^2}} dydx = \frac{\pi}{4}\end{aligned}$$

▣

예제 6.44 만약 X와 Y가 독립이고 (0, 1) 상에서 균일분포를 하는 확률변수라 할 때 $X+Y$의 확률함수를 구하시오.

풀이 $f_X(a)=f_Y(a)=\begin{cases}1, & 0<a<1\\ 0, & \text{그 밖에서}\end{cases}$ 이므로

$f_{X+Y}(a)=\int_0^1 f_X(a-y)dy$를 풀면

(1) $0\leqq a\leqq 1$ 에서

$$f_{X+Y}(a)=\int_0^a dy=a$$

(2) $1<a<2$에서

$$f_{X+Y}(a)=\int_{a-1}^1 dy=2-a$$

따라서

$$f_{X+Y}(a)=\begin{cases}a, & 0\le a\le 1\\ 2-a, & 1<a<2\\ 0, & \text{그 밖에서}\end{cases}$$

▣

정리 6.7

$X_1, X_2, \cdots, X_N$은 각각 독립이고 같은 분포를 갖고 N은 음이 아닌 정수값 확률 변수로서 X_i들과 독립이면

(1) $E\left\{\sum_{i=1}^{N} X_i\right\} = E(N)\,E(X)$

(2) $Var\left\{\sum_{i=1}^{N} X_i\right\} = E(N)\,Var(X) + (E(X))^2\,Var(X)$

증명 (1) 정리 6.5을 이용하여 생각해 보자.

$$E\left\{\sum_{i=1}^{N} X_i\right\} = E\left\{E\left\{\sum_{i=1}^{N} X_i \;\middle|\; N\right\}\right\}$$

이라 쓸 수 있다. 한편

$$E\left\{\sum_{i=1}^{N} X_i \;\middle|\; N=n\right\} = E\left\{\sum_{i=1}^{n} X_i\right\} = nE(X)$$

이므로

$$E\left\{E\left\{\sum_{i=1}^{N} X_i \;\middle|\; N\right\}\right\} = E(N\,E(X)) = E(N)\,E(X)$$

(2) 분산을 계산하기 위해 $E\left\{\left(\sum_{i=1}^{N} X_i\right)^2\right\}$을 구하기로 하자.

$$E\left\{\left(\sum_{i=1}^{N} X_i\right)^2\right\} = E\left\{E\left(\left(\sum_{i=1}^{N} X_i\right)^2 \;\middle|\; N\right)\right\}$$

이므로 $N=n$인 조건하에서

$$\begin{aligned} E\left\{\left(\sum_{i=1}^{N} X_i\right)^2 \;\middle|\; N=n\right\} &= E\left(\sum_{i=1}^{n} X_i\right)^2 \\ &= Var\left(\sum_{i=1}^{n} X_i\right) + \left(E\left(\sum_{i=1}^{n} X_i\right)\right)^2 \\ &= n\,Var(X) + n^2(E(X))^2 \end{aligned}$$

이므로

$$E\left\{E\left(\left(\sum_{i=1}^{N} X_i\right)^2 \,\middle|\, N\right)\right\} = E(N)\ Var(X) + E(N^2)\,(E(X))^2$$

따라서

$$Var\left\{\sum_{i=1}^{N} X_i\right\} = E(N)\ Var(X) + E(N^2)(E(X))^2 - (E(N))^2(E(X))^2$$

$$= E(N)\ Var(X) + (E(X))^2\, Var(N)$$ ▣

예제 6.45 독립이고 동일한 분포를 갖는 확률변수 $X_i \sim N(\mu, \sigma^2)$이라 할 때, 다음 물음에 답하시오.

(1) $Y = \sum_{i=1}^{n} X_i$의 적률생성함수를 구하시오.

(2) $Y = \sum_{i=1}^{N} X_i$의 적률생성함수를 구하고 이를 이용하여 평균과 분산을 구하시오.

풀이 확률변수 $X_i \sim N_{X_i}(\mu_i, \sigma_i^2)$ 일 때 적률생성함수는

$$M_{X_i}(t_i) = \exp\left(\mu_i t + \frac{\sigma_i^{\ 2} t^2}{2}\right)$$

(1) $M_Y(t) = M_{\sum_{i=1}^{n} X_i}(t) = \prod_{i=1}^{n} M_{X_i}(t)$

$$= [M_X(t)]^n = \exp\left\{n\mu t + \frac{n\sigma^2 t^2}{2}\right\}$$

(2) N이 확률변수일 때는

$$E\left\{e^{t\sum_{i=1}^{N} X_i} \mid N = n\right\} = E\left(e^{t\sum_{i=1}^{n} X_i}\right) = (M_X(t))^n$$

그러므로

$$E(e^{tY} \mid N) = (M_X(t))^N$$

따라서

$$M_Y(t) = E(M_X(t))^N$$

이 식에서 적률은 미분에 의하여 얻어질 수 있으므로

$$\frac{d}{dt}M_Y(t)=E\left(N(M_X(t))^{N-1}\cdot\frac{d}{dt}M_X(t)\right)$$

따라서

$$\begin{aligned}\frac{d}{dt}M_Y(t)\Big|_{t=0}&=E\left(N(M_X(0))^{N-1}\cdot\frac{d}{dt}M_X(0)\right)\\&=E(N)E(X)\end{aligned}$$

아울러 2차 미분하고 분산을 구하면

$$\frac{d^2}{dt^2}M_Y(t)=E\Big(N(N-1)(M_X(t))^{N-2}\cdot$$
$$\left(\frac{d}{dt}M_X(t)\right)^2+N(M_X(t))^{N-1}\cdot\frac{d^2}{dt^2}M_X(t)\Big)$$

따라서

$$\begin{aligned}E(Y^2)&=E(N(N-1)(E(X))^2+NE(X^2))\\&=(E(X))^2(E(N^2)-E(N))+E(N)E(X^2)\end{aligned}$$

이므로

$$\begin{aligned}Var(Y)&=E(N)(E(X^2)-(E(X))^2)+E(N^2)(E(X)^2-(E(N)E(X))^2\\&=E(N)\ Var(X)+E(X^2)\ Var(N)\end{aligned}$$ ▣

제6장 연습문제

exercises

[A형]

6.1 다음을 증명하시오.

(1) $Cov(a+bX, c+dY) = bdCov(X, Y)$

(2) $Cov(X+Y, Z) = Cov(X, Z) + Cov(Y, Z)$

(3) $Cov\left(\sum_{i=1}^{n} X_i, \sum_{j=1}^{m} Y_j\right) = \sum_{j=1}^{m}\sum_{i=1}^{n} Cov(X_i, Y_j)$

6.2 정리 6.4을 증명하시오.

6.3 a, b가 0이 아닌 상수일 때 다음을 증명하시오.

(1) $Cov(aX, bY) = abCov(X, Y)$

(2) $\rho(aX, bY) = \frac{ab}{|ab|}\rho(X, Y)$

6.4 X, Y가 단지 두 개의 값을 취하는 확률변수라 하고, X와 Y가 상관이 없다고 한다면 역시 독립인가? 이를 증명하시오.

6.5 Z가 표준정규 확률변수하고, $Y = a + bZ + cZ^2$이라 하면 $\rho_{YZ}(Y, Z) = \frac{b}{\sqrt{b^2 + 2c^2}}$임을 보이시오.

6.6 X_1, X_2가 구간 $(0,1)$에서 균일분포에서 뽑힌 독립적인 난수일 때

$$Z_1 = (-2\ln X_1)^{\frac{1}{2}} \cos(2\pi X_2)$$

$$Z_2 = (-2\ln X_1)^{\frac{1}{2}} \sin(2\pi X_2)$$

는 독립적인 표준 정규난수가 되는 것을 보이시오(이를 Box-Müller 정규난수 발생법이라고 한다).

[B형]

6.7 X와 Y의 결합확률함수가 다음과 같다. 물음에 답하시오.

$$p(1,1)=\frac{1}{8},\quad p(1,2)=\frac{1}{4},\quad p(2,1)=\frac{1}{8},\quad p(2,2)=\frac{1}{2}$$

(1) $Y=i,\quad i=1,2$가 주어질 때, X의 조건부분포를 구하시오.

(2) X와 Y는 서로 독립인가?

(3) $P(XY\le 3),\ P(X+Y>2),\ P\left(\frac{X}{Y}>1\right)$을 구하시오.

6.8 연습문제 3.30에서 두 개의 확률변수가 다음과 같다. 물음에 답하시오.

$$X=\begin{cases}0, \text{약이 효과가 있다면}\\ 1, \text{약이 효과가 없다면}\end{cases},\quad Y=\begin{cases}0, \text{남자이면}\\ 1, \text{여자이면}\end{cases}$$

(1) $\mu_X, \sigma_X^2, \mu_Y, \sigma_Y^2$을 구하시오.

(2) $Cov(X, Y)$을 구하시오.

(3) $\rho_{X,Y}=\frac{ad-bc}{\sqrt{(a+b)(c+d)(a+c)(b+d)}}$임을 보이시오.

6.9 X와 Y의 결합 확률함수가 $f(x,y)=\frac{xy}{66},\ x=2,4,5;\ y=1,2,3$이라 할 때, 각각의 주변 확률함수를 구하시오.

6.10 $f_X(x)=\frac{1}{10},\ x=0,1,2,\cdots,9,\ h(y\mid x)=\frac{1}{10-x},\ y=x,x+1,\cdots,9$일 때, 다음을 구하시오.

(1) $f(x,y)$ (2) $f_Y(y)$ (3) $E(Y\mid x)$

6.11 X와 Y의 결합 확률함수가 다음과 같을 때 물음에 답하시오.

$$f_{X,Y}(x,y)=\frac{x+y}{21},\quad x=1,2,3,\quad y=1,2$$

(1) $f(y\mid x),\ f(x\mid y)$

(2) (1)번 함수의 평균과 분산

6.12 X와 Y의 결합확률함수가 다음과 같다. 물음에 답하시오.

$$f_{X,Y}(x, y) = \frac{x+y}{32}, \quad x = 1, 2, \; y = 1, 2, 3, 4$$

(1) $g(x \mid y)$ (2) $h(y \mid x)$

(3) $E(Y \mid X=1)$ (4) $E(Y \mid X=2)$

(5) $P(1 \leq Y \leq 3 \mid X=1)$ (6) $X=1$일 때 Y의 조건부 분산

(6) X와 Y의 상관계수

6.13 확률변수 (X, Y)의 결합함수가 아래 표와 같다. 다음을 구하시오.

x \ y	0	1	2
0	1/6	1/6	1/6
1	1/6	1/6	0
2	1/6	0	0

(1) $Var(X)$, $Var(Y)$, ρ_{XY}

(2) $Var(X+Y)$

(3) X와 Y가 독립인가?

6.14 X와 Y의 결합 확률함수가 아래와 같다. 다음의 값을 구하시오.

x \ y	1	2	3
1	0.1	0.1	0
2	0.1	0.2	0.3
3	0.1	0.1	0

(1) $X+Y$, XY, X/Y의 확률함수

(2) $E(X+Y)$, $E(XY)$, $E(X/Y)$, $Var(X+Y)$

(3) X와 Y의 주변 확률함수를 구하고 $E(X)$, $E(Y)$, $Var(X)$, $Var(Y)$

6.15 풀 씨앗이 혼합되어 있는데, 그 중 50%는 서울 산이고, 30%는 경상도에서 자라는 붉은색 풀씨이고 10%는 전라도 산이고 10%는 제주도 산이라 한다. 이 중에서 n개의 표본을 뽑았을 때 각 산지마다의 풀씨 개수를 x_1, x_2, x_3, x_4라 하면 다음 물음에

답하시오.

(1) X_1, X_2, X_3, X_4의 결합확률함수를 구하시오.

(2) X_2의 주변확률함수를 구하시오.

(3) X_1, X_3의 결합주변확률함수를 구하시오.

(4) $P(X_1 = 5,\ X_2 = 3,\ X_3 = 1,\ X_4 = 1)$값을 구하시오.

6.16 만약 X_1, X_2, X_3, X_4이 평균 0, 분산 1인 각 쌍에서 상관이 없는 확률변수라 할 때, 다음 확률변수들의 상관계수를 구하시오.

(1) $X_1 + X_2,\ \ X_2 + X_3$

(2) $X_1 + X_2,\ \ X_3 + X_4$

6.17 X는 표준편차가 σ_X인 확률변수, Y는 표준편차가 $k\sigma_X$인 확률변수라 하자(단, k는 1보다 큰 상수). 만약 X와 Y가 독립이면 $Z = X + Y$의 근사적 표준편차를 구하고, 이 결과의 실제적인 의미를 서술하시오.

6.18 사회 문제의 연구를 위해 최대 두 명까지의 자녀들을 갖는 가정을 대상으로 조사가 진행된다고 하자. 아이들이 없는 가정의 비율은 30%, 한 자녀만 갖는 가정은 40%, 두 자녀들을 갖는 가정은 30%인 것으로 나타났다. 한 가정을 임의로 뽑아서, 자녀수(X)를 조사해서 남자아이들의 수(Y)를 기록한다고 하자. 이 때 다음을 구하시오.

(1) 두 확률변수 X, Y의 결합 확률함수를 구하시오.

(2) X와 Y의 평균과 분산을 구하시오.

(3) 이들의 독립성을 검토하시오?

6.19 공평한 주사위를 두 번 던지는 실험에서 확률변수 X는 두 수 중의 최대수를 나타내고, Y는 두 눈의 합을 나타낸다고 하자.

(1) X와 Y의 결합 확률함수를 구하시오.

(2) 각 변수의 주변확률함수를 구하시오.

(3) X와 Y는 독립인가?

6.20 하나의 주사위를 던져서 나온 눈의 종류에 따라 상금이 걸린 게임을 한다고 하자.

이때 갑돌이는 1 또는 2가 나오면 1원을, 3 또는 4가 나오면 2원을, 5 또는 6이 나오면 3원을 은행에서 받고, 을순은 짝수의 수가 나오면 1원을, 홀수의 수가 나오면 눈의 수만큼 은행에서 받는다 하자. 이때 다음 물음에 답하시오.

(1) 표본공간을 구하시오.

(2) 갑돌의 수입을 X라 하고 을순의 수입을 Y라 하면, X와 Y의 결합 확률함수를 구하시오.

(3) X와 Y의 주변확률함수를 구하시오.

(4) 이때 X와 Y가 독립인가를 밝혀라. 단 근거를 제시할 것.

6.21 어떤 면에 대응하는 확률이 그 면에 쓰인 수에 비례하는 6면의 주사위가 있다고 할 때 이 주사위를 한 번 던졌을 때 X는 제일 위에 나타나는 면의 수의 2배이고 Y를 홀수면 1, 짝수면 3을 주는 확률변수라 하자.

(1) X, Y의 결합확률함수와 각각의 주변확률함수를 구하시오.

(2) $E(X)$, $E(Y)$, $E(XY)$를 구하시오.

(3) X와 Y가 독립인가를 근거를 제시하여 판정하시오.

6.22 세 학생(A, B, C)이 5선택 1의 문항 열 개를 한다고 하자. A가 모든 항을 짐작으로 답한 점수를 X, B는 앞에 다섯 문항을 알고 뒤에 다섯 문제는 짐작으로 답한 점수를 Y, C는 5번까지는 A가 답한 것을 보고 나머지 다섯 개는 짐작으로 답한 점수를 Z라 하자. (단 각 문항은 1점씩 계산한다.)

(1) X, Y, Z의 평균과 분산을 구하시오.

(2) 각 쌍 (X, Y), (Y, Z), (Z, X)의 각각의 변수들은 독립인가?

(3) $X+Y+Z$의 평균과 분산을 구하시오.

6.23 항아리에 1의 공 두 개와 2의 공 두 개가 들어 있다. 이 항아리에서 비복원으로 두 개의 공을 꺼낸다. X는 두 수 중 작은 것이고 Y는 큰 수라 하면 다음 물음에 답하시오.

(1) X와 Y의 결합확률함수를 구하시오.

(2) X, Y의 주변확률함수를 구하시오.

(3) $Cov(X, Y)$를 구하시오.

6.24 동전을 3번 던질 때 X는 이면의 수이고 Y가 표면의 수라고 하면

(1) $E(X)$, $E(Y)$, $Var(X)$, $Var(Y)$

(2) X 와 Y 의 결합함수를 구하고, $Cov(X, Y)$를 찾으시오.

(3) X와 Y는 독립인가?

(4) $X+Y$의 확률함수를 구하고, 이를 이용하여 $E(X+Y)$와 $Var(X+Y)$를 구하시오. 이를 이용하여 $Cov(X, Y)$를 구하고 (2)번과 비교하시오.

6.25 한 개의 주사위를 30번 던질 때 1의 출현횟수를 x, 2의 출현횟수를 y라 하면

(1) X와 Y의 결합 확률함수를 구하시오.

(2) $Y=y$가 주어졌을 때 X의 조건부 확률함수를 구하시오.

(3) $E(X^2-4XY+3Y^2)$을 구하시오.

6.26 1, 2, 3, 4가 쓰여 있는 정사면체가 두 개 있다. 이를 던져 X는 처음 주사위의 숫자이고 Y는 두 수 중 큰 수를 나타낸다고 할 때, 다음을 구하시오.

(1) X와 Y의 결합확률함수

(2) $E(XY)$, $E(X+Y)$

(3) $f(x \mid y=4)$, $f(y \mid x=1)$

(4) $E\{X \mid Y=4\}$, $E\{Y \mid X=1\}$

6.27 두 개의 주사위를 던질 때 첫 번째 주사위 눈을 X, 두 번째 주사위 눈을 Y라 하면 $Z=X+Y$일 때 X와 Z의 상관계수를 구하시오.

6.28 X_1, X_2, X_3의 결합 확률함수가 다음과 같을 때 물음에 답하시오.

$$f(x_1, x_2, x_3)=8x_1x_2x_3 \;,\; 0<x_1<1,\; 0<x_2<1,\; 0<x_3<1$$

(1) $E(3X_1+2X_2+6X_3)$

(2) $E(X_1X_2X_3)$

(3) $E(X_1X_2)$

6.29 X와 Y의 결합분포함수가 $f(x,y)=8xy,\ 0<x<y<1$일 때 다음을 구하시오.

(1) $E(Y \mid X=x)$

(2) $Var(Y \mid X=x)$

6.30 결합확률함수 $f(x,y)=\frac{1}{2}(1+x)\exp(-x-y)$, $x>0,\ y>0$일 때 물음에 답하시오.

(1) 이변량 확률함수가 됨을 보이시오.

(2) X와 Y의 주변 확률함수를 각각 구하시오.

(3) X와 Y가 독립인지를 판정하시오.

6.31 결합 확률함수 $f(x,y)=x+y,\quad 0<x<1,\quad 0<y<1$에서 다음을 구하시오.

(1) $f(x\mid y)$ (2) $E(X\mid Y=y)$ (3) $Var(X\mid Y=y)$

(4) $f(y\mid x)$ (5) $E(Y\mid X=x)$ (6) $Var(Y\mid X=x)$

(7) $Cov(X,\ Y)$ (8) 상관계수

6.32 결합 확률함수가 $f_{X,Y}(x,y)=\frac{1}{8}(6-x-y),\ 0<x<2,\ 2<y<4$일 때 다음을 구하시오.

(1) $E(Y\mid X=x)$ (2) $E(Y^2\mid X=x)$ (3) $Var(Y\mid X=x)$

(4) $E(Y)=E[E(Y\mid X)]$ 임을 보이시오.

6.33 X와 Y의 결합확률분포가 다음과 같을 때 다음을 계산하시오.

$$f_{X,Y}(x,y)=\begin{cases} e^{-(x+y)}, & 0<x<\infty,\quad 0<y<\infty \\ 0, & \text{그 밖에서} \end{cases}$$

(1) $\frac{X}{Y}$의 확률함수 (2) X와 Y의 주변확률함수

(3) $P(X>1)$ (4) $P(1<X+Y<2)$

(5) $P(X+Y<m)=\frac{1}{2}$일 때 m의 값

6.34 X와 Y의 결합 확률함수가 다음과 같고 $Y=y$가 주어질 때 X의 조건부 확률함수를 계산하고 그 평균을 계산하시오.

(1) $f_{X,Y}(x,y)=3x,\ 0\leq y\leq x\leq 1$

(2) $f_{X,Y}(x,y)=c,\ x^2+y^2<k^2$

6.35 X와 Y의 결합 확률함수 $f_{X,Y}(x,y)=2$, $x+y\leq 1,\ x\geq 0, y\geq 0$에서 다음을 구하시오.

(1) Y의 주변 확률함수

(2) $Y=y$에서 X의 조건부 확률함수

(3) $E(X \mid Y=y)$

6.36 결합 확률함수가 $f(x,y)=e^{-(x+y)}$, $0<x<\infty$, $0<y<\infty$일 때 다음을 구하시오.

(1) $P(X<Y \mid X<2Y)$

(2) X와 Y의 상관관계

(3) $P(X<Y)$

(4) $P(X>1, Y>1)$

(5) $P(X=Y)$

(6) $P(X<2)$

6.37 X와 Y의 결합확률함수가 다음과 같을 때, 다음을 구하시오.

$$f_{X,Y}(x,y)=\begin{cases} 2e^{-x}e^{-2y}, & 0<x<\infty, \quad 0<y<\infty \\ 0, & \text{그 밖에서} \end{cases}$$

(1) $P\{X>1, Y<1\}$

(2) $P(X<Y)$

(3) $P\{X<a\}$

(4) X와 Y의 주변 확률분포

(5) X와 Y가 독립인가 아닌지를 판정하시오.

6.38 X와 Y의 결합함수가 다음과 같다고 할 때 물음에 답하시오.

$$f(x,y)=\frac{n!}{x!y!(n-x-y)!}p^x q^y (1-p-q)^{n-x-y}$$

(단, $x,y=0,1,2,\cdots,n;\ x+y\leqq n;\ p\geqq 0, q\geqq 0\ ;p+q\leqq 1$)

(1) Y의 주변확률함수를 구하시오.

(2) X와 Y의 조건부 확률함수를 구하고 기대값을 구하시오.

(3) X와 Y의 상관계수를 구하시오.

6.39 주사위를 n회 던져 1이 나온 횟수를 x, 2가 나온 횟수를 y라 하면 $Cov(X, Y)$를 계산하시오.

[C형]

6.40 n개의 확률변수가 분산은 σ_X^2이고, 각 쌍의 상관관계를 ρ라 하면

(1) $S = X_1 + X_2 + \cdots + X_n$ 의 분산을 구하시오.

(2) $\sigma_X^2 \neq 0$일 때, S의 분산이 0이라면 ρ을 계산하시오.

6.41 확률변수 X와 Y 간에 다음과 같은 관계가 성립한다고 한다.

$$Y = a + bX + U$$

여기서 a, b는 상수이고, U는 X와 상관없는 확률변수라 한다.

(1) Y의 분산을 구하시오.

(2) X와 Y의 상관계수를 구하시오.

(3) U와 Y의 상관계수를 구하시오.

6.42 X는 $(0, 2)$위에서 균일분포를 하고, $X = x$일 때 Y의 조건부 분포는 $(0, x^2)$위에서 균일분포를 따른다고 할 때

(1) X와 Y의 결합확률분포를 구하시오.

(2) Y의 주변확률분포를 구하시오.

(3) $Y = y$일 때 X의 조건부 평균 $E(X \mid Y = y)$를 구하시오.

6.43 결합분포함수가 다음과 같을 때 물음에 답하시오.

$$f_{X,Y}(x, y) = \begin{cases} c, & x^2 + y^2 \leq r^2 \\ 0, & \text{그 밖에서} \end{cases}$$

(1) c값을 구하시오.

(2) X와 Y의 주변 확률분포를 구하시오.

(3) 원점에서 거리가 a보다 작을 확률을 구하시오.

6.44 X와 Y의 상관계수가 0일 때 $U = X + Y$, $V = X - Y$의 상관계수를 X와 Y의 평균과 분산으로 나타내시오.

6.45 X와 Y가 독립이고 영역 $(0, 1)$에서 균일분포를 따를 때 $X+Y$의 분포함수를 구하시오.

6.46 X, Y, Z는 독립이고 $(0, 1)$상에서 균일분포를 갖는 확률변수라 하면 다음을 구하시오.

(1) X, Y, Z의 결합분포함수

(2) $P(X \geq YZ)$

(3) 2차 방정식 $Xa^2 + Ya + Z = 0$에서 a가 실근을 가질 확률을 구하시오.

6.47 X_1, X_2, X_3가 독립인 표준정규분포 확률변수이고

$$Y_1 = X_1 + X_2 + X_3,\ Y_2 = X_1 - X_2,\ Y_3 = X_1 - X_3$$

일 때 Y_1, Y_2, Y_3의 결합 확률함수를 구하시오.

6.48 확률함수 $f_X(x)$에서 세 개의 확률표본을 X_1, X_2, X_3라 할 때, 물음에 답하시오.

$$V = X_1 + X_2,\quad W = X_1 + X_3$$

(1) $Cov(V, W) = Var(X_1)$임을 보이시오.

(2) 만약 $Var(X_1) = Var(X_2) = Var(X_3) = \sigma^2$일 때 $\rho_{V,W}$ 를 구하시오.

6.49 주사위를 연속하여 던질 때 X와 Y는 각각 6 또는 5가 나올 때까지 던지는 시행횟수라 하면, 다음을 구하시오.

(1) $E(X)$

(2) $E\{X \mid Y = 1\}$

(3) $E\{X \mid Y = 5\}$

6.50 확률함수 X의 확률함수는 $f_X(x)$, 분포함수는 $F_X(x)$이고 평균 μ, 분산 σ^2이다. $Y = \alpha + \beta X(-\infty < \alpha < \infty,\ \beta > 0)$일 때 다음을 구하시오.

(1) Y가 평균 0, 분산 1일 때 α와 β를 구하시오.

(2) X와 Y의 상관계수를 구하시오.

(3) α와 β와 $F(x)$에 관한 Y의 분포함수를 구하시오.

(4) X가 μ에 관해 대칭이면 Y는 반드시 평균에 관해 대칭인가? (도움말: Z가 상

수 c에 관해 대칭이라면 $Z-c$의 분포와 $-(Z-c)$의 분포는 같다.)

6.51 확률변수 X와 Y가 독립이고 모수가 각각 (α,λ), (β,λ)인 감마 확률변수일 때 $U=X+Y$와 $V=\dfrac{X}{X+Y}$의 결합 확률함수를 구하시오.

6.52 확률변수 X와 Y가 이변량 정규분포(bivariate normal distribution)의 함수가 다음과 같을 때 물음에 답하시오.

$$f_{X,Y}(x,y)=\frac{1}{2\pi\sigma_X\sigma_Y\sqrt{1-\rho_{XY}^2}}\exp\left\{-\frac{R}{2(1-\rho_{XY}^2)}\right\}$$

(단, $R=\left(\dfrac{x-\mu_X}{\sigma_X}\right)^2+\left(\dfrac{y-\mu_Y}{\sigma_Y}\right)^2-2\rho_{XY}\cdot\dfrac{(x-\mu_X)(y-\mu_Y)}{\sigma_X\sigma_Y}$)

(1) $Y=y$가 주어졌을 때 X의 조건부 함수의 평균과 분산을 구하시오.

(2) X와 Y의 평균과 분산을 구하시오.

(3) X와 Y가 독립이면 $\rho_{XY}=0$ 임을 보이시오.

6.53 $\ln X \sim N_X(\mu_X, \sigma_X^2)$일 때 X는 대수정규분포(lognormal distribution)를 따른다고 한다. X의 확률함수가 다음과 같다. 물음에 답하시오.

$$f_X(x)=\frac{1}{x\sqrt{2\pi}\sigma_X}\exp\left\{-\frac{(\ln x-\mu_X)^2}{2\sigma_X^2}\right\},\ 0<x<\infty$$

(1) 이 함수의 개략적인 그래프를 그리시오.

(2) X의 평균과 분산을 구하시오.

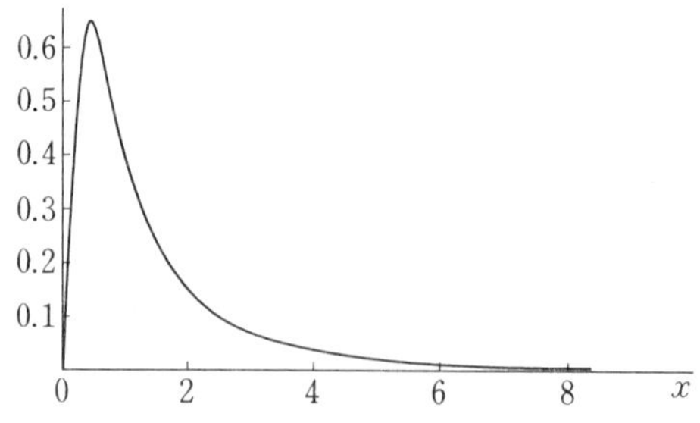

6.54 평균 μ_X, 분산 σ_X^2을 갖는 확률변수 X에서 확률표본을 N개 중에서 n개의 표본

을 뽑는다고 할 때 다음 물음에 답하시오.

(1) 비복원추출한다면, $T=\sum_{i=1}^{n} X_i$ 의 평균과 분산을 구하시오.

(2) 복원추출한다면, $T=\sum_{i=1}^{n} X_i$ 의 평균과 분산을 구하시오.

(3) 각각의 평균과 분산을 비교하시오.

6.55 X와 Y가 각각 독립이고 균일분포를 갖는 확률변수라 할 때 다음의 결합 확률함수를 구하시오.

(1) $U=X+Y, \quad V=X/Y$

(2) $U=X, \ V=X/(X+Y)$

(3) $U=X+Y, V=X/(X+Y)$

6.56 네 개의 꼭지점 (0, 0) (0, 1) (1, 0) (1, 1)을 갖는 정사각형 안에서 한 개의 점을 추출할 때 x좌표는 확률변수 X를, y좌표는 확률변수 Y라 할 때 다음을 구하시오.

(1) X와 Y의 주변확률함수를 구하시오.

(2) X와 Y는 독립인지 아닌지 구하시오.

(3) 점 (X, Y)과 중심과의 거리가 1/4보다 클 확률은 얼마인가?

6.57 n명의 학생이 철모를 쓰고 군사훈련을 받다가 쉬는 시간에 한 곳에 벗어 놓았다. 휴식이 끝난 후 다시 철모를 쓸 때 벗어 놓은 곳에서 아무거나 하나를 골라 쓴다고 한다. 확률변수 X_i를 다음과 같이 정의할 때 물음에 답하시오.

$$X_iX_i=\begin{cases}1, & i\text{번째 학생이 자기가 썻던 철모를 다시 고를 때}\\ 0, & \text{그 밖에는}\end{cases}$$

(1) $X = X_1+\cdots+X_n$ 이라 정의하면 X는 무엇을 의미하는가?

(2) $E(X_i)$, $Var(X_i)$를 구하시오.

(3) $Cov(X_i, X_j)$ 를 구하시오.

(4) $E(X), Var(X)$를 구하시오.

6.58 확률변수 X_1과 X_2는 평균이 0, 분산이 1인 독립 표준 정규분포를 따르고 다음과 같이 변수변환을 할 때, 다음을 구하시오.

$$U_1 = \mu_1 + \sigma_1 X_1$$

$$U_2 = \mu_2 + \rho\sigma_2 X_1 + \sigma_2\sqrt{1-\rho^2}\, X_2$$

(1) U_1의 분포 (2) U_2의 분포

(3) $Cov(U_1, U_2)$ (4) U_1, U_2 의 결합 확률함수

6.59 $f_{X,Y}(x,y) = \dfrac{1}{\pi}$, $x^2+y^2 \leqq 1$일 때 극좌표 $r = \sqrt{X^2+Y^2}$과 $\theta = \tan^{-1}\dfrac{Y}{X}$의 결합 확률분포를 구하시오.

제 7 장

극한정리

n번의 확률시행에서 관심있는 사상 E가 n_E번 일어났다고 가정한다면, 상대도수 $\frac{n_E}{n}$은 사상 E의 확률과는 어떤 관계가 있을까?

경험적 정의로부터 이 비율은 시행횟수가 커지면 사상 E가 일어날 확률에 근사함이 기대되고, 무한 번의 시행에서 상대도수가 안정적으로 하나의 값에 수렴한다면, 상대도수는 사상 E의 진정한 확률에 수렴하게 된다. 그러나 현실적으로 무한 번의 시행은 불가능할 것이다. 그렇다면 어떤 관계에 의하여 확률로서 인정할 수 있을지를 논리적으로 고찰할 필요가 있다. 이 장에서는 이런 생각을 더 논리적으로 극한정리라는 이론으로 발전시켜 나갈 것이다. 극한정리에는 중요한 법칙 두 개가 있는데 하나는 대수의 법칙이고, 다른 하나는 중심극한정리이다. 대수 법칙에 관한 정리는 어떤 확률변수의 평균이 기대값에 수렴한다는 조건을 서술하게 되고, 중심극한 정리는 큰 수의 확률변수의 합은 근사적으로 정규분포를 갖는다는 이론이다.

7.1 체비셰프 부등식

분포의 여러 가지 성질을 연구하면서 평균과 표준편차와의 관계를 이용하여 확률변수의 확률모형을 설정했었다. 이 절에서는 확률의 근사적 분포에 관한 정리를 연구하기로 하자.

정리 7.1 마코프 부등식(Markov's inequality)

확률변수 X가 음이 아닌 실수(nonnegative real value)를 갖는다고 하면

$$P(X \geq a) \leq \frac{E(X)}{a} \quad (\text{단, } a > 0)$$

증명 확률변수 X가 연속형이라면

$$E(X) = \int_0^\infty x f_X(x)\,dx = \int_0^a x f_X(x)\,dx + \int_a^\infty x f_X(x)\,dx$$

$$\geq \int_a^\infty x f_X(x)\,dx \geq \int_a^\infty a f_X(x)\,dx = a\int_a^\infty f_X(x)\,dx$$

$$= a\,P(X \geq a)$$ ▣

예제 7.1 어떤 공장에서 일주일 동안 생산되는 제품은 평균 50개라 한다. 이 공장에서 일주일 동안의 생산량이 75개를 초과할 확률의 상한값을 구하시오.

풀이 X를 일주일 동안 생산되는 총 수량이라 한다면, 정리 7.1에서

$$P(X > 75) \leq \frac{E(X)}{75} = \frac{50}{75} = \frac{2}{3}$$ ▣

정리 7.2 체비셰프 부등식(Chevyshev's inequality)

평균 μ_X, 표준편차 $\sigma_X > 0$를 갖는 확률변수 X라면, 어떤 양의 상수 ϵ에 대해 다음 부등식이 성립한다.

$$P(|X - \mu_X| > \epsilon\sigma_X) < \frac{1}{\epsilon^2}$$

증명 이를 증명하기 위하여 X의 영역을 다음 두 개의 영역으로 구분하겠다.

$$\text{영역 I}: \{\ |X - \mu_X| \leq \epsilon\sigma_X\}$$
$$\text{영역 II}: \{\ |X - \mu_X| > \epsilon\sigma_X\}$$

분산의 정의에 의하여

$$\begin{aligned} Var(X) &= \int_x (x-\mu_X)^2 f_X(x)\,dx \\ &= \int_I (x-\mu_X)^2 f_X(x)\,dx + \int_{II} (x-\mu_X)^2 f_X(x)\,dx \end{aligned}$$

이 합의 각 항은 음수가 아니기 때문에 영역 I의 적분항을 빼면

$$\begin{aligned} \sigma_X^2 &\geq \int_{II} (x-\mu_X)^2 f_X(x)\,dx \\ &> \int_{II} (\epsilon\sigma_X)^2 f_X(x)\,dx \\ &> \epsilon^2\sigma_X^2 \int_{II} f_X(x)\,dx = \epsilon^2\sigma_X^2 P(\ |X-\mu_X| > \epsilon\sigma_X) \end{aligned}$$

따라서

$$P(\mid X-\mu_X \mid > \epsilon\sigma_X) < \frac{1}{\epsilon^2}$$

위 식에서

$$P(|X-\mu_X| \leq \epsilon\sigma_X) > 1-\frac{1}{\epsilon^2}$$ ▣

예제 7.2 확률변수 X의 확률함수는 다음과 같을 때 물음에 답하시오.

x	0	1	2
$P(X=x)$	$\frac{5}{16}$	$\frac{8}{16}$	$\frac{3}{16}$

(1) 평균과 표준편차를 구하시오.

(2) $P(|X-\mu_X| \leqq k \cdot \sigma_X)$, $k=1, 2, 3$을 구하시오.

풀이 (1) $\mu_X = 0 \cdot \frac{5}{16} + 1 \cdot \frac{8}{16} + 2 \cdot \frac{3}{16} = \frac{7}{8}$

$$\sigma_X^2 = 0 \cdot \frac{5}{16} + 1^2 \cdot \frac{8}{16} + 2^2 \cdot \frac{3}{16} - \mu_X^2 = \frac{5}{4} - \left(\frac{7}{8}\right)^2 = \frac{31}{64}$$

$$\sigma_X = \sqrt{\sigma_X^2} = 0.6960$$

(2) $P\left(\left| X - \frac{7}{8} \right| \leq 1 \times 0.6960 \right) \geq 1 - 1/1 = 0$

$$P\left(\left| X - \frac{7}{8} \right| \leq 2 \times 0.6960 \right) \geq 1 - 1/4 = 0.75$$

$$P\left(\left| X - \frac{7}{8} \right| \leq 3 \times 0.6960 \right) \geq 1 - 1/9 = \frac{8}{9}$$

예제 7.3 예제 7.1에서 생산량의 분산이 25라면 1주일 동안 생산량이 40개와 60개 사이에 있게 될 확률 중에서 하한 값을 구하시오.

풀이 정리 7.2에 의하여

$$P(\mid X-50 \mid < 10) \geq 1-\frac{1}{4} = \frac{3}{4}$$ ▣

예제 7.4 평균이 μ_X, 분산이 1인 어떤 분포에서 $\overline{X}$가 모 평균이 0.5 내에 있을 확률이 적어도 0.95가 되기 위하여 얼마나 많은 표본을 추출해야 하는가?

풀이 $E(\overline{X}) = \mu_X$, $\sigma_{\overline{X}}^{\ 2} = \dfrac{1}{n}$ 이고, $P(\,|\,\overline{X} - \mu_X\,|\, \le 0.5) < 0.05$이므로 체비셰프 부등식을 이용하여

$$P\left(\,|\,\overline{X} - \mu_X\,|\, > \epsilon\sqrt{n} \cdot \frac{1}{\sqrt{n}}\right) < \left(\frac{1}{\epsilon\sqrt{n}}\right)^2 < 0.05$$

에서 $\epsilon = 0.5$ 을 대입하여 구하면

$$n > \frac{1}{(0.05)(0.5)^2} \fallingdotseq 80$$

따라서 약 80개 이상의 표본을 추출해야 한다. ▣

예제 7.2에서 보듯이 체비셰프 부등식에서 $0 < \epsilon \le 1$이면 부등호는 실제로 유용한 정보를 제공해주지 못하지만, $\epsilon > 1$이면 대체적인 확률을 구하는 데 대한 유용한 정보를 제공해 준다.

체비셰프 부등식은 확률론의 이론 중에서 확률에 관한 일반이론을 증명하는데 유용한 도구 역할을 한다. 정리는 연속형 확률변수에 대하여 부등식을 증명하였는데 이산형에서도 이 부등식이 성립한다.

7.2 대수의 법칙

정의된 모집단은 어떤 확률함수 $f_X(x)$로 규정할 때, 확률변수의 확률함수는 모수(θ)에 의하여 오직 하나의 확정된 정의를 내릴 수 있다. 따라서 모집단에서 알고자 하는 것은 모수값일 것이다. 모수에 관한 정보를 얻을 수 있는 한 가지 방법은 모집단에서 확률표본을 추출하고, 모집단에 관한 정보를 갖고 있는 표본에서 모수를 추정(inference)하는 것이다. 만약 표본이 적거나 표본 추출방법이 좋지 않다면 모집단에 대한 완전한 정보를 갖고 있다고 할 수 없으나, 추출방법이 모집단을 대표할 수 있게 추출됐다면 표본의 수에 관계없이 추정값($\hat{\theta}_n$)은 모수를 대표할 수 있을 것이다. 표본 추출문제는 표본조사론(sampling technique)에서 다루게 되고, 추정하는 방법은 수리통계학에서 공부하

게 될 것이다. 이 절에서는 추정 값과 모수는 어떤 관계를 갖고 있는지를 연구하기로 하자. 앞에서 표본추출 이전에 모집단의 모수를 알고 있다고 하면 확률함수는 완전히 규명되므로 표본에서 모집단의 추정은 할 필요가 없어진다.

$\mu_X = E(X)$는 확률함수 $f_X(x)$의 모수라 할 때, μ_X를 추정하는 것이다. 계략적인 의미에서 $E(X)$의 값은 확률변수 X의 무한개의 값의 평균이다. 현실적으로 측정값은 유한개일 수밖에 없다. 그렇다면 유한개로 만들어진 평균값이 $E(X)$의 추정으로서 믿을 만한가이다. 우선 이 대답은 믿을만하다이다. 이는 $E(X)$에 대한 믿을만한 추정은 유한개의 표본으로 만들어질 수 있다는 것이 약한 대수법칙(weak law of large number)이다. 다시 말해서, n개의 확률표본 $X_1, X_2, \cdots, X_n$은 평균이 μ_X이고, 분산이 $\sigma_X^2(>0)$인 독립이고 동일한 분포를 갖는다고 할 때, 대수의 법칙은 n이 충분히 크다면 확률변수들의 평균 $\overline{X}$와 특정한 모수와의 차가 임의의 상수 $\epsilon(>0)$보다 클 확률은 1에 가깝다는 것이다. 이것은 확률변수들의 평균은 모집단 값 μ_X에 가깝게 할 수 있음을 보장하게 된다. 다음 정리는 이에 관한 것이다.

정리 7.3 대수의 법칙

n개의 확률변수 $X_1, X_2, \cdots, X_n$은 평균이 $E(X) = \mu_X$이고, 분산이 $\sigma_X^2(>0)$인 독립이고 동일한 분포를 갖는다고 할 때, 임의의 상수 $\epsilon(>0)$에 대하여 $n \to \infty$이면

$$\lim_{n\to\infty} P\left(\left| \frac{X_1 + X_2 + \cdots + X_n}{n} - \mu_X \right| > \epsilon \right) = 0$$

증명 표본평균 $\overline{X} = \frac{1}{n}\sum_{i=1}^{n} X_i$라 할 때, $Var(\overline{X}) = \frac{\sigma_X^2}{n}$이므로 체비셰프 부등식에 의하여 다음과 같이 구할 수 있다.

$$\begin{aligned}\lim_{n\to\infty} P\left(\left| \frac{X_1 + \cdots + X_n}{n} - \mu_X \right| > \epsilon \right) &= \lim_{n\to\infty} P\left(|\overline{X} - \mu_X| > \left(\frac{\epsilon}{\sigma_X}\right)\sigma_X \right) \\ &\le \lim_{n\to\infty} \frac{\sigma_X^2}{n\epsilon^2} = 0\end{aligned}$$

▣

예제 7.5 확률변수 I_i는 $P(I_i=1)=p,\ i=1,2,\cdots,n$ 인 i번째 독립시행에서 성공에 관한 지시 확률변수라 하자. 확률변수 $X=\sum_{i=1}^{n} I_i$는 n회 독립시행에서 성공의 수를 나타낸다면, 성공비율 $\hat{p}=\dfrac{X}{n}$에 대하여 약한 대수의 법칙을 설명하시오.

풀이 n회 시행에서 성공비율 $\hat{p}$에서 $X\sim B_X(n,p)$ 이다. 따라서

$$E\left(\frac{X}{n}\right)=\frac{E(X)}{n}=p\,,\quad Var\left(\frac{X}{n}\right)=\frac{Var(X)}{n^2}=\frac{pq}{n}$$

이므로, 확률변수 $\dfrac{X}{n}$ 에 체비셰프 부등식을 적용하면

$$\lim_{n\to\infty}P\left(\ \left|\ \frac{X}{n}-p\ \right|\ >\ \epsilon\right)<\lim_{n\to\infty}\frac{pq}{n\epsilon^2}<\lim_{n\to\infty}\frac{1}{n\epsilon^2}=0$$

그러므로 시행횟수 n이 커가면 성공비율(추정된 모수 : $\hat{p}$)과 이론적 확률(모수: p) 사이의 차이는 임의의 양의 상수 ϵ보다 클 확률은 $\dfrac{1}{n\epsilon^2}$보다 작아진다. 따라서 독립시행의 수가 증가될수록 성공비율은 성공의 모수에 수렴함을 의미한다. ▣

예제 7.6 갤럽에서 실시하는 여론조사는 실업보험에 대한 정부의 새로운 정책을 지지하는 사람의 비율을 추정하고자 한다. 추정된 비율과 참 비율(모수)의 차가 0.1보다 크지 않을 확률이 0.75보다 크게 될 표본의 크기를 구하시오.

풀이 앞의 예제에서 $\epsilon=0.1$일 때 문제의 뜻에 따라 체비셰프 부등식을 적용하면

$$P\left(\ \left|\ \frac{X}{n}-p\ \right|\ <\ 0.1\right)\geq 0.75 \text{ 또는 } P\left(\ \left|\ \frac{X}{n}-p\ \right|\ \geqq\ 0.1\right)<0.25$$

따라서 $pq\leqq\dfrac{1}{4}$이므로

$$\frac{pq}{0.1^2n}<\frac{1}{0.1^2n}\leq 0.25$$

이를 구하면 $n\geq 100$이 된다. ▣

7.3 중심극한정리

중심극한정리(central limit theorem)는 확률이론에서 가장 유명한 결과 중의 하나이다. 이는 독립 확률변수의 합은 근사적으로 정규분포를 갖는다는 것을 말한다. 그것은 독립 확률변수의 합에 대한 근사적 확률을 계산하는 방법을 제공한다. 가장 단순한 형태에서 중심극한정리는 아래 정리와 같다.

정리 7.4 중심극한정리

n개의 확률변수 $X_1, X_2, \cdots, X_n$은 평균 $E(X) = \mu_X$ 이고, 분산 $\sigma_X^2(> 0)$인 독립 확률변수라 하자. 이때 표본수가 커가면 표본평균은 평균이 μ_X이고 분산이 $\frac{\sigma_X^2}{n}$을 갖는 정규분포에 근사한다. 즉

$$P\left(\frac{X_1 + X_2 + \cdots + X_n - n\mu_X}{\sqrt{n}\,\sigma_X} \leq z\right) = \Phi(z)$$

증명 여기서는 적률 모함수를 이용한 증명 방법을 보기로 하자.

$$\frac{X_1 + X_2 + \cdots + X_n - n\mu_X}{\sqrt{n}\,\sigma_X} = \sum_{i=1}^{n}\left(\frac{X_i - \mu_X}{\sigma_X / \sqrt{n}}\right)$$

와 같이 변형하고, $Z_i = \dfrac{X_i - \mu_X}{\sigma_X}$ 이라 하면

$$\sum_{i=1}^{n}\left(\frac{X_i - \mu_X}{\sigma_X / \sqrt{n}}\right) = \sum_{i=1}^{n}\frac{Z_i}{\sqrt{n}}$$

또한 $Z_i \sim N(0, 1)$이므로

$$M_{\sum_{i=1}^{n}\frac{Z_i}{\sqrt{n}}}(t) = M_{\sum_{i=1}^{n} Z_i}\left(\frac{t}{\sqrt{n}}\right) = \prod_{i=1}^{n} M_{Z_i}\left(\frac{t}{\sqrt{n}}\right) = \left[M_{Z_i}\left(\frac{t}{\sqrt{n}}\right)\right]^n$$

이고 동일 분포를 갖고 있으므로, $t = 0$에서 테일러 급수로 전개하면

$$\left[M_Z\left(\frac{t}{\sqrt{n}}\right)\right]^n = \left[1+\frac{\mu_1}{\sigma_Z}\cdot\frac{t}{\sqrt{n}}+\frac{\mu_2}{2!\sigma_Z^2}\cdot\left(\frac{t}{\sqrt{n}}\right)^2+\frac{\mu_3}{3!\sigma_Z^3}\cdot\left(\frac{t}{\sqrt{n}}\right)^3+\cdots\right]^n$$

에서 $\mu_r = \frac{d^r}{dt^r}M_Z\left(\frac{t}{\sqrt{n}}\right)\Big|_{t=0} = E(Z^r)$ 이므로

$$\left[M_Z\left(\frac{t}{\sqrt{n}}\right)\right]^n = \left[1+\frac{1}{n}\left(\frac{1}{2}t^2+\frac{\mu_3}{3!\sqrt{n}\,\sigma_Z^3}t^3+\frac{\mu_4}{4!n\sigma_Z^4}t^4+\cdots\right)\right]$$

$$\simeq \lim_{n\to\infty}\left[1+\frac{1}{n}\left(\frac{1}{2}t^2\right)\right]^n = \lim_{n\to\infty}\left[\left\{1+\left(\frac{t^2}{2n}\right)\right\}^{\frac{2n}{t^2}}\right]^{\frac{t^2}{2}} = \exp\left(\frac{t^2}{2}\right)$$

결과는 표준정규분포의 적률생성함수와 같으므로 정리는 성립한다. ▣

따라서 X_i 가 어떤 분포를 갖더라도 표본수가 크게 되면 평균이 μ_X 이고, 분산이 $\frac{\sigma_X^2}{n}$ 인 정규분포에 근사함을 보았다. 이를 컴퓨터 시뮬레이션을 통해 이산형과 연속형의 결과를 확인해 보기로 하자.

그림 7.2는 이산형 함수에서 표본의 크기에 따른 표본평균($\overline{X}$)의 막대그래프이며 곡선에 이에 대응하는 정규분포이다. 표본이 클수록 모 함수와 관계없이 표본평균은 점점 정규분포에 가까워짐을 알 수 있다.

$$f_1(x)=\begin{cases}1/2, & x=1\\ 1/3, & x=2\\ 1/6, & x=3\end{cases}\qquad f_2(x)=\begin{cases}1/3, & x=1\\ 1/3, & x=2\\ 1/3, & x=3\end{cases}$$

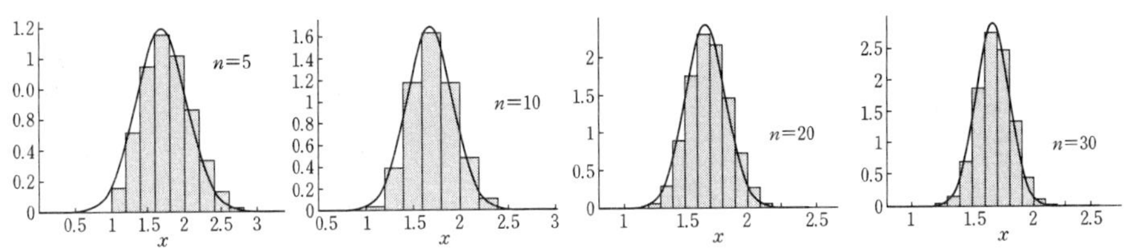

그림 7.1 확률함수 $f_1(x)$에서 $\overline{X}$의 그래프

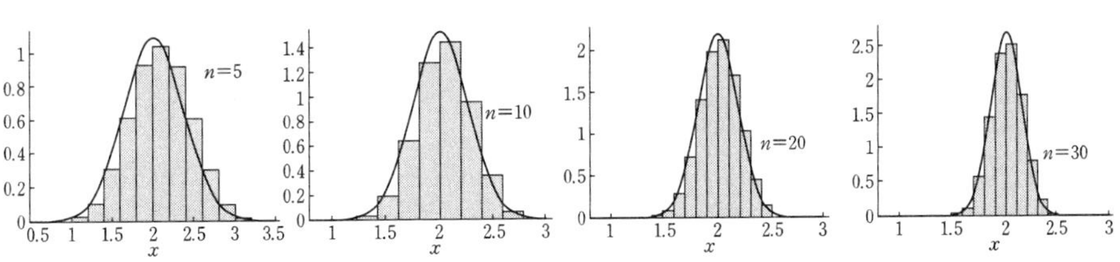

그림 7.2 확률함수 $f_2(x)$에서 $\overline{X}$의 그래프

또한 표는 표본의 크기에 따른 X_1과 X_2의 평균과 분산이다. 이를 이용하여 정리 7.4를 확인하기 바란다.

표 7.1 σ_X^2와 $\sigma_{\bar{X}}^2$의 비교표

표본의 크기	평 균		분 산		비 교
	X_1	X_2	X_1	X_2	
1	5/3	2	0.5556	0.6667	σ_X^2
5	5/3	2	0.1111	0.1333	$\sigma_{\bar{X}}^2 = \sigma_X^2/n$
10	5/3	2	0.0556	0.0667	
20	5/3	2	0.0278	0.0333	
30	5/3	2	0.0185	0.0222	

연속형 확률변수는 균일분포 $X \sim U_X(0, 1)$와 표준정규분포 $X \sim N(0, 1)$에서 난수를 생성시킨 후 표본 수에 따른 표본분포를 그린 것이다. 표본이 커져갈수록 근사적으로 정규분포에 가까운 그래프가 나타남을 알 수 있다.

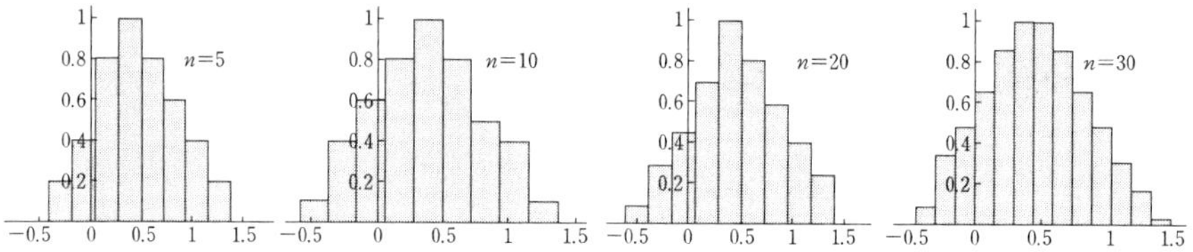

그림 7.3 균일분포 $X \sim U_X(0, 1)$의 시뮬레이션 결과

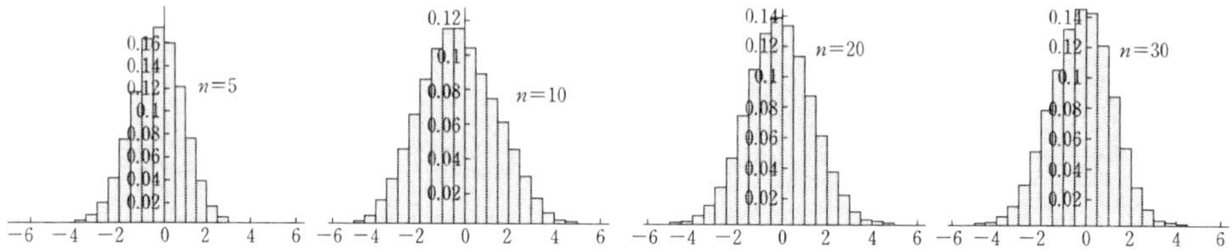

그림 7.4 표준정규분포의 시뮬레이션 결과

예제 7.7 확률변수 X는 모수가 n, p인 이항분포를 따를 때, 정규분포에 근사시켜 다음 확률을 구하시오.

(1) $P(X = r)$ (2) $P(X \geq r)$ (3) $P(X \leq r)$

풀이 이항분포는 이산형 분포이므로 한 점에서의 확률 $P(X=r)$은 존재하나 연속형에서는 한 점에서의 확률이 0이다. 따라서 이산형 확률변수를 연속형 확률변수로 근사시

킬 때는 연속성의 수정계수(correction coefficient for continuity)를 이용한다.

$$P(X=r) \approx P\left(r-\frac{1}{2}< X< r+\frac{1}{2}\right)$$

좌변의 확률변수는 이산형일 때이고 우변의 확률변수는 연속성으로 근사시킨 확률 변수이다. $\pm\frac{1}{2}$은 수정계수를 말한다. 이를 이용하여 확률을 구하겠다.

이항분포 $B_X(n, p)$는 평균이 np이고 분산이 npq이므로, 중심극한정리에 의하여 정규분포 $N(np, npq)$로 근사시킬 수 있을 것이다.

(1) $P(X=r) \approx P\left(r-\frac{1}{2} < X< r+\frac{1}{2}\right)$

$$= P\left(\frac{r-1/2-np}{\sqrt{npq}} < \ Z < \ \frac{r+1/2-np}{\sqrt{npq}}\right)$$

$$= \Phi\left(\frac{r+1/2-np}{\sqrt{npq}}\right) - \Phi\left(\frac{r-1/2-np}{\sqrt{npq}}\right)$$

(2) $P(X\geq r) \approx P\left(X> r-\frac{1}{2}\right)$

$$= P\left(Z> \ \frac{r-1/2-np}{\sqrt{npq}}\right) = 1-\Phi\left(\frac{r-1/2-np}{\sqrt{npq}}\right)$$

(3) $P(X\leq r) \approx P\left(X< \ r+\frac{1}{2}\right)$

$$= P\left(Z< \ \frac{r+1/2-np}{\sqrt{npq}}\right) = \Phi\left(\frac{r+1/2-np}{\sqrt{npq}}\right)$$

예제 7.8 주사위를 한 번 던질 때 각 면이 나타날 확률은 모두 동일하다. 이 주사위를 180번 던졌을 때 1이 나오는 개수를 x라 하면 확률변수 X는 이항분포를 갖는다. 아래 물음에 답하시오.

(1) 확률변수 X의 평균과 분산을 각각 구하시오.

(2) 다음 확률을 정확한 값과 정규분포 근사식으로 각각 구하시오.

 (a) 29번 이상 32번 이하 나타날 확률

 (b) 정확히 31번 나타날 확률

풀이 이항분포에서 $n=180$, $p=\frac{1}{6}$이므로

(1) $\mu_X = np = 180\times\frac{1}{6} = 30$, $\sigma_X^2 = 180\times\frac{1}{6}\times\frac{5}{6} = 25$

(2) $X\sim B_X\left(180, \frac{1}{6}\right)$이므로 $N(30, 5^2)$에 근사시켜 구한다.

정확한 계산

(a) $P(29 \leq X \leq 32) = \sum_{x=29}^{32} \binom{180}{x} \left(\frac{1}{6}\right)^x \left(\frac{5}{6}\right)^{180-x} = 0.3073$

(b) $P(X=31) = \binom{180}{31} \left(\frac{1}{6}\right)^{31} \left(\frac{5}{6}\right)^{149} = 0.0770$

정규 근사식을 이용한 계산

(a) $P(29 \leq X \leq 32) = P\left(\frac{29-0.5-30}{5} < Z < \frac{32+0.5-30}{5}\right)$

$= P(-0.3 < Z < 0.5) = 0.3094$

(b) $P(X=31) = P\left(\frac{30.5-30}{5} < Z < \frac{31.5-30}{5}\right)$

$= P(0.1 < Z < 0.3) = 0.0781$ ▣

이항분포을 이용한 값과 근사식을 이용한 결과에 오차가 발생한다. 그러나 시행횟수가 크거나 p의 값이 $\frac{1}{2}$에 가까우면 오차가 더 적어지므로 유용한 근사계산을 할 수가 있다.

예제 7.9 확률변수 X가 초기하 분포를 따를 때 중심극한정리에 의하여 $P(X=r)$의 값을 계산하시오.

풀이 앞에서 구한 초기하 분포의 평균과 분산은

$$E(X) = n\left(\frac{M}{N}\right), \quad Var(X) = n\left(\frac{M}{N}\right)\left(1-\frac{M}{N}\right)\left(\frac{N-n}{N-1}\right)$$

임을 알고 있다. 정규분포에 근사시키면

$$P(X=r)$$

$$\approx P\left(\frac{r-\frac{1}{2}-n\left(\frac{M}{N}\right)}{\sqrt{n\left(\frac{M}{N}\right)\left(1-\frac{M}{N}\right)\left(\frac{N-n}{N-1}\right)}} < Z < \frac{r+\frac{1}{2}-n\left(\frac{M}{N}\right)}{\sqrt{n\left(\frac{M}{N}\right)\left(1-\frac{M}{N}\right)\left(\frac{N-n}{N-1}\right)}}\right)$$

$$= \Phi\left(\frac{r+\frac{1}{2}-n\left(\frac{M}{N}\right)}{\sqrt{n\left(\frac{M}{N}\right)\left(1-\frac{M}{N}\right)\left(\frac{N-n}{N-1}\right)}}\right) - \Phi\left(\frac{r-\frac{1}{2}-n\left(\frac{M}{N}\right)}{\sqrt{n\left(\frac{M}{N}\right)\left(1-\frac{M}{N}\right)\left(\frac{N-n}{N-1}\right)}}\right)$$ ▣

예제 7.10 어떤 약의 효능을 알기 위하여 279명을 두 개의 그룹으로 나누어 약을 처리한 그룹과 처리하지 않은 그룹으로 분리하였더니 다음 표와 같다. 이 표를 이용하여 다음 값을 구하시오.

(1) 확률변수 X를 처리한 사람이 효과가 있는 경우의 수라 할 때
$P(X \geq 122 \mid \text{약효가 있음})$

(2) 확률변수 Y를 처리하지 않은 사람이 효과가 있는 경우의 수라 할 때
$P(X \geq 109 \mid \text{약효가 있음})$

효 과	처 리	처리하지 않음	합 계
있 음	122	109	231
없 음	17	31	48
합 계	139	140	279

풀이

(1) 초기하 분포로 구하면 전체 사람 수 $N=279$, 처리한 사람 수 $M=139$, 처리하지 않은 사람 수 $N-M=140$이 되며, 이 중에서 약효가 있는 사람을 표본이라 하면 $n=231$이 될 것이다. 이들을 예제 7.9에 대입하여 구하면

$$\mu_X = 231\left(\frac{139}{279}\right) = 115.09$$

$$\sigma_X{}^2 = 231\left(\frac{139}{279}\right)\left(\frac{140}{279}\right)\left(\frac{279-231}{279-1}\right) = 9.9711$$

이고 $\sigma_X = 3.16$가 된다. 따라서 처리한 사람 중에서 효과가 있을 확률은

$$P(X \geq 122 \mid \text{약효가 있음}) = 1-\Phi\left(\frac{122-0.5-115.09}{3.16}\right)$$
$$= 1-\Phi(2.03) = 0.0212$$

(2) (1)번과 같이, $N=279$, 처리하지 않은 사람 수 $M=140$, 처리한 사람 수 $N-M=139$이 되며, 이 중에서 약효가 있는 사람을 표본이라 하면 $n=231$이 될 것이다.

$$\mu_Y = 231\left(\frac{140}{279}\right) = 115.91$$

$$\sigma_Y{}^2 = 231\left(\frac{140}{279}\right)\left(\frac{139}{279}\right)\left(\frac{279-231}{279-1}\right) = 9.9711$$

이고 $\sigma_Y = 3.16$가 된다. 따라서 처리한 사람 중에서 효과가 있을 확률은

$$P(Y \geq 109 \mid \text{약효가 있음}) = 1-\Phi\left(\frac{109-0.5-115.91}{3.16}\right)$$
$$= 1-\Phi(-2.34) = 0.0096$$

■

제7장 연습문제

exercises

[A형]

7.1 표준화된 확률변수 X에 관하여 체비셰프 부등식은

$$P\{|X| \leq k\} > 1 - \frac{1}{k^2}$$

으로 쓸 수 있음을 증명하시오(단, k는 양의 상수).

7.2 정리 7.2에서 영역 Ⅰ의 부분에 $\mu_X - \epsilon\sigma_X$와 $\mu_X + \epsilon\sigma_X$의 끝점을 포함했다. 만약 끝점이 영역 Ⅰ에 포함되지 않는다면 대응되는 확률은 $P\{|X - \mu_X| \geq \epsilon\sigma_X\} \leq 1/\epsilon^2$을 만족하는가? 또한 $0 < \epsilon \leq 1$일 때 체비셰프 부등식을 사용할 수 없다는 것에 대해 서술하시오.

7.3 체비셰프 부등식이 이산형 확률변수일 때도 성립함을 증명하시오.

[B형]

7.4 다음의 각 경우에 체비셰프 부등식에서 $\epsilon = 1.5,\ 2,\ 2.5,\ 3$일 때 값을 각각 구하고, 대응되는 확률과 비교하여 보시오.

(1) 한 개의 주사위를 던질 때 눈들의 수

(2) 두 개의 주사위를 던질 때 눈의 합

(3) 세 개의 동전을 던질 때 이면의 수

7.5 X는 $-k, 0, k$을 갖는 확률변수이고, 그 확률이 각각 $p,\ 1-2p,\ p$라고 한다면

(1) $E(X), Var(X)$를 구하시오.

(2) $p = 1/2$일 때 $k = \sigma_X$임을 보이시오. 이 상태에서 확률함수를 구하시오.

(3) $k = 2\sigma_X$일 때 p는 무엇과 같은가?

(4) $k = 3\sigma_X$일 때 p는 무엇과 같은가?

(5) 어떤 양수 c의 적절한 선택에 의해 $k = c\sigma_X$를 만들 수 있나? 만들 수 있다면 c에 관한 p의 적절한 선택은 무엇인가? 또 $|X-\mu_X|$가 적어도 클 확률은 얼마인가?

7.6 X는 표준화된 확률변수라 하자. 체비셰프 부등식을 사용하여 다음을 구하시오.

(1) $P\{\,|\,X\,|\, > 2\}$

(2) $P\{\,|\,X\,|\, \leq 2\}$

(3) $P\{\,|\,X\,|\, \leq k\} > 0.98$을 보장할 수 있는 k의 값

7.7 어떤 교수는 과거의 경험으로 학생들의 시험점수가 평균 75, 분산 25를 갖는 확률변수라는 것을 알고 있다.

(1) 85점을 초과할 상한 확률을 구하시오.

(2) 한 학생이 점수가 65와 85점 사이에 있을 확률을 구하시오.

(3) 체비셰프 부등식을 사용할 때 적어도 0.9의 확률을 가지고, 학급평균이 평균을 중심으로 5점 이내에 있도록 보장되는 학생수는 몇 명인가?

(4) 중심극한정리를 이용하여 (2)를 반복하시오.

7.8 X는 캐나다 가정이 소유하고 있는 자동차의 수이다. X의 표준편차가 0.5를 가정하는 것이 합리적이라 가정하라. 표본의 평균이 이론적 평균과의 차가 0.4보다 크지 않을 확률이 적어도 0.95를 유지하기 위하여 몇 개의 가정을 표본으로 뽑아야 할까?

7.9 어떤 사람이 특수한 심장질환에 의해 사망할 확률이 0.001이다.

(1) 질환을 갖고 있는 2000명 중에서 다섯 명 이하 사망할 확률을 구하시오.

(2) 구간 $\mu_X \pm 2\sigma_X$를 구하고 체비셰프 부등식을 사용하여 이 구간에 대해 설명하시오.

7.10 어떤 조사는 두 대 이상의 자동차를 소유하는 사람의 비율을 추정하려고 한다. 체비셰프 부등식을 사용하여 확률 0.9로서 추정비율과 참 비율이 0.05 이내에 있도록 보장되려면 얼마나 큰 표본이 있어야 하는가?

7.11 한 소년이 목표물을 맞출 확률이 0.25이다. 적어도 0.5의 확률을 가지고 적중비율과 참여율이 0.25보다 크지 않도록 보장될 경우에 몇 번 이상 쏘아야 하는가?

7.12 어떤 농구 선수는 자유투의 80%가 적중한다고 한다. 자유투의 기회가 120번 온다면 다음의 확률을 구하시오.

(1) 90번 보다 작을 확률

(2) 105번 이상

(3) 정확히 100번

이 확률을 정규근사에 의하여 구하시오.

7.13 10개의 주사위를 던질 때 그 합이 30과 40 사이에 있을 근사확률을 계산하시오.

7.14 $X_i,\ i=1,\cdots,10$은 (0,1) 사이에 분포되어 있는 독립 확률변수라 하자. 이때 다음을 구하시오.

(1) $P\left(\sum_{i=1}^{10} X_i > 6\right)$ (2) $P\left(\sum_{i=1}^{20} X_i \le 9.1\right)$ (3) $P\left(8.5 \le \sum_{i=1}^{20} X_i \le 11.7\right)$

7.15 만약 어떤 공장에서 1주일 동안 생산되는 생산품의 개수가 평균 100이고 분산이 400인 확률변수를 따를 때, 이번 주에 생산될 제품이 120개를 초과할 확률에 대한 최대확률을 계산하시오.

7.16 $X_1,\cdots,X_{20}$ 은 평균이 1인 독립 포아송확률변수라 하자.

(1) 마르코프 부등식을 이용하여 $P\left\{\sum_{i=1}^{20} X_i > 15\right\}$의 범위를 구하시오.

(2) 중심극한정리를 이용하여 $P\left\{\sum_{i=1}^{20} X_i > 15\right\}$를 근사시키시오.

7.17 $\overline{X}_n$와 μ_X의 차이가 $\frac{1}{2}\sigma_X$보다 작을 확률이 최소 0.99가 되려면 표본크기는 얼마로 하는 것이 적당한가?

7.18 X가 $B_X\left(100, \frac{1}{2}\right)$에 따를 때, 다음의 하한을 구하시오.

$$P\left\{\left|\frac{X}{100} - \frac{1}{2}\right| < 0.10\right\}$$

7.19 X가 $B_X(500,\ 0.55)$일 때, 다음의 하한을 구하시오.

$$P\left\{\left|\frac{X}{500}-0.55\right|<0.05\right\}$$

7.20 X가 평균 25인 양의 확률변수라 할 때 다음 값의 범위를 구하시오.(도움말: (i) $f(x)$가 아래로 볼록한 함수(convex function)일 때 $E[f(X)] \geq f(E(X))$, (ii) $f(x)$가 위로 볼록한 함수(concave function)일 때 $E[f(X)] \leq f(E(X))$; 이 공식을 Jensen의 부등식이라 한다).

(1) $E(X^3)$　　　　(2) $E(\sqrt{X})$

(3) $E(\ln X)$　　　　(4) $E(e^{-X})$

7.21 많은 사람들은 주식시장에서 한 회사의 주식 가격을 평균 0, 분산이 σ^2을 한다고 추산하고 있다. 만약 $Y_n = Y_{n-1} + X_n,\ n \geq 1$이다. 이때 $X_1,\ X_2, \cdots$ 는 동일한 분포를 갖는 독립확률변수로서 평균 0, 분산 σ^2 이라 하면, 오늘의 주식가격이 100이라 하고 $\sigma^2 = 1$이라 하면, 10일 후 주식가격이 95에서 105 사이에 있을 확률을 구하시오.

제 8 장

통계적 분야로의 적용

통계학은 추론적 학문으로서 확률론을 근간으로 하여 발달하였다. 이 장에서는 통계학 분야에서 활용되는 이론을 확률론적인 입장에서 검토하겠다. 물론 이외에도 많은 분야에서 적용되고 응용되지만 여기서는 기본적인 응용분야만을 서술할 것이다.

8.1 가설검정

8.1.1 가설검정

통계적 가설(statistical hypothesis)은 확률변수의 분포를 규정하는 모수들이나 분포 그 자체에 대해 만들어진 서술이다. 따라서 통계적 가설을 검정한다는 것은 확률실험에서 확률변수의 관측된 값에 의존하여 행해지게 된다. 예제를 통하여 구체적으로 접근해 보자.

예제 8.1 숫송아지가 암송아지보다 그 가치가 떨어지는 어떤 낙농회사에서 생화학자가 특수처방을 했더니 암송아지를 보다 많이 생산한다고 주장한다. 이 주장을 검정하기 위하여 10마리의 암소에 특수 처방을 하였더니 8마리의 암송아지가 생산되었다면 생화학자의 주장이 옳다고 할 수 있을까? 다음 물음에 답하시오.

(1) 자연상태일 때 10마리 중에서 8마리 이상 암송아지를 생산할 확률을 구하시오.

(2) 특수 처방한 상태에서는 어떤가?

(3) 두 확률의 차이를 설명해보자.

풀이 열 마리 송아지 중에서 암송아지 수를 확률변수 X라 하면, 이는 $X \sim B_X(10, p)$에 따른다(단, p는 암송아지를 생산할 확률이다).

(1) 자연상태라면 $p = \frac{1}{2}$이라 할 수 있다. 그러므로 $X \sim B_X\left(10, \frac{1}{2}\right)$

$$P(X \geq 8) = \sum_{x=8}^{10} \binom{10}{x} \left(\frac{1}{2}\right)^x \left(\frac{1}{2}\right)^{10-x} = 0.0547$$

(2) 생화학자의 주장이 사실이라면 특수 처방된 암소에서 암송아지를 생산할 확률은 $p > \frac{1}{2}$이 됨은 당연하다. 만약, $p = \frac{2}{3}$이라면 $X \sim B_X\left(10, \frac{2}{3}\right)$이 되므로

$$P(X \geq 8) = \sum_{x=8}^{10} \binom{10}{x} \left(\frac{2}{3}\right)^x \left(\frac{1}{3}\right)^{10-x} = 0.2991$$

(3) 자연상태에서 여덟 마리 이상 생산될 확률은 약 5%로서 여덟 마리 이상의 생산은 극히 우연으로 보인다. 그러나 특수 처방된 상태에서는 약 30% 정도 여덟 마리 이상 생산될 수 있다는 뜻이 된다. 따라서 이 확률의 차이는 다음과 같은 두 가지 경우로 요약할 수 있다.

(a) 자연상태 $p = 0.5$ 라는 가정 하에서는 일어나기 어려운 희귀 사상이 일어난 경우

(b) 생화학자의 주장이 옳기 때문에 일상적으로 일어나는 경우

따라서 자연상태에서 희귀 사상이 일어나지 않는다고 가정하면, 특수 처방에 의하여 암송아지가 생산될 확률이 커진다는 주장을 지지하게 될 것이다.

▣

위의 예제로 통계적 가설을 검정하는 일반적인 접근을 시도해 보자. 생화학자의 주장을 대립가설(alternative hypothesis) H_A라 하고, 생화학자의 주장이 옳지 않으면 당연히 자연상태에서 송아지를 생산했다고 보이므로 이를 귀무가설(null hypothesis) H_0라 하자. 물론 가설들은 확률분포의 모수나 분포 그 자체에 대한 서술이다.

이때 생화학자는 자신의 주장이 옳다는 것을 증명하기 위해 특수 처방된 암소의 송아지의 생산량을 보고 그 옳고 그름을 판단할 것이므로, 암송아지의 수는 그 증거로 제시하게 된다. 이때 암송아지의 수는 관측값으로서 확률변수가 된다. 이를 검정통계량(test statistic)이라 부른다. 따라서 이를 근거로 다음 두 가지 중에서 한 가지를 선택하게 될 것이다.

1. 생화학자의 주장이 옳게 되면 H_A 를 받아들이고, H_0 는 기각할 것이다.
2. 생화학자의 주장이 옳지 않으면 H_A 를 기각하고, H_0 를 받아들일 것이다.

그렇다면 이 결정을 어떻게 할 것인가? 확률실험이므로 결정은 그 결과에 대응하는 확률에 기인하게 된다.

낙농회사의 확률실험에서 그 결과값이 $x = 8$이라 하면 둘 중에서 어느 쪽을 받아들인다고 결정할 수 있을까? 만약 대립가설을 받아들인다면 $x = 9$, $x = 10$인 경우도 동시에 받아들여야 하고 기각하게 되면 동시에 기각해야 한다. 또한 여덟 마리 이상이면 특수처방이 효과가 있다 라고 결정(물론 결정할 수 있는 크기에 문제가 있다)하기로 하자. 이때 확률은

$$P(H_A\text{를 받아들인다} \mid H_0: \text{참}) = P(X \geq 8 \mid X \sim B_X(10, 0.5))$$

으로 계산하게 되며, 이를 p-값(p-value)이라 부른다. 또한 귀무가설을 기각하게 될 기준을 여덟마리, 즉 $x = 8$ 이라 하면 이를 임계값(critical value 또는 critical point)이라 한다.

p-값은 통계치와 귀무가설 H_0 사이에 얼마나 많은 일치점이 존재하는지를 제시하는 근거가 된다. 만약 p-값이 작아지면 귀무가설을 기각하고 생화학자의 주장이 일리가 있다는 결론을 내릴 수 있으므로 귀무가설을 기각하기 위해서는 p-값을 얼마나 작게 해야 하느냐에 의존한다. 따라서 실험이 행해지기 전에 그 값을 결정할 필요가 있다.

$$P(H_A\text{를 받아들인다} \mid H_0: \text{참}) = \alpha$$

라고 하면 이 확률 α 를 유의수준(level of significance)이라 하며, 판단 기준은 다음과 같다.

p-값$< \alpha$, 귀무가설을 기각하고 대립가설을 받아들인다.
p-값$\geq \alpha$, 귀무가설을 받아들인다.

앞의 예에서 유의수준 $\alpha = 0.05$ 라 하면 p-값$> \alpha$ 이므로 귀무가설 $H_0: p = 0.5$ 을 기각하지 못하므로 생화학자의 주장이 옳다고 할 수 없다.

가설검정의 절차를 정리하면

1. 귀무가설 H_0 을 설정한다. 새로운 주장을 부정하는 방법으로 만들어진다.
2. 대립가설 H_A 을 설정한다. 즉 확률실험을 서술하는 분포 모수에 관해 만들어진다.
3. 검정 통계량을 구한다.
4. p-값을 구한다.
5. p-값과 검정 통계량 값을 비교하여 결정을 내린다.

예제 8.2 철수는 자신이 갖고 있는 동전이 모나지 않다고 주장한다. 이를 검정하기 위하여 동전을 15번 던졌는데 13번의 앞면이 나타났다면 철수의 주장이 옳다고 할 수 있는가를 유의수준 5%에서 검정하시오.

풀이 앞의 통계적 검정 절차에 따라서 결정하기로 하자.

(1) 동전이 모가 나지 않았다면 앞면이 나올 확률은 $\frac{1}{2}$이 될 것이다. 따라서

$$H_0 : p = \frac{1}{2}$$

(2) 동전이 모가 났다면 앞면이 나올 확률이 커지거나 작아질 것이다. 커진다고 가정하면 귀무가설은

$$H_A : p > \frac{1}{2}$$

(3) 앞면이 나올 경우의 수를 x라 하면 확률변수 X는 이항분포에 따르고, 아울러 실험 결과가 13번 앞면이 나왔으므로 $x = 13$이 된다.

(4) $p\text{-값} = P\left(X \geq 13 \;\middle|\; X \sim B_X\left(15, \frac{1}{2}\right)\right) = \sum_{x=13}^{15} \binom{15}{x} \left(\frac{1}{2}\right)^x \left(\frac{1}{2}\right)^{15-x} = 0.0037$

(5) 유의수준 $\alpha = 0.05$ 라면 p-값$< \alpha$ 이므로 다음과 같이 결론을 유도할 수 있을 것이다. 5%의 유의수준 하에서 철수의 주장은 정당하다고 할 수 있을 것이다.

▣

결론에서 "옳다"가 아니라 "옳을 것이다"라고 한 것은 우연히 나오는 경우도 존재하기 때문이라는 것을 이해하기 바란다.

예제 8.3 발생 돌연변이가 1,000번의 출생에서 기껏해야 한 번 일어나는 모집단이 있다. 어떤 지역을 선정하여 조사하였는데 10,000번 출생에서 4번의 돌연변이가 발견되었다면, 이 지역의 돌연변이가 다른 지역보다 적게 발생했는지를 검정하시오.

풀이 10,000번의 조사 중에서 돌연변이가 발생할 경우의 수를 x라 하면 확률변수 X는 $B_X(10{,}000, 0.001)$에 따른다. 그러나 분포의 특성상 n이 크고 p가 작으므로 $\lambda = 10{,}000 \times 0.001 = 10$인 포아송분포에 근사시켜 모수 λ에 의해 가설을 설립하고 검정하기로 한다.

(1) 만약 돌연변이가 다른 지역과 동일하다면

$$H_0 : \lambda = 10{,}000 \times 0.001 = 10$$

(2) 돌연변이가 적게 일어났다면 대립가설은

$$H_A : \lambda < 10$$

(3) 확률변수 X는 모수가 10인 포아송 분포하며 $x = 4$이다.

(4) p-값$= P(X \leq 4 | X \sim P_X(10)) = 0.0293$

(5) $\alpha = 0.05$라고 하면 주어진 귀무가설은 기각된다. 따라서 5% 유의수준하에서 이 지역은 돌연변이가 적다고 할 수 있다. ▣

위 예에서 기각값을 유의수준이 5% 근방에서 결정된다면

$$p\text{-값} = P(X \leq 5 \mid X \sim P_X(10)) = 0.0672$$

이므로 5명이 기준이 된다.

8.1.2 적합도 검정

이 책을 통틀어 확률모형에 의하여 확률실험을 설명하는데 흥미가 있었다. 앞 절에서 확률모형이 특수한 형태를 가정했고 모형을 설명하는 모수의 가설적인 값은 얼마나 자료를 지지했었나를 보았다. 지금부터 특수한 확률모형이 관측자료의 관점에서 실제적인지 아닌지를 추측하는 기법으로 적합도 검정(goodness of fit test)을 설명하겠다.

한 개의 모형은 k개의 단순사상으로 구성되어 있고, 각 사상에 대응하는 확률을 각각 $p_1, p_2, \cdots, p_k$ 이라 하자. 이때 모형이 합리적인지 아닌지를 검정하는데 알맞은 데이터를 모을 필요가 있다. 데이터는 N번의 반복실험에 의하여 얻어진 결과, 즉 관측 빈도수를 $O_1, O_2, \cdots, O_k$ 라 하면, 관측된 상대빈도 $\frac{O_1}{N}, \frac{O_2}{N}, \cdots, \frac{O_k}{N}$ 와 각 범주에 속할 확률 $p_1, p_2, \cdots, p_k$ 사이의 일치성 여부가 주요 관심사이다. 또한, $Np_i,\ i = 1, 2, \cdots, k$ 는 기대범주 빈도라 한다.

관측빈도와 이론빈도 사이의 일치성 여부는 K. Pearson이 발전시킨 카이제곱 적합도 검정을 사용함에 의해 추정이 된다. 다음의 통계량은 자유도가 $k-1$인 카이제곱 분포를 한다.

$$\hat{\chi^2} = \sum_{i=1}^{k} \frac{(O_i - Np_i)^2}{Np_i}$$

예제 8.4 두 명의 어린이가 있는 가정에서 성별분포에 관심이 있다고 하자. 다음 물음에 답하시오.

(1) 네 가정을 조사했을 경우에 나타날 수 있는 모든 경우의 카이제곱값과 그 확률을 계산하시오.

(2) 80 가정을 조사한 표가 다음과 같이 나타난다면 유의수준 5%에서 검정하시오.

남아의 수(X)	0	1	2
빈도 수 상대도수	17 0.2125	44 0.5500	19 0.2375
합계	139	140	279

(3) 80 가정을 조사한 결과가 각각 16, 34, 30이라면 어떠한가?

풀이 성별의 분포에 관심이 있으므로, 자연상태라면 이항분포를 따르게 되므로 귀무가설은 이항분포 $B_X(2, 0.5)$에 따른다는 것이고 대립가설은 이항분포를 하지 않는다는 것이다.

(1) 두 명의 어린이가 있는 가정에서 남아의 수로 나타낼 수 있는 범주는 세 가지가 될 것이다. 첫 번째 범주는 두 명의 여아, 두 번째 범주는 한 명의 남아와 한 명의 여아, 세 번째 범주는 두 명의 남아라 하자. 귀무가설에서 각각의 범주에 속할 확률은 다음과 같다.

$$p_1 = P(\text{두 명의 여아}) = \binom{2}{0}\left(\frac{1}{2}\right)^2 = \frac{1}{4}$$

$$p_2 = P(\text{한 명의 남아와 한 명의 여아}) = \binom{2}{1}\left(\frac{1}{2}\right)^2 = \frac{1}{2}$$

$$p_3 = P(\text{두 명의 남아}) = \binom{2}{2}\left(\frac{1}{2}\right)^2 = \frac{1}{4}$$

네 가정 중에서 첫 번째 범주에 속할 경우의 수를 x_1, 두 번째 범주에 속할 경우는 x_2, 세 번째 범주에 속할 경우는 x_3라 할 때, x_1, x_2, x_3의 조합의 수와 각 경우에 해당하는 카이제곱값과 그 확률을 계산하는 방법은 다음과 같다. 만약 $O_1 = 3,\ O_2 = 0,\ O_3 = 1$인 경우의 카이제곱값은

$$\hat{\chi}^2 = \sum_{i=1}^{3} \frac{(O_i - Np_i)^2}{Np_i} = \frac{(3-1)^2}{1} + \frac{(0-2)^2}{2} + \frac{(1-1)^2}{1} = 6$$

이고, 또한 $O_1 = 3,\ O_2 = 0,\ O_3 = 1$인 경우의 확률은

$$P(O_1 = 3, O_2 = 0,\ O_3 = 1) = \frac{4!}{3!0!1!}\left(\frac{1}{4}\right)^3\left(\frac{1}{2}\right)^0\left(\frac{1}{4}\right)^1 = \frac{4}{256} = 0.01563$$

와 같다. 물론 각 경우에 해당하는 확률은 다항분포(multinomial)에 의하여 다음과 같이 계산한다.

$$P(O_1 = x_1, O_2 = x_2,\ O_3 = x_3) = \frac{4!}{x_1!x_2!x_3!}\left(\frac{1}{4}\right)^{x_1}\left(\frac{1}{2}\right)^{x_2}\left(\frac{1}{4}\right)^{x_3}$$

이를 종합하면 다음 표와 같다.

x_1	x_2	x_3	$\widehat{\chi^2}$	$P(\chi^2 = \widehat{\chi^2})$
0	0	4	12	0.00391
4	0	0	12	0.00391
3	0	1	6	0.01563
1	0	3	6	0.01563
0	1	3	5.5	0.03125
3	1	0	5.5	0.03125
0	4	0	4	0.06250
2	0	2	4	0.02344
2	2	0	2	0.09375
0	2	2	2	0.09375
1	1	2	1.5	0.09375
2	1	1	1.5	0.09375
0	3	1	1.5	0.12500
1	3	0	1.5	0.12500
1	2	1	0	0.18750

따라서 각 $\widehat{\chi^2}$에 대응하는 확률을 계산하면 다음과 같다.

$\widehat{\chi^2}$	0	1.5	2	4	5.5	6	12
$P(\chi^2 = \widehat{\chi^2})$	0.1875	0.4375	0.1875	0.0859	0.0625	0.0312	0.0078

관심있는 경우가 $\widehat{\chi^2} = 6$이라면 $P(\widehat{\chi^2} \geq 6) = 0.0312 + 0.0078 = 0.0390$ 이 되므로 유의수준 $\alpha = 0.05$이라면 이론분포를 기각할 수도 있다는 의미이다.

(2) n개를 k의 범주에 중복하여 나누는 방법은 방정식 $x_1 + x_2 + \cdots + x_k = n$에서 음이 아닌 정수의 해의 쌍의 개수를 계산하는 것과 동일하므로 ${}_kH_n = \binom{k+n-1}{n}$ $= \binom{k+n-1}{k-1}$가지가 될 것이다. 따라서 네 개의 가정인 경우에 나타나는 경우가 앞의 계산방식을 이용하면

$$ {}_3H_4 = \binom{3+4-1}{4} = \binom{6}{2} = 15 $$

가지이다. 또한 80가정인 경우는 ${}_3H_{80} = \binom{82}{80} = 3321$가지가 생기므로 이를 일일이 계산한다는 것은 어렵다. 따라서 앞에서 제시한 카이제곱 분포에 근사시켜 계산하자. 이런 근사식은 모든 기대범주빈도가 적어도 5 이상인 경우에 적합하다. $N = 80$ 가족의 데이터에서는 이항모형 $B_X(2, 0.5)$의 기대범주빈도는 각각 20, 40, 20이 된다.

$$\hat{\chi^2} = \sum_{i=1}^{k} \frac{(O_i - Np_i)^2}{Np_i}$$

$$= \frac{(17-20)^2}{20} + \frac{(44-40)^2}{40} + \frac{(19-20)^2}{20} = 0.9$$

따라서 자유도가 $k-1=3-1=2$인 카이제곱 분포에서 0.9는 부록 [표 4]에서 $P(\chi^2 \leqq 0.60) = 0.71$과 $P(\chi^2 \leqq 0.70) = 1.07$ 사이에 있으므로 $0.6 < P-$값 < 0.7이다.

그러므로 유의수준$\alpha = 0.05$이라면 이항 모형이 적절하다는 귀무가설을 기각하는 데 실패한다.

(3) $\hat{\chi^2} = \sum_{i=1}^{k} \frac{(O_i - Np_i)^2}{Np_i} = \frac{(16-20)^2}{20} + \frac{(34-40)^2}{40} + \frac{(30-20)^2}{20} = 6.7$

이므로 부록 표 4에서 $P(\chi^2 \leqq 0.99) = 6.64$ 이므로 p-값 < 0.01이 된다. 따라서 유의수준 1%에서 귀무가설은 기각될 것이다. ▣

적합도 검정은 관측빈도와 기대빈도 사이의 편차를 기초로 하여 전체분포와의 편차를 시험하기 위한 수단을 제공한다. 만약 이항모형의 적합도 검정에 의하여 기각된다면, (1) 성공확률 p의 적절하지 못한 규정, (2) 시행 때마다 틀려지는 확률 p, (3) 시행의 독립성 결여, (4) 적절하지 않은 이항모형 때문에 생겨날 수 있다.

예제 8.5 멘델의 유전법칙에 의하면 황금색 옥수수와 녹색 옥수수를 교배하여 잡종을 만들면 녹색인 것, 황금색인 것, 녹색 줄이 있는 것, 황금색과 녹색의 줄이 있는 것이 각각 9 : 3 : 3 : 1로 나타난다고 한다. 이를 검정하기 위하여 두 계통의 옥수수의 교배 결과 1301개 중에서 잡종 옥수수의 개수가 차례로 773개, 231개, 238개, 59개로 나타남을 확인했다. 이를 검정하시오.

풀이 귀무가설은 멘델의 법칙에 따라 잡종비율이 9 : 3 : 3 : 1이 된다는 것이고, 대립가설은 그 규칙이 맞지 않다는 것이다. 우선 문제에 주어진 잡종의 순서대로 기대빈도는

$$p_1 = 1{,}301 \times \frac{9}{16} = 731.9, \qquad p_2 = 1{,}301 \times \frac{3}{16} = 243.9$$

$$p_3 = 1{,}301 \times \frac{3}{16} = 243.9, \qquad p_4 = 1{,}301 \times \frac{1}{16} = 81.3$$

이므로 카이제곱 값을 계산하면

$$\widehat{\chi^2} = \frac{(773-731.9)^2}{731.9} + \frac{(231-243.9)^2}{243.9} + \frac{(238-243.9)^2}{243.9} + \frac{(59-81.3)^2}{81.3}$$
$$= 9.2497$$

이다. 부록 [표 4]에서 자유도가 3인 카이제곱 확률은 $P(\chi^2 \leq 0.99) = 9.22$ 이므로 p-값< 0.01이 되므로, 귀무가설은 기각될 것이다. 따라서 결론은 유의수준 1%에서 멘델의 유전법칙은 적합하지 않다. ▣

8.1.3 두 개의 그룹을 비교하는 검정

두 그룹의 성과 정도를 비교할 때, 성과는 성공과 실패로 분리하여 설명될 수 있다. 이때 두 그룹에 차이가 있는지가 관심 대상이다. 다음 예제를 통하여 접근하자.

예제 8.6 비타민 C의 섭취는 감기 발생을 저하시킨다는 주장이 있다. 이를 검정하기 위하여 10명을 두 그룹으로 나누어 한 그룹은 비타민을 처방하고, 다른 그룹은 처방하지 않았다고 했을 때 그 효과가 다음 표와 같이 나타났다. 그렇다면 비타민 C는 감기에 좋은가를 검정하시오.

	비타민 처리	처리 안함	
감기 안 걸림	$4(=x)$	3	$7(=n)$
감기 걸림	1	2	3
	$5(=M)$	5	$10(=N)$

(1) 귀무가설과 대립가설을 서술하시오.

(2) 처리했을 때 감기에 효과가 있다는 그룹을 x 명이라 하면 $x = 2,3,4,5$ 일 때 확률을 구하고, 검정하시오

풀이 비티민 C가 감기에 효과가 있다면 비타민을 섭취했을 때와 섭취하지 않았을 때 감기에 걸릴 경우가 달라야 할 것이다.

(1) 비타민 처리를 했을 경우에 감기에 안 걸린 경우와 감기에 걸릴 확률을 각각 $p_1 = P($감기 안걸림 $|$ 처리$)$ 와 $p_2 = P($감기 걸림 $|$ 처리$)$ 라고 하면,

$$H_0 : p_1 = p_2 \qquad H_A : p_1 \neq p_2$$

(2) 만약 우연에 의하여 분할된 표라면 비타민 C를 사용하여 적어도 더 나아지는 2×2 분할표를 얻는 기회는 어떤가? 이때 처리한 집단의 수를 M, 감기에 걸리지 않은 집단을 n, 처리했을 때에 감기에 안 걸린 집단을 x라 하면 확률변수 X는 초기하 분포를 하게 되므로, 그 확률은

$$P(X=x)=\frac{\binom{M}{x}\binom{N-M}{n-x}}{\binom{N}{n}}$$

따라서 앞의 문제에서 $N=10, M=5, n=7$ 이고 합을 고정시키고 x의 값을 변경할 수 있는 방법은 다음 네 가지가 된다.

2	5
3	0

3	4
2	1

4	3
1	2

5	2
0	3

위의 그림이 있는 순서대로 각각의 확률을 계산하면

$$P(X=2)=\frac{\binom{5}{2}\binom{5}{5}}{\binom{10}{7}}=\frac{1}{12},\quad P(X=3)=\frac{\binom{5}{3}\binom{5}{4}}{\binom{10}{7}}=\frac{5}{12}$$

$$P(X=4)=\frac{\binom{5}{4}\binom{5}{3}}{\binom{10}{7}}=\frac{5}{12},\quad P(X=5)=\frac{\binom{5}{5}\binom{5}{2}}{\binom{10}{7}}=\frac{1}{12}$$

따라서 $P(X\geq 4)=\frac{5}{12}+\frac{1}{12}=\frac{1}{2}$이 되므로 p-값$=0.5$가 된다. 따라서 비타민 C는 감기에 효과가 없을 것이라는 결론을 내릴 수 있다. ▣

표본이 크게 되면 그 값을 계산하는 일은 어려운 일이 된다. 따라서 정규분포에 근사시켜 계산하는 것이 합당할 것이다. 이에 대한 예제는 앞장에서 다루었다.

예제 8.7 다음 표는 사형제도의 철폐에 관한 설문조사 결과이다. 이를 이용하여 특정 지역의 주민의 의견이 전국적인 여론과 다른지를 검정하시오.

범 주	강력한 찬성	찬 성	의견 없음	반 대	강력한 반대
전국적 결과(500명)	100	150	100	100	50
특정지역 여론조사	14	18	18	26	24

풀이 전국적인 여론조사의 결과를 %로 나타내면 차례대로 각각 20, 30, 20, 20, 10이 될 것이다. 따라서 통계량 값은

$$\hat{\chi}^2 = \frac{(20-14)^2}{20} + \frac{(30-18)^2}{30} + \frac{(20-18)^2}{20} + \frac{(20-26)^2}{20} + \frac{(10-24)^2}{10} = 28.20$$

따라서 부록 [표 4]에서 자유도가 4일 때 $P(\chi^2 \leqq 0.99) = 11.32$ 이므로 귀무가설(특정지역의 여론은 전국여론과 같다)은 1% 유의수준하에서 기각된다. ▣

8.2 표본조사론

표본추출법에는 여러 가지 방법이 있다. 가장 간단한 방법은 단순임의 추출법이며, 그 밖에 층화추출법, 계통추출법, 집락추출법, 확률비례추출법 등이 있다. 실제 조사에서는 이들 중에서 어느 한 가지만 사용하는 것이 아니라 여러 가지를 결합한 추출법으로 사용된다. 여기서는 확률론이 표본조사에서 어떻게 사용되는지를 예제를 통하여 살펴보도록 하겠다.

예제 8.8 모집단이 다음과 같은 확률함수와 같다고 한다. 이 중에서 두 개의 표본을 뽑을 때 다음을 구하시오(단, 복원 추출).

$$f_X(x) = \begin{cases} 1/2 & x=1 \\ 1/3 & x=2 \\ 1/6 & x=3 \end{cases}$$

(1) 모집단의 평균과 분산

(2) 표본 평균에 관한 확률분포, 평균과 분산

(3) 앞에서 구한 평균과 분산을 비교하시오.

풀이 (1) $E(X) = \frac{1}{2} \times 1 + \frac{1}{3} \times 2 + \frac{1}{6} \times 3 = \frac{5}{3}$

$$Var(X) = 1^2 \times \frac{1}{2} + 2^2 \times \frac{1}{3} + 3^2 \times \frac{1}{6} - \left(\frac{5}{3}\right)^2 = \frac{5}{9}$$

(2) 모집단에서 두 개의 표본을 뽑아 평균과 확률을 구하면 다음과 같다.

표 본	(1,1)	(1,2)	(1,3)	(2,1)	(2,2)	(2,3)	(3,1)	(3,2)	(3,3)
평균($\overline{X}$)	1	3/2	2	3/2	2	5/2	2	5/2	3
확 률	1/4	1/6	1/12	1/6	1/9	1/18	1/12	1/18	1/36

이를 요약하면, 확률분포 함수는 다음 표와 같이 나타낼 수 있다.

$\bar{x}$	1	3/2	2	5/2	3
$P(\bar{X}=\bar{x})$	1/4	1/3	5/18	1/9	1/36

$$E(\bar{X})=1\times\frac{1}{4}+\frac{3}{2}\times\frac{1}{3}+2\times\frac{5}{18}+\frac{5}{2}\times\frac{1}{9}+3\times\frac{1}{36}=\frac{5}{3}$$

$$Var(\bar{X})=1^2\times\frac{1}{4}+\left(\frac{3}{2}\right)^2\times\frac{1}{3}+2^2\times\frac{5}{18}+\left(\frac{5}{2}\right)^2\times\frac{1}{9}+3^2\times\frac{1}{36}-\left(\frac{5}{3}\right)^2=\frac{5}{18}$$

(3) 평균은 같으나 $\sigma_{\bar{X}}^2=\frac{1}{2}\sigma_X^2$임을 확인할 수 있다. ▣

표본이 세 개일 때도 같은 성격을 갖고 있는지를 표본평균의 함수를 구하여 각자 확인해 보기 바란다.(표 7.1 참조)

예제 8.9 N명으로 구성된 모집단에서 어떤 사회문제에 대한 찬성비율이 v라고 알려져 있다. 이를 검정하기 위하여 n명의 표본을 뽑아 선호도 조사를 단행한다고 하자. 표본 중에서 i번째 사람이 찬성할 강도를 v_i라고 할 때 다음 물음에 답하시오.

(1) n명의 찬성 강도의 합을 확률변수 S라 할 때, S의 평균과 분산을 구하시오.

(2) 문항을 '예'와 '아니오'로 대답하게 하자. 이때 '예'이면 1을 '아니오'라면 0을 v_i대신에 대입하면 $\frac{S}{n}$의 평균과 분산을 구하시오.

풀이 (1) 전체 N명 중에서 표본에 포함되느냐 아니냐에 따라 그 사람의 의견이 반영되거나 반영되지 않을 것이다. 따라서 i번째 사람이 표본에 포함이 되면 찬성 강도에 v_i가 반영이 되지만 그렇지 않은 경우는 포함되지 않는다. 이를 지시 확률변수로 표시하면

$$I_A(x_i)=\begin{cases}1, & x_i\in A\\ 0, & x_i\notin A\end{cases}$$

이다. 물론 집합 A는 표본의 집단이다. 이때 $I_A(x_i)$의 평균과 분산은

$$E(I_A(X_i))=1\times P(x_i\epsilon A)=\frac{\binom{N-1}{n-1}}{\binom{N}{n}}=\frac{n}{N}$$

$$\begin{aligned} Var(I_A(X_i)) &= E(I_A(X_i))^2 - \{E(I_A(X_i))\}^2 \\ &= 1 \times P(x_i \epsilon A) - \left(\frac{n}{N}\right)^2 \\ &= \frac{n}{N}\left(1 - \frac{n}{N}\right) \end{aligned}$$

또한 공분산은

$$\begin{aligned} E(I_A(X_i) \cdot I_A(X_j)) &= 1 \times 1 \times P(x_i \epsilon A,\ x_j \epsilon A) \\ &= \frac{\binom{N-2}{n-2}}{\binom{N}{n}} = \frac{n(n-1)}{N(N-1)} \end{aligned}$$

$$\begin{aligned} Cov(I_A(X_i),\ I_A(X_j)) &= \frac{n(n-1)}{N(N-1)} - \left(\frac{n}{N}\right)^2 \\ &= -\frac{n(N-n)}{N^2(N-1)} \end{aligned}$$

이를 이용하여 찬성 강도의 합 $S = \sum_{i=1}^{N} v_i I_A(x_i)$의 평균과 분산을 구해보자.

$$\begin{aligned} E(S) = E\left(\sum_{i=1}^{N} v_i I_A(X_i)\right) &= \sum_{i=1}^{N} v_i E(I_A(X_i)) \\ &= \frac{n}{N}\sum_{i=1}^{N} v_i \end{aligned}$$

$$\begin{aligned} Var(S) &= Var\left(\sum_{i=1}^{N} v_i I_A(X_i)\right) \\ &= \sum_{i=1}^{N} v_i^2 Var(I_A(X_i)) + 2\sum\sum_{i<j} v_i v_j Cov(I_A(X_i),\ I_A(X_j)) \\ &= \frac{n(N-n)}{N^2}\sum_{i=1}^{N} v_i^{\ 2} - 2 \cdot \frac{n(N-n)}{N^2(N-1)}\sum\sum_{i<j} v_i v_j \\ &= \frac{n(N-n)}{N^2(N-1)}\left((N-1)\sum_{i=1}^{N} v_i^{\ 2} - 2\sum\sum_{i<j} v_i v_j\right) \\ &= \frac{n(N-n)}{N^2(N-1)}\left(N\sum_{i=1}^{N} v_i^{\ 2} - \left(\sum_{i=1}^{N} v_i\right)^2\right) \\ &= \frac{n(N-n)}{N(N-1)}\sum_{i=1}^{N}(v_i - \overline{v})^2 \quad (\text{단, } \overline{v} = \frac{1}{N}\sum_{i=1}^{N} v_i\ ) \end{aligned}$$

(2) 문제의 뜻은 i번째 사람이 찬성하면 1이라 하면 $v_i = 1$ 라 하고 반대하면 $v_i = 0$ 라 하면 $\sum_{i=1}^{N} v_i$는 찬성하는 사람의 수라 할 수 있을 것이다. 따라서 $\frac{1}{N}\sum_{i=1}^{N} v_i = p$

(찬성하는 사람의 비율)라 하면 앞의 식에서

$$E(S) = \frac{n}{N}\sum_{i=1}^{N} v_i = np$$

$$\begin{aligned} Var(S) &= \frac{n(N-n)}{N^2(N-1)}\left(N\sum_{i=1}^{N} {v_i}^2 - \left(\sum_{i=1}^{N} v_i\right)^2\right) \\ &= \frac{n(N-n)}{N^2(N-1)}\left(N\sum_{i=1}^{N} v_i - \left(\sum_{i=1}^{N} v_i\right)^2\right) \\ &= \frac{n(N-n)}{N^2(N-1)}(N \cdot Np - (Np)^2) \\ &= \frac{(N-n)}{(N-1)} \cdot np(1-p) \end{aligned}$$

따라서 느낌의 선호도 추정량 $\frac{S}{n}$의 평균과 분산은

$$E\left(\frac{S}{n}\right) = p$$

$$Var\left(\frac{S}{n}\right) = \frac{N-n}{N-1} \cdot \frac{p(1-p)}{n}$$ ▣

위의 문제는 표본조사론에서 단순임의 추출법(simple random sampling)에 관한 것이다. 이는 초기하분포의 평균과 분산과 동일한 것이다. 이때 N이 n에 비하여 상당히 크다면 유한 모집단 수정계수(correction term for finite population) $\frac{N-n}{N-1} \approx 1$이 되므로 이항분포에 근사함을 알 수 있다.

예제 8.10 크기가 N인 모집단을 동일한 성질이 있는 L개의 집단으로 나눈 다음, 전체에서 각 집단의 크기에 따라 n개의 표본을 뽑아 모집단이 갖고 있는 정치적인 문제의 강도를 조사하려 한다. 이때 집단별 크기는 $N_1, N_2, \cdots, N_L$, 집단에서 뽑힌 표본의 크기를 각각 $n_1, n_2, \cdots, n_L$, $v_{ij}(i = 1, 2, \cdots, L \;;\; j = 1, 2, \cdots, n_i)$은 i번째 집단의 j번째 사람의 정치적 강도라 하면, 모집단 전체 강도의 평균과 분산을 구하시오.

풀이 우선 다음과 같이 지시 확률변수를 정의하면서 시작하자(단, 표본의 사상을 A라 하자).

$$I_{ij} = \begin{cases} 1, & i\text{ 집단에서 } j\text{ 번째 사람이 표본에 포함} \\ 0, & \text{그렇지 않은 경우} \end{cases}$$

$$
\begin{aligned}
E(I_{ij}) &= 1 \times P(i\text{ 집단에서 } j\text{ 번째 사람이 표본에 포함}) \\
&= P(j \in A) \\
&= \frac{\binom{N_i - 1}{n_i - 1}}{\binom{N_i}{n_i}} = \frac{n_i}{N_i}
\end{aligned}
$$

$$
Var(I_{ij}) = E(I_{ij}{}^2) - \{E(I_{ij})\}^2 \quad = \frac{n_i}{N_i} - \left(\frac{n_i}{N_i}\right)^2 = \frac{n_i}{N_i}\left(1 - \frac{n_i}{N_i}\right)
$$

$$
\begin{aligned}
E(I_{ij} \cdot I_{lk}) &= 1 \times P(I_{ij} \cdot I_{ik} = 1) = P(I_{ij} = 1, I_{ik} = 1) \\
&= \frac{\binom{N_i - 2}{n_i - 2}}{\binom{N_i}{n_i}} = \frac{n_i(n_i - 1)}{N_i(N_i - 1)}
\end{aligned}
$$

그러므로

$$
Cov(I_{ij}, I_{lk}) = -\frac{n_i(N_i - n_i)}{N_i^2(N_i - 1)}
$$

$S = \sum_{i=1}^{L}\sum_{j=1}^{N_i} v_{ij} \cdot I_{ij}(X_{ij})$라 하면

$$
E(S) = \sum_{i=1}^{L}\sum_{j=1}^{N_i} v_{ij} E\{I_{ij}(X_{ij})\} = \sum_{i=1}^{L}\frac{n_i}{N_i}\left(\sum_{j=1}^{N_i} v_{ij}\right)
$$

$$
\begin{aligned}
Var(S) &= Var\left(\sum_{i=1}^{L}\sum_{j=1}^{N_i} v_{ij} I_{ij}(X_{ij})\right) \\
&= \sum_{i=1}^{L} Var\left(\sum_{j=1}^{N_i} v_{ij} I_{ij}(X_{ij})\right) + \sum_{i \neq k}^{L}\sum^{L} Cov\left(\sum_{j=1}^{N_i} v_{ij} I_{ij}(X_{ij}),\ \sum_{j=1}^{N_k} v_{kj} I_{kj}(X_{kj})\right) \\
&= \sum_{i=1}^{L}\left(\frac{n_i(N_i - n_i)}{N_i^2}\left\{\sum_{j=1}^{N_i} v_{ij}{}^2 - \frac{1}{N_i - 1}\sum_{j \neq h}\sum v_{ij} v_{ih}\right\}\right) + 0 \\
&= \sum_{i=1}^{L}\left(\frac{n_i(N_i - n_i)}{N_i^2(N_i - 1)}\sum_{j=1}^{N_i}(v_{ij} - \overline{v}_i)^2\right)
\end{aligned}
$$

■

8.3 회귀분석

두 개의 쌍으로 이루어지는 데이터가 있을 때 한 개의 변수를 가지고 다른 변수의 값을 예측하거나 계산할 때가 많다. 이때 데이터가 선형관계가 존재한다면 두 변수의 관계를 규명하고자 하는 것이 회귀분석이라 한다.

예제 8.11 관계식 $y=E(Y|x)$은 확률변수 X에 관한 Y의 회귀라 부르고, $x=E(X|y)$은 확률변수 Y에 관한 X의 회귀라 부른다. 이때 확률변수 X에 관한 Y의 회귀가 1차형 회귀 직선을 최소제곱법에 의하여 구하시오.

풀이 조건부 기대값 $E(Y|x)$은 제6장에서 보았듯이 x에 관한 함수이므로 $E(Y|x)=a+bx$이라 할 수 있다. 이때 최소제곱법(least square method)의 원리에서 $L=E(Y-aX-b)^2$ 을 최소로 하는 a, b를 계산하자.

$$\frac{\partial L}{\partial a}=2a\,E(X^2)-2E(XY)+2b\,E(X)=0$$

$$\frac{\partial L}{\partial b}=2b+2a\,E(X)-2E(Y)=0$$

을 풀어 정리하면

$$a=\frac{Cov(X,\,Y)}{Var(X)}$$

$$b=E(Y)-E(X)\cdot\frac{Cov(X,\,Y)}{Var(X)}$$

따라서 X에 관한 Y의 회귀직선은 다음과 같다.

$$y-E(Y)=\frac{Cov(X,\,Y)}{Var(X)}(x-E(X))$$

또한, 확률변수 Y에 관한 X의 회귀 직선은 같은 방법으로 계산하면

$$x-E(X)=\frac{Cov(X,\,Y)}{Var(Y)}(y-E(Y))$$

라 할 수 있을 것이다. ▣

예제 8.12 두 개의 확률변수 X와 Y의 상관계수를 ρ이라 할 때, 이변량 정규 확률함수

는 다음과 같다. 물음에 답하시오.

$$f_{X,Y}(x,y)=\frac{1}{2\pi\sigma_1\sigma_2\sqrt{1-\rho^2}}\exp\left(-\frac{R}{2(1-\rho^2)}\right),$$

$$-\infty < x < \infty,\ -\infty < y < \infty$$

$$(\text{단, } R=\left(\frac{x-\mu_1}{\sigma_1}\right)^2+\left(\frac{y-\mu_2}{\sigma_2}\right)^2-2\rho\cdot\frac{(x-\mu_1)(y-\mu_2)}{\sigma_1\sigma_2})$$

(1) 확률변수 X의 주변확률함수를 구하시오.

(2) 조건부 확률함수 $f_{Y|X}(y|x)$을 구하시오.

(3) 조건부 확률함수 $f_{X|Y}(x|y)$을 구하시오.

(4) $E(Y|X=x)$, $Var(Y|X=x)$를 구하시오.

(5) $E(X|Y=y)$, $Var(X|Y=y)$를 구하시오.

풀이 (1) 주변확률함수의 정의에 의하여 계산하면

$$f_X(x)=\int_y f_{X,Y}(x,y)\,dy=\frac{1}{\sqrt{2\pi}\,\sigma_X}exp\left\{-\frac{1}{2}\left(\frac{x-\mu_X}{\sigma_X}\right)^2\right\},-\infty < x < \infty$$

(주의: 실제적인 계산은 복잡하므로 여기서는 생략한다.)

(2) $$f_{Y|X}(y|x)=\frac{f_{X,Y}(x,y)}{f_X(x)}$$

$$=\frac{1}{\sqrt{2\pi}\,\sigma_Y\sqrt{1-\rho^2}}exp\left\{-\frac{1}{2(1-\rho^2)}\left(\frac{y-A}{\sigma_Y}\right)^2\right\}$$

(단, $A=\mu_Y+\rho\frac{\sigma_Y}{\sigma_X}(x-\mu_X)$)

(3) $$f_{X|Y}(x|y)=\frac{f_{X,Y}(x,y)}{f_Y(y)}$$

$$=\frac{1}{\sqrt{2\pi}\,\sigma_X\sqrt{1-\rho^2}}exp\left\{-\frac{1}{2(1-\rho^2)}\left(\frac{x-B}{\sigma_X}\right)^2\right\}$$

(단, $B=\mu_X+\rho\frac{\sigma_X}{\sigma_Y}(y-\mu_Y)$)

(4) (2)번의 결과를 이용하여 계산하면

$$\mu_{Y|x}=E(Y|X=x)=\mu_Y+\rho\frac{\sigma_Y}{\sigma_X}(x-\mu_X)$$

$$\sigma_{Y|x}=\sigma_Y\sqrt{1-\rho^2}$$

(5) (3)번의 결과를 이용하여 계산하면

$$\mu_{X|y} = E(X \mid Y=y) = \mu_X + \rho\frac{\sigma_X}{\sigma_Y}(y-\mu_Y)$$

$$\sigma_{X|y} = \sigma_X\sqrt{1-\rho^2}$$

▣

위의 예제 (4)번에서 평균을 정리하여 보면

$$E(Y \mid X=x) = \mu_Y - \rho\frac{\sigma_Y}{\sigma_X}\cdot\mu_X + \rho\frac{\sigma_Y}{\sigma_X}x = a+bx$$

라 하면 회귀직선이 된다. 회귀직선과 주변 확률함수와의 관계를 그리면 다음과 같다. 물론 오차항은 평균이 0, 분산이 σ^2인 정규분포일 때이다.

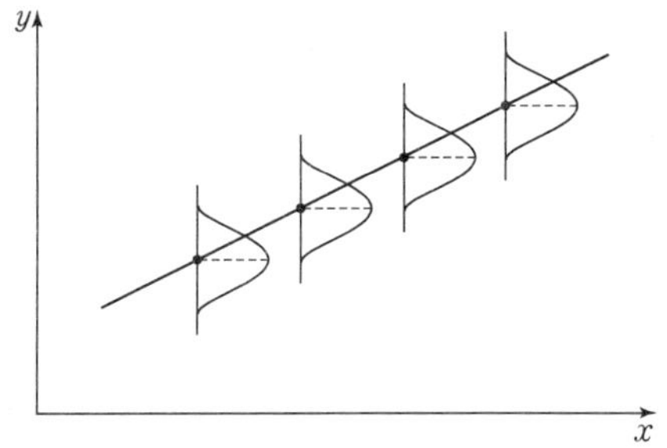

8.4 비모수 통계

비모수 통계량은 모수 통계량보다는 그 효율성(efficiency)이 떨어지지만, 모집단이 심하게 정규분포를 벗어나거나 특이값(outlier)이 존재하는 경우에 유용한 방법이다. 특히 순위(rank)를 이용한 것이므로 계산이 단순하고 쉽다는 장점을 갖고 있다. 여기서는 비모수학에서 공동으로 쓰이는 기본적인 논리를 예제를 통하여 보기로 하자.

확률표본 $X_1, X_2, \cdots, X_N$의 작은 것부터 순위를 $R_1, R_2, \cdots, R_N$ (단, 동일 순위가 없다)라 가정하자. 만약 $R_i = k$는 i번째 확률표본 X_i의 순위가 k이라는 뜻이다.

예제 8.13 위의 설명에서 다음의 값을 구하시오.

(1) $P(R_i = k)$

(2) $P(R_i = k, R_j = h)$

(3) $P(R_i = k, R_j = k)$

풀이 (1) $R_i = k$ 의 의미는 i번째 수가 k번째 작은 수라는 의미이므로, N개의 수를 나열하는 방법은 $N!$가지이고, i번째 수가 k번째에 위치하므로

$$P(R_i = k) = \frac{(N-1)!}{N!} = \frac{1}{N}$$

(2) i번째 수의 순위가 k이고, j번째 수의 순위가 h이므로

$$P(R_i = k, R_j = h) = \frac{(N-2)!}{N!} = \frac{1}{N(N-1)}$$

(3) i번째 수의 순위가 k이고, j번째 수의 순위가 k인 경우는 동일 순위가 나타나므로 가정에서 위배된다. 따라서

$$P(R_i = k, R_j = k) = 0$$

▣

예제 8.14 순위 확률변수 R_i, $i = 1, 2, \cdots, N$ 의 함수를 $a(R_i)$라 할 때 다음을 구하시오.

(1) $E\{a(R_i)\}$

(2) $Var\{a(R_i)\}$

(3) $Cov\{a(R_i), a(R_j)\}$

풀이 (1) $E\{a(R_i)\} = \sum_{j=1}^{N} a(j) P(R_i = j) = \frac{1}{N}\sum_{j=1}^{N} a(j) = \frac{1}{N}\sum_{j=1}^{N} a_j = \bar{a}$

(2) $$\begin{aligned} Var\{a(R_i)\} &= E\{a(R_i)\}^2 - \{E\,a(R_i)\}^2 \\ &= \sum_{j=1}^{N} a_j^2 P(R_i = j) - \bar{a}^2 \\ &= \frac{1}{N}\sum_{j=1}^{N}(a_j - \bar{a})^2 \end{aligned}$$

(3) $$\begin{aligned} Cov\{a(R_i), a(R_j)\} &= E\{a(R_i) \cdot a(R_j)\} - E\{a(R_i)\} \cdot E\{a(R_j)\} \\ &= \sum_{k \neq h}\sum a_k a_h P(R_i = k, R_j = h) - \overline{a^2} \end{aligned}$$

$$= \frac{1}{N(N-1)}\sum_{k \neq h}\sum a_k a_h - \frac{1}{N^2}\left(\sum_{l=1}^{N} a_l\right)^2$$

$$= \frac{1}{N^2(N-1)}\left\{N\left(\sum_{l=1}^{N} a_l\right)^2 - N\sum_{l=1}^{N} a_l^{\,2} - (N-1)\left(\sum_{l=1}^{N} a_l\right)^2\right\}$$

$$= -\frac{1}{N(N-1)}\sum_{l=1}^{N}(a_l - \bar{a})^2$$

▣

예제 8.15 순위 확률변수 $R_i,\ i = 1, 2, \cdots, N$의 함수를 $a(R_i)$라 할 때, 다음을 구하시오.

(1) $E(a(R_i))$

(2) $Var(a(R_i))$

(3) $Cov\{a(R_i),\ a(R_j)\}$

풀이 (1) $E(a(R_i)) = \sum_{j=1}^{N} a(j)P(R_i = j) = \frac{1}{N}\sum_{j=1}^{N} a(j) = \frac{1}{N}\sum_{j=1}^{N} a_j = \bar{a}$

(2) $Var(a(R_i)) = E\{a(R_i)\}^2 - \{Ea(R_i)\}^2$

$$= \sum_{j=1}^{N} a_j^2 P(R_i = j) - \bar{a}^2$$

$$= \frac{1}{N}\sum_{j=1}^{N}(a_j - \bar{a})^2$$

(3) $Cov\{a(R_i),\ a(R_j)\} = E\{a(R_i)\cdot a(R_j)\} - E\{a(R_i)\}\cdot E\{a(R_j)\}$

$$= \sum_{k \neq h}\sum a_k a_h P(R_i = k, R_j = h) - \bar{a}^2$$

$$= \frac{1}{N(N-1)}\sum_{k \neq h}\sum a_k a_h - \frac{1}{N^2}\left(\sum_{i=1}^{N} a_i^2\right)$$

$$= \frac{1}{N^2(N-1)}\left\{N\left(\sum_{i=1}^{N} a_i\right)^2 - N\sum_{i=1}^{N} a_i^2 - (N-1)\left(\sum_{i=1}^{N} a_i\right)^2\right\}$$

▣

예제 8.16 앞의 예제를 이용하여 $S = \sum_{i=1}^{N} c_i\, a(R_i)$ (단, c_i는 상수)라 할 때 다음을 구하시오.

(1) $E(S)$ (2) $Var(S)$

풀이 (1) $E(S) = E\left(\sum_{i=1}^{N} c_i\ a(R_i)\right) = \sum_{i=1}^{N} c_i\ E(a(R_i)) = \frac{1}{N}\left(\sum_{i=1}^{N} c_i\right)\left(\sum_{i=1}^{N} a_i\right)$

(2) $Var(S) = Var\left(\sum_{i=1}^{N} c_i \ a(R_i)\right)$

$$= \sum_{i=1}^{N} c_i^{\,2} Var(a(R_i)) + \sum_{i \neq j}\sum c_i \ c_j \ Cov(a(R_i), a(R_j))$$

$$= \sum_{i=1}^{N} c_i^{\,2} \cdot \frac{1}{N}\sum_{j=1}^{N}(a_j - \bar{a})^2 + \sum_{i \neq j}\sum c_i \ c_j \cdot \left[-\frac{1}{N(N-1)}\sum_{l=1}^{N}(a_l - \bar{a})^2\right]$$

$$= \frac{1}{N(N-1)}\sum_{j=1}^{N}(a_j - \bar{a})^2\left[(N-1)\sum_{i=1}^{N} c_i^{\,2} - \sum_{i \neq j}\sum c_i \ c_j\right]$$

$$= \frac{1}{N-1}\sum_{i=1}^{N}(c_i - \bar{c})^2 \cdot \sum_{i=1}^{N}(a_i - \bar{a})^2$$ ▣

예제 8.17 앞의 예제에서 $c_i = \begin{cases} 1, & i = 1, 2, \cdots, m \\ 0, & i = m+1, \cdots, N \end{cases}$ 이고, $a(R_i) = R_i$라 하면 S의 평균과 분산을 구하시오.

풀이 앞의 예제의 결과에 대입하여 풀면

$$E(S) = \frac{m}{N}\sum_{i=1}^{N} i = \frac{1}{2}m(N+1)$$

$$Var(S) = \frac{mn}{N(N-1)}\sum_{i=1}^{N}\left(i - \frac{N+1}{2}\right)^2$$

$$= \frac{mn(N+1)}{12}$$ ▣

위 예제는 Wilcoxon 검정의 평균과 분산을 말한다. 이외에도 여러 가지 비모수 검정에서의 검정 통계량은 이를 이용하여 계산할 수 있다.

8.5 확률과정론

포아송분포를 확률과정론의 입장에서 정리해 보자. 일정한 짧은 시간이나 구간에서 관심대상이 되는 사상이 발생되는 경우의 수를 x라 하고 주어진 단위에서 평균 발생률을 v라 하자(아래 그림 참조).

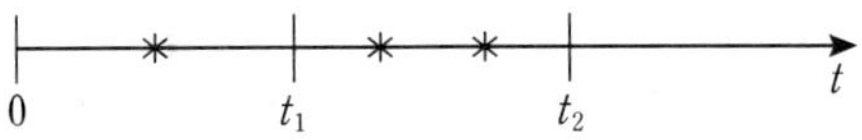

(i) 작은 구간(시간) h에서 정확히 한 개의 사상이 발생할 확률은 근사적으로 vh와 같다고 한다면 $P(X_t = 1) = vh + o(h)$이라 하고,

(ii) 주어진 구간에서 두 개 이상 발생할 확률은 거의 없다고 한다면

$$P(X_t \geqq 2) = o(h)$$

(iii) 겹치지 않는 구간에서 사상이 발생할 수는 각각 독립이다(단, $\lim_{h \to 0} \frac{o(h)}{h} = 0$).

정리 8.1 포아송 프로세스

위의 세 조건을 만족하고 길이 t구간에서 발생하게 될 사상의 수는 모수 $\lambda = vt$인 포아송분포에 따른다. 즉,

$$P(X_t = x) = \frac{e^{-vt}(vt)^x}{x!}, \quad x = 0, 1, 2, \cdots$$

증명 t는 시간 0 이후의 한 점이라 하면 시간구간 $(0,t]$는 길이가 t인 구간이 되며 $[t, t+h]$는 길이가 h인 구간이 된다. 이때

$$P(\text{구간 } s\text{에서 } n\text{번 발생}) = P(X_s = n) = p_n(s)$$

이라 하면

$$\begin{aligned}
p_0(t+h) &= P((0,\ t+h]\text{구간에서 한 번도 발생하지 않음}) \\
&= P[\{(0,\ t]\text{에서 발생하지 않음}\} \cap \{(t,\ t+h]\text{에서 발생하지 않음}\}] \\
&= P[\{(0,\ t]\text{에서 발생하지 않음}\}] \cap P[\{(t,\ t+h]\text{에서 발생하지 않음})\}] \\
&= p_0(t)p_0(h)
\end{aligned}$$

그런데

$$\begin{aligned}
p_0(h) &= P\{(t,\ t+h]\text{구간에서 발생하지 않음}\} \\
&= 1 - P\{(t,\ t+h]\text{구간에서 한 번 이상 발생}\} \\
&= 1 - P\{(t,\ t+h]\text{구간에서 한 번 발생}\} \\
&\quad - P\{(t,\ t+h]\text{구간에서 한 번 이상 발생}\} \\
&= 1 - vh + o(h)
\end{aligned}$$

이 된다. 그러므로

$$p_0(t+h) = p_0(t)\{1 - vh + o(h)\}$$

$$\frac{p_0(t+h) - p_0(t)}{h} = \left(-v + \frac{o(h)}{h}\right)p_0(t)$$

이 식에 극한을 취한 후에 그 식을 적분하면

$$\frac{d}{dt}p_0(t) = -vp_0(t)$$

$$\int \frac{\frac{d}{dt}p_0(t)}{p_0(t)}dt = \int(-v)dt$$

$$\ln\{p_0(t)\} = -vt + c$$

$$p_0(t) = e^{-vt+c}$$

가 되므로 $p_0(0) = 1$이란 조건하에서 $p_0(t) = e^{-vt}$가 된다.

유사한 방법으로

$$\begin{aligned} p_1(t+h) &= p_1(t)p_0(h) + p_0(t)p_1(h) \\ &= p_1(t)[1 - vh - o(h)] + p_0(t)[vh + o(h)] \end{aligned}$$

을 풀면 $\frac{d}{dt}p_1(t) = -vp_1(t) + vp_0(t)$이다. 이 식을 $p_0(0) = 1$라는 조건하에서 미분방정식을 풀면 $p_1(t) = (vt)e^{-vt}$이 되며, 이와 같이 계속해 계산하면 n번 발생할 확률은

$$p_1{}'(t) = -vp_n(t) + vp_{n-1}(t), \quad n = 2, 3, \cdots$$

이 된다. 이를 미분방정식으로 풀면

$$p_n(t) = \frac{(vt)^n e^{-vt}}{n!}$$

이므로 $P\{X_t = x\} = \frac{(vt)^x e^{-vt}}{x!}, \quad x = 0, 1, 2, \cdots$이 된다. ▣

예제 8.18 서로 독립인 확률변수 $X_i(\omega)=\begin{cases}1, & \omega = \text{성공} \\ 0, & \omega = \text{실패}\end{cases}$ 라 정의하면 n회 시행 중에서 성공의 횟수는 $N_n = \sum_{i=1}^{n} X_i(\omega)$라고 쓸 수 있다. 이때 다음을 구하시오(단, $P(X_i(\omega)=1)=p$).

(1) $E(N_n)$

(2) $Var(N_n)$

(3) $E(N_{n+m}(\omega)-N_n(\omega))$, $Var(N_{n+m}(\omega)-N_n(\omega))$

(4) $E(N_n^2)$

풀이 (1) $E(N_n)=E\left(\sum_{i=1}^{n} X_i(\omega)\right)=\sum_{i=1}^{n} 1\times P(X_i(\omega)=1)=np$

(2) $Var(X_i(\omega))=E(X_i(\omega))^2-[E(X_i(\omega))]^2=p-p^2=p(1-p)$ 이고 각각의 확률변수는 독립이므로

$$Var(N_n)=Var\left(\sum_{i=1}^{n} X_i(\omega)\right)=\sum_{i=1}^{n} Var(X_i(\omega))=np(1-p)$$

(3) $N_{n+m}-N_n=[X_1+\cdots+X_n+X_{n+1}+\cdots X_{n+m}]-[X_1+\cdots+X_n]$

$$=X_{n+1}+\cdots X_{n+m}=\sum_{i=1}^{m} X_i(\omega)$$

와 같이 정리할 수 있으므로 앞의 풀이를 적용하여 계산하면

$$E(N_{n+m}(\omega)-N_n(\omega))=mp,$$
$$Var(N_{n+m}(\omega)-N_n(\omega))=mp(1-p)$$

이런 확률변수는 형태로 보아 성공확률이 p인 이항분포와 동일함을 알 수 있다. 따라서 $N_n \sim B_X(n,p)$ 이다.

(4) $E(N_n^2)=Var(N_n)+\{E(N_n)\}=np(1-p)+n^2p^2$ ▣

예제 8.19 앞의 예제를 이용하여 다음을 구하시오.

(1) $P(N_5=4, N_7=5, N_{13}=8)$

(2) $E(N_5 N_8)$

풀이 (1) 구하고자 하는 확률은 5번째 시행까지 4번의 성공이 일어나고, 동시에 7번째 시행까지 5번의 성공이 일어나고, 13번째 시행까지는 8번의 성공이 발생해야 한다. 따라서 이를 다시 정리하면 처음 시행부터 5번째 시행까지는 4번의 성공,

6번째부터 7번째 시행까지는 1번의 성공, 8번째의 시행에서 13번째 시행까지는 3번의 성공이 일어날 경우와 동일함을 알 수 있다. 앞의 예제 3번의 이론을 도입하여 풀면 다음과 같다.

$$\begin{aligned} P(N_5=4,\, N_7=5,\, N_{13}=8) &= P(N_5=4,\, N_7-N_5=1,\, N_{13}-N_7=3) \\ &= P(N_5=4)P(N_7-N_5=1)P(N_{13}-N_7=3) \\ &= \binom{5}{4}p^4(1-p)\cdot\binom{2}{1}p(1-p)\cdot\binom{6}{3}p^3(1-p)^3 \\ &= 200p^8(1-p)^5 \end{aligned}$$

(2) $N_8=N_5+(N_8-N_5)$ 으로 분리하여 구하면

$$\begin{aligned} E(N_5N_8) &= E[N_5(N_5+(N_8-N_5))] \\ &= E[N_5^{\,2}]+E[N_5(N_8-N_5)] \\ &= E[N_5^{\,2}]+E[N_5]\cdot E[N_3] \\ &= 5p(1-p)+25p^2+5p\cdot 3p=35p^2+5p \end{aligned}$$ ▣

8.6 품질관리론

예제 8.20 대량 생산 공정에서 각 생산품이 동일한 품질을 유지하기는 매우 어렵다. 따라서 각 공정에서 제품을 추출하여 검사하고, 공정의 계속성 여부를 판단한다. 이를 위하여 다음 두 가지 방법으로 생산공정에서 열 개의 제품을 뽑고, 다시 비복원 추출로 크기 2인 표본을 뽑은 다음 공정의 허용 여부를 판단한다.

- 방법 Ⅰ: 두 개의 제품이 양품이라면 공정을 받아들이고 그렇지 않으면 기각한다.
- 방법 Ⅱ: 두 개가 양품이면 생산공정을 받아들이고, 그 중 하나가 불량품이면, 세 번째 생산품을 뽑아 그 반제품이 양품, 불량품에 의하여 공정에 대한 판정을 한다.

다음 물음에 답하시오.

(1) 각 방법으로 공정을 받아들일 확률을 구하시오.

(2) 불량수와 각 공정의 받아들여질 확률의 그래프를 그리시오.

(3) 만약 이 공장에서 생산된 물품에 대한 소비자라고 한다면 어떤 방법을 선호하겠는가? 생산자라면 또한 어떤가?

풀이 (1) 10개의 표본 중에서 불량품 수의 확률변수를 X라 하고, A를 그 공정이 받아들일 사상이라 하면, 방법 I 에서 공정을 받아들일 확률은

$$P(A_{\mathrm{I}}) = \begin{cases} \dfrac{\binom{10-x}{2}\binom{x}{0}}{\binom{10}{2}} = \dfrac{(10-x)(9-x)}{90}, & x = 0,1,2,\cdots,9 \\ 0, & x = 10 \end{cases}$$

방법 II 에서는 불량품의 수를 x개라 하면, 양품의 수는 $10-x$개가 된다. 따라서 공정이 받아들여지기 위해서는 처음 추출에서 2개가 양품이 되는 사상과, 처음 추출에서 양품이 하나 불량품이 하나가 나타난 다음 두 번째 추출에서 양품이 되는 사상으로 나누어 생각할 수 있다. 두 번째 추출할 때는 양품이 $9-x$이고 불량품이 $x-1$개이므로 그 확률은

$P(A_{\mathrm{II}}) = P(\{$처음 추출에서 두 개의 양품$\} \cup \{$처음 추출에서 한 개의 양품, 한 개의 불량품이고 두 번째 추출에서 양품$\})$

$$= \begin{cases} \dfrac{\binom{10-x}{2}\binom{x}{0}}{\binom{10}{2}} + \dfrac{\binom{10-x}{1}\binom{x}{1}}{\binom{10}{2}} \cdot \dfrac{\binom{9-x}{1}\binom{x}{0}}{\binom{8}{1}}, & x = 0,\ 1,\ 2,\ \cdots,\ 8 \\ 0, & x = 9,\ 10 \end{cases}$$

(2) 위 식에서 x의 값을 주고 각각의 확률을 구하여 그래프를 그리면 다음과 같다. 특히 각각의 그래프를 생산특성곡선(operating characteristic curve)이라 한다(단, 실선부분은 I, 점선부분은 II).

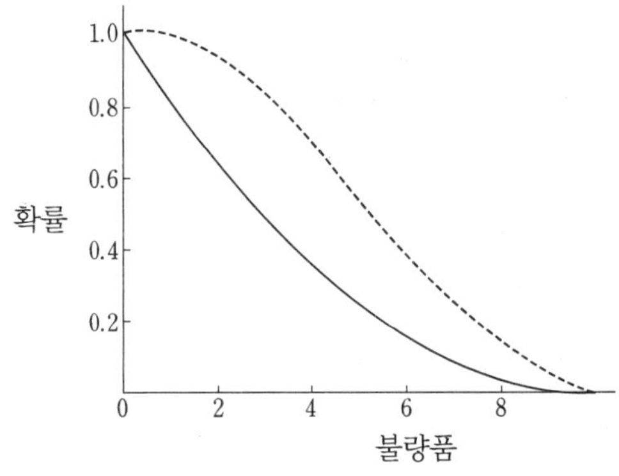

(3) 방법 I 은 세 개의 불량품보다 작은 경우에 0.5보다 작은 쪽에서 받아들이고, 방법 II 은 다섯 개의 불량품에서 0.5 정도로 받아들여지고 있다. 따라서 이에 의하여 소비자 입장에서와 생산자 입장에서 어떤 방법를 택해야 할지는 명확해졌다. ▣

위와 같은 생산특성곡선을 품질관리분야에서는 OC곡선이라 부르고, 이 곡선으로 공정의 변화를 탐지할 수 있는 능력이 있다.

예제 8.21 3σ관리도는 공정의 관리상태 여부를 점검하기 위해 n개의 부분군을 추출한 후, 표본 평균을 구하여 부분군이 관리선 내에 존재하는지 여부를 가지고 관리 상태를 점검한다. 만약 공정이 μ_0에서 $\mu_1 = \mu_0 + k\sigma$ 로 움직였다면 다음 각 경우에서 관리 상태를 탐지하지 못할 확률과 탐지될 확률을 구하시오.

(1) 첫 번째 부분군

(2) i 번째 부분군

풀이 관리도의 상한선 UCL(upper control limit) : $\mu_0 + \dfrac{3\sigma}{\sqrt{n}}$

하한선 LCL(lower control limit): $\mu_0 - \dfrac{3\sigma}{\sqrt{n}}$

이므로 어떤 부분군의 평균이 관리상태에서의 확률은 $P(\mathrm{LCL} \leq \overline{\mathrm{X}} \leq \mathrm{UCL} \mid \mu_1)$으로 구할 수 있을 것이다. 즉, 첫 번째 부분군에서 공정이 탐지되지 못할 확률을 P_a라 하자.

(1)
$$
\begin{aligned}
P_a &= P(LCL \leq \overline{X} \leq UCL \mid \mu_1) \\
&= P\left(\frac{LCL-\mu_1}{\sigma/\sqrt{n}} \leq \frac{\overline{X}-\mu_1}{\sigma/\sqrt{n}} \leq \frac{LCL-\mu_1}{\sigma/\sqrt{n}}\right) \\
&= P\left(\frac{\mu_0-3\sigma/\sqrt{n}-(\mu_0+k\sigma)}{\sigma\sqrt{n}} \leq Z \leq \frac{\mu_0+3\sigma/\sqrt{n}-(\mu_0+k\sigma)}{\sigma\sqrt{n}}\right) \\
&= P(-3-k\sqrt{n} \leq Z \leq 3-k\sqrt{n}) \\
&= \Phi(3-k\sqrt{n}) - \Phi(-3-k\sqrt{n})
\end{aligned}
$$

$\Phi(\cdot)$는 표준 정규분포이다. 참고로 $k=1$일 때 표본 수에 따라 공정 이상 여부가 탐지되지 못할 확률은 다음 표와 같다.

표본수	1	2	3	4	5	6	7	8	9	10
확률	0.9772	0.9436	0.8976	0.8413	0.7775	0.7090	0.6384	0.5681	0.5000	0.4355

또한 첫 번째 부분군에서 탐지될 확률은 $1-P_a$로 계산할 수 있다.

(2) i 번째 부분군에서 이상 여부를 발견하므로, $i-1$ 번째까지 이상이 발견되지 못한다. 따라서, 구하고자 하는 확률은 $P_a^{i-1}(1-P_a)$ ▣

예제 8.22 한 개의 로트에서 n_1개의 샘플을 채취하여 검사할 때 불량품의 수를 x_1일 때, $x_1 \leqq c_1$이면 로트는 합격이고 $x_1 > c_2$이면 불합격을 $c_1 < x_1 \leqq c_2$이면 또다시 n_2개의 표본을 취하여 불량품의 수를 x_2라 하면, $x_1 + x_2 \leqq c_2$이면 로트는 합격이고, 그렇지 않으면 불합격으로 처리한다고 할 때, 한 개의 로트가 합격할 확률을 구하시오(단, 불량률이 p).

풀이 불량률이 p인 로트에서

$$P(\text{합격}) = P(\{X_1 \leqq c_1\} \cup \{c_1 + 1 \leqq X_1 \leqq c_2 \text{일 때 } X_1 + X_2 \leqq c_2\})$$
$$= P(\{X_1 \leqq c_1\}) + P(\{c_1 + 1 \leqq X_1 \leqq c_2, X_1 + X_2 \leqq c_2\})$$
$$= \sum_{x=0}^{c_1} P(X_1 = x) + \sum_{x=c_1+1}^{c_2} P(X_1 = x) \cdot P(X_2 \leqq c_2 - x)$$

▣

제8장 연습문제

exercises

[B형]

8.1 여덟 사람의 지원자는 폐활량을 증대시키는 조치를 취하기 전후에 폐활량을 측정한 결과가 다음 표와 같다.(+는 폐활량의 증가를 의미한다). 다음 물음에 답하시오.

사람번호	1	2	3	4	5	6	7	8
결 과	+	+	-	+	+	+	+	+

(1) Y는 증가를 나타내는 사람의 수라 할 때 $Y \sim B_Y(8, p)$임을 보이시오(단, p는 증진확률이다).

(2) 폐활량의 증진을 위한 처리의 효과를 검정하기 위한 귀무가설과 대립가설을 세우시오.

(3) 귀무가설이 참일 때 Y의 분포는 어떤가?

(4) p-값을 구하시오.

(5) $\alpha = 0.05$라면 어떤 결론에 도달할까?

8.2 어떤 질병에 관한 일상적 약물처리는 치료받은 환자들 중 80%가 고통이 감해진다고 한다. 약효를 증가시키기 위하여 새로운 약을 개발하여 처리한 결과 100명 중 90명이 같은 효과가 있다고 한다.

(1) 이 경우에 적절한 귀무가설과 대립가설을 설정하시오.

(2) 정규 근사식을 이용하여 p-값을 구하시오.

(3) $\alpha = 0.01$이면 어떻게 결론을 내릴 수 있는가?

8.3 연습문제 8.1에서 40명의 지원자 중 28명이 폐활량이 증가되었다고 가정하자.

(1) Y가 증진된 사람의 수라고 한다면 귀무가설이 참일 때 Y의 근사적 분포는 무엇인가?

(2) 근사식을 사용하여 p-값을 구하시오.

(3) $\alpha = 0.05$일 때 어떤 결론을 내릴 수 있는가?

8.4 연습문제 8.2에서 만약 50명의 환자 중 40명이 처리 그룹에서 생존해 있고 처리 그

룹이 아닌 그룹에서도 50명 중 10명이 살아 있다면 새로운 방법이 기존 방법보다 우수한지를 $\alpha = 0.05$일 때 판정하고, 또 $\alpha = 0.01$일 때도 똑같은 방법으로 판정하시오.

8.5 어떤 질병에 대한 표준적 처리는 각 경우의 1/4의 치료효과가 있다. 새로운 처리를 사용할 때 검사자는 치료의 비율을 증가할 수 있다고 주장했다. 열 사람에 대한 실험에서 여섯 사람의 치료효과가 있었다면 다음 물음에 답하시오.

(1) 적절한 귀무가설과 대립가설을 세우시오.

(2) $\alpha = 0.05$로 귀무가설을 검정하시오.

(3) $\alpha = 0.01$이면 결론은 어떻게 변화하는가?

8.6 어떤 도시에서 신문 A를 구독하는 가족의 비율은 적어도 60%라고 한다. 열 개 가족의 확률표본 중에서 세 가족이 A를 구독하고 있다고 한다. 이 자료를 근거로 하여 신문 B가 신문 A의 주장이 정당하지 않다고 주장했다. 이를 검정하기 위하여 다음의 물음에 답하시오.

(1) 적절한 귀무가설과 대립가설을 세우시오.

(2) p-값을 구하시오. $\alpha = 0.05$일 때 어떤 결론을 내릴 수 있는가?

(3) $p = 0.3$, 0.4, 0.5일 때 사상 $\{X \le 3\}$의 확률을 구하시오.

(4) 앞의 확률은 두 신문 사이의 논쟁을 잠재우는 데 어떻게 사용되는지를 토론 통하여 확인하시오.

8.7 A 대학의 행정부는 학생들의 70%가 수업료 인상을 반대한다는 주장을 조사하도록 위원회에 위임했다. 이 위원회에서는 15명의 학생을 면담했을 때 반대하는 학생의 수 X가 8과 15 사이에 놓여 있으면 그 주장이 옳다고 판정한다고 하자.

(1) 실제로 그 주장이 사실일 때 그 주장을 기각할 확률은 얼마인가? 이 확률을 무엇이라 부르는가? 이 확률의 크기에 대하여 서술하시오.

(2) 실제로 단지 50% 학생이 반대할 때 그 주장이 받아들여질 확률은 얼마인가? 어떻게 이 확률이 검정절차에 사용되는가?

8.8 두 가지 약 M과 N을 비교할 때 한 의사가 어떤 환자에게 약 M을 어떤 환자에게는 약 N을 주는 것으로 결정한다. 각 환자를 조사하기 전에 의사는 동전을 던져 앞면이 나오면 약 M을, 뒷면이 나오면 약 N을 준다고 한다. 이 실험을 15명에게

실시했다.

(1) 모든 환자가 같은 약을 줄 확률은 얼마인가?

(2) 약이 골고루 분배되려면 몇 명의 환자에게 약 M을 처방해야 하는가?(단, 유의 수준 5%)

8.9 읽는 방법을 가르치는 두 가지 기법을 비교하는 실험에서 비슷한 나이와 배경을 갖는 여섯 명의 어린이가 선택되어 세 명씩 두 개의 그룹으로 나누었다. 각 그룹은 두 가지 방법(Ⅰ과 Ⅱ) 중에서 한 가지 방법을 사용하여 읽는 것을 가르친다. 6개월이 지난 후 모든 어린이의 성적이 다음과 같다.

어린이	방법 Ⅰ	방법 Ⅱ
1	65(5)	69(4)
2	54(6)	85(1)
3	71(3)	79(2)

(단, 괄호 속의 숫자는 점수 순위를 표시한다.) 두 방법이 똑같은 효과를 갖는다는 가설에서 출발한다고 가정하자. 방법 Ⅱ로 가르친 어린이의 순위가 여섯 개의 순위에서 임의로 선정되었다. T는 방법 Ⅱ로 가르친 어린이의 순위의 합이라 할 때 다음을 구하시오.

(1) 위에서 논의된 귀무가설이 참이라고 가정할 때 T의 확률함수를 구하시오.

(2) $E(T)$, $Var(T)$

(3) 방법 Ⅱ가 더 효과적이라고 결론을 내릴 만한 T의 값은?

(4) 관측한 값 $T=7$을 사용하여 $\alpha=0.05$에서 방법 Ⅱ가 더 효과적이라는 주장을 검정하시오.

8.10 주식 시장에서 장세의 변화를 연구하는 데, 경제학자는 종장의 지수를 계산한다. 경험에 의하면 지수는 매일 매 시간 오르락내리락한다. 경제학자는 4일 동안의 지수를 연구한다고 하고, 각 경우의 반 이상은 방향적으로 적어도 두 번의 변화가 있다고 주장했다. 실제로 20개의 그래프를 연구할 때 13개의 예에서 방향적으로 적어도 두 번의 변화가 있음을 발견했다. 이 현상을 설명하기 위하여 반전이 이루어지는 원인이 되는 경제적 요인이 있을 것이라는 가설을 세웠다(통계학에서는 지수가 모든 구간에서 임의로 상승, 하락하는 것으로 가정하고 시작된다).

(1) 4일 기간의 가능한 결과치에 대하여 목록을 만드시오.

(2) 가정했던 것처럼 이런 결과치들이 나타날 경우의 수가 모두 같다면, 주어진 경우에서 방향적으로 두 번 이상 변화가 있게 될 기회는 얼마인가?

(3) 만약 각 경우가 독립이면 두 번 이상 변화가 있는 X의 수는 이항 확률 변수로서 왜 생각되는가?

(4) 임의성(randomness)의 가정 위에서 $P(X \geq 13)$을 계산하시오.

(5) 이 실험의 귀무가설과 대립가설을 설정하시오. 자료는 임의성의 가정을 왜 생각하는지를 논하시오.

8.11 발생이 극히 적게 나타나는 질병이 있다. 이 질병은 평균적으로 100명 중에서 기껏해야 한 명에게 일어난다고 주장한다. 1000명을 임의로 뽑았을 때 이 질병이 네 사람에게서 관측됐다.

(1) 적절한 귀무가설과 대립가설을 설정하시오.

(2) $\alpha = 0.05$일 때 결론을 내리시오.

8.12 어떤 병원에서는 몇 년 동안 기록을 모았다. 어떤형태의 암 환자가 2%가 외과의에 의해 치료된 것을 발견하였다. 화학요법가는 비외과 방법이 외과 방법보다 더 성공적이라고 주장했다. 그 주장을 지지하는 실험적 명확성을 얻기 위하여 비외과적 방법으로 200명의 환자를 치료했는데 그 중 6명이 치료되었다.

(1) 200명의 환자로부터 치료의 기대 수에 관한 귀무가설과 대립가설을 설정하시오

(2) X는 200명 환자 중에서 치료된 수이다.

① H_0가 참일 때 X의 분포는 무엇인가?

② H_0가 참일 때 X에 근사하는 분포는 무엇인가?

(3) p-값을 계산하시오.

(4) $\alpha = 0.05$라고 하면 어떤 결론을 내릴 수 있는가?

8.13 정상적인 정사면체를 세 번 던져 관측된 빈도는 1은 두 번, 2는 한 번, 3은 0 번, 4는 0번이 나타났다. 이런 사면체가 정상인지를 검사하시오. 만약 80번을 던졌을 때 그 결과가 15, 23, 30, 12번 나타난다면 어떤가?

8.14 아래의 자료는 31세에서 35세 사이의 155명의 엔진 전철원 사이의 사건에 관한

기록이다.

사건의 수	0	1	2	3
빈 도	80	61	13	1

(1) 어떤 해에 사건의 발생할 기회가 0.5라고 가정하면 자료는 포아송분포에 알맞은가?

(2) 적합도 검정을 하시오. $\lambda = 0.5$를 갖는 포아송분포는 적절한 모형인가?

8.15 어떤 의사는 새로운 치료가 환자의 생명을 연장시킨다고 믿는다. 나이, 치료법, 일반 건강정도가 유사한 열 명의 환자를 선택했다. 이 중에서 무작위로 뽑은 다섯 명이 새로운 치료를 받았다. 5년 후 네 명의 환자가 살아 있었고, 다른 그룹은 한 명만이 생존해 있었다.

(1) 새로운 치료법이 효과가 있었는지를 검정하기 위한 귀무가설과 대립가설을 설정하시오.

(2) 2×2 분할표에 자료를 표시하시오.

(3) $\alpha = 0.05$일 때 자료는 새로운 치료법의 우수성을 지지할 만한 충분한 지지도를 제공하는가?

(4) 만약 $\alpha = 0.01$일 때, 결론이 어떻게 변할까?

8.16 공장에서 만들어졌다는 주사위가 6이 잘 나온다고 예측되었다. p를 이 주사위에서 6이 나타나는 확률일 때, H_A; $p > \frac{1}{6}$에 대하여 H_0; $p = \frac{1}{6}$을 검정하기 위하여 이 주사위를 50번 던졌다. 6이 10번 관찰되었다면 5% 유의수준에서 검정하시오.

8.17 어떤 모집단의 IQ는 근사적으로 $N(\mu, 100)$이다. 대립가설 H_A: $\mu > 100$에 대하여 H_0: $\mu = 100$을 검정하기 위하여 이 모집단에서 크기가 16인 확률표본을 택했더니 $\bar{x} = 113.5$를 얻었다. 5% 유의수준에서 이를 검정하시오.

8.18 낙하산 제조는 500개의 제조공정을 거친다. 한 공정에서 표본 다섯 개가 모두 불량이 없다면 그 공정을 통과하기로 하자. 한 제조공정에서 결함이 있는 낙하산의 비율을 p라 하면

(1) 표본에서 결함의 수 T가 이항분포를 갖기 위하여 어떤 가정이 필요한가?

(2) 만약 T가 이항분포라면 $p = 0.1$, 0.2, 0.3, 0.5일 때의 $P(T = 0)$를 계산하시오.

(3) p와 $P(T=0)$의 그래프를 그리시오.

(4) 당신이 낙하산 소비자라면 이런 절차가 만족할만한 절차인지를 말하시오.

(5) 만약 제조공정에서 500개 중에서 50개를 뽑을 때 T가 이항분포라 할 수 있을까? 있다면 T의 분포함수를 구하시오.

8.19 X에 관한 Y의 최량 이차형 예측변수(best quadratic predictor)를 계산하는데 $E\{\mathrm{Y}-(\mathrm{a}+\mathrm{bX}+\mathrm{cX}^2)\}^2$을 최소화하면 된다. 이때 a, b, c값을 구하시오.

8.20 모집단이 다음과 같은 확률함수를 갖는다고 하자.

x	-1	0	1
$f_X(x)$	$\frac{3}{8}$	$\frac{1}{2}$	$\frac{1}{8}$

(1) μ_X와 σ_X를 구하시오.

(2) 이 집단에서 복원추출로 두 개의 표본을 취할 때 모든 가능한 경우를 서술하시오. 이로부터 $\overline{X}=\dfrac{(X_1+X_2)}{2}$의 확률함수를 계산하시오.

(3) $\mu_{\overline{X}}$와 $\sigma_{\overline{X}}$를 계산하시오.

8.21 원판을 다섯 개 부분으로 등분하여 두 개 부분에는 2를, 두 개 부분에는 3을 다른 나머지 한 부분은 4로 쓴 다음, 회전시켜 한 지점에 도달했을 때 멈추게 한 다음 그 부분에 쓰여진 숫자를 뽑는다고 하고 n번 회전시켜 표본을 취했을 때 X와 $\overline{X}$의 평균과 분산을 구하시오.

8.22 정부기관 공무원의 남자와 여자의 급료를 비교하고자 하는 연구가 수행된다고 하자. 이때 남자와 여자의 급료의 평균과 표준편차가 각각 μ_M, μ_F와 σ_M, σ_F이고 각각의 그룹에서 n_M, n_F개의 표본을 취하였다고 한다.

(1) $\overline{X}_F-\overline{X}_M$의 평균과 분산을 구하시오.

(2) 두 개의 모집단의 평균과 분산이 같다고 할 때 $\overline{X}_F-\overline{X}_M$의 평균과 분산을 구하시오.

8.23 평균 μ_X, 분산 σ_X^2인 모집단에서 독립표본을 n_1개와 n_2개인 표본을 취한다고 할

때 모평균을 수정하기 위하여 두 표본평균 $\overline{X}_1$, $\overline{X}_2$의 선형결합을 사용했다. 즉 ,

$W= c\overline{X}_1 + (1-c)\overline{X}_2$

(1) $E(W)$를 구하시오.

(2) $Var(W)$를 구하시오.

(3) $Var(W)$를 극소화하는 c의 값은 얼마인가? 이때 c를 구한 방법은 왜 이런 방법을 사용했는지에 대하여 서술하시오.

(4) 만약 $n_1 = n_2$이면 $Var(W)$를 극소화시키는 c의 값은 얼마인가?

8.24 예제 8.16에서 $c_1 = c_2 = \cdots = c_m = 1$, $c_{m+1} = \cdots = c_N = 0$일 때 S의 평균과 분산을 구하시오.

8.25 예제 8.14에서

$$S= \sum_{i=1}^{N} c_i\, a(R_i),\quad T= \sum_{i=1}^{N} d_i\, b(R_i)$$

라 할 때 $Cov(S, T)$를 구하시오.

8.26 예제 8.16에서 $a_i = \begin{cases} 1, & i > \frac{1}{2}(N+1) \\ 0, & i \le \frac{1}{(N+1)} \end{cases}$, $c_i = 1$, $i = 1, 2, \cdots, N$이라

하면 S는 다음과 같이 변형이 가능할 것이다. 이를 이용하여 평균과 분산을 구하시오(이를 median 검정이라 부른다).

$$S= \begin{cases} \displaystyle\sum_{j=\frac{1}{2}N+1}^{N} Z_j, & j\text{는 짝수} \\ \displaystyle\sum_{j=\frac{1}{2}(N+3)}^{N} Z_j, & j\text{는 홀수} \end{cases}$$

부록

1 확률론이 탄생하게 된 역사적인 배경

2 확률론을 정립한 인물들

3 확률계산 수표

[표 1] 이항분포의 누적확률

[표 2] 포아송분포의 누적확률

[표 3] 표준정규분포 확률표

[표 4] 카이제곱 확률표

1 확률이 탄생하게 된 역사적인 배경

처음 도박을 수학적으로 연구한 사람은 이탈리아의 수학자 카르다노(1501~1576)라고 한다. 그가 살았던 시기는 유럽의 중세가 끝나고 근대의 새벽이 열리는 르네상스 시대였다.

종교적인 엄숙함과 금욕주의가 존중되던 중세가 계속 유지되었다면 도박이라는 점잖지 못한 게임을 진지하게 연구할 생각을 할 수 있었을까? 깊숙한 방에서 몇몇 귀족이 주사위를 던지고 카드놀이를 하던 것에서 벗어나 주사위를 던지고, 그것을 통하여 돈을 확실하게 따기 위해 공개적으로 주사위를 던지는 것에 대하여 연구까지 할 수 있게 된 것은 르네상스 시대가 열린 덕분이다. 그만큼 르네상스는 중세 유럽인의 생활을 바꾸어 놓은 커다란 물결이었다.

르네상스 시기의 분위기를 엿볼 수 있게 해주는 문학 작품을 한 가지 살펴보면 당시 유럽인들의 삶의 태도에 어떤 변화가 있었는지 짐작할 수 있을 것이다. 영국 르네상스의 선구적인 문학 작품으로 꼽히는 "캔터베리 이야기"는 제프리 초서가 1387년부터 쓰기 시작하여 1400년에 죽을 때까지 썼던 미완성의 작품이다.

이야기는 여러 계층의 순례자들이 4월의 어느 봄날 따뜻한 햇살을 받으며 순례에 나섰다가 우연히 어느 여관에 머물게 되고 목적지까지 동행하면서 서로 이야기를 나누는 것으로 구성된다. 순례자 속에는 기사와 수녀원장과 수도사, 전도사, 면죄부 판매원 등이 있고, 또 의사, 지주, 무역상, 가구 장식상, 잡화상, 선장, 여관 주인, 베짜기에 능숙한 아낙네, 영주 토지 관리인, 농부 등도 끼여 있었다.

여기서 순례자들은 자신들의 인생을 살아가고 있을 뿐, 국가사회의 변동에는 그다지 마음을 쓰지 않는다. 그들의 관심은 오로지 재물과 아름다운 이성에 대한 것이다. 국왕보다도 이웃 남정네의 일이, 왕비보다도 이웃 처녀의 일이 훨씬 관심거리였다. 전도사는 병자나 가난한 사람을 상대하지 않고 부자의 환심을 사서 돈을 모으는 데 혈안이 되어 있었다. 베짜기에 능한 아낙네는 당시의 새로운 산업을 상징하며 모자에서 신발에 이르기까지 고급품으로 치장한 신식 여성이다. 그녀는 다섯 번이나 결혼한 경험이 있는데, 자신의 경험을 토대로 당당하게 결혼관을 이야기하고, 다섯 명의 남편을 핑계삼아 남성들의 약점을 폭로하고 공격한다.

이렇게 "캔터베리 이야기"의 주인공들은 엄숙한 중세인의 얼굴을 벗고 인간의 체취를 물씬 풍기고 있다. 이 이야기를 통하여 르네상스 시대 사람들이 인간의 평범한 희로애락을 비로소 긍정적으로 받아들였음을 알 수 있다.

당시는 도시가 발달하고 상업이 융성하여 경제적 이윤 추구가 활발해지던 시기였다. 특히 상업의 중심지였던 지중해 연안에는 일확천금을 꿈꾸는 무역상들이 몰려들었다. 날씨가 좋지 않은 날에는 바다에 나갈 수 없었던 상인들이 무료함을 달래기 위하여 도박을 하였다고 한다. 이미 변화된 사회는 돈을 더 벌기 위하여 머리를 짜내는 것을 당연하게 여겼고, 그것이 도박일지라도 상관이 없었다. 그들은 도박에서 이길 승산이 많은 쪽을 찾기 위하여 여러 가지로 노력하였는데 이런 과정에서 확률은 싹이 트게 된다.

도박 연구가이자 확률이론의 창시자 카르다노도 그런 수많은 르네상스 사람들 가운데 한 사람이었던 것이다. 카르다노 이후 잠시 주춤하던 확률이론에 대한 연구는 약 100년 후 드 마이어(De Mére)라는 귀족이 주사위에 대한 두 가지 질문을 친구이자 수학자이던 파스칼에게 던지면서 그 꽃을 피우게 된다.

질문을 받은 파스칼(Pascal, 1623~1662)은 페르마(Fermat, 1601~1695)와 서신 교환을 통하여 우연의 사실을 법칙으로 수학화하려고 노력한 결과 두 가지 질문, 즉 주사위 문제와 분배의 문제를 명확하게 해결하였다. 이로 인해 확률론의 초기의 문제는 주로 우연의 게임의 결과에 모아졌으며 확률에 대한 불충분한 정의로부터 야기되는 여러 가지 문제점이 있었으나 1700년을 지나면서 발전하기 시작했다.

1655년에 호이겐스(Huygens, 1629~1695)는 파스칼의 아이디어를 이용하여 확률에 관한 독자적인 논문을 처음 작성하게 된다. 그 후 베르누이(Bernoulli, 1667~1748)에 의해 확률론만을 다룬 저서가 만들어지고 드 무아브르(De Moivre, 1667~1748)와 오일러(Euler, 1707~1783), 라플라스(Laplace, 1749~1927), 가우스(Gauss, 1777~1855) 등의 노력으로 확률론은 급속하게 발전해 나아갔다.

그 후 확률의 정의가 불충분한 관계로 20세기에 들어와 수학자들의 연합된 노력의 결과로 1930년대에 출판된 콜모고로프(Kolmogorov)의 ≪확률론의 기초≫라는 책에서 엄밀한 공리론적 토대 위의 공리적 확률을 정의하기에 이른다.

2 확률론을 정립한 인물들

(1) 파스칼(Blaise Pascal, 1623~1662)

프랑스의 올베르뉴 지방의 클레르몽페랑에서 출생하고 3세 때 어머니와 사별한 후 아버지를 따라 파리에서 성장한 수학자, 물리학자, 철학자, 종교사상가이다. 그는 학교교육을 받지 않았으나 독학으로 유클리드 기하학을 연구하여 16세 때 '원뿔곡선 시론'을 발표하여 수학자들로부터 주목을 받았다. 사영기하학에서 나오는 '파스칼의 정리'는 이 시론에 포함되어 있다.

세무장관이던 아버지가 하는 일의 능률을 높이기 위하여 계산기를 고안하여 사용하였고, 토리첼리의 실험을 행한 이래, 진공에 관한 문제, 유체 정역학에 관한 문제에 흥미를 가졌고, 마침내 '진공에 관한 신 실험'을 발표하였다. 47년 질병의 진단을 받기 위하여 파리로 돌아와 그 무렵 귀국해 있던 데카르트의 방문으로 서로 만나게 되었다. 이듬해 처남 페리에에게 부탁한 퓌드돔 산정의 실험에 의해 대기의 압력을 확인하였다.

51년 아버지가 죽은 후 여동생 자클린이 포르 루아얄 수도원으로 들어간 것과는 달리, 파스칼은 로아네스 공, 슈발리에 드 메레 등과 친교를 맺고 사교계에 뛰어들어 인생의 기쁨을 추구하였다. 노름에서 딴 돈을 공정하게 분배해 주는 문제에서 확률론을 창안하여 "수 삼각형론" 및 그 "부대논문"을 썼다. 파스칼은 이 논문으로 수학적 귀납법의 훌륭한 전형을 구성하였으며, 수의 순열, 조합, 확률과 이항식에 대한 수 삼각형의 응용을 설명하였다.

(2) 페르마(Fermat, Pierre de, 1601~1665)

1601년에 툴루즈 근처 보몽 드 로마뉴(Beaumont-de-Lomagne)에서 부유한 피혁상인의 아들로 태어났다. 원래는 법학을 공부하여 변호사가 되었고, 30세에는 툴루즈의 청원위원이 되었으며, 이어 1648년부터는 툴루즈 지방의회의 직선의원이 되어 생애를 마칠 때까지 그 직에 종사하였다. 수학을 취미로 하는 아마추어 수학자였으나 여러 방면에 획기적인 업적을 남겼으므로, 17세기 최고의 수학자로 손꼽힌다. 근대의 정수이론 및 확률론의 창시자로 알려져 있고, 좌표기하학을 확립하는 데도 크게 기여하였으며 나중에 뉴턴(Issac Newton)이 미적분학에 응용하였던 극대값과 극소값을 결정하는 여러 가지 방법을 창안하였다.

데카르트, 메르센 등과 서간을 통하여 연구 성과를 통보하였으며 생전에는 그 연구 내용을 출판하지 않았다. 또 이 서간은 결론으로서 얻어진 정리만을 표시하고, 증명방법을 풀이하지 않았기 때문에 후대의 수학자에게 많은 과제를 남기게 되어 수학 발전에 큰 영향을 끼쳤다. 그 연구 성과 가운데 우선 미적분에 관한 업적을 들 수 있다. 연속곡선에 접선을 긋는 방법으로서 제기된 이 문제는 페르마를 '극 값의 문제'로 유도하여 미분의 개념에 도달시킨 것이며, 미적분학의 창시자로 일컬어지는 뉴턴이나 라이프니츠가 태어나기 10여 년 전에 이런 성과가 얻어진 점은 주목할 만하다. 또 이것과 관련하여 극대극소의 문제를 연구하고, 이를 광학에 응용하여 '최단 시간의 원리(페르마의 원리)'를 발견하였다. 또 빛의 반사·굴절의 법칙을 유도해냈고, 후년의 역학 전개에 중대한 영향을 주었다. 기하학 분야에서는 데카르트와는 별도로 해석기하학을 수립하여 3차원 공간을 취급하였다(데카르트는 2차원). 파스칼과의 서간에서는 확률을 논하여, 오늘날 파스칼과 함께 확률의 수학적 이론의 창시자로 인정된다.

연구 활동 중 가장 두드러진 것은 정수론 분야이다. 페르마가 발견하고 스스로 증명하였다고 하는 정리를 증명하는 데 상금까지 걸리게 되었고 후에 수학자들이 많은 노력을 기울이면서 정수이론은 많이 발전하게 되었다.

(3) 드 무아브르(De Moivre, 1667~1754)

프랑스의 신교도였던 그는 1685년 낭트칙령이 철폐되고, 위그노에 의한 탄압으로 영국으로 이주한다. 영국에서 수학 가정교사로 생활하다가 1697년 왕립학회의 연구원으로 선출되어 뉴턴과 라이프니츠의 주장을 검토하는 과정에서 미적분학을 발견하기도 한다.

그는 해석기하학과 확률론을 발전시킨 선구자이다. 1718년 "The Doctrine of Chance"을 발간하면서 주사위나 다른 게임에 관련된 많은 문제들에서 통계적 독립에 대한 정의를 사용하였다. 1730년 "Miscellanea Analytica"에 소개된 'String's formula'를 이용하여 이항분포를 근사시켜 정규곡선을 얻어낸다.

그의 많은 과학적 업적에도 불구하고 가정교사로서 받은 수입이 전부였을 정도로 가난하게 살았다. 그는 자신이 죽을 날짜를 예언한 것으로 유명한 카르단(Cardan)을 좋아했는데, 자신의 수면시간이 매일 15분씩 길어진다는 것을 알고 24시간 동안 자게 될 날을 계산함으로써 자신이 죽을 날을 미리 예언했는데 정확하게 그 날짜에 사망했다고 한다.

(4) 라플라스(Laplace, 1749~1827)

라플라스는 프랑스 노르망디의 빈가에서 태어났으나, 유년시절부처 수학에 특별한 재능을 나타내었다. 1799년부터 1825년에 걸쳐 발간한 5권의 《천체역학》은 뉴턴 역학의 기초 위에 태양계의 구조를 수학적으로 해명한 위대한 저서이다.

1744년경부터 확률론, 통계방면에 관한 논문을 발표하기 시작했으며, 그 논문의 결과를 통합해서 1812년 《확률의 해석적 이론》을 간행하였다. 이 책의 서문은 별도로 '확률에 관한 철학적 고찰' (1814)이란 제목을 붙여서 간행하였는데, 이 서문은 확률론의 진보를 개관하고, 수식을 사용하지 않으면서 해석적 이론의 여러 결과를 해설한 것이다.

《확률의 해석적 이론》은 2부로 구성되어 있는데 제1부에서는 모함수의 방법을 기술하고, 제 2부에서는 베르누이의 대수의 법칙에 대한 정밀한 증명, 최소제곱법의 원리, 원인의 확률 및 사망표, 평균수명의 개념 등 확률론 적용의 문제를 다루었다. 이것들은 확률론의 역사상 획기적인 업적이다. 그는 "정치와 도덕 과학은 관찰과 계산에 기초를 두는 방법을 적용합시다."라고 했는데, 이것이 퀴틀렛(Quetlet)로 하여금 '통계학'을 건설하도록 한 기초가 되었던 것이다.

1786년 파리에서의 출생 사망 및 혼인에 관한 연구를 발표하고, 그 속에서 특정지방에서의 출생률을 근거로 해서 프랑스 전체의 인구를 추론할 것을 제안하고, 그 추계에 포함될 오차의 정도를 베르누이 및 자신의 확률이론으로 논하였다. 이 연구조사는 라플라스로서는 그의 이론의 한 실험이었다. 전 프랑스에서 선정된 30개 지방의 인구는 약 200만 명이며, 이 지방들의 조사당일 전 3년간의 출생 수는 인구 28.252845명에 대하여 매년 1명이라는 사실을 얻고, 당시의 프랑스 전국의 출생 수 150만 명으로부터 전 인구수를 4238만 명이라 추정하고, 그 추정 값의 오차는 50만 명 이하라고 판정하였다.

그러나 이 조사에 대한 어떤 이론적 근거가 있었던 것은 아니었기 때문에 일부의 통계학자로부터의 비판을 면할 수는 없었지만, 추계결과의 정도를 확률계산으로 검토·보증하는 방법을 제시하였기 때문에, 그의 추계는 다른 것과 구별되고, 오늘날의 표본추출조사의 원형으로 인정되는 것이다.

(5) 가우스(Gauss, 1777~1855)

독일에서 태어나 어린 시절 신동이었던 그는 세 살까지 혼자 읽기와 산수 계산을 해냈으며, 1792년 브런즈윅 공작으로부터 재능을 인정받아 장학금으로 정식교육을 받게 된다. 1792년부터 1795년까지 캐롤라인 대학에 다니는 동안 최소제곱법(least-squares method)를 공식화하고, 모든 수들 가운데서 소수(prime numbers)의 분포를 추측하여 공식화하기도 하는데 1896년에 Jacques Hadmard에 의해 증명된다.

가우스는 책이 제대로 갖추어진 도서관을 접할 기회를 갖지 못했기 때문에 그 당시에는 이미 발견되고 인정된 수학적 이론을 재발견하기도 하는데 1795년 괴팅겐 대학에 들어가면서 이런 상황은 없어지게 된다.

가우스는 그 당시 각 국에서 처음으로 실시되는 국가의 면적, 도시간의 거리 등의 대규모 측량에서 발생하는 관찰오차(산의 높이, 어떤 두 지점 간의 거리 등 대상의 크기는 불변이지만, 매회의 측정에 포함되는 오차)에 관심이 많았다. 그는 관찰 오차를 제거하는 계산방법과 계측대상의 실제 값을 추계(推計)하는 방법을 전개하였다. 이것은 대량 과정에 있어서 계통적 인자와 우연적 인자를 명확하게 분리하는 최초의 시도였다. 그리고 이것이 오늘날 '통계조사'의 모든 분야에 적용되고 있는 이론적 기초를 창출하였던 것이다.

가우스는 오차이론에서 출발해서, 정규곡선이 지니고 있는 실용적 가치를 밝히고, 정규곡선이 측정값의 분포라든가 과학적 관찰에 수반되는 오차에 대하여 어떻게 잘 적합하는지를 보이고, 그 평균값, 확률오차 등의 기본적인 계산방법을 고찰하였다. 그래서 정규곡선을 가우스 곡선이라고 부르기도 하는 것이다.

(6) 콜모고로프(A. N. Kolmogorov, 1903~1987)

러시아 탐포스에서 출생하였고, 1925년 모스크바 대학을 졸업하고 1931~1959년 모교의 교수로 재직했다. 후에 이 대학의 수학역학 연구소장에 취임하였고, 1939년 과학아카데미 회원이 되고, 확률과정의 연구로 1940년 스탈린상을 수상하였다.

모스크바 수학회의 중심적인 인물이었던 루진에게 배워 그 영향을 받았고, 모스크바 수학회의 전통을 계승하여 확률론 개척에 노력하였다. 확률의 수학적 연구는 이미 시작된 뒤였으나, 20세기초에 그 참다운 뜻이 모스크바 학파와 파리의 E. 보렐을 중심으로 한 사람들에 의해 밝혀지고 있었다. 그들은 복권의 화살이 표적의 어떤 범위의 어디에 맞는가의 확률을 정확히 고찰하기 위해서는, '범위'와 '어디냐'를 명백히 해야 한다는 점을 밝혔다.

또한 적분학에서도 어느 범위에서 적분해야 하는지, 그 범위를 밝혀내는 것이 문제였다. 이와같이 확률과 적분학은 범위를 확실하게 하는 것, 즉 '어떤 집합을 대상으로 하느냐'의 공통된 문제에 귀착된다는 것을 알게 되었다.

이때 콜모고로프는 르베그적분을 바탕으로 확률론을 공리화하는데 성공하였다. 확률론에 대한 공헌 이외에도 푸리에급수론과 위상수학 분야, 또한 그 응용면에서도 크게 공헌했다. 주요 저서로 《확률론의 기초개념》(1936) 등이 있다.

3 확률계산 수표

[표 1] 이항분포의 누적 확률

$$B_x(n,\ p) = \sum_{k=0}^{x} p^k (1-p)^{n-k}$$

n	x	p=0.05	0.10	0.15	0.20	0.25	0.30	0.35	0.40	0.45	0.50	0.55	0.60	0.65	0.70	0.75	0.80	0.85	0.90	0.95
1	0	0.9500	0.9000	0.8500	0.8000	0.7500	0.7000	0.6500	0.6000	0.5500	0.5000	0.4500	0.4000	0.3500	0.3000	0.2500	0.2000	0.1500	0.1000	0.0500
2	0	0.9025	0.8100	0.7225	0.6400	0.5625	0.4900	0.4225	0.3600	0.3025	0.2500	0.2025	0.1600	0.1225	0.0900	0.0625	0.0400	0.0225	0.0100	0.0025
	1	0.9975	0.9900	0.9775	0.9600	0.9375	0.9100	0.8775	0.8400	0.7975	0.7500	0.6975	0.6400	0.5775	0.5100	0.4375	0.3600	0.2775	0.1900	0.0975
3	0	0.8574	0.7290	0.6141	0.5120	0.4219	0.3430	0.2746	0.2160	0.1664	0.1250	0.0911	0.0640	0.0429	0.0270	0.0156	0.0080	0.0034	0.0010	0.0001
	1	0.9928	0.9720	0.9393	0.8960	0.8438	0.7840	0.7182	0.6480	0.5748	0.5000	0.4252	0.3520	0.2818	0.2160	0.1406	0.1040	0.0608	0.0280	0.0072
	2	0.9999	0.9990	0.9967	0.9920	0.9844	0.9730	0.9571	0.9360	0.9089	0.8750	0.8336	0.7840	0.7254	0.6570	0.5625	0.4880	0.3859	0.2710	0.1426

[표 1] 이항분포의 누적 확률(계속)

n	x	p = 0.05	0.10	0.15	0.20	0.25	0.30	0.35	0.40	0.45	0.50	0.55	0.60	0.65	0.70	0.75	0.80	0.85	0.90	0.95
4	0	0.8145	0.6561	0.5220	0.4096	0.3164	0.2401	0.1785	0.1296	0.0915	0.0625	0.0410	0.0256	0.0150	0.0081	0.0039	0.0016	0.0005	0.0001	0.0000
	1	0.9860	0.9477	0.8905	0.8192	0.7383	0.6517	0.5630	0.4752	0.3910	0.3125	0.2415	0.1792	0.1265	0.0837	0.0508	0.0272	0.0120	0.0037	0.0005
	2	0.9995	0.9963	0.9880	0.9728	0.9492	0.9163	0.8735	0.8208	0.7585	0.6875	0.6090	0.5248	0.4370	0.3483	0.2617	0.1808	0.1095	0.0523	0.0140
	3	1.0000	0.9999	0.9995	0.9984	0.9961	0.9919	0.9850	0.9744	0.9590	0.9375	0.9085	0.8704	0.8215	0.7599	0.6836	0.5904	0.4780	0.3439	0.1855
5	0	0.7738	0.5905	0.4437	0.3277	0.2373	0.1681	0.1160	0.0778	0.0503	0.0312	0.0185	0.0102	0.0053	0.0024	0.0010	0.0003	0.0001	0.0000	0.0000
	1	0.9774	0.9185	0.8352	0.7373	0.6328	0.5282	0.4284	0.3370	0.2562	0.1875	0.1312	0.0870	0.0540	0.0308	0.0156	0.0067	0.0022	0.0005	0.0000
	2	0.9988	0.9914	0.9734	0.9421	0.8965	0.8369	0.7648	0.6826	0.5931	0.5000	0.4069	0.3174	0.2352	0.1631	0.1035	0.0579	0.0266	0.0086	0.0012
	3	1.0000	0.9995	0.9978	0.9933	0.9844	0.9692	0.9460	0.9130	0.8688	0.8125	0.7438	0.6630	0.5716	0.4718	0.3672	0.2627	0.1648	0.0815	0.0226
	4	1.0000	1.0000	0.9999	0.9997	0.9990	0.9976	0.9947	0.9898	0.9815	0.9688	0.9497	0.9222	0.8840	0.8319	0.7627	0.6723	0.5563	0.4095	0.2262
6	0	0.7351	0.5314	0.3771	0.2621	0.1780	0.1176	0.0754	0.0467	0.0277	0.0156	0.0083	0.0041	0.0018	0.0007	0.0002	0.0001	0.0000	0.0000	0.0000
	1	0.9672	0.8857	0.7765	0.6554	0.5339	0.4202	0.3191	0.2333	0.1636	0.1094	0.0692	0.0410	0.0223	0.0109	0.0046	0.0016	0.0004	0.0001	0.0000
	2	0.9978	0.9842	0.9527	0.9011	0.8306	0.7443	0.6471	0.5443	0.4415	0.3438	0.2553	0.1792	0.1174	0.0705	0.0376	0.0170	0.0059	0.0013	0.0001
	3	0.9999	0.9987	0.9941	0.9830	0.9624	0.9295	0.8826	0.8208	0.7447	0.6562	0.5585	0.4557	0.3529	0.2557	0.1694	0.0989	0.0473	0.0158	0.0022
	4	1.0000	0.9999	0.9996	0.9984	0.9954	0.9891	0.9777	0.9590	0.9308	0.8906	0.8364	0.7667	0.6809	0.5798	0.4661	0.3446	0.2235	0.1143	0.0328
	5	1.0000	1.0000	1.0000	0.9999	0.9998	0.9993	0.9982	0.9959	0.9917	0.9844	0.9723	0.9533	0.9246	0.8824	0.8220	0.7379	0.6229	0.4686	0.2649
7	0	0.6983	0.4783	0.3206	0.2097	0.1335	0.0824	0.0490	0.0280	0.0152	0.0078	0.0037	0.0016	0.0006	0.0002	0.0001	0.0000	0.0000	0.0000	0.0000
	1	0.9556	0.8503	0.7166	0.5767	0.4449	0.3294	0.2338	0.1586	0.1024	0.0625	0.0357	0.0188	0.0090	0.0038	0.0013	0.0004	0.0001	0.0000	0.0000
	2	0.9962	0.9743	0.9262	0.8520	0.7564	0.6471	0.5323	0.4199	0.3164	0.2266	0.1529	0.0963	0.0556	0.0288	0.0129	0.0047	0.0012	0.0002	0.0000
	3	0.9998	0.9973	0.9879	0.9667	0.9294	0.8740	0.8002	0.7102	0.6083	0.5000	0.3917	0.2898	0.1998	0.1260	0.0706	0.0333	0.0121	0.0027	0.0002
	4	1.0000	0.9998	0.9988	0.9953	0.9871	0.9712	0.9444	0.9037	0.8471	0.7734	0.6836	0.5801	0.4677	0.3529	0.2436	0.1480	0.0738	0.0257	0.0038
	5	1.0000	1.0000	0.9999	0.9996	0.9987	0.9962	0.9910	0.9812	0.9643	0.9375	0.8976	0.8414	0.7662	0.6706	0.5551	0.4233	0.2834	0.1497	0.0444
	6	1.0000	1.0000	1.0000	1.0000	0.9999	0.9998	0.9994	0.9984	0.9963	0.9922	0.9848	0.9720	0.9510	0.9176	0.8665	0.7903	0.6794	0.5217	0.3017

[표 1] 이항분포의 누적 확률(계속)

n	x	p=0.05	0.10	0.15	0.20	0.25	0.30	0.35	0.40	0.45	0.50	0.55	0.60	0.65	0.70	0.75	0.80	0.85	0.90	0.95
8	0	0.6634	0.4305	0.2725	0.1678	0.1001	0.0576	0.0319	0.0168	0.0084	0.0039	0.0017	0.0007	0.0002	0.0001	0.0000	0.0000	0.0000	0.0000	0.0000
	1	0.9428	0.8131	0.6572	0.5033	0.3671	0.2553	0.1691	0.1064	0.0632	0.0352	0.0181	0.0085	0.0036	0.0013	0.0004	0.0001	0.0000	0.0000	0.0000
	2	0.9942	0.9619	0.8948	0.7969	0.6785	0.5518	0.4278	0.3154	0.2201	0.1445	0.0885	0.0498	0.0253	0.0113	0.0042	0.0012	0.0002	0.0000	0.0000
	3	0.9996	0.9950	0.9786	0.9437	0.8862	0.8059	0.7064	0.5941	0.4770	0.3633	0.2604	0.1737	0.1061	0.0580	0.0273	0.0104	0.0029	0.0004	0.0000
	4	1.0000	0.9996	0.9971	0.9896	0.9727	0.9420	0.8939	0.8263	0.7396	0.6367	0.5230	0.4059	0.2936	0.1941	0.1138	0.0563	0.0214	0.0050	0.0004
	5	1.0000	1.0000	0.9998	0.9988	0.9958	0.9887	0.9747	0.9502	0.9115	0.8555	0.7799	0.6846	0.5722	0.4482	0.3215	0.2031	0.1052	0.0381	0.0058
	6	1.0000	1.0000	1.0000	0.9999	0.9996	0.9987	0.9964	0.9915	0.9819	0.9648	0.9368	0.8936	0.8309	0.7447	0.6329	0.4967	0.3428	0.1869	0.0572
	7	1.0000	1.0000	1.0000	1.0000	1.0000	0.9999	0.9998	0.9993	0.9983	0.9961	0.9916	0.9832	0.9681	0.9424	0.8999	0.8322	0.7275	0.5695	0.3366
9	0	0.6302	0.3874	0.2316	0.1342	0.0751	0.0404	0.0207	0.0101	0.0046	0.0020	0.0008	0.0003	0.0001	0.0000	0.0000	0.0000	0.0000	0.0000	0.0000
	1	0.9288	0.7748	0.5995	0.4362	0.3003	0.1960	0.1211	0.0705	0.0385	0.0195	0.0091	0.0038	0.0014	0.0004	0.0001	0.0000	0.0000	0.0000	0.0000
	2	0.9916	0.9470	0.8591	0.7382	0.6007	0.4628	0.3373	0.2318	0.1495	0.0898	0.0498	0.0250	0.0112	0.0043	0.0013	0.0003	0.0000	0.0000	0.0000
	3	0.9994	0.9917	0.9661	0.9144	0.8343	0.7297	0.6089	0.4826	0.3614	0.2539	0.1658	0.0994	0.0536	0.0253	0.0100	0.0031	0.0006	0.0001	0.0000
	4	1.0000	0.9991	0.9944	0.9804	0.9511	0.9012	0.8283	0.7334	0.6214	0.5000	0.3786	0.2666	0.1717	0.0988	0.0489	0.0196	0.0056	0.0009	0.0000
	5	1.0000	0.9999	0.9994	0.9969	0.9900	0.9747	0.9464	0.9006	0.8342	0.7461	0.6386	0.5174	0.3911	0.2703	0.1657	0.0856	0.0339	0.0083	0.0006
	6	1.0000	1.0000	1.0000	0.9997	0.9987	0.9957	0.9888	0.9750	0.9502	0.9102	0.8505	0.7682	0.6627	0.5372	0.3993	0.2618	0.1409	0.0530	0.0084
	7	1.0000	1.0000	1.0000	1.0000	0.9999	0.9996	0.9986	0.9962	0.9909	0.9805	0.9615	0.9295	0.8789	0.8040	0.6997	0.5638	0.4005	0.2252	0.0712
	8	1.0000	1.0000	1.0000	1.0000	1.0000	1.0000	0.9999	0.9997	0.9992	0.9980	0.9954	0.9899	0.9793	0.9596	0.9249	0.8658	0.7684	0.6126	0.3698
10	0	0.5987	0.3487	0.1969	0.1074	0.0563	0.0282	0.0135	0.0060	0.0025	0.0010	0.0003	0.0001	0.0000	0.0000	0.0000	0.0000	0.0000	0.0000	0.0000
	1	0.9139	0.7361	0.5443	0.3758	0.2440	0.1493	0.0860	0.0464	0.0233	0.0107	0.0045	0.0017	0.0005	0.0001	0.0000	0.0000	0.0000	0.0000	0.0000
	2	0.9885	0.9298	0.8202	0.6778	0.5256	0.3828	0.2616	0.1673	0.0996	0.0547	0.0274	0.0123	0.0048	0.0016	0.0004	0.0001	0.0000	0.0000	0.0000
	3	0.9990	0.9872	0.9500	0.8791	0.7759	0.6496	0.5138	0.3823	0.2660	0.1719	0.1020	0.0548	0.0260	0.0106	0.0035	0.0009	0.0001	0.0000	0.0000
	4	0.9999	0.9984	0.9901	0.9672	0.9219	0.8497	0.7515	0.6331	0.5044	0.3770	0.2616	0.1662	0.0949	0.0473	0.0197	0.0064	0.0014	0.0001	0.0000
	5	1.0000	0.9999	0.9986	0.9936	0.9803	0.9527	0.9051	0.8338	0.7384	0.6230	0.4956	0.3669	0.2485	0.1503	0.0781	0.0328	0.0099	0.0016	0.0001
	6	1.0000	1.0000	0.9999	0.9991	0.9965	0.9894	0.9740	0.9452	0.8980	0.8281	0.7340	0.6177	0.4862	0.3504	0.2241	0.1209	0.0500	0.0128	0.0010
	7	1.0000	1.0000	1.0000	0.9999	0.9996	0.9984	0.9952	0.9877	0.9726	0.9453	0.9004	0.8327	0.7384	0.6172	0.4474	0.3222	0.1798	0.0702	0.0115
	8	1.0000	1.0000	1.0000	1.0000	1.0000	0.9999	0.9995	0.9983	0.9955	0.9893	0.9767	0.9536	0.9140	0.8507	0.7560	0.6242	0.4557	0.2639	0.0861
	9	1.0000	1.0000	1.0000	1.0000	1.0000	1.0000	1.0000	0.9999	0.9997	0.9990	0.9975	0.9940	0.9865	0.9718	0.9437	0.8926	0.8031	0.6513	0.4013

[표 1] 이항분포의 누적 확률(계속)

n	x	p=0.05	0.10	0.15	0.20	0.25	0.30	0.35	0.40	0.45	0.50	0.55	0.60	0.65	0.70	0.75	0.80	0.85	0.90	0.95
15	0	0.4633	0.2059	0.0874	0.0352	0.0134	0.0047	0.0016	0.0005	0.0001	0.0000	0.0000	0.0000	0.0000	0.0000	0.0000	0.0000	0.0000	0.0000	0.0000
	1	0.8290	0.5490	0.3186	0.1671	0.0802	0.0353	0.0142	0.0052	0.0017	0.0005	0.0001	0.0000	0.0000	0.0000	0.0000	0.0000	0.0000	0.0000	0.0000
	2	0.9638	0.8159	0.6042	0.3980	0.2361	0.1268	0.0617	0.0271	0.0107	0.0037	0.0011	0.0003	0.0001	0.0000	0.0000	0.0000	0.0000	0.0000	0.0000
	3	0.9945	0.9444	0.8227	0.6482	0.4613	0.2969	0.1727	0.0905	0.0424	0.0176	0.0063	0.0019	0.0005	0.0001	0.0000	0.0000	0.0000	0.0000	0.0000
	4	0.9994	0.9873	0.9383	0.8358	0.6865	0.5155	0.3519	0.2173	0.1204	0.0592	0.0255	0.0093	0.0028	0.0007	0.0001	0.0000	0.0000	0.0000	0.0000
	5	0.9999	0.9978	0.9832	0.9389	0.8516	0.7216	0.5643	0.4032	0.2608	0.1509	0.0769	0.0338	0.0124	0.0037	0.0008	0.0001	0.0000	0.0000	0.0000
	6	1.0000	0.9997	0.9964	0.9819	0.9434	0.8689	0.7548	0.6098	0.4522	0.3036	0.1818	0.0950	0.0422	0.0152	0.0042	0.0008	0.0001	0.0000	0.0000
	7	1.0000	1.0000	0.9994	0.9958	0.9827	0.9500	0.8868	0.7869	0.6535	0.5000	0.3465	0.2131	0.1132	0.0500	0.0173	0.0042	0.0006	0.0000	0.0000
	8	1.0000	1.0000	0.9999	0.9992	0.9958	0.9848	0.9578	0.9050	0.8182	0.6964	0.5478	0.3902	0.2452	0.1311	0.0566	0.0181	0.0036	0.0003	0.0000
	9	1.0000	1.0000	1.0000	0.9999	0.9992	0.9963	0.9876	0.9662	0.9231	0.8491	0.7392	0.5968	0.4357	0.2784	0.1484	0.0611	0.0168	0.0022	0.0001
	10	1.0000	1.0000	1.0000	1.0000	0.9999	0.9993	0.9972	0.9907	0.9745	0.9408	0.8796	0.7827	0.6481	0.4845	0.3135	0.1642	0.0617	0.0127	0.0006
	11	1.0000	1.0000	1.0000	1.0000	1.0000	0.9999	0.9995	0.9981	0.9937	0.9824	0.9576	0.9095	0.8273	0.7031	0.5387	0.3518	0.1773	0.0556	0.0055
	12	1.0000	1.0000	1.0000	1.0000	1.0000	1.0000	0.9999	0.9997	0.9989	0.9963	0.9893	0.9729	0.9383	0.8732	0.7639	0.6020	0.3958	0.1841	0.0362
	13	1.0000	1.0000	1.0000	1.0000	1.0000	1.0000	1.0000	1.0000	0.9999	0.9995	0.9983	0.9948	0.9858	0.9647	0.9198	0.8329	0.6814	0.4510	0.1710
	14	1.0000	1.0000	1.0000	1.0000	1.0000	1.0000	1.0000	1.0000	1.0000	1.0000	0.9999	0.9995	0.9984	0.9953	0.9866	0.9648	0.9126	0.7941	0.5367
20	0	0.3585	0.1216	0.0388	0.0115	0.0032	0.0008	0.0002	0.0000	0.0000	0.0000	0.0000	0.0000	0.0000	0.0000	0.0000	0.0000	0.0000	0.0000	0.0000
	1	0.7358	0.3917	0.1756	0.0692	0.0243	0.0076	0.0021	0.0005	0.0001	0.0000	0.0000	0.0000	0.0000	0.0000	0.0000	0.0000	0.0000	0.0000	0.0000
	2	0.9245	0.6769	0.4049	0.2061	0.0913	0.0355	0.0121	0.0036	0.0009	0.0002	0.0000	0.0000	0.0000	0.0000	0.0000	0.0000	0.0000	0.0000	0.0000
	3	0.9841	0.8670	0.6477	0.4114	0.2252	0.1071	0.0444	0.0160	0.0049	0.0013	0.0003	0.0000	0.0000	0.0000	0.0000	0.0000	0.0000	0.0000	0.0000
	4	0.9974	0.9568	0.8298	0.6296	0.4148	0.2375	0.1182	0.0510	0.0189	0.0059	0.0015	0.0003	0.0000	0.0000	0.0000	0.0000	0.0000	0.0000	0.0000
	5	0.9997	0.9887	0.9327	0.8042	0.6172	0.4164	0.2454	0.1256	0.0553	0.0207	0.0064	0.0016	0.0003	0.0000	0.0000	0.0000	0.0000	0.0000	0.0000
	6	1.0000	0.9976	0.9781	0.9133	0.7858	0.6080	0.4166	0.2500	0.1299	0.0577	0.0214	0.0065	0.0015	0.0003	0.0000	0.0000	0.0000	0.0000	0.0000
	7	1.0000	0.9996	0.9941	0.9679	0.8982	0.7723	0.6010	0.4159	0.2520	0.1316	0.0580	0.0210	0.0060	0.0013	0.0002	0.0000	0.0000	0.0000	0.0000
	8	1.0000	0.9999	0.9987	0.9900	0.9591	0.8867	0.7624	0.5956	0.4143	0.2517	0.1308	0.0565	0.0196	0.0051	0.0009	0.0001	0.0000	0.0000	0.0000
	9	1.0000	1.0000	0.9998	0.9974	0.9861	0.9520	0.8782	0.7553	0.5914	0.4119	0.2493	0.1275	0.0532	0.0171	0.0039	0.0006	0.0000	0.0000	0.0000
	10	1.0000	1.0000	1.0000	0.9994	0.9961	0.9829	0.9468	0.8725	0.7507	0.5881	0.4086	0.2447	0.1218	0.0480	0.0139	0.0026	0.0002	0.0000	0.0000
	11	1.0000	1.0000	1.0000	0.9999	0.9991	0.9949	0.9804	0.9435	0.8692	0.7483	0.5857	0.4044	0.2376	0.1133	0.0409	0.0100	0.0013	0.0001	0.0000
	12	1.0000	1.0000	1.0000	1.0000	0.9998	0.9987	0.9940	0.9790	0.9420	0.8684	0.7480	0.5841	0.3990	0.2277	0.1018	0.0321	0.0059	0.0004	0.0000
	13	1.0000	1.0000	1.0000	1.0000	1.0000	0.9997	0.9985	0.9935	0.9786	0.9423	0.8701	0.7500	0.5834	0.3920	0.2142	0.0867	0.0219	0.0024	0.0000
	14	1.0000	1.0000	1.0000	1.0000	1.0000	1.0000	0.9997	0.9984	0.9936	0.9793	0.9447	0.8744	0.7546	0.5836	0.3828	0.1958	0.0673	0.0113	0.0003
	15	1.0000	1.0000	1.0000	1.0000	1.0000	1.0000	1.0000	0.9997	0.9985	0.9941	0.9811	0.9490	0.8818	0.7625	0.5852	0.3704	0.1702	0.0432	0.0026
	16	1.0000	1.0000	1.0000	1.0000	1.0000	1.0000	1.0000	1.0000	0.9997	0.9987	0.9951	0.9840	0.9556	0.8929	0.7748	0.5886	0.3523	0.1330	0.0159
	17	1.0000	1.0000	1.0000	1.0000	1.0000	1.0000	1.0000	1.0000	1.0000	0.9998	0.9991	0.9964	0.9879	0.9645	0.9087	0.7939	0.5951	0.3231	0.0755
	18	1.0000	1.0000	1.0000	1.0000	1.0000	1.0000	1.0000	1.0000	1.0000	1.0000	0.9999	0.9995	0.9979	0.9924	0.9757	0.9308	0.8244	0.6083	0.2642
	19	1.0000	1.0000	1.0000	1.0000	1.0000	1.0000	1.0000	1.0000	1.0000	1.0000	1.0000	1.0000	0.9998	0.9992	0.9968	0.9885	0.9612	0.8784	0.6415
	20	1.0000	1.0000	1.0000	1.0000	1.0000	1.0000	1.0000	1.0000	1.0000	1.0000	1.0000	1.0000	1.0000	1.0000	1.0000	1.0000	1.0000	1.0000	1.0000

[표 2] 포아송분포의 누적확률

$$F(x\,;\lambda)=\sum_{k=0}^{x}\frac{e^{-\lambda}\lambda^{k}}{k!}$$

x	μ									
	0.1	0.2	0.3	0.4	0.5	0.6	0.7	0.8	0.9	1.0
0	0.9048	0.8187	0.7408	0.6730	0.6065	0.5488	0.4966	0.4493	0.4066	0.3679
1	0.9953	0.9825	0.9631	0.9384	0.9098	0.8781	0.8442	0.8088	0.7725	0.7358
2	0.9998	0.9989	0.9964	0.9921	0.9856	0.9769	0.9659	0.9526	0.9371	0.9197
3	1.0000	0.9999	0.9997	0.9992	0.9982	0.9966	0.9942	0.9909	0.9865	0.9810
4		1.0000	1.0000	0.9999	0.9998	0.9996	0.9992	0.9986	0.9977	0.9963
5				1.0000	1.0000	1.0000	0.9999	0.9998	0.0997	0.9994
6							1.0000	1.0000	1.0000	0.9999

x	μ									
	2.0	3.0	4.0	5.0	6.0	7.0	8.0	9.0	10.0	15.0
0	0.1353	0.0498	0.0183	0.0067	0.0025	0.0009	0.0003	0.0001	0.0000	
1	0.4060	0.1991	0.0916	0.0404	0.0174	0.0073	0.0030	0.0012	0.0005	
2	0.6767	0.4232	0.2381	0.1247	0.0620	0.0296	0.0138	0.0062	0.0028	0.0000
3	0.8571	0.6472	0.4335	0.2650	0.1512	0.0818	0.0424	0.0212	0.0103	0.0002
4	0.9473	0.8153	0.6288	0.4405	0.2851	0.1730	0.0996	0.0550	0.0293	0.0009
5	0.9834	0.9161	0.7851	0.6160	0.4457	0.3007	0.1912	0.1157	0.0671	0.0028
6	0.9955	0.9665	0.8893	0.7622	0.6063	0.4497	0.3134	0.2068	0.1301	0.0076
7	0.9989	0.9881	0.9489	0.8666	0.7440	0.5987	0.4530	0.3239	0.2202	0.0180
8	0.9998	0.9962	0.9786	0.9319	0.8472	0.7291	0.5925	0.4557	0.3328	0.0374
9	1.0000	0.9989	0.9919	0.9682	0.9161	0.8305	0.7166	0.5874	0.4579	0.0699
10		0.9997	0.9972	0.9863	0.9574	0.9015	0.8159	0.7060	0.5830	0.1185
11		0.9999	0.9991	0.9945	0.9799	0.9466	0.8881	0.8030	0.6968	0.1848
12		1.0000	0.9997	0.9980	0.9912	0.9730	0.9362	0.8758	0.7916	0.2676
13			0.9999	0.9993	0.9964	0.9872	0.9658	0.9261	0.8645	0.3632
14			1.0000	0.9998	0.9986	0.9943	0.9827	0.9585	0.9165	0.4657
15				0.9999	0.9995	0.9976	0.9918	0.9780	0.9513	0.5681
16				1.0000	0.9998	0.9990	0.9963	0.9889	0.9730	0.6641
17					0.9999	0.9996	0.9984	0.9947	0.9857	0.7489
18					1.0000	0.9999	0.9994	0.9976	0.9928	0.8195
19						1.0000	0.9997	0.9989	0.9965	0.8752
20							0.9999	0.9996	0.9984	0.9170
21							1.0000	0.9998	0.9993	0.9469
22								0.9999	0.9997	0.9673
23								1.0000	0.9999	0.9805
24									1.0000	0.9888
25										0.9938
26										0.9967
27										0.9983
28										0.9991
29										0.9996
30										0.9998
31										0.9999
32										1.0000

[표 3] 표준정규분포 확률표—오른쪽 꼬리 확률

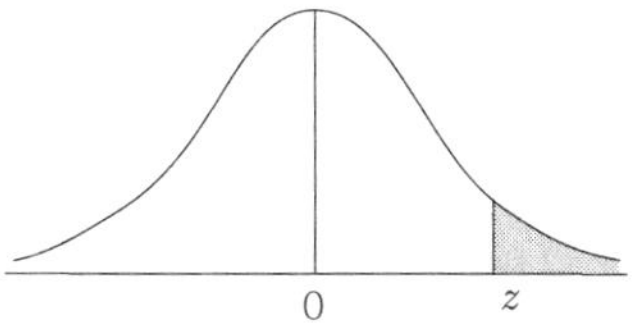

z	0.00	0.01	0.02	0.03	0.04	0.05	0.06	0.07	0.08	0.09
0.0	0.5000	0.4960	0.4920	0.4880	0.4840	0.4801	0.4761	0.4721	0.4681	0.4641
0.1	0.4602	0.4562	0.4522	0.4483	0.4443	0.4404	0.4364	0.4325	0.4286	0.4247
0.2	0.4207	0.4168	0.4129	0.4090	0.4052	0.4013	0.3974	0.3936	0.3897	0.3859
0.3	0.3821	0.3783	0.3745	0.3707	0.3669	0.3632	0.3594	0.3557	0.3520	0.3483
0.4	0.3446	0.3409	0.3372	0.3336	0.3300	0.3264	0.3228	0.3192	0.3156	0.3121
0.5	0.3085	0.3050	0.3015	0.2981	0.2946	0.2912	0.2877	0.2843	0.2810	0.2776
0.6	0.2743	0.2709	0.2676	0.2643	0.2611	0.2578	0.2546	0.2514	0.2483	0.2451
0.7	0.2420	0.2389	0.2358	0.2327	0.2296	0.2266	0.2236	0.2206	0.2177	0.2148
0.8	0.2119	0.2090	0.2061	0.2033	0.2005	0.1977	0.1949	0.1922	0.1894	0.1867
0.9	0.1841	0.1814	0.1788	0.1762	0.1736	0.1711	0.1685	0.1660	0.1635	0.1611
1.0	0.1587	0.1562	0.1539	0.1515	0.1492	0.1469	0.1446	0.1423	0.1401	0.1379
1.1	0.1357	0.1335	0.1314	0.1292	0.1271	0.1251	0.1230	0.1210	0.1190	0.1170
1.2	0.1151	0.1131	0.1112	0.1093	0.1075	0.1056	0.1038	0.1020	0.1003	0.0985
1.3	0.0968	0.0951	0.0934	0.0918	0.0901	0.0885	0.0869	0.0853	0.0838	0.0823
1.4	0.0808	0.0793	0.0778	0.0764	0.0749	0.0735	0.0721	0.0708	0.0694	0.0681
1.5	0.0668	0.0655	0.0643	0.0630	0.0618	0.0606	0.0594	0.0582	0.0571	0.0559
1.6	0.0548	0.0537	0.0526	0.0516	0.0505	0.0495	0.0485	0.0475	0.0465	0.0455
1.7	0.0446	0.0436	0.0427	0.0418	0.0409	0.0401	0.0392	0.0384	0.0375	0.0367
1.8	0.0359	0.0351	0.0344	0.0336	0.0329	0.0322	0.0314	0.0307	0.0301	0.0294
1.9	0.0287	0.0281	0.0274	0.0268	0.0262	0.0256	0.0250	0.0244	0.0239	0.0233
2.0	0.0228	0.0222	0.0217	0.0212	0.0207	0.0202	0.0197	0.0192	0.0188	0.0183
2.1	0.0179	0.0174	0.0170	0.0166	0.0162	0.0158	0.0154	0.0150	0.0146	0.0143
2.2	0.0139	0.0136	0.0132	0.0129	0.0125	0.0122	0.0119	0.0116	0.0113	0.0110
2.3	0.0107	0.0104	0.0102	0.0099	0.0096	0.0094	0.0091	0.0089	0.0087	0.0084
2.4	0.0082	0.0080	0.0078	0.0075	0.0073	0.0071	0.0069	0.0068	0.0066	0.0064
2.5	0.0062	0.0060	0.0059	0.0057	0.0055	0.0054	0.0052	0.0051	0.0049	0.0048
2.6	0.0047	0.0045	0.0044	0.0043	0.0041	0.0040	0.0039	0.0038	0.0037	0.0036
2.7	0.0035	0.0034	0.0033	0.0032	0.0031	0.0030	0.0029	0.0028	0.0027	0.0026
2.8	0.0026	0.0025	0.0024	0.0023	0.0023	0.0022	0.0021	0.0021	0.0020	0.0019
2.9	0.0019	0.0018	0.0018	0.0017	0.0016	0.0016	0.0015	0.0015	0.0014	0.0014
3.0	0.0013	0.0013	0.0013	0.0012	0.0012	0.0011	0.0011	0.0011	0.0010	0.0010
3.1	0.0010	0.0009	0.0009	0.0009	0.0008	0.0008	0.0008	0.0008	0.0007	0.0007
3.2	0.0007	0.0007	0.0006	0.0006	0.0006	0.0006	0.0006	0.0005	0.0005	0.0005
3.3	0.0005	0.0005	0.0005	0.0004	0.0004	0.0004	0.0004	0.0004	0.0004	0.0003
3.4	0.0003	0.0003	0.0003	0.0003	0.0003	0.0003	0.0003	0.0003	0.0003	0.0002

[표 4] 카이제곱 확률표—오른쪽 꼬리 확률

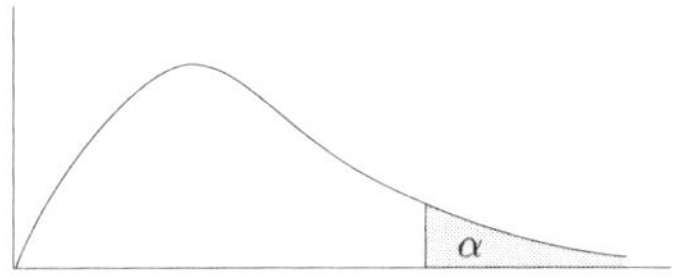

df \ α	0.9995	0.999	0.9975	0.995	0.990	0.975	0.950	0.900	0.750	0.500
1	0.00	0.00	0.00	0.00	0.00	0.00	0.00	0.02	0.10	0.45
2	0.00	0.00	0.01	0.01	0.02	0.05	0.10	0.21	0.58	1.39
3	0.02	0.02	0.04	0.07	0.11	0.22	0.35	0.58	1.21	2.37
4	0.06	0.09	0.14	0.21	0.30	0.48	0.71	1.06	1.92	3.36
5	0.16	0.21	0.31	0.41	0.55	0.83	1.15	1.61	2.67	4.35
6	0.30	0.38	0.53	0.68	0.87	1.24	1.64	2.20	3.45	5.35
7	0.48	0.60	0.79	0.99	1.24	1.69	2.17	2.83	4.25	6.35
8	0.71	0.86	1.10	1.34	1.65	2.18	2.73	3.49	5.07	7.34
9	0.97	1.15	1.45	1.73	2.09	2.70	3.33	4.17	5.90	8.34
10	1.26	1.48	1.83	2.16	2.56	3.25	3.94	4.87	6.74	9.34
11	1.59	1.83	2.23	2.60	3.05	3.82	4.57	5.58	7.58	10.34
12	1.93	2.21	2.66	3.07	3.57	4.40	5.23	6.30	8.44	11.34
13	2.31	2.62	3.11	3.57	4.11	5.01	5.89	7.04	9.30	12.34
14	2.70	3.04	3.58	4.07	4.66	5.63	6.57	7.79	10.17	13.34
15	3.11	3.48	4.07	4.60	5.23	6.26	7.26	8.55	11.04	14.34
16	3.54	3.94	4.57	5.14	5.81	6.91	7.96	9.31	11.91	15.34
17	3.98	4.42	5.09	5.70	6.41	7.56	8.67	10.09	12.79	16.34
18	4.44	4.90	5.62	6.26	7.01	8.23	9.39	10.86	13.68	17.34
19	4.91	5.41	6.17	6.84	7.63	8.91	10.12	11.65	14.56	18.34
20	5.40	5.92	6.72	7.43	8.26	9.59	10.85	12.44	15.45	19.34
21	5.90	6.45	7.29	8.03	8.90	10.28	11.59	13.24	16.34	20.34
22	6.40	6.98	7.86	8.64	9.54	10.98	12.34	14.04	17.24	21.34
23	6.92	7.53	8.45	9.26	10.20	11.69	13.09	14.85	18.14	22.34
24	7.45	8.08	9.04	9.89	10.86	12.40	13.85	15.66	19.04	23.34
25	7.99	8.65	9.65	10.52	11.52	13.12	14.61	16.47	19.94	24.34
26	8.54	9.22	10.26	11.16	12.20	13.84	15.38	17.29	20.84	25.34
27	9.09	9.80	10.87	11.81	12.88	14.57	16.15	18.11	21.75	26.34
28	9.66	10.39	11.50	12.46	13.56	15.31	16.93	18.94	22.66	27.34
29	10.23	10.99	12.13	13.12	14.26	16.05	17.71	19.77	23.57	28.34
30	10.80	11.59	12.76	13.79	14.95	16.79	18.49	20.60	24.48	29.34
40	16.91	17.92	19.42	20.71	22.16	24.43	26.51	29.05	33.66	39.34
50	23.46	24.67	26.46	27.99	29.71	32.36	34.76	37.69	42.94	49.33
60	30.34	31.74	33.79	35.53	37.48	40.48	43.19	46.46	52.29	59.33
80	44.79	46.52	49.04	51.17	53.54	57.15	60.39	64.28	71.14	79.33
100	59.90	61.92	64.86	67.33	70.06	74.22	77.93	82.36	90.13	99.33

[표 4] 카이제곱 확률표—오른쪽 꼬리 확률(계속)

df	0.250	0.200	0.150	0.100	0.050	0.025	0.020	0.010	0.005	0.0025	0.001	0.0005
1	1.32	1.64	2.07	2.71	3.84	5.02	5.41	6.63	7.88	9.14	10.83	12.12
2	2.77	3.22	3.79	4.61	5.99	7.38	7.82	9.21	10.60	11.98	13.82	15.20
3	4.11	4.64	5.32	6.25	7.81	9.35	9.84	11.34	12.84	14.32	16.27	17.73
4	5.39	5.99	6.74	7.78	9.49	11.14	11.67	13.28	14.86	16.42	18.47	20.00
5	6.63	7.29	8.12	9.24	11.07	12.83	13.39	15.09	16.75	18.39	20.51	22.11
6	7.84	8.56	9.45	10.64	12.59	14.45	15.03	16.81	18.55	20.25	22.46	24.10
7	9.04	9.80	10.75	12.02	14.07	16.01	16.62	18.48	20.28	22.04	24.32	26.02
8	10.22	11.03	12.03	13.36	15.51	17.53	18.17	20.09	21.95	23.77	26.12	27.87
9	11.39	12.24	13.29	14.68	16.92	19.02	19.68	21.67	23.59	25.46	27.88	29.67
10	12.55	13.44	14.53	15.99	18.31	20.48	21.16	23.21	25.19	27.11	29.59	31.42
11	13.70	14.63	15.77	17.28	19.68	21.92	22.62	24.72	26.76	28.73	31.26	33.14
12	14.85	15.81	16.99	18.55	21.03	23.34	24.05	26.22	28.30	30.32	32.91	34.82
13	15.98	16.98	18.20	19.81	22.36	24.74	25.47	27.69	29.82	31.88	34.53	36.48
14	17.12	18.15	19.41	2.106	23.68	26.12	26.87	29.14	31.32	33.43	36.12	38.11
15	18.25	19.31	20.60	22.31	25.00	27.49	28.26	30.58	32.80	34.95	37.70	39.72
16	19.37	20.47	21.79	23.54	26.30	28.85	29.63	32.00	34.27	36.46	39.25	41.31
17	20.49	21.61	22.98	24.77	27.59	30.19	31.00	33.41	35.72	37.95	40.79	42.88
18	21.60	22.76	24.16	25.99	28.87	31.53	32.35	34.81	37.16	39.42	42.31	44.43
19	22.72	23.90	25.33	27.20	30.14	32.85	33.69	36.19	38.58	40.88	43.82	45.97
20	23.83	25.04	26.50	28.41	31.41	34.17	35.02	37.57	40.00	42.34	45.31	47.50
21	24.93	26.17	27.66	29.62	32.67	35.48	36.34	38.93	41.40	43.78	46.80	49.01
22	26.04	27.30	28.82	30.81	33.92	36.78	37.66	40.29	42.80	45.20	48.27	50.51
23	27.14	28.43	29.98	32.01	35.17	38.08	38.97	41.64	44.18	46.62	49.73	52.00
24	28.24	29.55	31.13	33.20	36.42	39.36	40.27	42.98	45.56	48.03	51.18	53.48
25	29.34	30.68	32.28	34.38	37.65	40.65	41.57	44.31	46.93	49.44	52.62	54.95
26	30.43	31.79	33.43	35.56	38.89	41.92	42.86	45.64	48.29	50.83	54.05	56.41
27	31.53	32.91	34.57	36.74	40.11	43.19	44.14	46.96	49.64	52.22	55.48	57.86
28	32.62	34.03	35.71	37.92	41.34	44.46	45.42	48.28	50.99	53.59	56.89	59.30
29	33.71	35.14	36.85	39.09	42.56	45.72	46.69	49.59	52.34	54.97	58.30	60.73
30	34.80	36.25	37.99	40.26	43.77	46.98	47.96	50.89	53.67	56.33	59.70	62.16
40	45.62	47.27	49.24	51.81	55.76	59.34	60.44	63.69	66.77	69.70	73.40	76.09
50	56.33	58.16	60.35	63.17	67.50	71.42	72.61	76.15	79.49	82.66	86.66	89.56
60	66.98	68.97	71.34	74.40	79.08	83.30	84.58	88.38	91.95	95.34	99.61	102.7
80	88.13	90.41	93.11	96.58	101.9	106.6	108.1	112.3	116.3	120.1	124.8	128.3
100	109.1	111.7	114.7	118.5	124.3	129.6	131.1	135.8	140.2	144.3	149.4	153.2

연습문제 해답

[제2장]

2.11 (1) $\{x_1, \cdots, x_6\}$, 단, x_i는 빨간 공 또는 푸른 공

(2) 빨간 공과 푸른 공의 개수가 같지 않기 때문에 적절하지 않다.

2.12 (1) S_1의 각 원소는 같은 가능성으로 일어나나 S_2는 그렇지 않다.

(2) 둘 다 옳으나 같은 가능성의 차원에서는 S_1이 옳다.

2.13 (1) $S=\{(i, j) \mid i=1, \cdots, 6,\ j=1, \cdots, 6\}$

(2) $A=\{(1, 1), (2, 2), (3, 3), (4, 4), (5, 5), (6, 6)\}$

$B=\{(1, 3), (1, 4), (1, 5), (1, 6), (2, 4), (2, 5), (2, 6), (3, 5), (3, 6), (4, 6)\}$

$C=\{(2, 6), (3, 5), (4, 4), (5, 3), (6, 2)\}$

(3) $P(A)=3/36$, $P(B)=10/36$, $P(C)=5/36$

2.14 (1) $\frac{2}{3}$, $\frac{1}{3}$, $\frac{1}{2}$, $\frac{1}{2}$, $\frac{1}{6}$, $\frac{5}{6}$, $\frac{2}{3}$, $\frac{1}{3}$

2.15 (1) $S=\{(x, y) \mid x=0, 1, \cdots, 5\ ;\ y=0, 1, 2, 3\}$

(2) ① $D=\{(0, 0), (0, 1), (0, 2), (0, 3), (1, 0), (2, 0), (3, 0), (4, 0), (5, 0)\}$

② $E=\{(0, 2), (1, 1), (2, 0), (1, 3), (2, 2), (3, 1), (4, 0), (5, 1), (4, 2), (3, 3)\}$

③ $F=\{(0, 0), (1, 1), (2, 2), (3, 3)\}$

④ $E\cap F=\{(1, 1), (2, 2), (3, 3)\}$

⑤ $E\cup F=\{(0, 0), (1, 1), (2, 0), (1, 3), (2, 2), (3, 1), (4, 0), (5, 1), (4, 2), (3, 3)\}$

⑥ $D\cap F=\{(0, 0)\}$

⑦ $D\cup F=(0, 0), (0, 1), (0, 2), (0, 3), (1, 0), (2, 0), (3, 0), (4, 0), (5, 0), (1, 1), (2, 2), (3, 3)\}$

(3) 각각 9/24, 10/24, 4/24, 3/24, 10/24, 1/24, 12/24

2.16 (1) 표본공간 S는 20개의 원소로 구성됨.

(2) ① $\frac{1}{2}$ ② $\frac{1}{2}$ ③ $\frac{1}{5}$ ④ $\frac{4}{5}$ ⑤ $\frac{1}{2}$ ⑥ $\frac{1}{5}$

(3) 안 바뀐다.

2.17 (1)

	N	N^C	합
D	0.0040	0.0012	0.0052
D^C	0.3960	0.5988	0.9948
합	0.40	0.60	1

2.18 (1) $\frac{1}{24}$ (2) $\frac{3}{8}$ (3) $\frac{1}{4}$ (4) $\frac{1}{12}$

2.19 (1) 각각 $\frac{1}{18}$ (2) 각각 $\frac{1}{9}$

2.20 0.8

2.21 (1)

	R	R^C	합
N	0.55	0.35	0.90
N^C	0.05	0.05	0.10
합	0.6	0.40	1

2.22 (2) $Q=\bigcup_{i=1}^{35} C_i$

2.23 (1) 0 (2) -0.5 (3) 0.8

2.24 $\frac{1}{36}$, 25회 이상

2.25 $\binom{12}{3}\binom{9}{4}\binom{5}{5}=27,720$

2.26 $\binom{52}{13}\binom{39}{13}\binom{26}{13}\binom{13}{13}\approx 5.36\times 10^{29}$

2.27 (2) ① $\frac{1}{4}$ ② $\frac{1}{2}$ ③ $\frac{1}{2}$ (3) $\frac{1}{4}$, $\frac{1}{2}$, $\frac{1}{2}$

2.28 (1) 8! (2) $\frac{1}{28}$

2.29 $\frac{13!}{4!\,3!\,2!\,2!\,2!}=5405400$

2.30 3종류의 비료, 4가지 살충제, 5가지 모종이므로 각각 한 가지를 사용하여 나열하므로 $3\times4\times5=60$가지이므로 충분하다.

2.31 $\frac{14!}{5!\,3!\,3!\,3!}=3363360$

2.32 (1) $\frac{10!}{4!\,2!}=75600$ (2) $\frac{7!}{2!}=2520$, $\frac{1}{30}$ (3) $\frac{1}{30}$

2.33 (1) $\frac{1}{35}$ (2) $\frac{1}{144}$

2.34 (1) $\frac{1}{55}$ (2) $\frac{1}{66}$ (3) $\frac{36}{55}$

2.35 (1) $\frac{1}{126}$ (2) $\frac{1}{21}$ (3) $\frac{4}{9}$

2.36 (1) 60 (2) $\frac{1}{5}$

2.37 $\frac{1}{6}$

2.38 (1) $\dfrac{\binom{14}{2}}{\binom{25}{2}}$ (2) $\dfrac{\binom{11}{2}}{\binom{25}{2}}$ (3) $\dfrac{\binom{14}{1}\binom{11}{1}}{\binom{25}{2}}$ (4) $\frac{77}{300}$

2.39 (1) $\frac{2}{15}$ (2) $\frac{1}{3}$ (3) $\frac{2}{3}$

2.40 (1) $\frac{4}{25}$ (2) $\frac{9}{25}$ (3) $\frac{16}{25}$

2.41 (1) $\frac{12}{49}$ (2) $\frac{1}{4}$ (3) $\frac{1}{25}$

2.42 $\dfrac{\binom{N-r+1}{1}}{\binom{N}{r}} = \dfrac{(N-r+1)\cdot r!}{N!}$

2.43 $\dfrac{d(d-1)}{(g+d)(g+d-1)}$

2.44 (1) $\frac{7}{12}\times\frac{8}{13}\times\frac{5}{14}\times\frac{6}{15}=\frac{2}{39}$ (2) $\frac{4}{13}$

2.45 $\frac{1}{4}$

2.46 $1-\binom{N}{k}/N^k$

2.47 ${}_3H_4=\binom{3+4-1}{4}=\binom{6}{4}=15$

2.48 (1) $\frac{1}{n}$ (2) $\dfrac{(n-1)^{k-1}}{n^k}$

2.49 $\dfrac{\binom{6}{3}\binom{6}{3}}{\binom{12}{6}}=0.4329$

2.50 $\dfrac{{}_7P_3}{7^3}$

2.51 (1) $\binom{10}{8}\cdot 2^8\Big/\binom{20}{8}$ (2) $\binom{10}{1}\binom{9}{6}\cdot 2^6\Big/\binom{20}{8}$ (3) $1-\binom{10}{8}\cdot 2^8\Big/\binom{20}{8}$

2.52 표본공간 S 안에는 $\binom{52}{4}$ 가지의 표본점이 있다.

(1) $\binom{46}{3}\Big/\binom{52}{4}$ (2) $\binom{38}{3}\Big/\binom{52}{4}$ (3) $\binom{5}{3}\Big/\binom{52}{4}$

(4) $\binom{52-r}{3}\Big/\binom{52}{4}$ (5) $1-\sum_{k=1}^{r}\binom{52-k}{4}\Big/\binom{52}{4}$ (6) $\binom{48}{13}\binom{4}{1}\Big/\binom{52}{14}$

2.53 0

2.54 $\dfrac{\left\{\binom{6}{2}\binom{4}{2}\times 2!\right\}\times\dfrac{\binom{4}{2}\binom{2}{2}}{2!}\times\binom{2}{2}}{\binom{10}{2}\binom{8}{2}\binom{6}{2}\binom{4}{2}\binom{2}{2}\Big/5!}=\dfrac{4}{7}$

2.55 $\dfrac{\binom{12}{4}\binom{8}{4}\left(\dfrac{20!}{(2!)^4(3!)^4}\right)}{(12)^{20}}\approx 1.0604\times 10^{-4}$

2.56 $\dfrac{\binom{n}{m}(N-1)^{n-m}}{N^n}$

2.57 $\dfrac{n}{n+m}$, [힌트] 항아리에 흰 공 n개와 검은 공 m개가 있을 때 흰 공만이 남아 있을 확률을 $P_{n,m}$이라 하면, 문제의 뜻에 따라 $\sum_{i=1}^{n}P_{i,0}$을 구하는 문제이다.

2.58 예제 2.21과 예제 2.22 참조

2.59 $P(Royal\ Straight\ \ flush)=\dfrac{1}{649740}=0.00000154$

$P(Straight\ \ flush)=(10\times 4-4)$가지 $=\dfrac{1}{316580}=0.00001385$

$P(four\ \ cards)=({}_{13}C_1\times{}_{48}C_1)=\dfrac{1}{4165}=0.00024010$

$P(full\ house)=(13\times 12\times{}_4C_2\times{}_4C_3)=\dfrac{6}{4165}=0.001440576$

$P(flush)=\left(4\times\binom{13}{5}-10\times 4\right)=\dfrac{1277}{649740}=0.0019654$

$P(three\ \ cards)=\left(13\times\binom{4}{3}\times\dfrac{48\times 44}{2!}\right)=\dfrac{88}{4165}=0.02112845$

$P(straight)=\left(({}_4C_1)^5\times 10-10\times 4\right)=\dfrac{5}{1274}=0.0039246$

$P(Two\ pairs)=\left(\dfrac{\binom{4}{2}\binom{4}{2}}{2!}\times\binom{13}{2}\times 44\right)=\dfrac{198}{4165}=0.0475390$

$P(One\ pair)=\left(13\binom{4}{2}\times\dfrac{48\cdot 44\cdot 40}{3!}\right)=\dfrac{352}{833}=0.422569$

$P($이외의 경우$)=0.525116118$

[제3장]

3.6 (1) $P(E_1|A)=\frac{2}{7}$, $P(E_2|A)=0$, $P(E_3|A)=\frac{3}{14}$, $P(E_4|A)=\frac{1}{2}$, $P(E_5|A)=0$

(2) $\frac{2}{7}+\frac{3}{14}+\frac{1}{2}=1$

3.7 (1) $\frac{1}{2}$ (2) $\frac{1}{2}$

3.8 (3) P(3번째의 표면)$=\frac{1}{8}$, P(3번 표면| 적어도 2번의 표면)$=\frac{1}{4}$

3.9 (1) 표본공간은 24가지의 원소로 구성되어 있다.

(2) $\frac{1}{24}$

(3) ① $\frac{1}{4}$ ② $\frac{1}{2}$ ③ $\frac{1}{8}$ ④ $\frac{5}{8}$ ⑤ $\frac{1}{4}$ ⑥ $\frac{1}{2}$ ⑦ $\frac{1}{2}$ ⑧ $\frac{3}{4}$

3.10 (1) $\frac{b}{w+b-1}$ (2) $\frac{w}{w+b}$ (3) $\frac{b}{b+w-1}$

3.11 (1) $\frac{b}{w+b}$ (2) $\frac{w}{w+b}$ (3) $\frac{b}{w+b}$

3.12 오른쪽 R, 왼쪽 L이라 하면

(1) $P(LL)=0.4, P(LR)=0.1$, $P(RL)=0.3$, $P(RR)=0.2$

(2) $P(LR)+P(RR)=0.3$

(3) P(처음 R | 두 번째 R)$=\frac{0.2}{0.3}=\frac{2}{3}$

3.13 (1) $\frac{1}{32}$ (2) $\frac{1}{16}$ (3) $\frac{1}{8}$ (4) $\frac{1}{4}$ (5) 1

3.14 (1) $\frac{\binom{r}{2}}{\binom{N}{2}}$ (2) $\frac{\binom{r}{1}\binom{N-r}{1}}{\binom{N}{2}}$

3.15 (1) $\frac{1}{5}$ (2) $\frac{1}{2}$ (3) $\frac{16}{17}$

3.16 (1) $\frac{1}{2}$ (2) $\frac{44}{91}$

3.17 (2) $\frac{5}{8}$ (3) $\frac{3}{8}$ (4) $\frac{7}{10}$

3.18 붉은 공 R, 녹색 공 G라 하고, 시행을 첨자로 표시했을 때

(2) $P(R_1)=\dfrac{r}{g+r}$, $P(G_1)=\dfrac{g}{g+r}$, $P(R_2|R_1)=\dfrac{r+c}{g+r+c}$, $P(R_2|G_1)=\dfrac{r}{g+r+c}$

(3) $P(R_2)=P(R_1\cap R_2)+P(G_1\cap R_2)=P(R_1)P(R_2|R_1)+P(G_1)P(R_2|G_1)=\dfrac{r}{g+r}$

3.19 (2) ① $\dfrac{119}{120}$ ② $\dfrac{5}{12}$

3.20 $\dfrac{1}{8}$

3.21 $\dfrac{3}{32}$

3.22 $\dfrac{5}{11}$, $\dfrac{3}{11}$

3.23 (1) $\dfrac{21}{23}$ (2) 0.87

3.24 (1) $1-(1-p)^n$ (2) $\dbinom{n}{k}p^k(1-p)^{n-k}$ (3) p^n

3.25 $\dfrac{1}{11}$

3.26 $\dfrac{25}{37}$

3.27 (1) × (2) O (3) O

3.28 (1) 0.27 (2) 아니다. (3) $\dfrac{27}{40}$

3.29 $(0.8)^3(0.4)^3$

3.30 (1) $\dfrac{a+b}{n}$, $\dfrac{a+c}{n}$, $\dfrac{a}{a+c}$, $\dfrac{a}{a+b}$ (2) 옳다.

3.31 (1) $(0.8)^2(0.5)^2$

(2) $(0.8)^2(0.5)^2+4(0.8)(0.2)(0.5)^2+(0.2)^2(0.5)^2$

(3) $(0.8)^2(0.5)^2+4(0.8)(0.2)(0.5)^2+(0.2)^2(0.5)^2$

3.32 빨간 공 R, 흰 공 W, 첨자는 시행횟수

복원추출: $P(R_2|R_1)=\dfrac{3}{8}$, $P(R_2)=P(R_1\cap R_2)+P(W_1\cap R_2)=\dfrac{3}{8}\cdot\dfrac{3}{8}+\dfrac{5}{8}\cdot\dfrac{3}{8}=\dfrac{3}{8}$이므로 독립이다.

비복원추출: $P(R_2|R_1)=\dfrac{2}{7}$, $P(R_2)=\dfrac{3}{8}$이므로 독립이 아니다.

3.33 복원추출: $\dfrac{1}{2}$, 비복원추출: $\dfrac{1}{2}$

3.34 양성 +, 음성 −, 질병을 D라 표시하면

(1) $\frac{19}{217}$

(2) $(+\cap D^c)$와 $(-\cap D)$로 나타낸다.

(3) $P(\text{오차}) = P(+\cap D^c) + P(-\cap D) = 0.0995$

3.35 (1) $\frac{95}{105}$ (3) 0.87

3.36 F_i는 i 지역에 비행기가 추락했을 사상, E는 1지역에서 찾지 못했을 사상이라 할 때,

$$P(F_1|E) = \frac{\frac{1}{3}\alpha_1}{\frac{1}{3}\alpha_1 + \frac{1}{3} + \frac{1}{3}} = \frac{\alpha_1}{\alpha_1 + 2} \quad P(F_i|E) = \frac{\frac{1}{3}}{\frac{1}{3}\alpha_1 + \frac{1}{3} + \frac{1}{3}} = \frac{1}{\alpha_1 + 2}, \quad i = 2,\ 3$$

3.37 $P(A) = \frac{1}{5},\ P(B) = \frac{4}{5},\ P(R|A) = \frac{2}{5},\ P(R|B) = \frac{1}{5},\ P(A|R) = \frac{1}{3},\ P(B|R) = \frac{2}{3}$

3.38 (1) $P(A|nR) = \dfrac{\left(\frac{4}{5}\right)\left(\frac{2}{5}\right)^n}{\left(\frac{2}{5}\right)^n\left(\frac{1}{5}\right) + \left(\frac{4}{5}\right)\left(\frac{1}{5}\right)^n} = \dfrac{2^n}{2^n + 4},\quad P(B|nR) = \dfrac{\left(\frac{4}{5}\right)\left(\frac{1}{5}\right)^n}{\left(\frac{2}{5}\right)^n\left(\frac{1}{5}\right) + \left(\frac{4}{5}\right)\left(\frac{1}{5}\right)^n} = \dfrac{4}{2^n + 4}$

(2) $n = 2$

(3) n이면 $P(A|nR)$은 1에 근사한다.

3.39 $\dfrac{\left(\frac{k}{N}\right)^n}{\sum_{k=0}^{N}\left(\frac{k}{N}\right)^n}$

3.40 (1) 0.1727 (2) 0.4591 (3) 0.3136 (4) 0.0545

3.41 (1) $\sum_{k=1}^{n}(-1)^{k+1} \cdot \frac{1}{k!}$ (2) $\sum_{k=0}^{n}(-1)^{k} \cdot \frac{1}{k!}$

(3) $\frac{(n-m)!}{n!}\sum_{k=1}^{n-m}(-1)^{k} \cdot \frac{1}{k!}$ (4) $\frac{1}{m!}\sum_{k=0}^{n-m}(-1)^{k} \cdot \frac{1}{k!}$

[제4장]

4.8 $k = \frac{9}{80},\ P(x \geq 3) = \frac{9}{16}$

4.9 (1)

x	4	5	6	8	9
$f_X(x)$	0.1	0.3	0.3	0.2	0.1

(2) 0.7, 0.3

4.10 $E(X)=15,\ Var(X)=\frac{25}{2}$

4.11 (1) $c=\frac{3}{4}$ (2) $E(X)=\frac{1}{3},\ Var(X)=\frac{4}{9}$

4.12

x	1	2	3
사상	(H)	(TH)	(TTH)(TTT)
확률	$\frac{3}{8}$	$\left(\frac{5}{8}\right)\left(\frac{3}{8}\right)$	$\left(\frac{5}{8}\right)^2\left(\frac{3}{8}\right)+\left(\frac{5}{8}\right)^3$

4.13 (1) $E(X)=0,\ Var(X)=1.6$

(2)

y	-7	-4	-1	2	5
$f_Y(y)$	0.2	0.1	0.3	0.3	0.1

$E(X)=-1.0,\ Var(X)=14.4$

4.14 $E(X)=0,\ Var(X)=\frac{8}{9}$

4.15 (1) $E(X)=0.55,\ E(Y)=2.1,\ Var(X)=1.3475,\ Var(Y)=5.39$

(2) $E(Y)=2E(X)+1,\ Var(Y)=4\,Var(X)$

4.16 (1) 10025 (2) 100 (3) 10

(4) -100 (5) 25 (6) 5

4.17 (1) $E(Y)=-0.2,\ Var(Y)=1.56$

4.18 (1) $E(X)=p,\ Var(X)=p(1-p)$ (2) $p=\frac{1}{2}$일 때, $Var(X)=\frac{1}{4}$

(3) $E(X^2)=E(X)=k$일 때, $Var(X)=k-k^2\le\frac{1}{4}$ 의미는 지시변수

4.19 (1) $I_A I_B(x)=\begin{cases}1, & A\cap B\in x\\ 0, & \text{그 밖에는}\end{cases}$ (2) $I_A(1-I_B)(x)=\begin{cases}1, & A\cap B^C\in x\\ 0, & \text{그 밖에는}\end{cases}$

(3) $(1-I_A)(1-I_B)(x)=\begin{cases}1, & A^C\cap B^C\in x\\ 0, & \text{그 밖에는}\end{cases}$

4.20 $a=\frac{3}{5},\ b=\frac{6}{5}$

4.21 (3) $\frac{5}{8}$ (4) $\pi_{0.25}=-\frac{1}{2},\ \pi_{0.90}=\frac{4}{5}$

4.22 (1) $\frac{5}{16}$ (2) $\pi_{0.25}=1,\ \pi_{0.90}=\frac{6}{\sqrt{10}}$

4.23 (1) $f_X(x)=\begin{cases}\frac{x}{2}, & 0\le x<1\\ \frac{1}{4}, & 1\le x<2\\ \frac{1}{2}, & x=2\end{cases}$ (2) $E(X)=\frac{37}{24}$, $Var(X)=\frac{191}{576}$ (3) $\frac{15}{64}$, 0, $\frac{15}{16}$

4.24

x	1	2	3	4	5
$f_X(x)$	$\frac{1}{16}$	$\frac{7}{16}$	$\frac{5}{16}$	$\frac{2}{16}$	$\frac{1}{16}$

4.25

x	0	1	2
$f_X(x)$	$\frac{3}{14}$	$\frac{8}{14}$	$\frac{3}{14}$

4.26

y	0	1	4
$f_Y(y)$	$\frac{1}{5}$	$\frac{2}{5}$	$\frac{2}{5}$

z	0	1
$f_Z(z)$	$\frac{1}{5}$	$\frac{4}{5}$

4.27

x	0	1	2	3	4	5
$f_X(x)$	$\left(\frac{1}{2}\right)^5$	$5\left(\frac{1}{2}\right)^5$	$10\left(\frac{1}{2}\right)^5$	$10\left(\frac{1}{2}\right)^5$	$5\left(\frac{1}{2}\right)^5$	$\left(\frac{1}{2}\right)^5$

4.28

x	0	1	2	$E(X)$	$Var(X)$
①	0.32	0.56	0.12	0.8	0.4
②	$(0.6)^2$	$2(0.4)(0.6)$	$(0.4)^2$	0.8	0.48
③	0.3588	0.4824	0.1588	0.8	0.4776
④	0.4	0.4	0.2	0.8	0.56
⑤	0.398	0.404	0.198	0.8	0.556

4.29 (1) $f_X(x)=\frac{1}{n}$, $x=1, 2, \cdots, n$, $F_X(x)=\frac{x}{n}$, $x=1, 2, \cdots, n$

(2) $E(X)=\frac{n+1}{2}$, $Var(X)=\frac{n^2-1}{12}$

4.30 새로운 방법: E(이익)=0.5875

기존 방법: E(이익)=0.7, 따라서 기존 방법을 채택한다.

4.31 $\frac{21}{4}$, $\frac{67}{16}$

4.32 (1) $G_X(t)=(1-p+pt)^n$ (2) $G_X(t)=e^{-\lambda(1-t)}$

4.33 (1) 9 (2) $\frac{9}{4}$ (3) $\left(\frac{1}{4}\right)^{12}$ (4) $\binom{12}{3}\left(\frac{3}{4}\right)^3\left(\frac{1}{4}\right)^9$

4.34 (1) 4 (2) 0 (3) ∞

4.35 $M_x(t)=e^{5t},\ f(x)=1,\ x=5$

4.36 (1) 1.123 (2) 0 (3) 2 (4) 2.58

4.37 (1) 14.729 (2) $\frac{1}{80}$

4.38 (1) $\frac{1}{3}(e^t+e^{2t}+e^{3t})$ (2) e^{5t} (3) $\left(\frac{1}{4}e^t+\frac{3}{4}\right)^6$

4.39 $f_X(x)=\begin{cases}\frac{1}{3}, & x=0\\ \frac{2}{3}, & x=1\end{cases}$, $E(X)=\frac{2}{3},\ Var(X)=\frac{2}{9}$

4.40 (1)

x	0	1	2	3
$f_X(x)$	0.216	0.432	0.288	0.064

y	0	1	2	3
$f_Y(y)$	0.167	0.500	0.300	0.033

(2) 비복원 추출

4.41

x	$f_X(x)$
4	$\left(\frac{3}{4}\right)^4+\left(\frac{1}{4}\right)^4$
5	$4\left\{\left(\frac{3}{4}\right)^4\left(\frac{1}{4}\right)+\left(\frac{1}{4}\right)^4\left(\frac{3}{4}\right)\right\}$
6	$4\left\{\left(\frac{3}{4}\right)^4\left(\frac{1}{4}\right)^2+\left(\frac{1}{4}\right)^4\left(\frac{3}{4}\right)^2\right\}$
7	$20\left\{\left(\frac{3}{4}\right)^4\left(\frac{1}{4}\right)^3+\left(\frac{1}{4}\right)^4\left(\frac{3}{4}\right)^3\right\}$

4.42 $f_Y(y)=1,\ 0<y<1$

4.43 (1) $X\sim B_x\left(2000,\ \frac{\pi}{4}\right)$ (2) $500\pi,\ 500\pi\left(1-\frac{\pi}{4}\right),\ \sqrt{500\pi\left(1-\frac{\pi}{4}\right)}$

4.44 (1) $e^{-\frac{t^2}{2}}$ (2) $e^{i\alpha t-\beta|t|}$

4.45 (1) $f_Y(y)=\frac{1}{\sqrt{2\pi}}x^{-\frac{1}{2}}\exp\left\{-\frac{x}{2}\right\},\ y>0$ (2) $f_Y(y)=e^{-y},\ y>0$

4.46 $f_Y(y) = \frac{\Gamma(a)\Gamma(b)}{\Gamma(a+b)} y^{b-1}(1-y)^{a-1}, \ 0 < y < 1$

4.47 $f_Y(y) = \frac{1}{(1-y)^2} \exp\left(-\frac{y}{1-y}\right)$

4.48 $f_Y(y) = \frac{1}{\pi(1+y^2)}$

4.49 (1) $E(X) = 3, \ Var(X) = 2$

(2)

y	1	2	3	4	5
$f_Y(y)$	$\frac{1}{25}$	$\frac{3}{25}$	$\frac{5}{25}$	$\frac{7}{25}$	$\frac{9}{25}$

$E(Y) = 3.8, \ Var(Y) = 1.36$

(3)

$y3$	1	2	3	4	5
$f_Y(y)$	0	$\frac{1}{10}$	$\frac{2}{10}$	$\frac{3}{10}$	$\frac{4}{10}$

$E(Y) = 4, \ Var(Y) = 1.0$

4.50

x	0	1	2	3
$f_X(x)$	$\frac{1}{3}$	$\frac{1}{2}$	0	$\frac{1}{6}$

또한, n명일 때는 $P(x=n) = \frac{1}{n!}, \ P(x=n-1) = 0$이다.

왜냐하면, $n-1$명이 바르게 돌려받았다면 나머지 1명은 반드시 자기 모자이기 때문이다.

4.51 (1) 0.4 (2) 0.2898

[제5장]

5.4 (1) $\binom{n}{2i} p^{2i}(1-p)^{n-2i}$, 단 $i = 1, 2, \cdots, \left[\frac{n}{2}\right]$

5.9 2

5.10 (2) $\frac{2}{3}$ (3) $\left(\frac{1}{2}\right)^{10}$

5.11 69회

5.12 $n(1-p), \ n(1-p)p$

5.13 (1) 0.9877 (2) 0.8205 (3) 0.9537

5.14 (1) $\frac{7}{27}$ (2) $\frac{26}{27}$ (3) $\frac{2}{9}$

5.15 0.023

5.16 이항분포 $f_X(x)=\binom{n}{x}p^x(1-p)^{n-x},\ \ x=0, 1, \cdots, n$

5.17 $P(x \ge 10)=0.5421$

5.18 $\frac{5!}{2!\,1!\,2!}0.45^2\,0.15^1\,0.40^2$

5.19 (1) $\sum_{x=20}^{\infty}\frac{e^{-10}\cdot 10^x}{x!}$ (2) $\sum_{x=0}^{100}\frac{e^{-200}\cdot 200^x}{x!}$

5.20 $e^{-2.5}$

5.21 $X \sim P_X(2)$이므로 $P(X \le 5)=0.9835$이고, $P(X \le 4)=0.9473$이므로 적어도 5개 이상을 준비해야 한다.

5.22 $P(X \ge 1)=0.8008$

5.23 255평방 피트에는 1.7개의 홈이 있어야 하므로 $1.7e^{-1.7}+e^{-1.7}=2.7e^{-1.7}$

5.24 (1) 오류의 확률=0.02, $P(X \le 1)=0.4060$

5.25 (1) 0.6607 (2) 0.3846

5.26 (1) $E(X)=2$, 기대비용=200원

(2) 제일 큰 확률은 $x=1$ 또는 $x=2$일 때, 기대금액은 150원

(3) 0.0526

5.27 $e^5\left(\frac{5^3}{3!}+\frac{5^4}{4!}\right)$

5.28 (1) $\frac{25!}{17!\,6!\,2!}(0.5)^{17}(0.4)^6(0.1)^2$ (2) 각각 12.5, 10, 2.5대

5.29 (1) $f_X(x)=\binom{x-1}{1}\left(\frac{3}{4}\right)^2\left(\frac{1}{4}\right)^{x-2},\ \ x=2, 3$

(3) $E(X)=\frac{8}{3},\ \ Var(X)=\frac{8}{9}$

5.30 음이항분포 (1) ① $\binom{19}{7}\left(\frac{1}{2}\right)^{20}$ ② $1-\sum_{x=8}^{20}\binom{x-1}{7}\left(\frac{1}{2}\right)^x$

(2) 16

5.31 (1) 포아송 분포 (2) 이항분포 (3) 초기하 분포 (4) 포아송 분포

5.32 $a=\frac{1}{2}$

5.33 (1) $P(X=k)=(0.9)^{k-1}(0.1),\ k=1,\ 2,\ \cdots$

(2) $P(X>k)=(0.9)^k$

(3) $P(X=j|X>k)=(0.9)(0.1)^{j-k-1},\ j=k+1,\ t+2,\ \cdots$

5.34 (1) $f_Y(y)=\frac{1}{b-a},\ a\le x\le b$ (2) $F_Y(y)=\frac{y-a}{b-a},\ a\le y\le b$

(3) 균일분포

5.35 (1) -0.675 (2) 203.125

5.36 (1) 0.398 (2) 0.668

5.37 (1) $\frac{1}{4}$ (2) 0.682 (3) $\frac{1-e^{-\frac{1}{2}}}{1-e^{-1}}$ (4) $\frac{1}{4}$ (5) 1

5.38 $\mu=7.5065$

5.39 두개골의 용량을 X라 하면, $P(X>117.6)=P\left(Z>\frac{117.6-105}{15}\right)=0.2$

따라서 두개골의 용량이 117.6보다 클 확률 표본의 수를 Y라 하면,

$Y\sim B_x(10,\ 0.2)$이므로 $P(Y\ge 3)=\sum_{y=3}^{10}\binom{10}{y}(0.2)^y(0.8)^{10-y}=0.3222$

5.40 (1) 102 (2) 80

5.41 $\frac{40}{243}$

5.42 (3) 중앙값$=0$

5.43 (1) $r\,(<n)$이 홀수일 때, $E(X^r)=0$

(2) $r\,(<n)$이 짝수일 때, $E(X^r)=0$

$$E(X^r)=\frac{n^{\frac{r}{2}}\Gamma\left(\frac{r+1}{2}\right)\Gamma\left(\frac{n-r}{2}\right)}{\Gamma\left(\frac{1}{2}\right)\Gamma\left(\frac{n}{2}\right)}$$

$n>2$일 때, $E(X)=0,\ Var(X)=E(X^2)=\frac{n}{n-2}$

5.44 (1) $F_X(x)=\frac{1}{1+e^{-x}}$ (2) $\Gamma(1-t)\,\Gamma(1+t),\ -1<t<1$

5.45 v, $2v$, $\dfrac{1}{(1-2t)^v}$

5.46 $\dfrac{3}{4}$

5.47 $E\left(\dfrac{1}{X}\right)=1$, $\dfrac{1}{E(X)}=\dfrac{1}{2}$

5.48 (1) $\dfrac{1}{\lambda}\ln 2$ (2) $\dfrac{1}{2}(\theta_2-\theta_1)$ (3) 0

5.49 $\dfrac{2}{3}$

5.50 (1) $g_Z(z)=\dfrac{f_Z(z)}{\Phi\left(\dfrac{b-\mu}{\sigma}\right)-\Phi\left(\dfrac{a-\mu}{\sigma}\right)}$ (2) $\dfrac{\mu}{\sqrt{2\pi}}+\dfrac{\dfrac{\sigma}{\sqrt{2\pi}}\left\{2-\exp\left\{-\dfrac{(b-\mu)^2+(a-\mu)^2}{2\sigma^2}\right\}\right\}}{\Phi\left(\dfrac{b-\mu}{\sigma}\right)-\Phi\left(\dfrac{a-\mu}{\sigma}\right)}$

5.51 (1) $\dfrac{MN^{n-1}}{(M+N)^n}$ (2) $\left(\dfrac{N}{M+N}\right)^{k-1}$ (3) 기하분포 (4) $\dfrac{M+N}{N}$, $\left(\dfrac{M+N}{N}\right)^2\dfrac{M}{M+N}$

[제6장]

6.7 (1) $f_X(x|1)=\dfrac{1}{2}$, $x=1, 2$ $f_X(x|2)=\begin{cases}\dfrac{1}{3}, & x=1\\ \dfrac{2}{3}, & x=2\end{cases}$

(2) 종속 (3) $\dfrac{1}{2}$, $\dfrac{7}{8}$, $\dfrac{7}{8}$

6.8 (1) $\mu_X=\dfrac{b+d}{n}$, $\mu_Y=\dfrac{c+d}{n}$, $\sigma_X^2=\dfrac{(b+d)(a+c)}{n^2}$, $\sigma_Y^2=\dfrac{(c+d)(a+d)}{n^2}$

(2) $Cov(X, Y)=\dfrac{ad-bc}{n^2}$

(3) ρ_{XY}은 (1)과 (2)에서 구함.

6.9 $f_X(x)=\dfrac{x}{11}$, $x=2, 4, 5$ $f_Y(y)=\dfrac{y}{6}$, $y=1, 2, 3$

6.10 (1) $\dfrac{1}{10(10-x)}$, $x=0, 1, \cdots, 9$, $y=x, x+1, \cdots, 9$

(2) $f_Y(y)=\displaystyle\sum_{j=0}^{y}\dfrac{1}{10(10-j)}$, $y=0, 1, 2, \cdots, 9$

(3) $\dfrac{x+9}{2}$

6.11 (1) $f(x|y)=\dfrac{x+y}{6x+3y}$, $x=1, 2, 3$, $f(y|x)=\dfrac{x+y}{2x+3}$, $y=1, 2$

6.12 (1) $\dfrac{x+y}{2y+3}$, $x=1, 2$ (2) $\dfrac{x+y}{2(2x+5)}$, $y=1, 2, 3, 4$

(3) $\dfrac{20}{7}$ (4) $\dfrac{25}{9}$ (5) $\dfrac{9}{14}$

(6) $\dfrac{55}{49}$ (7) $-\dfrac{5}{\sqrt{63\times 295}}=-0.0367$

6.13 (1) $Var(X)=Var(Y)=\dfrac{5}{9}$, $Cov(X,Y)=-\dfrac{5}{18}$, $\rho_{XY}=-\dfrac{1}{2}$

(2) $\dfrac{5}{9}$ (3) $Cov(X,Y)\neq 0$이므로 종속

6.14 (1)

X+Y	2	3	4	5
확률	0.1	0.2	0.3	0.4

XY	1	2	3	4	6
확률	0.1	0.2	0.1	0.2	0.4

X/Y	1/2	2/3	1	3/2	2	3
확률	0.1	0.3	0.3	0.1	0.1	0.1

(2) $E(X+Y)=4$, $E(XY)=4$, $E\left(\dfrac{X}{Y}\right)=1.2$, $Var(X+Y)=0.6$

(3) $E(X)=2, E(Y)=2$, $Var(X)=0.4$, $Var(Y)=0.6$

6.15 (1) $\dfrac{n!}{x_1!x_2!x_3!x_4!}0.5^{x_1}0.3^{x_2}0.1^{x_3}0.1^{x_4}$ 단, $x_1, x_2, x_3, x_4=0, 1, 2, \cdots, n$, $x_1+x_2+x_3+x_4=n$

(2) $\dfrac{n!}{x_2!(n-x_2)!}0.3^{x_2}0.7^{n-x_2}$ (3) $\dfrac{n!}{x_1!x_3!(n-x_1-x_3)!}0.5^{x_1}0.1^{x_3}0.4^{(n-x_1-x_3)}$

(4) $\dfrac{10!}{5!3!1!1!}0.5^5\,0.3^3\,0.1^1\,0.1^1$

6.16 (1) 0.5 (2) 0

6.17 $Var(Z)=\sigma_X^2(1+k^2)$에서 k가 크면 $Var(Z)\fallingdotseq k^2\sigma_Z^2$이 되므로 $Var(Y)$와 근사하게 같다.

6.18 (1)

y \ x	0	1	2	$f_Y(y)$
0	(0.3)(1.0)	(0.4)(0.5)	(0.3)(0.25)	0.575
1	(0.3)(0)	(0.4)(0.5)	(0.3)(0.5)	0.350
2	(0.3)(0)	(0.4)(0)	(0.3)(0.25)	0.075
$f_X(x)$	0.3	0.4	0.3	1

(2) $E(X)=1.0, E(Y)=0.5$, $Var(X)=0.6$, $Var(Y)=0.4$

(3) 종속

6.19 (3) 종속

6.20 (1) $S=\{1,2,3,4,5,6\}$

(2), (3)

$y \backslash x$	1	2	3	$f_Y(y)$
1	2/6	1/6	1/6	4/6
3	0	1/6	0	1/6
5	0	0	1/6	1/6
$f_X(x)$	2/6	2/6	2/6	1

(4) $P(X=1, Y=1) \neq P(X=1) \cdot P(Y=1)$이므로 종속

6.21 (1)

$y \backslash x$	2	4	6	8	10	12	$f_Y(y)$
1	1/21	0	3/21	0	5/21	0	9/21
3	0	2/21	0	4/21	0	6/21	12/21
$f_X(x)$	1/21	2/21	3/21	4/21	5/21	6/21	1

(2) $E(X)=\frac{26}{3}$, $E(Y)=\frac{15}{7}$, $E(XY)=\frac{58}{3}$

(3) 종속

6.22 (1) $E(X)=2$, $E(Y)=6$, $E(Z)=2$, $Var(X)=\frac{8}{5}$, $Var(Y)=\frac{4}{5}$, $Var(Z)=\frac{8}{5}$

(3) $E(X+Y+Z)=10$, $Var(X+Y+Z)=\frac{140}{25}$

6.23 (1), (2)

$y \backslash x$	1	2	$f_Y(y)$
1	1/6	0	1/6
2	4/6	1/6	5/6
$f_X(x)$	5/6	1/6	1

(3) 1/36

6.24 (1) $E(Z)=\frac{3}{2}$, $E(W)=\frac{3}{2}$, $Var(Z)=\frac{3}{4}$, $Var(W)=\frac{3}{4}$

(2) $Cov(Z, W)=-\frac{3}{4}$ (3) 종속

(4) $E(Z+W)=3$, $Var(Z+W)=0$

6.25 (1) $\frac{30!}{x!y!(30-x-y)!}\left(\frac{1}{6}\right)^x\left(\frac{1}{6}\right)^y\left(\frac{5}{6}\right)^{30-x-y}$ (2) $B_X\left(30-y, \frac{1}{5}\right)$

(3) 20

6.26 (2) $\frac{135}{16}$, $\frac{90}{16}$ (4) $\frac{22}{7}$, $\frac{5}{2}$

6.27 $\rho(X,\ Z)=\rho(X,\ X+Y)=\frac{\sqrt{2}}{2}$

6.28 (1) $\frac{22}{3}$ (2) $\frac{8}{27}$ (3) $\frac{4}{9}$

6.29 (1) $\frac{2(1+x+x^2)}{3(1+x)}$ (2) $\frac{x^4+2x^3-6x^2+2x+1}{18(x+1)^2}$

6.30 (2) $f_Y(x)=\frac{1}{2}(1+x)e^{-x},\ x>0$ $f_Y(y)=e^{-y},\ y>0$

(3) 독립

6.31 (1) $\frac{2x+2y}{2y+1}$ (2) $\frac{3y+2}{6y+1}$ (3) $\frac{36y^3-42y^2-80y-21}{6(2y+1)(6y+1)^2}$ (4) $\frac{2x+2y}{2x+1}$

(5) $\frac{3x+2}{6x+1}$ (6) $\frac{36x^3-42x^2-80x-21}{6(2x+1)(6x+1)^2}$ (7) $-\frac{1}{144}$ (8) $-\frac{1}{11}$

6.32 (1) $\frac{26-9x}{9-3x}$ (2) $\frac{78-28x}{9-3x}$ (3) $\frac{3x^2-18x+26}{9(3-x)^2}$

6.33 (1) $f_{X/Y}(a)=\frac{1}{(a+1)^2},\ 0<a<\infty$ (2) $f_X(x)=e^{-x},\ f_Y(y)=e^{-y}$

(3) e^{-1} (4) $e^{-1}-e^{-2}$ (5) $\ln(2)$

6.34 (1) $f(y|x)=\frac{1}{x},\ 0\le y\le x,\ 0\le x\le 1,$ $E(Y|x)=\frac{x}{2},\ 0\le x\le 1$

(2) $$\begin{cases} f(y|x)=\dfrac{1}{2\sqrt{k^2-x^2}}, & -\sqrt{k^2-x^2}<y<\sqrt{k^2-x^2},\ -k<x<k \\ E(Y|x)=\dfrac{\sqrt{k^2-x^2}}{2}, & -k<x<k \end{cases}$$

6.35 (1) $f_Y(y)=2(1-y)$ (2) $f(x|y)=\frac{1}{1-y},\ 0\le x\le 1$

(3) $\frac{1}{2(1-y)}$

6.36 (1) $\frac{3}{4}$ (2) 0 (3) $\frac{1}{2}$

(4) e^{-2} (5) 0 (6) $1-e^{-2}$

6.37 (1) $(1-e^{-2})e^{-1}$ (2) $\frac{1}{3}$ (3) $1-e^{-a}$

(4) $f_X(x)=e^{-x},\ f_Y(y)=2e^{-2y}$ (5) 독립

6.38 (1) $f_Y(y)=\frac{n!}{y!(n-y)!}q^y(1-q)^{n-y},\ y=0,\ 1,\ 2,\ \cdots,\ n$

(3) $\rho_{XY} = -\sqrt{\dfrac{pq}{(1-p)(1-q)}}$

6.39 $-\dfrac{n}{36}$

6.40 (1) $Var(S) = n\sigma_X^2\{1+(n-1)\rho_{XY}\}$ (2) $\rho_{XY} = -\dfrac{1}{n-1}$

6.41 (1) $Var(X) = b^2\sigma_X^2 + \sigma_U^2$ (2) $Corr(X, Y) = b \cdot \dfrac{\sigma_X}{\sigma_Y}$

(3) $Corr(U, Y) = \dfrac{\sigma_U}{\sqrt{b^2\sigma_X^2 + \sigma_U^2}}$

6.42 (1) $\dfrac{1}{2x^2}$, $0 < x < 2,\ 0 < y < x^2$ (2) $\dfrac{1}{2\sqrt{y}} - \dfrac{1}{4}$, $0 < y < 4$

(3) $\dfrac{(y+2\sqrt{y})(\ln(y) - 2\ln(2))}{y-4}$

6.43 (1) $\dfrac{1}{\pi r^2}$ (2) $f_X(x) = \dfrac{2}{\pi r^2}\sqrt{r^2 - x^2}$, $x^2 \leqq r^2$, $f_Y(y) = \dfrac{2}{\pi r^2}\sqrt{r^2 - y^2}$, $y^2 \leqq r^2$

(3) $\dfrac{a^2}{r^2}$

6.44 $\rho_{XY} = \dfrac{\sigma_X^2 - \sigma_Y^2}{\sigma_X^2 + \sigma_Y^2}$

6.45 $T = X + Y$라 할 때 $f_T(t) = \begin{cases} t, & 0 < t < 1 \\ 2-t, & 1 < t < 2 \end{cases}$

6.46 (1) $f(x,y,z) = 1,\ 0 < x < 1,\ 0 < y < 1,\ 0 < z < 1$ (2) $\dfrac{3}{4}$

(3) $P(Y^2 \geq 4XZ) = P(Y \geq 2\sqrt{XZ}) = \displaystyle\int_0^1\int_0^1\int_{2\sqrt{xz}}^1 dydxdz = \frac{1}{9}$

6.47 $f_{Y_1, Y_2, Y_3}(y_1, y_2, y_3) = \dfrac{1}{3(2\pi)^{\frac{3}{2}}}\exp\left\{-\dfrac{1}{2}\left(\dfrac{y_1^2}{3} + \dfrac{2y_2^2}{3} + \dfrac{2y_1^3}{3} - \dfrac{2}{3}y_2y_3\right)\right\}$

6.48 (2) $\rho_{V,W} = \dfrac{1}{2}$

6.49 (1) 6 (2) 7 (3) 5.8192

6.50 (1) $\alpha = -\dfrac{\mu}{\sigma}$, $\beta = \dfrac{1}{\sigma}$ (2) $\dfrac{1}{\sigma}$ (3) $f_Y(y) = \dfrac{1}{\beta}f_X\left(\dfrac{y-\alpha}{\beta}\right)$

6.51 $f_{U,V}(u, v) = \dfrac{\lambda e^{-\lambda\mu}(\lambda\mu)^{\alpha+\beta-1}v^{\alpha-1}(1-v)^{\beta-1}}{\Gamma(\alpha)\,\Gamma(\beta)}$

6.52 (1) $\mu_X+\rho_{XY}\cdot\dfrac{\sigma_X}{\sigma_Y}(y-\mu_y)$, $\sigma_X^2(1-\rho_{XY}^2)$

(2) $E(X)=\mu_X$, $E(Y)=\mu_Y$, $Var(X)=\sigma_X^2$, $Var(Y)=\sigma_Y^2$

6.53 (1) 그림 생략 (2) $E(X)=\exp\left\{\mu+\dfrac{1}{2}\sigma^2\right\}$, $Var(X)=\exp(2\mu+2\sigma^2)-\exp(2\mu+\sigma^2)$

6.54 (1) $E(T)=n\mu_X$, $Var(T)=n\sigma_X^2$ (2) $E(T)=n\mu_X$, $Var(T)=\dfrac{N-n}{N-1}\cdot n\sigma_X^2$

6.55 (1) $f_{U,V}(u,\ v)=\dfrac{|u|}{(1+v)^2}$, 단 $0<\dfrac{uv}{1+v}<1$, $0<\dfrac{u}{1+v}<1$

(2) $f_{U,V}(u,\ v)=\dfrac{|u|}{v^2}$, 단 $0<u<1$, $0<\dfrac{u}{v}-u<1$

(3) $f_{U,V}(u,\ v)=|u|$, 단 $0<uv<1$, $0<u(1+v)<1$

6.56 (1) $f_X(x)=f_Y(y)=1$, $0<x<1$, $0<y<1$ (2) 독립 (3) $1-\dfrac{\pi}{16}$

6.57 (1) 자신의 모자를 찾아 쓴 학생들의 수 (2) $\dfrac{1}{N}, \dfrac{N-1}{N^2}$

(3) $\dfrac{1}{N^2(N-1)}$ (4) 1, 1

6.58 (1) $U_1\sim N(\mu_1,\ \sigma_1^2)$ (2) $U_2\sim N(\mu_2,\ \sigma_2^2)$

(3) $Cov(U_1,\ U_2)=\sigma_1\sigma_2\rho$ (4) 연습문제 6.52의 함수에 대입

6.59 $f_{R,\Theta}(r,\ \theta)=\dfrac{r}{\pi}$, $0<r<1$, $0<\theta<2\pi$

[제7장]

7.2 $0<\epsilon\le 1$이면 $1-\dfrac{1}{\epsilon^2}<0$이 되므로 이 부등식을 사용하는 것은 무리이다.

7.4 (1) $\mu=3.5$, $\sigma^2=\dfrac{35}{12}$ (2) $\mu=7$, $\sigma^2=5.8$

(3) $\mu=1.5$, $\sigma^2=0.75$ 이때 $P\{|X-\mu_X|<c\sigma_X\}$의 값은 다음 표와 같다.

	①	②	③
c=1.5	1	0.833	0.75
c=2.0	1	0.944	1
c=2.5	1	1	1
c=3.0	1	1	1

7.5 (1) $E(X)=0,\ \ Var(X)=2k^2p$

(2)

x	$-k$	0	k
$f(x)$	0.5	0	0.5

(3) $p=\dfrac{1}{8}$ (4) $p=\dfrac{1}{18}$ (5) $p=\dfrac{1}{2c^2}$

7.6 (1) $>\dfrac{1}{4}$ (2) $\leq\dfrac{3}{4}$ (3) $\sqrt{50}$

7.7 (1) $\dfrac{15}{17}$ (2) $p\geq\dfrac{3}{4}$ (3) $n\geq 10$ (4) $n\geq 3$

7.8 $n=32$

7.9 (1) $P(X\leq 5)=\sum_{x=0}^{5}\binom{2000}{x}0.001^x\cdot 0.999^{2000-x}$에서 $\mu_X=2,\ \sigma_X^2=1.998$이므로 정규분포에 근사시켜 구하면 $P(X\leq 5)=0.983$

7.10 4,000명 이상

7.11 19회 이상

7.12 $X\sim B_X(120,\ 0.8)$이고 근사적으로 $X\sim N(90,\ 0.80)$이므로

(1) 0.069 (2) 0.026 (3) 0.060

7.13 0.65 (힌트: $P\left(30\leq\sum_{i=1}^{30}X_i\leq 40\right)$으로 근사시킨다)

7.14 X_i의 평균 1/2, 분산 1/12를 이용

(1) 0.1357 (2) 0.2420 (3) 0.7836

7.15 0.159

7.16 (1) $\leq\dfrac{4}{3}$ (2) ≈ 0.8686 (정확히는 0.8435, 연속형 근사식으로는 0.8438)

7.17 400

7.18 $\dfrac{3}{4}$

7.19 0.802

7.20 (1) ≥ 15625 (2) ≤ 5 (3) $\leq \ln 25$ (4) $\geq e^{-25}$

7.21 ≥ 0.4

[제8장]

8.1 (2) $H_0 : p = 0.5,\ H_A : p > 0.5$ (3) $Y \sim B_Y(8, 0.5)$

(4) 0.0351 (5) 증진되었다고 볼 수 있다.

8.2 (1) $H_0 :\ p = 0.8\ vs\ \ H_A :\ p > 0.8$ (2) $X \approx N(80,\ 16)$이므로 p-값$= 0.009$

(3) H_0를 기각할 수 있다.

8.3 (1) $Y \approx N(20,\ 10)$ (2) p-값$= 0.009$ (3) H_0를 기각할 수 있다.

8.4 M=50, N=100, N−M=50, n=50이므로 X는 N(25, 6.3)에 근사시킬 수 있으므로

$P\left(Z > \frac{39.5 - 25}{2.51}\right) = 1 - \Phi(5.77) = 0$

따라서 모든 α에 대하여 H_0를 기각시킬 수 있다.

8.5 (1) $H_0 : p = 0.25,\ H_A : p > 0.25$

(2) p-값$= P\{X \geq 6 | B_X(10,\ 0.25)\} = 0.0197$이므로 H_0가 기각

(3) H_A가 기각된다. 따라서 (b)번과 반대인 경우이다.

8.6 (1) $H_0 : p = 0.6,\ H_A : p < 0.6$

(2) p-값$= P\{X \leq 3 | B_X(10,\ 0.6)\} = 0.0548$이므로 H_A가 기각

(3) 0.6496, 0.3922, 0.1719

8.7 (1) p-값$= P\{8 \leq X \leq 15 \mid B_X(15,\ 0.7)\} = 0.9499$, 이 확률은 귀무가설이 참일 때 귀무가설을 기각할 확률이다.

(2) 0.4967

8.8 (1) $\frac{1}{2^{14}}$ (2) $\frac{1}{2^{14}}$

8.9 (1) 만약 방법들이 같은 정도의 효과를 갖는다면, 방법 II에 의한 어린이들의 순위는 1, 2, 3, 4, 5, 6 중에서 임의로 선택될 것이다. 각 선택에서의 확률은 $\frac{1}{\binom{6}{3}} = \frac{1}{20}$이 된다.

이때 표본 점은 20개로 구성되는데 각각의 T값은 다음 표와 같다.

t	6	7	8	9	10	11	12	13	14	15
$f_T(t)$	$\frac{1}{20}$	$\frac{1}{20}$	$\frac{2}{20}$	$\frac{3}{20}$	$\frac{3}{20}$	$\frac{3}{20}$	$\frac{3}{20}$	$\frac{3}{20}$	$\frac{1}{20}$	$\frac{1}{20}$

E_i	T
(4, 5, 6)	15
(3, 5, 6)	14
(2, 5, 6) (3, 4, 6)	13
(1, 5, 6) (2, 4, 6) (3, 4, 5)	12
(1, 4, 6) (2, 3, 6) (2, 4, 5)	11
(1, 3, 6) (1, 4, 5) (2, 3, 5)	10
(1, 2, 6) (1, 3, 5) (2, 3, 4)	9
(1, 2, 5) (1, 3, 4)	8
(1, 2, 4)	7
(1, 2, 3)	6

(2) $E(T) = 10.5$, $Var(T) = 5.25$

(4) 방법 II가 더 효과적이라면, $P(X \leq 7) = \frac{2}{20} = 0.1$이므로 유의수준 0.05에서 효과적이라 결론을 내릴 수도 있다.

8.10 (1) 주가의 상승을 U, 하락을 D라 표시하면, 4일 동안에 가능한 경우의 표본점은 $2^4 = 16$가지이다.

(2) X를 변화의 수

E_i	x
(UUUU) (DDDD)	0
(UUUD) (DUUU) (UUDD) (DDUU) (DDDU) (UDDD)	1
(UUDU) (UDUU) (UDDU) (DUUD) (DDUD) (DUDD)	2
(DUDU) (UDUD)	3

(3) 2개 이상의 변화의 수를 x라 하면 $X \sim B_X(n, \frac{1}{2})$

가정 ① P(두 개 이상의 변화)는 동일하다.

② 각 경우는 독립

③ 단지 두 가지만, 즉 $x \geq 2$, $x < 2$을 생각

④ 변화의 수는 고정

(4) $P\{X \geq 13 \mid B_X(20,\ 0.5)\} = 0.1316$이므로 귀무가설 기각

8.11 (1) $H_0 : \lambda = 10,\ \ H_A : \lambda < 10$

(2) $P(X \leq 4 \mid P_X(10)) = 0.0293$이므로 H_0를 기각할 수 있다.

8.12 (1) $H_0 : p = 0.02,\ \ H_A : p > 0.02$

(2) ① $X \sim B_X(200,\ 0.02)$ ② $\lambda = 4$인 포아송 분포에 근사

8.13 80번 던졌을 때의 $\bar{\chi}^2 = 9.9$이다. $(\chi^2 > 9.9)$의 값은 0.01과 0.02 사이에 있으므로 $\alpha = 0.05$라면 정사면체는 정상적이라고 할 수 있다.

8.14 (1)

x	0	1	2	3
O_i	80	61	13	1
$E_i \mid \lambda = 0.5$	94.01	47.01	11.75	2.23

X는 사건의 수라 하면 포아송 분포에 따라 $\lambda = 0.5$인 경우 $\bar{\chi}^2 = 7.0626$, $\lambda = 0.6$인 경우 $\bar{\chi}^2 = 4.4609$으로써 두 경우 다 0.05보다 크므로 $\lambda = 0.6$인 모델이 더 적합하다고 할 수 있다.

8.15 (1) $H_0 : p_{기존} = p_{새로운 \cdot 치료}$, $H_0 : p_{기존} > p_{새로운 \cdot 치료}$

(2), (3), (4)

	기존치료	새로운 치료	
생존	4	1	5
사망	1	4	5
	5	5	10

나타날 수 있는 모든 경우는

$\begin{bmatrix} 0 & 5 \\ 5 & 0 \end{bmatrix}$ $\begin{bmatrix} 1 & 4 \\ 4 & 1 \end{bmatrix}$ $\begin{bmatrix} 2 & 3 \\ 3 & 2 \end{bmatrix}$ $\begin{bmatrix} 3 & 2 \\ 2 & 3 \end{bmatrix}$ $\begin{bmatrix} 4 & 1 \\ 1 & 4 \end{bmatrix}$ $\begin{bmatrix} 5 & 0 \\ 0 & 5 \end{bmatrix}$

이므로 초기하 분포에 따라 각 표에 대응하는 확률은 각각 $\frac{1}{252}$, $\frac{25}{252}$, $\frac{100}{252}$, $\frac{25}{252}$, $\frac{1}{252}$이므로,

p-값 $= \frac{25}{252} + \frac{1}{252} = \frac{26}{252} = 0.1032$이므로 어떤 경우에도 귀무가설을 기각할 수 없다.

8.16 5% 유의수준에서 H_0를 기각할 수 없다.

8.17 5% 유의수준에서 H_0를 기각할 수 없다.

8.18 (1) 실제적으로 T는 초기하 분포를 한다. 그러나 대모집단에서 표본이 5이면 상대적으로 작아지므로 이항분포로 근사시킬 수 있다.

(2)

p	0.1	0.2	0.3	0.4	0.5
$P(T=t)$	0.5905	0.3277	0.1681	0.0778	0.0313

8.20 (1) $\mu_X = -\frac{1}{4}$, $\sigma_X = \frac{\sqrt{n}}{4}$

(2)

$\bar{x}$	-1	$-\frac{1}{2}$	0	$\frac{1}{2}$	1
$f(\bar{x})$	$\left(\frac{3}{8}\right)^2$	$2\left(\frac{3}{8}\right)\left(\frac{1}{2}\right)$	$\frac{11}{32}$	$2\left(\frac{1}{2}\right)\left(\frac{1}{8}\right)$	$\left(\frac{1}{8}\right)^2$

(3) $\mu_{\overline{X}} = -\frac{1}{4}$, $\sigma^2_{\overline{X}} = \frac{7}{32}$

8.21 $\mu_X = \frac{14}{5}$, $\sigma^2_X = \frac{14}{25}$, $\mu_{\overline{X}} = \frac{14}{5}$, $\sigma^2_{\overline{X}} = \frac{14}{25n}$

8.22 (1) $E(\overline{X}_F - \overline{X}_M) = 0$, $Var(\overline{X}_F - \overline{X}_M) = \sigma^2\left(\frac{1}{n_F} + \frac{1}{n_M}\right)$

8.23 (1) μ (2) $\frac{c^2\sigma^2}{n_1} + \frac{(1-c)^2\sigma^2}{n_2}$

(3) $\frac{n_1}{n_1+n_2}$ (4) $\frac{1}{2}$

8.24 $E(S) = m\bar{a}$, $Var(S) = \frac{m(N-m)}{N(N-1)}\sum_{i=1}^{N}(a_i - \bar{a})^2$

8.25 $Cov(S, T) = \frac{1}{N-1}\sum_{i=1}^{N}(c_i - \bar{c})(d_i - \bar{d})\sum_{i=1}^{N}(a_i - \bar{a})(b_i - \bar{b})$

8.26 $E(S) = \begin{cases} \frac{1}{2}m, & \text{짝수} \\ \frac{1}{2}m \cdot \frac{N-1}{N}, & \text{홀수} \end{cases}$, $Var(S) = \begin{cases} \frac{mn}{4(N-1)}, & \text{짝수} \\ \frac{mn(N+1)}{4N^2}, & \text{홀수} \end{cases}$

참고문헌

고왕경(2003), 《수학과 통계적 연구를 위한 Maple[Maplets] 언어》, 경문사, 서울.

이재창(1986), 《최신통계학》, 법경출판사, 서울.

전명식(1991), 《수리통계학》, 자유아카데미, 서울.

전종우, 김우철(1987), 《확률론 입문》, 영지문화사, 서울.

최기헌, 황창하(2001), 《확률론의 이해》, 자유아카데미, 서울.

허문영, 송문섭(1991), 《수리통계학》, 박영사, 서울.

Bain, L, J. and Engelhardt, M. (1987), *Introduction to Probability and Mathematical Statistics*, Durbury Press, Boston.

Breiman, L. (1969), *Probability and Stochastic Processes*, Houhton Mifflin co, NY.

Feller, W. (1970), *An Introduction to Probability Theory and its Application*(3rd ed), John Wiley & Sons Inc., NY.

Giri, N. G. (1974), *Introduction to Probability and Statistics*, Marcel Dekker Inc., NY.

Hajek, J. (1969), *Nonparametric Statistics*, Holden-day, NY.

Hogg, R.V. and Tanis, E. A.(1977), *Probability and Statistical Inference*, Macmillion Pub.,co. Inc., NY.

Johnson, R. A. and Wichern, D. W. (1992), *Applied Multivariate Statistical Analysis* (2nd ed), Prentice Hall. co, NJ.

Laha, R. G. and Rohachi, V. K. (1978), *Probability Theory*, John Wiley & Sons Inc., NY.

Mood, Graybill, Bocs (1974), *Introduction to the Theory of Statistics*(3rd ed), Macgraw-hill, NY.

O'Flynn, M. (1982), *Probabilities, Random Variables, and Random Processes*, Harper & Row, Pub., NY.

Rohachi, V. K. (1992), *An Introduction to Probability Theory and Mathematical Statistics*, John Wiley & Sons Inc., NY.

Ross, S. M. (1976), *A First Course in Probability*, Collier Macmillion, NY.

Ross, S. M. (1993), *Introduction to probability to probability Models*, Collier Macmillion, NY.

Wilks, S. S (1961), *Mathematical Statistics*, John Wiley & Sons Inc., NY.

찾아보기(한글)

ㅊ

ㅋ

ㅌ

ㅍ

ㅎ

찾아보기(영어)

R

S

T

U

V

W

제3판

문제중심의

확률론의 이해

지은이 고왕경
펴낸이 조경희
펴낸곳 경문사
펴낸날 2016년 3월 5일 3판 1쇄
등 록 1979년 11월 9일 제 313-1979-23호
주 소 121-818, 서울특별시 마포구 와우산로 174
전 화 (02)332-2004 팩스 (02)336-5193
이메일 kyungmoon@kyungmoon.com

값 23,000원

ISBN 978-89-6105-951-0

★ 경문사 홈페이지에 오시면 즐거운 일이 생깁니다.
http://www.kyungmoon.com

한국과학기술출판협회 회원사